Das bietet Ihnen die CD-ROM

Rechner

Die Arbeitstools unterstützen Sie bei der Kosten- und Terminplanung:

- Instandhaltungskostenrechner
- Energiekennwertrechner

Gesetze/Verordnungen

Wichtige rechtliche Hinweise finden Sie in den Gesetzestexten zu:

- Energieeinsparverordnung
- Wohnungseigentumsgesetz
- VOB/B

Checklisten

- Mit den Risikochecks überprüfen Sie zunächst den Istzustand der einzelnen Gewerke vom Keller bis zum Dachgeschoss.
- Mithilfe des Energie-Checks stellen Sie im Einzelnen den Energieverbrauch fest.
- Abschließend erstellen Sie einen Terminplan mit Abnutzungsgrad, Lebensdauer und Instandhaltungsintervall, oder Sie nutzen unseren elektronischen Instandhaltungsplaner auf der CD.

Musterbriefe

Nutzen Sie die Vorlagen zur direkten Übernahme in die Textverarbeitung:

- Duldungsaufforderung von Erhaltungsmaßnahmen
- Duldungsaufforderung von Modernisierungsmaßnahmen
- Mietaufhebungsvereinbarung
- Mieterhöhungserklärung

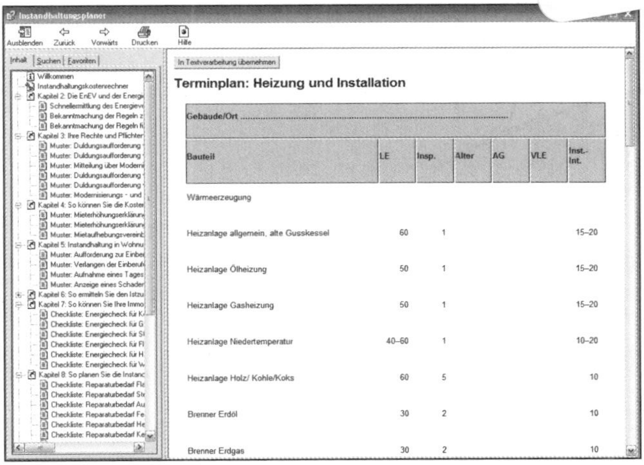

Screenshot der CD-ROM: Nutzen Sie unseren elektronischen Instandhaltungsplaner zur Kosten- und Terminplanung von Sanierungsmaßnahmen.

Bibliographische Information Der Deutschen Bibliothek

Die Deutsche Bibliothek verzeichnet diese Publikation in der Deutschen Nationalbibliographie; detaillierte bibliographische Daten sind im Internet über http://dnb.ddb.de abrufbar.

ISBN: 978-3-448-08794-9 Bestell-Nr. 06393-0001

1. Auflage 2009

Niederlassung München
Redaktionsanschrift: Postfach, 82142 Planegg/München
Hausanschrift: Fraunhoferstraße 5, 82152 Planegg/München
Telefon: (089) 895 17-0,
Telefax: (089) 895 17-290
www.haufe.de
online@haufe.de
Lektorat: Jasmin Jallad

Redaktion und Desktop-Publishing: Text+Design Jutta Cram, 86157 Augsburg
Umschlag: Kienle Visuelle Kommunikation, Stuttgart
Druck: Bosch-Druck GmbH, 84030 Ergolding

Zur Herstellung dieses Buches wurde alterungsbeständiges Papier verwendet.

Der Instandhaltungsplaner

von
Hans Jürgen Krolkiewicz
Georg Hopfensperger
Harald Spöth

Haufe Mediengruppe
Freiburg · Berlin · München

Inhalt

Einführung

Im Gegensatz zur allgemeinen Entwicklung im Immobilienbereich und der Abnahme der Bauanträge für Neubauten im Wohnungsbau ist bei der Instandhaltung wertvoller Bausubstanz eine nachhaltig steigende Entwicklung zu beobachten. Der Erfolg und die Kosten einer Bestandserhaltung hängen jedoch wesentlich von frühzeitiger Mängelbeseitigung ab. Diese ist aber nur möglich, wenn der Gebäudeeigentümer oder sein Verwalter eine genaue Vorstellung vom Zustand ihrer Gebäude haben. Dafür ist die Erstellung einer objektspezifischen Datenbank notwendig, denn für eine erfolgreiche Instandhaltung ist die Bereitstellung statistischer und analytischer Grundlagen ebenso erforderlich wie die daraus resultierende Umsetzung in der Praxis. Letztere schafft die von jedem Immobilienbesitzer angestrebte Wirtschaftlichkeit und Wertsteigerung.

Zu oft gehen Immobilienbesitzer von der Annahme aus, Instandhaltungsmaßnahmen wären erst dann erforderlich, wenn plötzlich Reparaturen anstehen. Denn allgemein wird noch immer angenommen, mit der Fertigstellung eines Gebäudes wäre ein langes Leben gesichert. Dabei sind alle Bauteile einer Immobilie nicht nur Wind und Wetter ausgesetzt, sondern auch dem technischen Verschleiß. Beim Auto gilt das als selbstverständlich und man führt deshalb regelmäßig Inspektionen durch. Diese Selbstverständlichkeit fehlt leider bei den meisten Hausbesitzern. Beim Auto geht man nach dem Inspektionsheft vor. Für Gebäude wurde nun dieser „Instandhaltungsplaner“ geschrieben – quasi das Inspektionsheft eines jeden Hausbesitzers.

Der Instandhaltungsplaner verfolgt mehrere Ziele:

- Zunächst geht es darum, die typischen baujahrabhängigen Schwachstellen eines Gebäudes aufzuspüren und mit einer Inspektion zu dokumentieren.
- Für Altgebäude hat sich durch die neue EnEV in einigen Punkten die Rechtslage geändert – darauf wird in diesem Buch hingewiesen. Damit einher gehen auch neue bautechnisch-energeti-

sche Anforderungen, die erfüllt werden müssen. Eine Überprüfung der Altbausubstanz erfolgt mithilfe des Energiechecks im Buch.

- Zuletzt wird die zeitliche Planung der Instandhaltungsmaßnahmen anhand der Tabellen festgelegt.

Alles zusammen bildet die Basis einer Datenbank, ähnlich dem Checkheft beim Auto.

Für die Kostenermittlung der Instandhaltungsmaßnahmen steht ein neu entwickelter Instandhaltungsrechner auf der diesem Buch beiliegenden CD-ROM zur Verfügung. Damit lassen sich die jährlich notwendigen Rücklagen für eine wirkungsvolle Instandhaltung frühzeitig planen.

Damit Sie bei der Instandhaltung Ihres Gebäudes auch rechtlich gut beraten sind, stellt das Buch zu diesem Thema wichtige Informationen für Sie zusammen. Hier erfahren Sie

- welche Rechte und Pflichten Sie als Vermieter oder Verwalter haben,
- wie Maßnahmen zur Instandhaltung und Verbesserung von Gebäuden in der Wohnungseigentümergemeinschaft beschlossen werden müssen und
- was Sie bei der Planung und Durchführung von Maßnahmen zur Instandhaltung bzw. Verbesserung Ihrer Immobilie alles beachten müssen – vom Vertragsabschluss bis zur Abnahme der Bauleistung.

Auf der CD-ROM, die diesem Buch beiliegt, finden Sie neben einigen wichtigen Gesetzestexten auch zahlreiche Musterbriefe, die Sie individuell bearbeiten können. Der Instandhaltungskostenrechner unterstützt Sie bei der Kosten- und Terminplanung.

Hans Jürgen Krolkiewicz
Beratender Ingenieur BDB

Abkürzungsverzeichnis

a. a. O.	am angegebenen Ort
Abs.	Absatz
a. F.	alte Fassung
AG	Amtsgericht
Az.	Aktenzeichen
BauGB	Baugesetzbuch
BayObLG	Bayerisches Oberlandesgericht
BGB	Bürgerliches Gesetzbuch
BGH	Bundesgerichtshof
BImSchG	Bundesimmissionsschutzgesetz
BImSchV	Bundesimmissionsschutzverordnung
BV	Berechnungsverordnung
BVerfG	Bundesverfassungsgericht
d. h.	das heißt
DIN	Deutsches Institut für Normung
EnEG	Energieeinspargesetz
EnEV	Energieeinsparverordnung
EStG	Einkommensteuergesetz
FeuVO	Verordnung über Feuerungsanlagen und Brennstofflagerung
gem.	gemäß
GG	Grundgesetz
ggf.	gegebenenfalls
GKG	Gerichtskostengesetz
HeizAnlV	Heizanlagenverordnung
HeizkVO	Heizkostenverordnung
HOAI	Honorarordnung für Architekten und Ingenieure
InvZulG	Investitionszulagengesetz
i. S. d.	im Sinne des/der
KG	Kammergericht (Oberlandesgericht) in Berlin
KfW	Kreditanstalt für Wiederaufbau

LG	Landgericht
LV	Leistungsverzeichnis
MietRÄndG	Gesetz zur Änderung mietrechtlicher Vorschriften
ModEnG	Gesetz zur Förderung der Modernisierung von Wohnungen und von Maßnahmen zur Einsparung von Heizenergie
NJW	Neue Juristische Wochenschrift
NJW-RR	Neue Juristische Wochenschrift – Rechtsprechungsreport
Nr.	Nummer
NZM	Neue Zeitschrift für Miet- und Wohnungsrecht
o. g.	oben genannt(e/en/er/es)
OLG	Oberlandesgericht
OVG	Oberverwaltungsgericht
Rn.	Randnummer
S.	Satz
s.	siehe
TOP	Tagesordnungspunkt
U-Wert	Wärmedurchgangskoeffizient, Einheit W/m^2K
VG	Verwaltungsgericht
VOB	Vergabe- und Vertragsordnung für Bauleistungen
VOB/B	Vergabe- und Vertragsordnung für Bauleistungen, Teil B: Allgemeine Vertragsbedingungen für die Ausführung von Bauleistungen
WDVS	Wärmedämmverbundsystem
WEG	Wohnungseigentumsgesetz, Wohnungseigentümergemeinschaft
WLG	Wärmeleitgruppe
WoFG	Gesetz über die soziale Wohnraumförderung
WSchV	Wärmeschutzverordnung
WuM	Zeitschrift für Wohnungswirtschafts- und Mietrecht
z. B.	zum Beispiel
ZMR	Zeitschrift für Miet- und Raumrecht
ZPO	Zivilprozessordnung
ZSEG	Gesetz über die Entschädigung von Zeugen und Sachverständigen

1 Das bedeutet Instandhaltung für Vermieter und Verwalter

Dieses Buch soll Ihnen dabei helfen, methodisch und kontinuierlich Daten zu sammeln, mit denen sich eine vorausschauende Termin- und Kostenplanung für die Gebäudebewirtschaftung aufbereiten lässt. Die Steuerung von Instandhaltungskosten für Gebäude – auch „Nutzungskosten“ genannt – kann sich gleichfalls daran orientieren. Das Buch zeigt Maßnahmen für die Wohnungswirtschaft auf, wobei sowohl Gesamt- wie auch Einzellösungen für Bauteile und Baustoffe einbezogen werden. Auch wird auf rechtliche Besonderheiten, wie sie bei Instandhaltungsmaßnahmen beachtet werden müssen, hingewiesen.

Abhängigkeit Bau- und Instandhaltungskosten

Bau- und Instandhaltungskosten sind voneinander abhängig. In der Praxis zeigt sich, dass die Bauqualität darunter leidet, wenn versucht wird, die Herstellungskosten im Wohnungsbau niedrig zu halten – z. B. durch Einsparungen bei der Konstruktion, Ausstattung und Bauweise. Dies verursacht im Nachhinein entsprechend hohe Instandhaltungskosten. Umgekehrt bedeutet es bei einer hochqualitativen Bauweise, dass die Instandhaltungskosten in der Relation zu den eigentlichen Baukosten niedrig bleiben.

Qualitativ hochwertige Arbeit zahlt sich im Laufe der Nutzungsdauer eines Wohngebäudes eben doch aus. Deshalb sollte jeder Bauherr bereits im Planungsstadium seines Bauvorhabens die späteren Nutzungskosten für das Bauwerk ermitteln bzw. seine Planung entsprechend qualitativ darauf abstellen, damit die Wirtschaftlichkeit langfristig gegeben ist. Schließlich sind auch das wichtige Kriterien für die Vermietung und den Verkauf von Immobilien.

Eine Zusammenstellung methodischer Grundlagen für die Instandhaltungsplanung und ein darauf abgestimmter Datenbestand liegen bisher nicht vor – abgesehen von der Eigensammlung mancher Immobilienbesitzer und -verwalter. Die in diesem Buch vorgestellten und empfohlenen Möglichkeiten und Maßnahmen beruhen auf praktischen Erfahrungen bei der Planung, beim Bau und bei der Verwaltung von Wohnimmobilien.

Sicher wird es Hausverwaltungen geben, die der Meinung sind, mit ihren bisher eingesetzten Methoden und ihrer Arbeitsweise ihren Wohnungsbestand gut instand halten zu können. Zudem scheint der anfängliche Aufwand hoch und kaum auf das Honorar umlegbar zu sein. Im Einzelfall mag das zutreffen. Doch besonders bei umfangreichem Gebäudebestand besteht leicht die Gefahr, den Überblick über Maßnahmen und Kosten zu verlieren. Besonders, wenn man bisher die notwendige Instandhaltung immer nur schadensabhängig bzw. zustandsabhängig durchgeführt hat.

Anlegen einer Datenbank

Dagegen hilft die in diesem Buch vorgestellte Arbeitsweise, sich eine Datenbank zu schaffen, mit der Maßnahmen und Kosten systematisch und frühzeitig geplant werden können. So kann der Verwalter in frühem Stadium erkennen, zu welchem Zeitpunkt welche Maßnahmen anstehen und was diese voraussichtlich kosten werden. Gleichzeitig lässt sich mit den ermittelten Daten – mithilfe des Instandhaltungsrechners aus der beiliegenden CD-ROM – die Geldsumme für die Instandhaltungsrücklage des jeweiligen Gebäudes schnell und einfach ermitteln. Mit diesen über einen längeren Zeitraum gebildeten Rücklagen, wird beispielsweise die anfallende Summe bei einer unvorhergesehenen, womöglich kostspieligen Reparatur für den einzelnen Wohnungsbesitzer bei Wohnungseigentum überschaubarer und erträglicher ausfallen.

Wertsteigerung der Immobilie

Zudem wird mit der systematischen Instandhaltungsplanung gewährleistet, dass die Immobilie nicht durch baulichen Verfall an Wert verliert. Der Instandhaltungsplaner hilft nicht nur, den Istzustand zu konservieren, sondern durch gezielte bautechnische und energetische Maßnahmen den Immobilienwert auch nachhaltig zu steigern.

Dieses Buch orientiert sich an der Europäischen Norm DIN EN 13306 „Begriffe der Instandhaltung“ (dreisprachige Fassung), der für Deutschland überarbeiteten Norm DIN 31051 „Grundlagen der Instandhaltung“, der DIN 18960 „Nutzungskosten im Hochbau“, der DIN 32736 „Gebäudemanagement“ mit Beiblatt 1 „Gebäudemanagement – Begriffe und Leistungen“ sowie der DIN 276 „Kosten im Hochbau“.

„Instandhaltung“ bedeutet im Allgemeinen, dass der Zustand eines Gebäudes aufrechterhalten werden soll. Eine Definition dazu findet man in der Zweiten Berechnungsverordnung (II. BV). Demnach fallen unter die Instandhaltung die Maßnahmen, die „während der Nutzungsdauer der Erhaltung des bestimmungsgemäßen Gebrauchs und zur Beseitigung der durch Abnutzung, Alterung und Witterungseinwirkung entstehenden baulichen und sonstigen Mängel dienen“.

Definition: Instandhaltung

Tipp: Halten Sie Ihre Immobilie kontinuierlich instand

Nur kontinuierlich durchgeführte Instandhaltungsmaßnahmen sichern den Wert einer Immobilie dauerhaft.

Die Instandhaltung von Gebäuden beinhaltet nach Definition der Normen und allgemeinem Verständnis die folgenden vier Einzelmaßnahmen:

- Wartung,
- Inspektion,
- Instandsetzung und
- Verbesserung/Modernisierung.

Die Instandhaltung schließt die Berücksichtigung inner- und außerbetrieblicher Forderungen, die objektbezogenen Instandhaltungsziele mit den vom Immobilienbesitzer festgelegten Zielen sowie die Berücksichtigung entsprechend bestehender Instandhaltungsstrategien mit ein.

1.1 Wartung – Inspektion – Instandsetzung: Die Säulen der Instandhaltung

1.1.1 Wartung

Durch die Wartung wird die Abnutzung an Geräten, Bauteilen und technischen Einrichtungen möglichst gering gehalten. Als Einzelmaßnahmen zählen dazu:

- Auftrag, Auftragsdokumentation und Festlegung des Auftragsinhalts;

Wartungsplan

- Erstellung eines Wartungsplans, der auf die speziellen Belange des jeweiligen Gebäudes, Geräts (beispielsweise Aufzugsanlage, Heizungsanlage) oder Bauteils (beispielsweise Dach) abgestellt ist und verbindlich gilt. Ein solcher Plan sollte Angaben über den Ort, den festgelegten Termin, die auszuführende Maßnahmen und die zu beachtenden Merkmale enthalten;

Vorbereitung der Wartung

- finanzielle und technische Vorbereitung der Durchführung;
- Maßnahmen, die vor Arbeitsbeginn ausgeführt, und Geräte, bereitgestellt werden müssen, wie z. B. Schutz- und Sicherheitseinrichtungen, Ausrüstungen der Arbeitsplätze usw.;
- Überprüfung der Vorbereitungen bis hin zur endgültigen Freigabe der Durchführung;
- Ausführung der festgelegten Maßnahmen;
- Funktionsprüfung;
- Rückmeldung des Ausführungsendes.

1.1.2 Inspektion

Beurteilung des Istzustands

Eine Inspektion wird immer direkt am Gebäude bzw. an der technischen Einrichtung durchgeführt. Dabei wird der Istzustand des Objekts exakt beurteilt. Empfehlenswert ist es, immer einen Baufachmann damit zu beauftragen oder mit ihm gemeinsam die Begehung vorzunehmen. Dabei soll die Ursache der Abnutzung bzw. Veränderung festgestellt und daraus sollen die notwendigen Konsequenzen gezogen werden.

Schriftliche Dokumentation

Das Ergebnis muss immer schriftlich und fallweise auch fotografisch dokumentiert werden. Zu einer Inspektion gehören folgende Einzelmaßnahmen:

- Auftrag, Auftragsdokumentation und Festlegung des Auftragsinhalts;
- Maßnahmen zur Vorbereitung der Inspektion;
- Prüfung, ob vorbereitend Ausrüstung bereitgestellt oder Schutz- oder Sicherheitsmaßnahmen ausgeführt werden müssen;
- genaue Feststellung des Istzustands eines Gebäudes, einer Wohnung oder eines Geräts, die auf die besonderen Belange der Bewohner, des Immobilienbesitzers oder der Hausverwaltung ab-

stellt und für alle Beteiligten verbindlich gilt. Festgehalten werden dabei besonders Angaben über den Ort, den Zeitpunkt, die teilnehmenden Personen, die für die Ermittlung angewendete Methode, die notwendigen Maßnahmen und besondere, objektbezogene Merkmale;

- technische und quantitative Ermittlung bestimmter Maßnahmen;
- Festlegung der für die Durchführung notwendigen unvorhergesehenen Reparaturen bis hin zur späteren Freigabe bereits während der Begehung;
- Dokumentation der Feststellung des Istzustands zum Begehungstermin;
- Auswertung der Ergebnisse;
- Analyse von Fehlern, Beschädigungen, Funktionsstörungen;
- Planung und Bewertung durchzuführender Maßnahmen und alternativer Lösungen unter Berücksichtigung der objektbezogenen Besonderheiten;
- Konkrete Festlegung der durchzuführenden Maßnahmen bzw. Entscheidung für eine alternative Lösung (Instandsetzung, Verbesserung oder anderes);
- Rückmeldung und Kontrolle.

Auswertung der Ergebnisse und Planung von Maßnahmen

1.1.3 Instandsetzung

Wiederherstellung des ursprünglichen Zustands

Unter den Begriff „Instandsetzung“ fallen alle durchzuführenden Maßnahmen, mit denen sich entweder der ursprüngliche Zustand oder die generelle Funktionsfähigkeit eines Gebäudes, eines Bauteils oder eines Geräts erhalten oder wiederherstellen lässt. Nicht darunter fallen Verbesserungen am Gebäude selbst oder an einzelnen Gebäudeteilen oder Geräten. Zu den Einzelmaßnahmen zählen:

- Auftrag, Auftragsdokumentation und Analyse des Inhalts;
- Vorbereitung der Durchführung, objektbezogene Kalkulation, Terminplanung, Abstimmung und Bereitstellung von Mitteln, Personal und Material, Festlegung von durchzuführenden Maßnahmen;

Vorbereitung

- vor Arbeitsbeginn vorzunehmende Maßnahmen, wie Schutz- und Sicherungsmaßnahmen, Ausrüstung und Materialbestellung, bei Wohnungen Abstimmung mit den Bewohnern bzw. Mietern, evtl. Stellen einer Ersatzwohnung für die Zeit der Durchführung der Arbeiten mit exakter Terminplanung;
- Überprüfung und Abstimmung der Vorbereitungsmaßnahmen mit dem ausführenden Handwerker und termingerechte Freigabe des Auftrags;
- eigentliche Durchführung der vorher festgelegten Maßnahmen;
- nach Fertigstellung Abnahme und Funktionsprüfung der instand gesetzten Teile;
- Meldung der Fertigstellung;

Auswertung

- Auswertung (Nachkalkulation) der Dokumentation, Kostenaufnahme, Kontrolle und Feststellung möglicher Verbesserungen in Ausführung und Terminierung;
- Rückmeldung der Fertigstellung.

Tipp: Dokumentieren Sie alle Maßnahmen

Wichtig ist immer, alle Maßnahmen zu dokumentieren, in Schriftform und möglichst mit Foto.

1.1.4 Verbesserung bzw. Modernisierung

§

Siehe CD-ROM

Bei der Immobilienverwaltung ist neben der administrativen auch die technische Verbesserung der ausgeführten bzw. auszuführenden Maßnahmen wichtig, um die Sicherheit zu gewährleisten und normative oder gesetzgeberische Forderungen, die nach der Bauerstellung gültig wurden, zu erfüllen. Darunter fallen alle Maßnahmen, wie sie beispielsweise jetzt schon von der Energieeinsparverordnung (EnEV) gefordert bzw. in den kommenden Jahren noch gefordert werden, um den Schadstoffausstoß der Gebäudeheizung zu minimieren. Aber auch Veränderungen, die es erleichtern, eine Immobilie zu vermieten, z. B. die Aktualisierung der technischen Ausstattung von Wohnungen oder die Veränderung der Wohnflächengröße, zählen dazu. Bei Instandsetzungsmaßnahmen, die über die reine

Reparatur hinausgehen und eine Anpassung an einen technisch oder wirtschaftlich besseren Standard vorsehen, spricht man auch von einer „modernisierenden Instandsetzung".

Wertsteigerung durch Altbausanierung

Eine Verbesserung der Immobilie liegt auch vor, wenn bei einem Altbau eine Modernisierung oder Generalsanierung durchgeführt wird. Letzteres ist der Fall, wenn beispielsweise von einem Gebäude nur noch die statisch notwendigen und optisch sinnvollen Gebäudeteile stehen bleiben. In solchen Fällen spricht man von einer „Entkernung", wobei die umgebaute Immobilie danach meist einen höheren Nutz- bzw. Verkaufswert besitzt.

Wertminderung durch Nutzungsausfall

Werden an einzelnen Bauteilen oder Gebäudeanlagen Verbesserungen durchgeführt, so kann entweder ein Teilbereich (z. B. Wohnung) oder die komplette Immobilie nicht genutzt werden. Über einen bestimmten Zeitraum ist damit eine Wert- oder Einnahmeminderung verbunden.

Definition: Modernisierung

Es gibt keine einheitliche Begriffsbestimmung zu „Modernisierung von Wohngebäuden". Im BGB wird dieser Begriff inhaltlich in § 541b mit „Maßnahmen zur Verbesserung der gemieteten Räume oder sonstiger Gebäudeteile" beschrieben. Nach der II. BV versteht man unter einer Modernisierung bauliche Maßnahmen, die den Gebrauchswert des Wohnraums nachhaltig erhöhen, die allgemeinen Wohnverhältnisse auf Dauer verbessern oder nachhaltige Einsparungen von Heizenergie oder Wasser bewirken. Auch das Baugesetzbuch bezieht sich beim Modernisieren auf die Behebung von Missständen, die eine bauliche Anlage nach ihrer inneren und äußeren Beschaffenheit aufweist – besonders dann, wenn die bauliche Anlage nicht den allgemeinen Anforderungen an gesunde Wohn- und Arbeitsverhältnisse entspricht. Im Gegensatz zum Begriff „Mängel", die durch Instandsetzungen beseitigt werden können, wird hier der Begriff der „Missstände" gewählt.

Genaueres zum Thema Verbesserungsmaßnahmen erfahren Sie unter Kap. 3.2.2 ab Seite 42.

1.2 Was bedeutet „Wohnstandard"? – So steigern Sie den Wert Ihrer Immobilie

Ausstattungskriterien des BFH

Vom Bundesfinanzhof (BFH) werden als wesentliche Ausstattungsmerkmale eines Gebäudes neben der Qualität der Sanitär-, Heizungs- und Elektroinstallation auch die Fenster aufgeführt. Das ist jedoch lediglich als Basis anzusehen, die weitere Merkmale zulässt. So hat das Bundesministerium der Finanzen (BMF) mit der Formulierung „vor allem" viele Möglichkeiten offengelassen.

Eine Verbesserung des ursprünglichen Zustands führt zu einer deutlichen Aufwertung der Immobilie. Als „ursprünglicher Zustand" wird der Zustand zum Zeitpunkt der Herstellung oder des Kaufs der Immobilie betrachtet. So bedeutet in der Rechtsprechung beispielsweise die Umstellung der ursprünglich mit Koks betriebenen Heizanlage auf Heizöl eine Steigerung des Gebrauchswerts. Werden einfach verglaste Fenster durch entsprechende Verglasungen, wie sie die EnEV fordert, ersetzt, wird der Immobilienwert erhöht.

1.2.1 Wohnstandard-Kategorien des BFH

Wohnstandard-Kategorien

Der BFH hat Wohnstandard-Kategorien eingeführt, die sich auf zentrale Ausstattungsmerkmale beziehen:

- sehr einfacher Wohnstandard,
- mittlerer Wohnstandard und
- sehr anspruchsvoller (gehobener) Wohnstandard.

Einfacher Wohnstandard

Danach ist ein sehr einfacher Standard, wenn die den Nutzwert des Gebäudes bestimmenden Installationen „nur im nötigen Umfang oder in einem technisch überholten Zustand vorhanden sind". Dazu gezählt wird beispielsweise auch eine unzureichende Elektroversorgung, eine technisch veraltete Heizungsanlage, Einfachverglasung und das Fehlen von Installationsgegenständen im Bad.

Mittlerer Wohnstandard

Der mittlere Wohnstandard genügt nach der Definition des BFH durchschnittlichen oder höheren Ansprüchen. Dazu werden keine detaillierten Angaben gemacht.

Gehobener Wohnstandard

Zum sehr anspruchsvollen (gehobenen) Standard gehört, dass dieser nicht mehr nur das Zweckmäßige des mittleren Wohnstandards

erfüllt, „sondern das Mögliche, vor allem durch den Einbau außergewöhnlich hochwertiger Materialien" erbringt. Dazu zählen Aufzüge, Tiefgaragen u. Ä.
Wurden an den in den Kategorien genannten maßgeblichen Einrichtungen Umbauten oder Modernisierungen durchgeführt und haben diese zu deutlichen Verbesserungen geführt, kann von einem Aufstieg in die nächste Kategorie ausgegangen werden. Das führt nicht nur zu einer Werterhöhung der Immobilie, sondern auch zur Erhöhung der Miete.

1.2.2 Einteilung aus der Wohnungswirtschaft

Verbände der Wohnungswirtschaft[1] haben 2003 versucht, gemeinsam einen Entwurf zur Definition des einfachen, mittleren und gehobenen Standards zur Verbesserung des Wohnwerts nach dem Handelsrecht darzustellen. Danach werden bestimmte Ausstattungsmerkmale den Kategorien zugeordnet. Folgende Bereiche sind definiert: Fassade, Dach und Wärmeschutz, Fenster, Sanitär, Heizung und Elektroinstallation.

Ausstattungsmerkmale nach Wohnstandard-Kategorien

Ausstattungsstandard Gebäudewerterhöhung	**Einfach** Status bis Gebäudeklasse B	**Mittel** Status Gebäudeklasse C	**Gehoben** Status Gebäudeklasse D
Fassaden	Geputzt, Sichtmauerwerk Unzureichende Wärmedämmung	Niveau der DIN 4108 und des EnEG von 1976, WSchV 1995	Niveau der EnEV 2002
Dächer	Dachziegel, Betondachsteine, ohne Wärmedämmung	Dachziegel, Betondachsteine, Asbestzementplatten, Bitumendachbahnen, WSchV 1995	Niveau der EnEV von 2002
Fenster	Einfachverglasung, Holz-, Kastenfenster	Isolierverglasung, Holz-, Kunststoff-, Alurahmen, WSchV 1995	Niveau EnEV 2002, Wärmeschutzverglasung, Kunststoff-, Holzrahmen

[1] VdW (= Verband der Wohnungswirtschaft) Rheinland Westfalen e. V. und VdW Ausschuss für Planung und Technik

Ausstattungs-standard Gebäudewert-erhöhung	**Einfach** Status bis Gebäudeklasse B	**Mittel** Status Gebäudeklasse C	**Gehoben** Status Gebäudeklasse D
Sanitär			
• Ausstattung	Badewanne, WC, Waschbecken	Badewanne, WC, Dusche, Waschbecken	Dusche, Wanne, WC, Bidet, Gäste-WC, Doppelwaschbecken
• Installation	Rohrleitungen frei geführt	Frei und unter Putz	Unter Putz
• Innenwand	Ölfarbanstrich, kleiner Fliesensockel	Fliesensockel 1,50 m	Fliesen raumhoch
• Bodenbelag	PVC, Linoleum, Steinholzboden, Holzdielen	Keramischer Belag, Linoleumfliesen	Hochwertige keramische Boden- und Wandplatten
Heizung	Einzelöfen, Küchenherd, Kachelöfen für mehrere Räume, Ölofen	Gasetagenheizung, Nachtstromspeicheröfen, Zentralheizung, Gussheizkörper, Fernwärme	Zentralheizung mit Niedertemperatur, Fußbodenheizung, Wärmerückgewinnung, Fernwärme, Niveau 1. BImSchG
Elektroinstallation	Aufputz, ein Lichtauslass je Raum, zwei Steckdosen, Klingelanlage	Unterputz, mehrere Steckdosen, Wechselsprechanlage, zentrale Antennenanlage	Unterputz, viele Lichtauslässe und Steckdosen, zentrale Schließanlage mit Überwachung, Kabelfernsehen, Multimedia

2 Energieausweis und Emissionsschutz: Das müssen Sie beachten

Energieeinsparverordnung

Die Energieeinsparverordnung (EnEV) ist nicht neu, sondern trat bereits im Jahr 2002 in Kraft. In ihr wurden Regelungen für den maximalen Primärenergiebedarf und den Mindeststandard beim Wärmeschutz für Neubauten genannt. Für Altbauten schreibt sie vor, dass bei wesentlichen Änderungen an Außenbauteilen – dazu zählen Wände, Fenster, Dächer, teilweise Kellergeschosse – Mindestdämmstandards eingehalten werden müssen. Heizkessel, die vor 1978 eingebaut wurden, müssen ausgetauscht und die oberste Geschossdecke muss nachträglich wärmegedämmt werden. Bei Häusern mit bis zu zwei Wohneinheiten, die vom Eigentümer selbst bewohnt werden, muss diese Regelung erst zwei Jahre nach Eigentümerwechsel erfüllt werden. Die EnEV löste die geltende Wärmeschutzverordnung (WSchV) und die Heizungsanlagenverordnung (HeizAnlV) bei Inkrafttreten im Jahr 2002 ab.

Energieausweis auch für ältere Bauten

Mit der EnEV von 2007 wurden nicht nur die Anforderungswerte der EnEV 2004 erhöht, sondern gleichzeitig der Energieausweis neu eingeführt. Wichtig ist, dass seitdem auch ältere Gebäude danach berechnet werden müssen. Die ab 2009 geltende EnEV 2009 ändert an diesem Sachverhalt nichts. Der Energieausweis informiert weiterhin über die energetische Qualität eines Gebäudes und seiner Bausubstanz. Bei Kauf oder Anmietung kann der Energieausweis vom Interessenten eingesehen werden.

2.1 Die Energieeinsparverordnung (EnEV)

§ Siehe CD-ROM

Die Bundesregierung hat am 27. Juni 2007 die Energieeinsparverordnung 2007 (EnEV 2007) verabschiedet. Sie wurde am 26. Juli 2007 im Bundesgesetzblatt verkündet und trat am 1. Oktober 2007 in Kraft. Grundsätzlich führte die EnEV erstmals die Verordnungen über Wärmeschutz und Anlagentechnik für Gebäude zusammen. In der Fassung 2007 wurde bereits auf geplante Änderungen in den Jahren 2009 und 2012 hingewiesen. Nunmehr liegt die geplante erste Änderung vor: die Energieeinsparverordnung 2009 (EnEV 2009). Sie tritt Mitte 2009 in Kraft und löst die bisherige Fassung der EnEV 2007 ab.

Gegenüber der Fassung 2007 enthält die geänderte EnEV 2009 eine grundsätzliche Verschärfung des Anforderungsniveaus, das dann 2012 nochmals um ca. 30 Prozent angehoben werden soll. Im Wesentlichen enthält die EnEV 2009 folgende Änderungen:

Energetische Anforderungen der EnEV 2009

- Zur Erhöhung der Energieeffizienz im Gebäudebereich werden, unter Wahrung der wirtschaftlichen Vertretbarkeit, die Anforderungen an den Jahresprimärenergiebedarf und an die Wärmedämmung energetisch relevanter Außenbauteile (U-Wert) bei Neubauten um rund 30 Prozent erhöht. Auch bei größeren Änderungen im Gebäudebestand gibt es eine Verschärfung der energetischen Anforderungen um durchschnittlich 30 Prozent.

Referenzgebäudeverfahren

- Neu eingeführt wird ein Referenzgebäudeverfahren für Wohngebäude und das bisherige Berechnungsverfahren für Neu- und Altbauten wird geändert. Künftig wird eine Bilanzierung entweder mit dem Verfahren nach DIN V 4108-6/4701-10 (gemäß EnEV 2007) oder mit der neuen DIN V 18599[2] WG ermöglicht.
- Die Verpflichtung zur Wärmedämmung bisher nicht gedämmter oberster Geschossdecken wird auf begehbare oberste Geschossdecken ausgedehnt.
- Nachtstromspeicherheizungen, die mindestens 30 Jahre oder älter sind, müssen stufenweise außer Betrieb genommen werden.

Grundsätzlich führt die EnEV die Verordnungen über Wärmeschutz und Anlagentechnik für Gebäude zusammen.

---

[2] DIN V 4108 Wärmeschutz und Energie-Einsparung in Gebäuden(Ausgabe 2003), DIN V 4108-6 Wärmeschutz und Energie-Einsparung in Gebäuden, Berichtigung 1 (Ausgabe 2004); DIN V 4701 Energetische Bewertung heiz- und raumlufttechnischer Anlagen (Ausgabe 2003), DIN V 4701-10 Beiblatt Anlagenbeispiele (Ausgabe 2007); DIN V 18599 Energetische Bewertung von Gebäuden (Ausgabe 2007)

Damit ist ein ganzheitlicher Ansatz bei der Beurteilung des Gebäudezustands für die Instandhaltung gegeben. In der EnEV wird die wesentliche Anforderung an den Primärenergiebedarf festgelegt. Theoretisch und praktisch lassen sich somit Schwächen im Wärmeschutz eines Gebäudes mit verbesserter Anlagentechnik kompensieren.

Gültigkeit der EnEV 2007

Die EnEV von 2007 gilt grundsätzlich für

- alle Gebäude, die beheizt oder gekühlt werden, und deren Gebäudeteile,
- Anlagen und Einrichtungen der Heizungs-, Kühl-, Raumluft- und Beleuchtungstechnik,
- die Warmwasserversorgung in Gebäuden.

Auswirkung auf Altbauten

Neu ist dabei, dass neben Neubauten jetzt auch Altbauten (bestehende Gebäude) einbezogen sind. Aufgrund des in Deutschland noch hohen Anteils älterer Gebäude, die wegen oftmals minderer Qualität bei ihrer Wärmedämmung und vorhandener Altanlagen regelrechte „Energiefresser“ sind, ist eine bautechnische Verbesserung dringend notwendig. Diese sollte aus wirtschaftlichen Überlegungen im Zuge von anstehenden Instandhaltungsmaßnahmen mit in Angriff genommen werden. In solchen Fällen bedeutet Instandhaltung gleichzeitig eine Wertsteigerung der alten Immobilie. Damit kann im Mietbestand die Miete entsprechend erhöht oder bei Eigentum eine wesentliche Wertsteigerung erzielt werden.

„Passivhaus-Standard"

Bei Neubauten muss jeder Bauherr die EnEV berücksichtigen. Am besten wäre es, den „Passivhaus-Standard“ einzuhalten. Doch diese Bauform ist nur selten und deren Standards dann auch nur mit relativ hohen Kosten auf Bestandsbauten zu übertragen. Eine solche Bauweise ist derart komplex, dass sie sich bei den meisten bestehenden Wohngebäuden gar nicht nachrüsten lässt.

Üblich war bisher, bei anstehenden Instandhaltungsmaßnahmen oder umfangreichen Sanierungen zwar Heizanlagen auszuwechseln, aber den bautechnischen und witterungsbedingten Verschleiß der Außenwände und des Daches auf einen späteren Zeitpunkt zu verschieben. Dabei ist eine umfassende energetische Modernisierung besonders bei Altbauten dringend notwendig. Würde man energetische Modernisierungen von Bestandsgebäuden konsequent durchführen, könnten sehr viel Energie eingespart und die Umweltbelastung drastisch reduziert werden – ein Ziel, dass auch die Politik mit immer höheren Anforderungen in der Fortschreibung der EnEV 2007 in den kommenden Jahren anstrebt. Die ersten Änderungen enthält die EnEV 2009. Für das Jahr 2012 ist eine nochmalige Verschärfung der Anforderungen als Änderung angekündigt. Bei der Instandhaltung sollten diese Aspekte immer mit bedacht werden.

Energieausweis bei Verkauf und Vermietung

Die EnEV 2007 schreibt erstmals einen Energieausweis im Falle eines Verkaufs oder der Vermietung eines Gebäudes oder einer Wohnung vor. Ein solcher Ausweis ist bei Neubauten aufgrund des Energiebedarfs auszustellen. Hier wird anhand der vorhandenen Baupläne errechnet, welche Energiemenge benötigt wird, um das Gebäude zu beheizen und/oder Warmwasser zu erzeugen. Deshalb ist hier ein Energieausweis auf Basis des errechenbaren Bedarfs möglich.

Tipp: Übertreffen Sie die Mindestforderungen der EnEV

Neu ist, dass in der EnEV von 2007 ausdrücklich ihre Gültigkeit für bestehende Gebäude festgeschrieben wurde. Bei den geforderten Werten für Bauteile und Geräte handelt es sich immer noch um den Mindestschutz. Jeder darf – und sollte – diese Werte übertreffen.

2.2 Die EnEV und der Energieausweis

Die EnEV regelt in Abschnitt 5, §§ 16 bis 21, die Inhalte und Berechnungsmöglichkeiten des Energieausweises.

2.2.1 Welche Energieausweisarten gibt es?

In der EnEV 2007 wurde nach verbrauchs- und bedarfsorientierten Energieausweisen unterschieden. Diese beiden Ausweisarten werden – bezogen auf das Objekt – in unterschiedlicher Weise für Nichtwohngebäude und Wohngebäude berechnet. Diese Wahlmöglichkeit ist nur bis zum 30.09.2008 anwendbar. Deshalb enthält die EnEV 2009 auch keinen Hinweis mehr darauf. Denn grundsätzlich gilt nach dem 30.09.2008 allein der bedarfsorientierte Energieausweis für Neu- und Altbauten.

Verbrauchsausweis

Eine Berechnungsmethode beruht auf dem tatsächlich gemessenen Energieverbrauch des bestehenden Gebäudes für Heizung und Warmwasser (Verbrauchsausweis). Dabei werden die Werte des gesamten Gebäudes aus den letzten drei Jahren herangezogen. Bei Wohngebäuden mit mehreren Wohnungseinheiten wird der Verbrauch aller Wohnungen (leer stehende Wohnungen sind angemessen zu berücksichtigen) zugrunde gelegt. Um kalte und wärmere Jahre sowie die regionale Witterungssituation (raues oder mildes Klima) mit in den Nachweis einfließen zu lassen, werden für den tatsächlichen Energieverbrauch Korrekturfaktoren ermittelt und entsprechend bei der Berechnung berücksichtigt. Dafür werden für jeden Postleitzahlenbereich und jedes Jahr Multiplikatoren veröffentlicht, mit denen regionale und saisonale Klimaschwankungen ausgeglichen werden müssen. Die Energieverbrauchskennwerte werden dann rechnerisch zur Gebäudenutzfläche ins Verhältnis gesetzt. Im Energieausweis sind sie entsprechend ausgewiesen.

Bei Altgebäuden lässt sich der Energieverbrauchskennwert schnell schätzen, indem die Abrechnungen der Brennstofflieferanten des letzten Jahres herangezogen werden:

Siehe CD-ROM

Umrechnungsfaktor:
1 Liter Heizöl = etwa 1 Kubikmeter Erdgas = etwa 10 Kilowattstunden (kWh).

1A. Der Heizölverbrauch betrug ... Liter pro Jahr × 10 = ... kWh/a
oder
1B. Der Gasverbrauch betrug ... Kubikmeter pro Jahr × 10 = ... kWh/a

2. Falls mit der Heizanlage auch Warmwasser erzeugt wird, ermittelt man:
1.000 kWh × ... (Gesamtpersonenzahl) = ... kWh/a

3A. (Übertrag aus 1A oder 1B) ... (Zwischensumme) = ... kWh/a
oder
3B. Trifft 2. zu, ziehen Sie dieses Ergebnis von 1A oder 1B ab:
1A oder 1B – Ergebnis 2. = ... (Zwischensumme) = ... kWh/a

Der überschlägige Energieverbrauchskennwert ist:
Zwischensumme (3A oder 3B) durch die Gesamtwohnfläche in Quadratmetern:
... kWh/a : ... m^2 = ... kWh/(m^2a) (Kennwert)

Bedeutung des Kennwerts

Dieser Kennwert bietet allerdings nur eine erste grobe Schätzung. Dabei wurden z. B. unterschiedliche Witterungsverhältnisse und Jahreszeiten nicht berücksichtigt. Einen genauen Wert kann Ihnen Ihr Energieberater errechnen. Als Anhaltspunkt gilt: Liegt der der Wert über 120, sollten Energiesparmaßnahmen angedacht werden. Ist der Wert unter 120, ist der energetische Standard recht gut. Bei Werten über 200 müssen Sie aktiv werden. Liegt der Kennwert sogar über 240, sollten dringend umfassende energetische Maßnahmen durchgeführt werden.

Bedarfsausweis

Grundlage für den Bedarfsausweis ist – im Gegensatz zum Verbrauchsausweis – eine Berechnung des Energiebedarfs eines Gebäudes anhand von bautechnischen Gegebenheiten. Dazu werden die Oberflächen aller Bauteile, die Kontakt zur Außenluft (z. B. Flachdach oder Steildach, Fassade), aber auch zu unbeheizten Räumen (Decke über Unterfahrten, Fußboden über Tiefgaragen) oder zum Erdreich (Kellergeschosswohnung) haben, in Quadratmetern berechnet. Diesen Flächen werden jeweils Kennwerte zugewiesen, die angeben, wie viel Energie wegen der nachgewiesenen Baukonstruktion des Bauteils an die kältere Umgebung (Außenklima) abgegeben wird.

Energetische Anforderungen in EnEV 2009 verschärft

Die Anforderungen an Wohn- und Nichtwohngebäude werden in der EnEV 2009 komplett neu gefasst. Damit soll der Verschärfung der energetischen Anforderungen, der Einführung des Referenzgebäudeverfahrens für Wohngebäude und den Änderungen der Berechnungsverfahren Rechnung getragen werden. Auf diese Weise werden die Anforderungen an den Jahresprimärenergiebedarf und die Wärmedämmung energetisch relevanter Außenbauteile gegenüber der EnEV 2007 um rund 30 Prozent angehoben. Diese Änderungen bestimmen, dass die Maßnahmen nicht nur bei Neubauten, sondern auch bei Bestandsgebäuden so auszuführen sind, dass der Jahresprimärenergiebedarf für Heizung, Warmwasserbereitung, Lüftung und Kühlung einen bestimmten Höchstwert nicht überschreitet. Gegenüber bisherigem Recht kann der Höchstwert nicht aus einer Tabelle abgelesen oder anhand einer Formel berechnet werden. Maßstab wird deshalb der zu berechnende Wert eines Referenzgebäudes sein. Darunter versteht man die Festlegung der energetischen Qualität der Gebäudehülle und der verschiedenen Anlage-

komponenten für ein baugleiches Gebäude. Gemäß EnEV 2009 wird der bauliche Wärmeschutz über den Wärmedurchgangskoeffizienten von Außenbauteilen (U-Wert) ermittelt. Der Höchstwert des Jahresprimärenergiebedarfs kann nach einem von zwei Berechnungsverfahren ermittelt werden. Dazu ist eine Bilanzierung entweder mit dem bereits in der EnEV 2007 genannten Verfahren nach DIN V 4108-6/4701-10 oder mit der neuen DIN V 18599 WG möglich. Beide Verfahren sind ab Gültigkeit der EnEV 2009 gleichwertig und gleichberechtigt für Neu- und Bestandbauten anwendbar.
Sehr detailliert wird hier jedes einzelne Bauteil der Gebäudehüllfläche (die ein Gebäude umspannende Außenhaut) unter die Lupe genommen und anschließend alles zusammengeführt. Ergebnis ist die energetische Qualität der gesamten Gebäudehüllfläche.
Ebenso detailliert wird die Gebäudetechnik, wie die Heizanlage, die Warmwasseraufbereitung, die Lüftungstechnik (gesonderte Ab- und Zuluftzuführung der einzelnen Wohnungen) oder auch Kühlung (Klimaanlage), zur Berechnung herangezogen. Daraus kann dann die Energieeffizienz der Gebäudetechnik ermittelt werden.

Anwendung bei Alt- und Neubauten

Aus der Zusammenstellung der Berechnungswerte für die Gebäudehülle und für die Gebäudetechnik ergibt sich der Energieausweis auf Grundlage des berechneten Energiebedarfs. Diese Art der Berechnung kann für Alt- ebenso wie für Neubauten angewendet werden. Ein bedarfsorientierter Ausweis ist für Neubauten Pflicht. Bei Altbauten können bei dieser Ausweisart Probleme auftreten, wenn keine oder nur unvollständige Planunterlagen vorliegen oder keine genauen Angaben zur Baukonstruktion gemacht werden können.

Wer erstellt den Ausweis?

Die Erstellung eines Energieausweises anhand konkreter Werte eines Gebäudes wird von Architekten, Energieberatern, qualifizierten Ingenieuren und Handwerksmeistern vorgenommen. Man sollte dabei besonders auf die Qualifikation des beauftragten Erstellers achten (Haftung bei fehlerhafter Berechnung).

Tipp: Lassen Sie sich einen Bedarfsausweis erstellen

Ein Bedarfsausweis liefert Ihnen mehr Informationen über den Energieverbrauch und den Instandhaltungsbedarf Ihrer Immobilie als ein Verbrauchsausweis.

2.2.2 Für welche Gebäude muss der Energieausweis erstellt werden?

Immer bei Verkauf oder Vermietung

Ein Energieausweis muss grundsätzlich immer dann für Gebäude vorgelegt werden, wenn eine Wohnung verkauft oder vermietet wird. Das gilt für alle Gebäude, unabhängig davon, ob es sich um reine Wohngebäude, Gewerbeeinheiten oder gemischt genutzte Immobilien handelt.

Tipp: Weiterführende Literatur zum Energieausweis

Aufgrund der im Buch besprochenen Thematik wird hier nicht auf Neubauten eingegangen. Dafür empfehle ich das Buch „Der Energieausweis für Gebäude" (ISBN: 978-3-448-07262-4) aus dem Haufe-Verlag.

Bedarfsausweis bei Bauten vor dem 1.11.1977

Für Gebäude mit bis zu vier Wohnungen, für die der Bauantrag vor dem 1.11.1977 gestellt wurde, muss bei Verkauf oder Vermietung nach dem 1.10.2008 zwingend ein bedarfsorientierter Energieausweis vorgelegt werden. Ein verbrauchsorientierter Energieausweis ist dann nicht mehr zulässig. Empfehlenswert ist die Erstellung eines bedarfsorientierten Ausweises immer dann, wenn entsprechende bau- und/oder anlagentechnische Änderungen im Zuge einer Instandsetzung, eines Umbaus oder einer Modernisierung vorgenommen werden. Denn mit diesem Ausweis wird auch eine Wertsteigerung der Immobilie nachgewiesen.

Verbrauchsausweis bei Bauten vor dem 1.11.1977

Bei Gebäuden mit bis zu vier Wohnungen, für die ein Bauantrag vor dem 1.11.1977 gestellt worden ist und die gleichzeitig alle Forderungen aus der WSchV vom 11.8.1977 erfüllt haben, ist der bedarfsorientierte Energieausweis nicht zwingend vorgeschrieben. In solchen Fällen kann auch der verbrauchsorientierte Ausweis angewendet werden. Das Gleiche gilt für Gebäude mit bis zu vier Wohnungen, deren Bauantrag vor dem 1.11.1977 gestellt wurde und die nachträglich durch Modernisierungsmaßnahmen auf das Niveau der WSchV von 1977 angehoben wurden.

Bedarfsausweis bei wesentlichen Änderungen

Werden wesentliche Änderungen an bestehenden Gebäuden im Sinne der Anlage 3 Nr. 1 bis 6 der EnEV vorgenommen und eine Berechnung des Energiebedarfs des gesamten Gebäudes nach § 9 Abs. 2 EnEV durchgeführt, muss ein Bedarfsausweis erstellt werden.

Das ist beispielsweise dann der Fall, wenn zur Instandsetzung Änderungen an

- Flachdächern, Steildächern, Dachflächenfenstern, Gauben, unbenutzten Dachböden, Dachbalkonen, Dachschrägen usw.,
- Außenwänden, Fassadenflächen, Fenstern, Fenstertüren, Loggien, Etagenbalkonen usw.,
- Decken über unbeheizten Flächen, wie Tordurchfahrten, oder Tiefgaragen, Fußböden in Untergeschossen und Kellerbereichen usw.,
- Wandflächen, die im Erdreich liegen, usw.,
- Vorhangfassaden, Fassadenbekleidungen, Vormauerschalen bei zweischaligem Mauerwerk usw.

geplant und ausgeführt wurden. Das gilt grundsätzlich für konstruktive und gestalterische Veränderungen der Gebäudehülle.

Werden bei Um- und/oder Anbauten an bestehende Gebäude die Nutzflächen nach DIN 277-1 von beheizten und/oder gekühlten Räumen um mehr als die Hälfte erweitert, ist eine Berechnung des Energiebedarfs des gesamten Gebäudes – also Altteil plus Neubau – nach § 9 Abs. 2 EnEV durchzuführen. Dann ist auch der Bedarfsausweis zwingend vorgeschrieben.

2.3 Welche Verpflichtungen ergeben sich aus der EnEV?

§ Siehe CD-ROM

In der Energieeinsparverordnung von 2007 sind im dritten Abschnitt (EnEV §§ 9 ff.) Verpflichtungen zu Änderungen am Gebäudebestand aufgeführt. Für bestehende Gebäude (Altbau) werden Nachrüstverpflichtungen genannt, die unbedingt und bedingt einzuhalten sind. Dabei handelt es sich immer um Mindestanforderungen, die selbstverständlich überschritten werden dürfen, z. B. durch noch besser wärmegedämmte Fenster.

Bedingte und unbedingte Nachrüstverpflichtungen

Bedingte Nachrüstverpflichtungen können beispielsweise dann entstehen, wenn Änderungen an einem Gebäude vorgenommen werden. Gemäß § 9 EnEV müssen diese so ausgeführt werden, dass mindestens die in der EnEV vorgeschriebenen Werte erreicht werden. Dagegen sind die in § 10 EnEV genannten unbedingten Nachrüstverpflichtungen öffentlich-rechtliche Verpflichtungen. Sie sind zwingend vom Immobilienbesitzer, Wohnungseigentümer und/oder Hausverwalter (Immobilienverwaltung) zu beachten und einzuhalten. Wer Alleineigentümer einer Immobilie ist, hat selbst für die Einhaltung der Nachrüstverpflichtung zu sorgen.

Außerbetriebnahme älterer Heizanlagen

Auch nach der EnEV 2007 gilt weiterhin die Außerbetriebname von Heizkesseln, die mit flüssigen oder gasförmigen Brennstoffen betrieben werden und vor dem 1.8.1978 eingebaut oder aufgestellt wurden. Bereits in der Fassung der EnEV von 2004 wurde gefordert, dass insbesondere alte Öl- und Gasheizungen bis 31.12.2006 zwingend außer Betrieb genommen werden.

Heizanlagen zur Gebäudebeheizung und Warmwasseraufbereitung, die vor dem 1.10.1978 ein-, jedoch nach dem 1.11.1996 durch technische Maßnahmen so umgebaut wurden, dass sie die zulässigen Abgasverlustgrenzwerte einhielten, müssen dagegen bis 31.12.2008 außer Betrieb genommen werden. Das gilt auch für Heizkessel, deren Brenner nach dem 1.11.1996 erneuert wurden.

Dagegen gelten die unbedingten Nachrüstverpflichtungen nicht, wenn die bestehende Anlage mit Brennwertkesseln oder Niedertemperatur-Heizkesseln ausgestattet ist.

Ein Immobilienbesitzer, der seinen Wohnungsbestand vermietet, ist demnach ohne besondere vertragliche Vereinbarung verpflichtet, Änderungen oder bauliche Maßnahmen an der Mietsache durchzuführen. Der Vermieter oder sein Hausverwalter muss unbedingt Sorge dafür tragen, dass Heizanlagen entsprechend den genannten Fristen ausgetauscht werden.

Regelungen der EnEV 2009

Entsprechend der EnEV 2009 dürfen elektrische Speicherheizsysteme in Wohngebäuden mit mehr als fünf Wohneinheiten nicht mehr betrieben werden, wenn die Raumwärme in den Gebäuden ausschließlich durch elektrische Speicherheizsysteme erzeugt wird. Auf Nichtwohngebäude mit einer mindestens viermonatigen Jahresnutzung mit Innentemperaturen von mindestens 19 Grad Celsius und mehr als 500 Quadratmetern Nutzfläche ist die Nutzung elektrischer Speicherheizsysteme ebenfalls nicht mehr erlaubt. Eine Ausnahme bilden solche Heizsysteme, die nicht mehr als 20 Watt Leistung pro

Quadratmeter Nutzfläche einer Wohnungs-, Betriebs- oder sonstigen Nutzungseinheit liefern.

Generell dürfen alle vor dem 1. Januar 1990 eingebauten oder aufgestellten und nach diesem Datum nicht in wesentlichen Bauteilen erneuerten elektrische Speicherheizsysteme nach dem 31. Dezember 2019 nicht mehr betrieben werden. Heizsysteme, die nach dem 31. Dezember 1989 eingebaut oder aufgestellt wurden und nicht wesentlich geändert wurden, dürfen nach Ablauf von 30 Jahren nicht mehr betrieben werden. Werden mehr als zwei Heizgeräte in einem Gebäude betrieben, ist deren Alter zu ermitteln. Als Stichtag gilt dann das Alter des zweitältesten Heizaggregats.

Ausnahmeregelungen

Ausnahmen sind möglich, wenn der notwendige Aufwand der Umrüstung nicht innerhalb einer angemessenen Frist erwirtschaftet werden kann, der Bauantrag für das Gebäude nach dem 31. Dezember 1994 gestellt wurde, das Gebäude bereits bei Baufertigstellung dem Anforderungsniveau der Wärmeschutzverordnung 1994 (WSchV) entsprach, das Gebäude durch spätere Änderungen mindestens dem Niveau der WSchV entspricht.

Wärmedämmung

Ebenfalls Nachrüstpflicht besteht bei Altbauten, wenn die Warmwasserleitungen und/oder Wärmeverteilungsleitungen sowie Armaturen, die sich in nicht beheizten Räumen befinden oder durch sie verlaufen, nicht oder nur unzureichend wärmegedämmt sind. Das wurde bereits in der EnEV 2004 gefordert und gilt sinngemäß auch für die EnEV 2007 und die EnEV 2009.

Die unzureichende Wärmedämmung der obersten Geschossdecke, z. B. in einem begehbaren Dachboden, über beheizten Räumen musste bereits nach der EnEV 2004 bis zum 31.12.2006 so verbessert worden sein, dass der Wärmedurchgangskoeffizient (ein Maß für den Wärmestromdurchgang durch eine Materialschicht) der Geschossdecke 0,30 W/m²K (Watt pro qm Kelvin) nicht überschreitet. Diese Forderung besteht auch weiterhin in der EnEV 2007 und wurde für in der EnEV 2009 auf begehbare oberste Geschossdecken erweitert.

Achtung: Rechnen Sie mit einer Erhöhung der Werte
Es ist damit zu rechnen, dass bei der von der Politik angestrebten Verschärfung der EnEV diese Werte wesentlich erhöht werden. Deshalb sollte bei einer anstehenden Instandhaltung der geforderte Mindestwert vorausschauend übertroffen werden.

Nachrüstung einklagbar

Erfüllt ein Vermieter die unbedingten Nachrüstverpflichtungen nach § 10 EnEV 2007 nicht, kann der Mieter einen berechtigten Mangel einklagen. Bei Eigentümergemeinschaften hat der einzelne Eigentümer einen gerichtlich durchsetzbaren Anspruch auf Erfüllung der Nachrüstverpflichtung.

Nachrüstpflicht durch Veränderungen

Werden Änderungen an einem Gebäude vorgenommen, egal ob es sich um notwendige Reparaturen, Instandhaltungsmaßnahmen oder Umbau- bzw. Modernisierungsmaßnahmen handelt, kann eine bedingte Nachrüstpflicht entstehen. Deshalb sollten bauliche Maßnahmen immer auch darauf abzielen, die vorhandene energetische Qualität zu verbessern. Bautechnische Änderungen müssen unbedingt die in der EnEV 2007 genannten Mindestwerte einhalten. Besonders der Jahresprimärenergiebedarf (die für Gebäudeheizung und -kühlung zu bezahlende Energiemenge) des Gebäudes und bestimmte Wärmedurchgangskoeffizienten (Tabellenwerte aus der EnEV bzw. DIN 4108 „Wärmeschutz im Hochbau“) von Bauteilen sollten dabei um nicht mehr als 40 Prozent überschritten werden (Je größer die Zahl des Wärmedurchgangskoeffizienten ist, desto ungünstiger ist die Wärmedämmung.). Hier handelt es sich um Mindestanforderungen, nicht um Werte, mit denen ein Null-Energie-Haus betrieben werden kann.

2.4 Wie wird die EnEV in der Praxis umgesetzt?

Die aktuelle EnEV 2007 ersetzt die bisher gültige Wärmeschutz- und die Heizungsanlagenverordnung. Wesentliches Kriterium der EnEV ist der auf die Gebäudenutzfläche bezogene Jahresprimärenergiebedarf. Bisher wurde lediglich betrachtet, ob ein Gebäude eine gute Wärmedämmung aufweist und niedrige Abgaswerte erzielt. Jetzt werden auch die Energieart und klimatische Besonderheiten mit in die Beurteilung einbezogen.

So ist beispielsweise die Nutzung von Strom für die Gebäudeheizung viel energieaufwendiger als die Nutzung von Erdgas. Denn Strom muss mit einem wesentlich höheren Energiebedarf zunächst von Kraftwerken (aus Braun- oder Steinkohle, die mit hohem Energieeinsatz gefördert und transportiert werden) produziert und über lange Leitungswege geschickt werden, bevor er dem Wohnhaus zur Verfügung steht. Erdgas dagegen kann dem Kunden über Rohrsysteme ohne weiteren Primärenergiebedarf direkt ins Haus geliefert werden. Werden neue Energieträger, z. B. Holz oder Holzpellets für die Beheizung eines Gebäudes eingesetzt, wird das bei der Berechnung des Jahresprimärenergiebedarfs entsprechend berücksichtigt.

Förderung für Umrüstungen

Nach der EnEV kommt es nicht allein auf eine gute Wärmedämmung an, sondern auch auf die Art der verwendeten Energie. Es sollte immer versucht werden, neue Energieträger zu verwenden und alte Heizungsanlagen entsprechend umzustellen. Der Staat fördert die energiesparende Instandsetzung mit erneuerbaren Energien durch verschiedene Förderprogramme.

Berücksichtigung klimatischer Einflüsse

Auch Lage und Situation des Gebäudes fließen in die Gesamtbetrachtung mit ein. Denn man hat erkannt, dass regional unterschiedliche klimatische Bedingungen einen nicht zu unterschätzenden Einfluss auf die Wärmeabgabe der Gebäudehülle ausüben: Es macht einen Unterschied, ob ein Gebäude in Norddeutschland in Nähe des Meeres, im milden Rheintal oder in den Höhenlagen der Rhön bzw. Eifel liegt.

§

Siehe CD-ROM

Die „Regeln für Energieverbrauchskennwerte im Wohngebäudebestand“ vom 26. Juli 2007 werden angewendet, „wenn der witterungsbedingte Energieverbrauch zu ermitteln ist, um Energieausweise für bestehende Wohngebäude auf der Grundlage des erfassten Energieverbrauchs auszustellen“. Nach Absatz 3 (Witterungsbereinigung) müssen sowohl die zeitlichen wie auch die ortsbedingten Witterungsverhältnisse berücksichtigt werden. In Deutschland wird dabei der Referenzstandort Würzburg mit den Angaben der örtlich zuständigen Wetterstation nach Postleitzahl anhand einer Tabelle verglichen. Dann wird mithilfe weiterer dort genannter Faktoren der Energieverbrauchskennwert ausgewiesen.

Für Altbauten und bei der Instandhaltung sind die Abschnitte 3 und 4 der EnEV 2007 zu beachten. Im Abschnitt 3 (§§ 9 bis 12) werden Angaben zu bestehenden Gebäuden und Anlagen gemacht. Der § 9 behandelt „Änderungen von Gebäuden", § 10 „Nachrüstung bei Anlagen und Gebäuden", § 11 „Aufrechterhaltung der energetischen Qualität" und § 12 geht auf die „Energetische Inspektion von Klimaanlagen" ein. Im Abschnitt 4 werden Forderungen an „Anlagen der Heizungs-, Kühl- und Raumlufttechnik sowie der Warmwasserversorgung" beschrieben.

Regelung für kleinere Maßnahmen

Grundsätzlich unterscheidet die EnEV nach Größe und Art der bei bestehenden Gebäuden auszuführenden Leistungen. Bei kleineren Instandsetzungsarbeiten, die bei Außenwänden, außen liegenden Fenstern, Fenstertüren und Dachflächenfenstern maximal 20 Prozent der Bauteilfläche gleicher Orientierung (Ausrichtung nach Himmelsrichtung) betragen, gelten die Anforderungen des § 9 Absatz 1 als erfüllt, wenn bestimmte (aufgeführt in Anlage 3 der EnEV) Wärmedurchgangskoeffizienten der betroffenen Außenbauteile nicht überschritten werden. Für andere Außenbauteile, die weniger als 20 Prozent der jeweiligen Bauteilfläche betreffen, gilt das ebenso.

Regelung für umfangreichere Arbeiten

Werden bei Wohngebäuden Anbauten oder Erweiterungen mit beheizten oder gekühlten Räumen, die zusammenhängend mindestens 15 und höchstens 50 Quadratmeter Nutzfläche ausmachen, vorgenommen, müssen die betroffenen Außenbauteile so ausgeführt werden, dass sie die in Anlage 3 der EnEV festgelegten Wärmedurchgangskoeffizienten nicht überschreiten. Mit anderen Worten: Die Anforderungen der EnEV 2007 und der verschärften EnEV 2009 müssen mindestens eingehalten werden. Dabei sollte beachtet werden, dass der Gesetzgeber eine weitere Änderung der Mindestanforderungen, wie sie in der EnEV 2009 genannt sind, um nochmals 30 Prozent für das Jahr 2012 angekündigt hat. Bei mehr als 50 Quadratmetern Nutzfläche wird die bauliche Änderung so betrachtet, als würde ein Neubau errichtet.

Tipp: Erhöhen Sie den Wert Ihrer Immobilie

Es mag auf den ersten Blick so aussehen, als handle der Gesetzgeber bei baulichen Änderungen etwas zu streng, jedoch bedeutet die energetische Verbesserung einer Immobilie immer auch eine Steigerung ihres

Marktwerts. Auch der Vermieter hat mit den Instandhaltungsmaßnahmen im Sinne der EnEV bessere Argumente für angepasste Mieten.

2.5 Die 1. Bundesimmissionsschutzverordnung

Das Bundesimmissionsschutzgesetz (BImSchG) stammt aus dem Jahr 1974 und wurde 1975 durch die erste Durchführungsverordnung zum BImSchG ergänzt – die sogenannte 1. BImSchV, in den Folgejahren immer wieder novelliert und angepasst. Die 1. BImSchV enthält 23 Paragraphen, von denen für Wohngebäude der § 11 wichtig ist. In ihm wird u. A. geregelt, welche Rußzahl im Abgas von Kleinfeuerungsanlagen vorhanden sein darf, dass im Abgas keine Ölderivate enthalten sein dürfen und welche Abgasverlustgrenzwerte (= Differenz zwischen dem Wärmeinhalt des Abgases und der Verbrennungsluft, bezogen auf den Heizwert des eingesetzten Brennstoffs) eingehalten werden müssen. In § 23 werden Fristen genannt, bis wann welche Abgasverlustgrenzwerte einzuhalten sind. Eine Ordnungswidrigkeit begeht, wer die Kontrolle der Grenzwerte nicht einhält. Ermittelt und in einem Protokoll festgehalten werden diese Werte jährlich einmal vom zuständigen Schornsteinfeger. Dieses Protokoll ist mindestens fünf Jahre aufzubewahren.

Abgasverlustgrenzwerte für Öl- und Gasfeuerungsanlagen

Bei Öl- und Gasfeuerungsanlagen schreibt die 1. BImSchV folgende Grenzwerte vor:

- Für Anlagen mit einer Nennwärmeleistung von über vier bis 25 Kilowatt darf bei der Einstufungsmessung der ermittelte Abgasverlustgrenzwert elf Prozent nicht übersteigen.
- Bei 25 bis 50 Kilowatt darf der ermittelte Wert zehn Prozent nicht übersteigen.
- Übersteigt die Nennwärmeleistung 50 Kilowatt, so dürfen neun Prozent nicht überschritten werden.
- Bei Anlagen von bis zu 100 Kilowatt Nennwärmeleistung und mehr durften bis zum 1.11.2004 die gemessenen Abgasverlustgrenzwerte bei der Einstufungsmessung ein Prozent nicht übersteigen.

Die 1. BImSchV ist ein sehr komplexes Regelwert, auf das hier nicht näher eingegangen wird. Grundsätzlich aber ist bei der Planung von

Instandhaltungsmaßnahmen bereits im Vorfeld darauf zu achten, dass frühzeitig ein Fachmann eingeschaltet wird, der beratend in Bezug auf die 1. BImSchV tätig wird. Nur so lassen sich mögliche Kosten durch Fehlplanung vermeiden und daraus nachträglich resultierende teure Änderungen verhindern.

> **Achtung: Rechnen Sie mit zusätzlichen Forderungen**
> Die 1. BImSchV wird seit 2007 überarbeitet und als 2. BImSchV wahrscheinlich 2008 verkündet werden, wobei mit einer Verschärfung, insbesondere durch die Forderung nach Einbau von Rußfiltern bei Heizanlagen für Holz, zu rechnen ist.

2.6 Wer berät und wer kontrolliert die Einhaltung der Regeln?

Beratung durch Fachleute

Zunächst ist in der EnEV 2007 der Personenkreis genannt, der für die Erstellung eines Energieausweises zuständig ist. Das können Fachingenieure, Architekten, Energieberater und Handwerker sein, die eine zusätzliche Ausbildung für diesen Bereich nachweisen können. Der Immobilienbesitzer oder Hausverwalter sollte grundsätzlich auf solche Fachleute zurückgreifen. Diese werden ihm nicht nur bei der Vorbereitung von Instandhaltungsmaßnahmen beratend zur Seite stehen, sondern auch die Einhaltung der Bestimmungen kontrollieren können. Für Sie ist wichtig, dass diese Fachleute eine entsprechende Haftpflichtversicherung abgeschlossen haben. Im Streitfall haben Sie als Auftraggeber dann immer die Sicherheit, dass ein möglicher Schadensfall finanziell abgesichert ist.

Kontrolle durch Baubehörde

Kontrolliert und geprüft wird die Einhaltung der EnEV bei baulichen Instandhaltungsmaßnahmen – ähnlich wie bei Neubauten – auch von der örtlichen Baubehörde. Zudem steht ein Immobilienbesitzer immer unter Kontrolle seiner Mieter, die möglichst geringe Energiekosten aufwenden wollen. Der Hausverwalter muss den Wohnungseigentümern gegenüber diesbezüglich Rechenschaft ablegen. Da kann es schnell zu Komplikationen kommen, wenn die Forderungen der aktuellen EnEV nicht erfüllt werden. Im schlimmsten Fall kann das zu langwierigen Gerichtsverfahren führen.

3 Ihre Rechte und Pflichten als Vermieter und Verwalter

3.1 Instandhaltung als Vermieterpflicht

Eine Hauptpflicht des Vermieters ist es, die Mietsache dem Mieter nicht nur in einem zum vertragsgemäßen Gebrauch geeigneten Zustand zu überlassen, sondern diese auch während der gesamten Mietzeit in diesem Zustand zu erhalten (§ 535 BGB).
Sind die Aufwendungen für die Instandsetzung unverhältnismäßig hoch, ist also die Opfergrenze überschritten, kann der Mieter die Mängelbeseitigung nicht verlangen. Dies ist der Fall, wenn ein krasses Missverhältnis zwischen Reparaturaufwand einerseits und Mieteinnahmen und Wert des Mietobjekts andererseits besteht.[3]

3.2 Diese Maßnahmen muss der Mieter dulden

3.2.1 Instandhaltungs- und Instandsetzungsmaßnahmen (§ 554 Abs. 1 BGB)

Umfang der Duldungspflicht

Nach § 554 Abs. 1 BGB hat der Mieter Maßnahmen zu dulden, die zur Erhaltung der Mietsache erforderlich sind. Nachdem der Vermieter seiner Erhaltungsverpflichtung uneingeschränkt nachkommen muss, muss ihm deren Durchführung auch durch den Mieter ermöglicht werden. Daher gilt für Erhaltungsmaßnahmen im Gegensatz zu Modernisierungsmaßnahmen die Duldungspflicht des Mieters grundsätzlich uneingeschränkt, auch wenn sie für ihn oder einen Mitbewohner eine Härte bedeutet. Der Mieter hat daher sämt-

---

[3] BGH-Urteil vom 20.07.2005, VIII ZR 342/03, NZM 2005, 820.

liche Störungen, welche mit den Erhaltungsmaßnahmen einhergehen wie z. B.

- Belästigungen durch Lärm, Erschütterungen und Schmutz sowie
- die Entziehung von Licht und Luft durch Aufstellen eines Baugerüsts nebst Gerüstschutzplane

zu dulden. Der Duldungsanspruch des Vermieters umfasst auch vorbereitende Maßnahmen, insbesondere die Gewährung des Zutritts zu seiner Wohnung mit Architekten und Handwerkern, um die Durchführung der Erhaltungsmaßnahmen zu planen. Der Mieter darf seine Bereitschaft zur Duldung der Erhaltungsmaßnahmen auch nicht von Gegenleistungen seitens des Vermieters, beispielsweise Leistung von Schadensersatz, Übernahme der Kosten für die Wiederherstellung, abhängig machen.

Lässt der Mieter den Duldungsanspruch des Vermieters gerichtlich überprüfen und wird er zur Duldung verurteilt, so hat er dem Vermieter Schadensersatz für die verzögerten Arbeiten ab dem Zeitpunkt zu leisten, in dem der Mieter Kenntnis von seiner Duldungspflicht hatte.[4]

Keine Mitwirkungsverpflichtung

Der Mieter unterliegt indes keinerlei Mitwirkungsverpflichtung mit Ausnahme des Öffnens der Haustür. Der Mieter ist daher nicht verpflichtet z. B. Möbel umzustellen beziehungsweise abzudecken, Zimmer aus- oder einzuräumen. Der Mieter darf jedoch die Arbeiten auch nicht behindern.

Was gilt für den Untermieter?

§ 554 Abs. 1 BGB gilt auch für den Untermieter, da auch ein Untermietverhältnis nur ein Mietverhältnis darstellt. Der Duldungsanspruch steht lediglich dem Hauptmieter gegenüber dem Untermieter zu. Der Vermieter hat jedoch einen Anspruch gegenüber dem Hauptmieter, dass dieser den Untermieter zur Duldung veranlasst.[5]

Eine spezialgesetzliche Norm beinhaltet § 4 Abs. 2 S. 2 HeizkVO: Demnach hat der Nutzer die Anbringung von Ausstattungen zur Verbrauchserfassung des Wärme- und Warmwasserverbrauchs zu dulden.

---

[4] AG Wedding, Das Grundeigentum 1984, 927; Schmidt-Futterer – Emmerich, 9. Auflage, § 554 BGB Rn. 33.

[5] Palandt/Weidenkaff, 66. Auflage, § 554 Rn. 2.

Ankündigung der Maßnahme

Keine gesetzliche Verpflichtung

Eine Ankündigung von Erhaltungsmaßnahmen gemäß § 554 Abs. 1 BGB sieht das Gesetz nicht vor. Es wird in der Rechtsprechung und Literatur vertreten, dass der Vermieter auch bei Erhaltungsmaßnahmen den Mieter in angemessener Frist rechtzeitig über Art und Umfang der Maßnahme informieren muss[6], damit der Mieter prüfen kann, ob er die mitgeteilten Maßnahmen dulden muss. Gem. § 554 Abs. 1 BGB besteht eine Mitteilungspflicht lediglich gem. § 554 Abs. 3 BGB bei Modernisierungsmaßnahmen i. S. d. § 554 Abs. 2 BGB. Eine solche Mitteilungspflicht ergibt sich auch nicht in analoger Anwendung des § 554 Abs. 3 BGB. Insoweit fehlt es bereits an einer planwidrigen Regelungslücke.[7]

Des Weiteren gebietet auch der Sinn und Zweck der Mitteilungspflicht des § 554 Abs. 3 BGB keine entsprechende Anwendung. Denn Sinn dieser Mitteilungspflicht bei Modernisierungsaßnahmen im Sinne des § 554 Abs. 2 BGB, bei denen eine Mieterhöhung gem. § 559 BGB zu erwarten ist, ist es, dem Mieter zu ermöglichen, von seinem Sonderkündigungsrecht gem. § 554 Abs. 3 S. 2 BGB Gebrauch zu machen. Ein solches besteht jedoch bei Maßnahmen i. S. d. § 554 Abs. 1 BGB nicht, da diese vom Mieter zu dulden sind. Die Beeinträchtigung des vertragsgemäßen Gebrauchs ist durch das Mietminderungsrecht hinreichend geschützt.

Tipp: Mieter rechtzeitig informieren

Trotz der hier vertretenen Auffassung, dass der Mieter auch ohne Mitteilung zur Duldung von Erhaltungsmaßnahmen verpflichtet ist, empfiehlt es sich bereits aus Praktikabilitätsgründen, den Mieter aufzufordern, den Zutritt zu seiner Wohnung zu gewähren, und den Umfang der beabsichtigten Maßnahme mitzuteilen. Eine Ankündigungsfrist von drei Monaten, wie sie § 554 Abs. 3 S. 1 BGB vorsieht, ist jedoch nicht einzuhalten.

---

6 Schmidt-Futterer – Emmerich, § 554 Rn. 35; AG Hamburg, ZMR 2004, 825; AG Köln, WuM 1986, 86.

7 AG München, Geschäftsnummer 412 C 15436/06.

Zumutbarkeit der Maßnahme

Die grundsätzlich uneingeschränkte Duldungspflicht hinsichtlich der Erhaltungsmaßnahmen wird durch die Zumutbarkeit beschränkt. So muss der Mieter Arbeiten, die der Vermieter zur Unzeit ausführen lässt – also nachts oder am Wochenende –, nicht hinnehmen, es sei denn, es ist Gefahr im Verzug. So hat der Mieter die Beseitigung eines Wasserrohrbruchs auch in der Nacht hinzunehmen. Der Vermieter kann sogar die vorübergehende Räumung der vermieteten Räume verlangen, sofern die erforderlichen Erhaltungsmaßnahmen nur dann durchgeführt werden können.

Siehe CD-ROM

Muster: Duldungsaufforderung von Erhaltungsmaßnahmen gem. § 554 Abs. 1 BGB durch den Vermieter

Harald Ernsberger
Gleichmannstraße 13/1. OG
81241 München

Christoph Langbein
Ludwig-Merk-Straße 1/EG
80805 München

München, 1.3.2009

Erhaltungsmaßnahme Ludwig-Merk-Straße 1, 80805 München

Sehr geehrter Herr Langbein,

mit schriftlichem Mietvertrag vom 1.3.2005 haben Sie die Wohnung Nr. 1, EG, im Anwesen Ludwig-Merk-Straße 1, bestehend aus 3 Zimmern, Küche, Bad/WC nebst Kelleranteil sowie Garagenstellplatz, vom Unterzeichnenden gemietet.

Die Abwasserfall- und Kaltwassersteigleitungen in Ihrer Wohnung sind zu erneuern. Die vorhandenen Bleileitungen sind im Jahr 1920 verlegt worden. Da die verlegten Bleileitungen nur über eine begrenzte Lebensdauer verfügen, sind Schäden aufgrund von Materialermüdungen vorhersehbar. Erschwerend kommt hinzu, dass bei einer vorangegangenen Erhaltungsmaßnahme die Bleileitungen im 1. OG durch Kupferrohre ersetzt wurden. An den Schnittstellen, an denen die Blei- mit den Kupferleitungen verlötet wurden, besteht aufgrund der verschiedenen Materialien ein gesteigertes Gefahrenpotenzial.

Gemäß § 554 Abs. 1 BGB haben Sie Erhaltungsmaßnahmen uneingeschränkt zu dulden. Zu den Erhaltungsmaßnahmen gehören sowohl Instandhaltungs- als auch Instandsetzungsmaßnahmen. Instandhaltung ist die ordnungsgemäße Beseitigung von baulichen Mängeln, die durch Abnutzung, Alterung und Witterungseinwirkung entstanden sind. Bei der Instandsetzung handelt es sich hingegen um die Reparatur gleichwohl aufgetretener Mängel sowie um die Erneuerung nicht mehr reparaturfähiger bzw. reparaturwürdiger Teile.

Die prophylaktische Erneuerung der Wasserleitungen stellt sich folglich als sachgerechte Erhaltungsmaßnahme im Hinblick auf die Mieträume dar.

Die Arbeiten beginnen am 13.4.2008 und werden voraussichtlich bis 28.4.2008 dauern. Ich habe Sie daher aufzufordern, mir spätestens bis

Freitag, den 14.3.2009

mitzuteilen, ob Sie die Durchführung der erforderlichen Arbeiten zur Instandhaltung des Anwesens dulden werden. Sollte die vorgenannte Frist fruchtlos verstreichen, wird der Unterzeichnende anwaltliche Hilfe in Anspruch nehmen und beim Amtsgericht München Klage auf Duldung der Erhaltungsmaßnahme erheben.

Vorsorglich weise ich daraufhin, dass Sie dem Unterzeichnenden Schadensersatz hinsichtlich der Verzögerung der Arbeiten zu leisten haben für den Fall, dass Sie zur Duldung der Erhaltungsmaßnahmen vom Amtsgericht München verurteilt werden (AG Wedding, Das Grundeigentum 1984, 927; Eisenschmid in Schmidt-Futterer, 9. Auflage § 554 BGB Rn. 33).

Sollten Ihnen durch die Erhaltungsmaßnahmen Aufwendungen entstehen, werde ich Ihnen diese selbstverständlich in angemessenem Umfang ersetzen.

Mit freundlichen Grüßen

Harald Ernsberger

3.2.2 Verbesserungs-/Modernisierungsmaßnahmen (§ 554 Abs. 2 BGB)

Umfang der Duldungspflicht: materielle Voraussetzungen

Nach § 554 Abs. 2 BGB hat der Mieter auch Maßnahmen zur Verbesserung der Mietsache, zur Einsparung von Energie oder Wasser oder zur Schaffung neuen Wohnraums zu dulden. Diese Duldungspflicht erfährt eine Beschränkung, wenn die Maßnahme für den Mieter, seine Familie oder einen anderen Angehörigen seines Haushalts eine Härte bedeuten würde, die auch unter Würdigung der berechtigten Interessen des Vermieters und anderer Mieter in dem Gebäude nicht zu rechtfertigen ist (§ 554 Abs. 2 S. 2 BGB).
Hierbei ist insbesondere auf die vorzunehmenden Arbeiten, die baulichen Folgen, vorausgegangene Aufwendungen des Mieters und auf die zu erwartende Mieterhöhung Rücksicht zu nehmen. Es ist jedoch zu bedenken, dass eine zu erwartende Mieterhöhung dann

nicht als Härte anzusehen ist, wenn die Sache lediglich in einen Zustand versetzt wird, wie er allgemein üblich ist.

Maßnahme zur Verbesserung der Mietsache

Unter „Maßnahmen zur Verbesserung der Mietsache" versteht man bauliche Maßnahmen, die den Gebrauchs- und Substanzwert der Wohnungen erhöhen oder die allgemeinen Wohnverhältnisse verbessern. Ob eine Maßnahme eine Verbesserung der Mietsache darstellt, ist objektiv zu bestimmen, d. h. unabhängig von den Auswirkungen auf das bestehende Mietverhältnis sowie davon, ob die vom Vermieter aufzuwendenden Kosten oder die zu erwartende Erhöhung der finanziellen Belastungen für den Mieter in einem angemessenen Verhältnis zur Verbesserung stehen.

Maßstab zur Verbesserung des Wohnwerts

Der Maßstab, nach dem beurteilt werden muss, ob der Wohnwert verbessert wird, ist nicht die Wertung des derzeitigen Mieters, sondern die Verkehrsanschauung. Entscheidend ist, ob in den für das Mietobjekt in Betracht kommenden Mieterkreisen allgemein der Maßnahme eine Wohnwertverbesserung zugemessen wird, sodass der Vermieter damit rechnen kann, dass die Wohnung nach Durchführung der Maßnahme von künftigen Mietinteressenten – bei im Übrigen gleichen Konditionen – eher angemietet würde als eine vergleichbare Wohnung, bei der diese Maßnahme nicht durchgeführt worden ist.[8] Dies ist dann der Fall, wenn der Mietgebrauch erleichtert, verbessert oder vermehrt wird, d. h. wenn das Wohnen in den fraglichen Räumen angenehmer, bequemer, sicherer, gesünder oder weniger arbeitsaufwendig geworden ist als zuvor.[9]

Diese Maßnahmen erhöhen den Wohnwert

In Anlehnung an den außer Kraft getretenen § 4 Abs. 1 ModEnG sind unter Maßnahmen zur Verbesserung der Mietsache bauliche Maßnahmen zu verstehen, die die Verbesserung

- des Zuschnitts der Wohnung,
- der Belichtung und Belüftung,
- des Schallschutzes,
- der Energieversorgung,

---

[8] Rechtsentscheid des KG vom 25.6.1985, NJW 1985, 2031; BGH, Urteil vom 20.7.2005, VIII ZR 253/04, NZM 2005, 697.

[9] Emmerich/Sonnenschein – Emmerich, Miete, 9. Auflage, § 554 Rn. 9.

- der Wasserversorgung und der Entwässerung,
- der sanitären Einrichtungen,
- der Beheizung und der Kochmöglichkeiten,
- der Funktionsabläufe in Wohnungen sowie
- der Sicherheit vor Diebstahl und Gewalt

bewirken. Die Verbesserung der Mietsache umfasst nicht nur Maßnahmen, die die Mieträume an sich betreffen, sondern auch bauliche Maßnahmen, die die allgemeinen Wohnverhältnisse verbessern, insbesondere

- den Ausbau von nicht öffentlichen Gemeinschaftsanlagen, wie Kinderspielplätze, Grünanlagen, Stellplätze und andere Verkehrsanlagen.

In der Rechtsprechung wurden beispielsweise nachfolgende Maßnahmen als Verbesserung der Mietsache anerkannt:

Beispiele für Verbesserungen der Mietsache

- Einbau eines Aufzugs (BGH, Urteil vom 19.9.2007, VIII ZR 6/07)
- Breitbandkabelanschluss trotz digitalem Fernsehen (BGH, Urteil vom 20.7.2005, VIII ZR 253/04)
- Erstmaliger Einbau eines Bades mit Dusche und WC (KG, Urteil vom 10.5.2007, 8 U 166/06)
- Einbau einer Einhebel-Mischbatterie (AG Schöneberg, Urteil vom 11.4.2007, 14 C 561/05, MM 2007, 227)
- Anbau eines Balkons, sofern eine Wohnwertverbesserung damit einhergeht (LG Berlin, ZMR 2004, 193; LG München I, 14 S 7397/87, WuM 1989, 27)
- Verstärkung der Elektrosteigleitung (AG Schöneberg, Urteil vom 11.4.2007, 14 C 561/05, MM 2007, 227; LG Berlin, Urteil vom 22.11.2004, 67 S 154/03, MM 2005, 145; AG Berlin-Mitte, Urteil vom 12.4.2004, 20 C 11/04, Grundeigentum 2004, 1234-1237)
- Verfliesung von Badezimmer und Küche (AG Berlin-Mitte, Urteil vom 12.4.2004, 20 C 11/04, Grundeigentum 2004, 1234-1237)
- Einbau einer Gegensprechanlage (AG Schöneberg, 11.4.2007, 14 C 561/05, MM 2007, 227; AG Berlin-Mitte, Urteil vom 12.4.2004, 20 C 11/04, Grundeigentum 2004, 1234-1237; LG München I, 14 S 7397/87, WuM 1989, 27; AG Schöneberg, Urteil vom 3.1.1986, 15 C 538/85, NJW 1986, 2059)

- Einbau einer Massivholztür aufgrund eines höheren Diebstahlschutzes (AG Hohenschönhausen, Urteil vom 13.4.2000, 7 C 66/00, Grundeigentum 2000, 1035)
- Austausch eines Bartschlosses gegen ein Sicherheitsschloss (VG Berlin 14. Kammer, Urteil vom 28.4.1988, 14 A 95.87, Grundeigentum 1988, 687; AG Schöneberg, Urteil vom 3.1.1986, 15 C 538/85, NJW 1986, 2059)
- Maßnahmen zur Verbesserung des Schallschutzes (AG Schöneberg, Urteil vom 11.4.2007, 14 C 561/05, MM 2007, 227)
- Verbesserung der allgemeinen Wohnverhältnisse, z. B. Erstellung allgemein nutzbarer Außeneinrichtungen wie z. B. Garagen oder Gärten (AG Köln, Urteil vom 5.12.1985, 214 C 322/85 (b), WuM 1987, 31)
- Verbesserung des Wohnungszuschnitts (OVG Berlin GE 1988, 951)

Einsparung von Energie oder Wasser

Der Mieter hat entsprechend § 554 Abs. 2 BGB auch Maßnahmen zur Einsparung von Energie oder Wasser zu dulden. In Anlehnung an den außer Kraft getretenen § 4 Abs. 3 ModEnG versteht man unter „Maßnahmen zur Einsparung von Energie" bauliche Maßnahmen, die nachhaltig Einsparungen von Heizenergie bewirken. Dies sind insbesondere Maßnahmen

- zur wesentlichen Verbesserung der Wärmedämmung von Fenstern, Außentüren, Außenwänden, Dächern, Kellerdecken und obersten Geschossdecken,
- zur wesentlichen Verminderung des Energieverlusts und des Energieverbrauchs der zentralen Heizungs- und Warmwasseranlagen,
- der Änderung von zentralen Heizungs- und Warmwasseranlagen innerhalb des Gebäudes für den Anschluss an die Fernwärmeversorgung, die überwiegend aus Anlagen der Kraft-Wärme-Kopplung, zur Verbrennung von Müll oder zur Verwertung von Abwärme gespeist wird,
- zur Rückgewinnung von Wärme sowie
- zur Nutzung von Energie durch Wärmepumpen- und Solaranlagen (LG Berlin, Das Grundeigentum 1997, 491).

Mit der Mietrechtsreform zum 1.9.2001 wurde der Modernisierungsbegriff auf alle Maßnahmen, welche Energie einsparen können, erweitert. Duldungspflichtig sind daher nicht nur Modernisierungsmaßnahmen, die Heizenergie einsparen, sondern Maßnahmen aller Art, welche nachhaltig Energie einsparen. Hierdurch soll die Energieeinsparung insgesamt gefördert werden. Der Gesetzgeber hat hierbei insbesondere an stromsparende Maßnahmen, zum Beispiel an den Einbau drehzahlabhängiger Umwälzpumpen, Ventilatoren und Aufzugsmotoren sowie an Energiesparlampen gedacht.[10]

Allgemeininteresse geht vor

Hinsichtlich seiner Duldungspflicht kann der Mieter nicht einwenden, dass diese Maßnahmen für ihn nicht rentabel sind, da ein Allgemeininteresse an der dauerhaften Einsparung von Energie besteht. Die Energieeinsparung muss jedoch nachhaltig sein. Das Merkmal „nachhaltig" findet sich zwar nicht im Gesetzestext des § 554 Abs. 2 BGB, jedoch in § 559 BGB. Es ergibt sich bereits aus dem Sinn und Zweck der Vorschrift, dass für eine Modernisierung nicht nur eine vorübergehende Einsparung von Energie ausreichend ist.

Streitfall „grüner" Strom

In der Literatur ist umstritten, inwieweit der Mieter Investitionen für die Nutzung erneuerbarer Energien dulden muss. Dies vor dem Hintergrund, dass die Modernisierungsmaßnahmen zwar eine ökologische Zielsetzung verfolgen, jedoch nicht zur Einsparung von Energie führen. Es wird lediglich Primärenergie eingespart. So wird die Energie, welche durch Windkraftwerke und Fotovoltaik-Anlagen gewonnen wird, regelmäßig in das allgemeine Stromnetz eingespeist. Der so gewonnene Strom wird daher vom Betreiber nicht selbst verbraucht, sondern dieser bezieht seinen Strom wieder aus dem allgemeinen Stromnetz. Dies führt somit nicht zu einer Energieeinsparung, sondern vielmehr wird die Energie, welche durch Kraftwerke erzeugt wird, die mit fossiler Energie wie Kohle oder Öl oder Atomenergie betrieben werden, durch erneuerbare Energien ersetzt.

Wetekamp[11] vertritt die Auffassung, dass aufgrund der ökologischen Zielsetzung des Gesetzgebers auch die Einsparung von fossiler Energie im Wege der erweiterten Auslegung unter den Energieeinsparungsbegriff fällt. Auch Emmerich bejaht ohne Weiteres die Dul-

[10] Schmidt-Futterer – Emmerich, § 554 Rn. 143.

[11] Mietsachen, Handbuch zur Wohnraummiete, 4. Auflage, S. 171.

dungspflicht von Einrichtungen von Solar- und Wärmerückgewinnungsanlagen gem. § 554 Abs. 2 BGB.[12] Dem wird so nicht zu folgen sein. Zum einen findet die vorgenannte Auffassung keinen Anhaltspunkt im Gesetz. Eine derart weite Auslegung des § 554 Abs. 2 BGB bzw. des § 559 BGB wird weder vom Wortlaut noch von der Zielrichtung der Vorschrift gedeckt. Zum anderen hat der Gesetzgeber mit dem 4. MietRÄndG § 541b BGB a. F. dahin gehend abgeändert und bestimmt, dass der Mieter auch Maßnahmen zur Wassereinsparung zu dulden habe, und mit dem Mietrechtsreformgesetz zum 1.9.2001 ist die Duldungspflicht auf alle Maßnahmen zur Energieeinsparung erweitert worden. Damit hat der Gesetzgeber zweimal einen Aspekt des Umweltschutzes aufgegriffen, aber auf weitere Duldungspflichten in diesem Bereich verzichtet.[13]

Im Ergebnis wird man wohl sagen müssen, dass Maßnahmen, welche zur Reduzierung des Energiebedarfs führen, von § 554 Abs. 2 BGB gedeckt sind, solche hingegen, welche lediglich Primärenergie einsparen, eben nicht.

Beispiel: Energieeinsparung durch Sonnenkollektoren

Bringt der Vermieter Sonnekollektoren auf dem Dach des Mietshauses an und wird mit der gewonnenen Energie die Warmwasseraufbereitung und die Heizung gespeist, so stellt dies eine umlegbare Modernisierungsmaßnahme dar. Die gewonnene Energie verbraucht der Mieter selbst und spart dadurch Heizenergie ein.

In der Rechtsprechung wurden nachfolgende Maßnahmen zur Einsparung von Energie anerkannt:

[12] Sonnenschein-Emmerich – Emmerich, Miete, § 554 Rn. 15.

[13] Schmidt-Futterer – Eisenschmid, § 554 BGB, Rn. 143.

Beispiele für anerkannte Maßnahmen zur Energieeinsparung

- Ersetzung der Nachtspeicherheizung durch einen an die Gaszentralheizung angeschlossenen Plattenheizkörper mit Thermostatventil (AG Hamburg, Urteil vom 15.11.2007, 49 C 248/07)
- Umstellung von Gasetagenheizung auf Fernwärme (LG Hamburg, Urteil vom 29.9.2005, 334 S 4/04, NZM 2006, 536)
- Energieeinsparung infolge Umstellung von Gasetagenheizung auf Gaszentralheizung (LG Berlin, Urteil vom 22.11.2004, 67 S 154/03, MM 2005, 145)
- Einbau einer Zentralheizung (LG München I, Urteil vom 29.7.1987, 14 S 7397/87, WuM 19989, 27-28)
- Einbau einer Zweirohrheizungsanlage mit Parallelschaltung der Heizflächen bei Verkleinerung der Heizkörper (LG Halle, Urteil vom 8.8.2002, 2 S 42/01, ZMR 2003, 35, 36)
- Die Umstellung der Heizung von zentraler Ölheizung auf Fernwärmeversorgung (LG Berlin, Urteil vom 17.3.2000, 65 S 352/99, NJW-RR 2001, 1590, 1591)
- wesentliche Verbesserung der Wärmedämmung von Fenstern (BGH, Urteil vom 10.4.2002, VIII ARZ 3/01, NZM 2002, 519-521; BGH Urteil vom 7.1.2004, VIII ZR 156/03, Einbau von Isolierglasfenstern)
- Montage von Thermostatventilen und Heizkostenerfassungsgeräten an allen Heizkörpern (AG Berlin-Mitte, Urteil vom 12.4.2004, 20 C 11/04, Grundeigentum 2004, 1234–1237; LG Halle, Urteil vom 8.8.2002, 2 S 42/01 ZMR 2003, 35, 36)
- Wärmedämmung für sämtliche vertikalen Versorgungswasserleitungen (AG Berlin-Mitte, Urteil vom 12.4.2004, 20 C 11/04, Grundeigentum 2004, 1234–1237)
- Fassadendämmung (LG Halle, Urteil vom 8.8.2002, 2 S 42/01, ZMR 2003, 35, 36)

Einsparung von Wasser

Ebenfalls zu dulden hat der Mieter Maßnahmen zur Einsparung von Wasser. Hierbei kommt es darauf an, dass sich der tatsächliche Gesamtverbrauch verringert.

Beispiele für Maßnahmen zur Wassereinsparung

- Einbau von Kaltwasserzählern (AG Schöneberg, Urteil vom 11.04.2007, 14 C 561/05)
- Einbau von Durchlaufbegrenzern
- Einbau von wassersparenden Toilettenspülkästen (LG Berlin, Urteil vom 14.07.2005, 62 S 91/05, MM 2006, 39)
- Auch Regenwassergewinnungsanlagen oder Einrichtungen zum Gebrauch von Brauchwasser fallen unter die Vorschrift (Börstinghaus in: Schmitt-Futterer § 559 Rn. 75)

Schaffung neuen Wohnraums

Nach § 554 Abs. 2 S. 1 BGB muss der Mieter auch solche baulichen Maßnahmen dulden, die der Schaffung neuen Wohnraums dienen. Unter „Wohnraum" versteht man entsprechend § 17 WoFG Abs. 1 umbauten Raum, der tatsächlich und rechtlich zur dauernden Wohnnutzung geeignet und vom Verfügungsberechtigten dazu bestimmt ist. Wohnraum können ganze Wohnungen oder einzelne Wohnräume sein.

Beispiele für die Schaffung neuen Wohnraums

Nach § 16 Abs. 1 bis 4 WoFG kann der Vermieter auch Wohnraum dadurch schaffen, dass er

- Wohnraum in einem neuen selbstständigen Gebäude schafft,
- Schäden an Gebäuden unter wesentlichem Bauaufwand beseitigt und dadurch Gebäude auf Dauer wieder zu Wohnzwecken nutzbar macht oder
- Wohnraum durch wesentlichen Bauaufwand durch Änderung, Nutzungsänderung oder Erweiterung von Gebäuden oder zur Anpassung geänderter Wohnbedürfnisse schafft.

Hiervon erfasst sind insbesondere Maßnahmen, nach denen z. B.

- ein Dachboden zu Wohnräumen umgestaltet wird[14],
- Abstellkammern mit Wohnungen verbunden werden,
- Gebäude aufgestockt sowie
- Gebäude angebaut werden.

---

[14] LG Duisburg, Urteil vom 10.05.2000, 23 S 74/00, NZM 2000, 1000–1001.

Zu dulden hat der Mieter z. B. das Verlegen von Leitungen (Wasser, Elektrizität), die zum Dachausbau benötigt werden, auch wenn diese durch die darunter liegenden Wohnung führen.[15]

Tipp: An erleichterte Kündigung denken

Der Vermieter sollte an die Möglichkeit der erleichterten Kündigung nach § 573b BGB denken: Der Vermieter kann Nebenräume oder Teile eines Grundstücks, die nicht zum Wohnen bestimmt sind, ohne ein berechtigtes Interesse kündigen, wenn er dadurch Wohnraum zur Vermietung schafft oder den neu zu schaffenden und den vorhandenen Wohnraum mit Nebenräumen oder Grundstücksteilen ausstatten will.

Will der Vermieter den Dachboden seines Mietshauses ausbauen, um eine neue Mietwohnung zu schaffen, so kann er ohne berechtigtes Interesse die von den Mietern angemieteten Speicherabteile kündigen. Die Kündigung ist spätestens am dritten Werktag eines Kalendermonats mit Wirkung zum Ablauf des übernächsten Monats zu erklären. Möchte der Vermieter also zum 31.12.2008 die Speicherräume kündigen, so muss die Kündigungserklärung dem Mieter spätestens am 6.10.2008 zugehen. Natürlich kann der Mieter daraufhin eine Senkung seiner (Wohnungs-) Miete verlangen.

Bauliche Maßnahmen, die der Vermieter aufgrund von Umständen durchgeführt hat, die er nicht zu vertreten hat

Auch wenn § 554 Abs. 2 BGB diese Maßnahme explizit nicht erwähnt, so ergibt sich nach allgemeiner Meinung unter Rückgriff auf § 242 BGB die Duldungspflicht des Mieters für Maßnahmen, die der Vermieter aufgrund von nachträglich verkündeten gesetzlichen Geboten oder behördlichen Anordnungen vornehmen muss. Hierbei ist unerheblich, ob durch diese Maßnahmen eine Gebrauchswertverbesserung, eine Verbesserung der allgemeinen Wohnverhältnisse oder eine Einsparung von Energie oder Wasser eintritt. Entsprechend § 559 BGB kann der Vermieter die Kosten für diese Maßnahmen umlegen. Nicht zu vertreten hat der Vermieter regelmäßig Maßnahmen, die auf gesetzlichen Ge- oder Verboten oder behördlichen Anordnungen beruhen und welche auch ein sorgfältiger Vermieter weder vorhersehen noch vermeiden konnte.

[15] LG Berlin, Urteil vom 10.06.1993, 67 S 68/93; Grundeigentum 1993, 801–803.

Beispiele für Maßnahmen aufgrund gesetzlicher Vorgaben

Umstellung von Stadtgas auf Erdgas, Einbau von Steuerungs- und Regelungstechnik sowie Wärmezählern und Heizkostenverteilern aufgrund der HeizkVO, der Einbau von Thermostatventilen, Ersetzung von Freileitungen durch Erdleitungen, der nachträgliche gesetzlich vorgeschriebene Einbau von Sicherungstüren in Fahrstühlen, Maßnahmen aufgrund der Verschärfung von Immissionsschutzwerten, denkmalschutzrechtliche Anordnungen (Emmerich - Sonnenschein-Emmerich, § 559 Rn. 17), der nachträgliche Anschluss an die Kanalisation, der Ausbau von Zufahrtswegen und Parkplätzen, der Bau von Kinderspielplätzen, Maßnahmen aufgrund der EnEV, Modernisierungsangebot nach § 177 BauGB

Zu vertreten hat der Vermieter regelmäßig Maßnahmen, zu denen er vertraglich verpflichtet ist oder die dem Vermieter vorwerfbar sind. Hierzu gehören insbesondere Maßnahmen, die von Behörden wegen eines baurechts- oder ordnungswidrigen Verhaltens verlangt werden. Der Mieter hat zwar vorstehende Maßnahmen gleichwohl zu dulden, eine Mieterhöhung gem. § 559 Abs. 1 BGB scheidet hingegen aus.[16]

Interessenabwägung

Wenn die Maßnahmen eine Härte darstellen

Gemäß § 554 Abs. 2 S. 2 BGB hat der Mieter Maßnahmen zur Verbesserung der Mietsache, zur Einsparung von Energie oder Wasser oder zur Schaffung neuen Wohnraums dann nicht zu dulden, wenn die Maßnahme für ihn, seine Familie oder einen anderen Angehörigen seines Haushalts eine Härte bedeuten würde, die auch unter Würdigung der berechtigten Interessen des Vermieters und anderer Mieter in dem Gebäude nicht zu rechtfertigen ist.

Wohnungseigentumsanlage

Befinden sich die Räume des Mieters in einer Wohnungseigentumsanlage, so sind bei der Interessenabwägung über den Wortlaut des § 554 Abs. 2 BGB hinaus zugunsten des Vermieters auch die Interessen der übrigen Eigentümer zu berücksichtigen.[17] Sinn und Zweck dieser Vorschrift ist es, zum einen die Interessen des Vermieters an der Modernisierung und damit Werterhöhung seines Eigentums zu

[16] Begr. RegE, BT-Drs. 14/4553, S. 49; Palandt/Weidenkaff Rn. 2, 14; Sternel NZM 2001, 1058, 1060.

[17] Blank/Börstinghaus, § 554 Rn. 25.

wahren und zum anderen den Mieter vor unangemessenen Luxusmodernisierungen und damit vor einem „Hinausmodernisieren“ zu schützen.[18]

Bei der Interessenabwägung sind

- die vorzunehmenden Arbeiten,
- die baulichen Folgen,
- die vorausgegangenen Aufwendungen des Mieters und
- insbesondere die zu erwartende Mieterhöhung

zu berücksichtigen (§ 554 Abs. 2 S. 3 BGB), wobei diese Aufzählung der in Betracht kommenden Härten aufseiten des Mieters lediglich beispielhaft ist. So ist in die Abwägung eine Krankheit, das hohe Alter, eine besondere berufliche oder schulische Belastung, insbesondere die Vorbereitung auf das Abitur oder ein Examen, eine alsbaldige Versetzung bzw. ein bevorstehender Umzug des Mieters mit einzubeziehen. Der Mieter hat die vorstehenden Maßnahmen nur dann zu dulden, wenn die Interessenabwägung zugunsten des Vermieters ausfällt.

Haushaltsangehörige mit berücksichtigen

Entsprechend dem Wortlaut des Gesetzes stehen sich bei der Interessenabwägung nicht nur Mieter und Vermieter gegenüber, sondern es sind vielmehr auf Mieterseite auch alle weiteren Personen einzubeziehen, die mit ihm von der Maßnahme betroffen sind. So sind bei der Abwägung der Duldungsverpflichtung seine Familie sowie andere Angehörige seines Haushalts zu berücksichtigen. Zu den „Angehörigen seines Haushalts“ können alle Angehörigen gezählt werden, die in der Wohnung des Mieters leben. Dies sind neben den Familienangehörigen Partner nichtehelicher Lebensgemeinschaften, die Pflegekinder oder die Kinder des Lebenspartners.[19] Entscheidend für den Personenkreis ist immer die Berechtigung der Nutzung der Wohnung gegenüber dem Vermieter.[20] Im Rechtsstreit ist es nicht mehr Sache des Vermieters, die Zumutbarkeit der Maßnahme darzulegen. Vielmehr hat der Mieter fundiert darzulegen, dass die Beeinträchtigungen eine nicht zu rechtfertigende Härte für

[18] BGH, Urteil vom 19.2.1992, VIII ARZ 5/91.
[19] Emmerich/Sonnenschein – Emmerich, § 554 Rn. 20.
[20] Schmitt-Futterer – Eisenschmid, § 554 Rn. 193.

ihn darstellen. Eine allgemeine Behauptung einer Gesundheitsgefahr reicht nicht aus.
Hinsichtlich der vorzunehmenden Arbeiten ist zugunsten des Mieters und seiner Haushaltsangehörigen

- Art und Umfang,
- die Beeinträchtigung durch Schmutz und Lärm sowie
- die Dauer der Arbeiten,
- die Benutzbarkeit der Räume sowie
- eine eventuell notwendig werdende anderweitige Unterbringung

zu berücksichtigen. Dies insbesondere dann, wenn durch die vorzunehmenden Arbeiten ein schwerwiegender Eingriff in das Recht auf Leben und körperliche Unversehrtheit des Mieters oder seiner Haushaltsangehörigen zu befürchten ist.[21] Dies ist z. B. dann der Fall, wenn mit einer erheblichen Verschlimmerung einer Erkrankung des Mieters oder seiner Haushaltsangehörigen zu rechnen ist und diesen eine anderweitige Unterbringung nicht zuzumuten ist.

Zwingende Gründe bei umfangreichen Maßnahmen

Je umfangreicher die Modernisierungsmaßnahmen sind und je länger diese andauern, umso eher ist eine Härte anzunehmen, die den Mieter zu einer Duldung der Modernisierungsmaßnahmen nicht mehr verpflichtet. Insbesondere müssen zwingende Gründe für eine Modernisierung sprechen, wenn dadurch eine vollständige Räumung der Wohnung bzw. einzelner Zimmer, ein Zwischenumzug oder ein Umzug ins Hotel erforderlich sind.[22]

Nutzungsänderungen

Bauliche Folgen können Einwendungen des Mieters begründen, wenn sich die zukünftige Art der Nutzung der angemieteten Räume ändert. Dies ist dann der Fall, wenn sich beispielsweise die Wohnfläche, der Zuschnitt der Wohnung, die Anzahl der Zimmer oder die Raumaufteilung durch die Modernisierungsmaßnahmen ändern. Wird die Wohnung nach Abschluss der Arbeiten den Wohnbedürfnissen des Mieters nicht mehr gerecht, so wird regelmäßig eine nicht zu duldende Härte eingewandt werden können.

---

[21] BVerfG, 1. Kammer des Ersten Senats, Beschluss vom 14.1.1992, 1 BvR 1273/91.

[22] LG Mannheim, Urteil vom 03.07.1985, 4 S 68/84, WuM 1987, 272.

Beispiel für zu duldende Modernisierungen

- Verkleinerung einer Küche von 11 qm auf 7 qm für den Einbau eines Bades (KG Berlin, Urteil vom 10.5.2007, 8 U 166/06, Grundeigentum 2007, 907–909)
- Notwendige Grundrissänderung im Bereich Speisekammer und Küche (LG Berlin, Grundeigentum 1990, 225 und Grundeigentum 1992, 39)
- Verlust der Speisekammer (LG Berlin, Grundeigentum 2005, 119)
- Verkleinerung des Badezimmers (LG Berlin, Grundeigentum 2006, 1045)

Eine völlige Änderung der Art der Nutzung hat der Mieter nicht zu dulden:

Beispiele für nicht zu duldende Änderungen

- Die Wohnung wird zu zwei Appartements umgebaut oder
- eine Zwei-Zimmer-Wohnung soll durch Einbau eines Bades zu einer Ein-Zimmer-Wohnung gemacht werden (Eisenschmid in: Schmidt-Futterer, § 554 BGB Rn. 204).

Aufwendungen des Mieters

Hat der Mieter Veränderungen vorgenommen, insbesondere auf eigene Kosten modernisiert, und werden diese Aufwendungen durch die Modernisierung des Vermieters entwertet oder nutzlos, ohne dass dies den Gebrauchswert der Wohnung erhöht, so ist dies bei der Abwägung der gegenseitigen Interessen zu berücksichtigen. Entscheidend hierfür wird sein, ob der Mieter die Maßnahmen mit Zustimmung – und sei es auch nur durch stillschweigende Duldung oder mit Wissen des Vermieters – vorgenommen oder ohne Einwilligung des Vermieters durchgeführt hat und ob der Mieter die Aufwendungen bereits abgewohnt hat.

Beispiel für Aufwendungen des Mieters

Der Mieter kann dem Modernisierungsverlangen des Vermieters zum Einbau einer Gaszentralheizung entgegenhalten, dass eine von ihm sieben Jahre zuvor eingebaute Gasetagenheizung noch nicht abgewohnt ist (LG Berlin, Urteil vom 20.4.1999, 64 S 316–98, NZM 1999, 1036). Der Vermieter kann diesen Härtegrund allerdings durch Übernahme einer entsprechenden Zahlung oder eines Verzichts auf künftige Mieterhöhungen ausräumen (Schmidt-Futterer – Eisenschmid, § 554 BGB Rn. 212).

Mieterhöhung berücksichtigen

Schließlich und endlich ist die für den Mieter zu erwartende Mieterhöhung in der Interessenabwägung mit zu berücksichtigen. Die Mieterhöhung muss in einem angemessenen Verhältnis zur objektiven Verbesserung der Wohnräume stehen.[23] Maßgebend ist hier die sich nach der Modernisierung ergebende Gesamtmiete, sodass auch die Nebenkosten einzubeziehen sind. Generelle Grenzen gibt es hier nicht. Es kommt auf die individuellen Einkommensverhältnisse des Mieters und seiner Haushaltsangehörigen an. Entscheidend ist das Einkommen zum Zeitpunkt des Duldungsverlangens.[24]

Ebenfalls zu berücksichtigen ist, ob der Mieter Anspruch auf Wohngeld hat. Macht der Mieter von dem ihm zustehenden Wohngeld keinen Gebrauch, muss er sich wegen der Duldungspflicht so behandeln lassen, als würde ihm Wohngeld gewährt.[25] Der Mieter kann eine Härte aufgrund der zu erwartenden Mieterhöhung regelmäßig nicht einwenden, wenn die Mieterhöhung ganz oder teilweise vom Wohngeld aufgefangen werden kann.[26]

Unzumutbare Härte: Miete > 30 % des Einkommens

Eine unzumutbare Härte ist im Rahmen einer Gesamtschau der Einkommens und Vermögensverhältnisse des Mieters bei einer Mehrbelastung von mehr als 30 % des zu berücksichtigenden Einkommens anzunehmen.[27] Stellt die zu erwartende Mieterhöhung für

[23] KG, RE 22. 6.1981 WuM 1981, 99.

[24] LG Berlin, Urteil vom 3.12.2004, 63 S 273/04, Grundeigentum 2005, 1491–1493.

[25] KG, RE vom 28.05.1981, 8 W RE-Miet 4712/81, GE 1982, 701–703; KG, Urteil vom 10.5.2007, 8 U 166/06; Grundeigentum 2007, 907–909.

[26] KG, Urteil vom 10.5.2007, 8 U 166/06; Grundeigentum 2007, 907–909; KG, RE vom 22.6.1981, 8 W RE-Miet 4340/80; LG Köln, Urteil vom 05.03.1992, 1 S 334/91, WuM 1992, 431.

[27] Schmidt-Futterer – Eisenschmid, § 554 BGB, Rn. 223.

den Mieter eine nicht zu duldende Härte dar, so kann der Vermieter die Duldungspflicht unter Umständen erreichen, wenn er gegenüber diesem Mieter auf den Erhöhungsanspruch nach § 559 BGB ganz oder teilweise im voraus bindend verzichtet. Wohnungswirtschaftlich sinnvolle Maßnahmen sollen jedoch nicht daran scheitern, dass die Miete für den einzelnen einkommensschwachen Mieter zu hoch wird.

Herstellung des „allgemein üblichen Zustands"

Der Mieter kann dementsprechend gemäß § 554 Abs. 2 S. 4 BGB nicht einwenden, dass die Miete nach Abschluss der Modernisierungsmaßnahmen zu hoch ist, wenn der Vermieter lediglich den „allgemein üblichen Zustand" herstellt. In den „allgemein üblichen Zustand" werden die gemieteten Räume versetzt, wenn dieser Zustand

- bei der Mehrzahl der Mieträume (mindestens zwei Drittel)
- in Gebäuden gleichen Alters
- innerhalb der Region

angetroffen wird. Bei der Feststellung des allgemein üblichen Zustands gemieteter Räume und sonstiger Teile des Gebäudes kommt es auf den tatsächlich bestehenden Zustand der in die Vergleichsbetrachtung einzubeziehenden Mietwohnung und nicht auf einen – anzustrebenden – oder anhand bestimmter Normen oder Vorgaben zu ermittelnden Soll-Standard an. Ein gängiger Standard lässt sich sinnvoll nur für Gebäude und Wohnungen vergleichbaren Alters ermitteln.[28] Als maßgebliche Region ist sinnvollerweise das Bundesland anzusehen, in dem sich die Mietwohnung befindet.

Neue Bundesländer

Der Bundesgerichtshof[29] lässt in seiner Entscheidung ausdrücklich offen, ob sich in den neuen Bundesländern im Hinblick auf die dort über Jahrzehnte unterschiedlich verlaufende wirtschaftliche Entwicklung und die sich daraus ergebenden erheblichen Unterschiede in der Ausstattung von Mietwohnungen etwas anderes ergibt. Für eine unterschiedliche Bewertung besteht indes kein Raum mehr.[30]

---

[28] BGH, Urteil vom 19 Februar 1992, VIII ARZ 5/91.

[29] BGH, Urteil vom 19. Februar 1992, VIII ARZ 5/91.

[30] LG Berlin, MM 2004, 339; LG Berlin, Grundeigentum 2003, 1615; AG Berlin-Pankow/Weißensee, MM 2004, 222.

Demnach kann als „allgemein üblich“ auch bei Altbauwohnungen nachfolgender Ausstattungsstandard angesehen werden:

Ausstattungsstandard auch bei Altbau

- Ausstattung mit einer Sammelheizung (LG Berlin, Urteil vom 10.06.2004, 67 S 212/02)
- Warmwasserversorgung (LG Berlin, Urteil vom 10.06.2004, 67 S 212/02; AG Pankow-Weißensee, Urteil vom 13.2.2004, 102 C 565/03)
- Bad mit WC (KG, Urteil vom 10.05.2007, 8 U 166/06)
- Stromversorgung der Wohnung in der Weise, dass neben dem Betrieb eines Großverbrauchers wie Waschmaschine oder Geschirrspülmaschine ein gleichzeitiger anderweitiger Stromverbrauch in der Wohnung möglich ist (BGH, Urteil vom 26.7.2004, VIII ZR 281/03, NJW 2004, 3174–3176)

3.3 So kündigen Sie Verbesserungsmaßnahmen richtig an

3.3.1 Die Mitteilungspflicht des Vermieters

Gem. § 554 Abs. 3 S. 1 BGB hat der Vermieter dem Mieter Modernisierungsmaßnahmen spätestens drei Monate vor Beginn der Maßnahme einschließlich deren Art sowie des voraussichtlichen Umfangs und Beginns, der voraussichtlichen Dauer und der zu erwartende Mieterhöhung in Textform (§ 126b BGB) mitzuteilen.

Fehler bei der Ankündigung: keine Duldungspflicht

Die Mitteilungspflicht des Vermieters ist Fälligkeitsvoraussetzung für die Duldungspflicht des Mieters gem. § 554 Abs. 2 S. 1 BGB, d. h. unterlässt der Vermieter die Ankündigung bzw. kündigt er zu spät an, entfällt die Duldungspflicht des Mieters. Es besteht daher die Gefahr, dass der Mieter mit einer einstweiligen Verfügung durchdringt und dadurch die (Bau-)Maßnahmen erheblich verzögert.

Vorbereitung und Sonderkündigungsrecht

Die Ankündigungsfrist dient dazu, dem Mieter einen gewissen Zeitraum zuzubilligen, in dem er sich auf die beabsichtigten (Bau-)Maßnahmen und die damit für ihn verbundenen Beeinträchtigungen einstellen kann, und ihm die Möglichkeit zu verschaffen, von seinem Sonderkündigungsrecht (§ 554 Abs. 3 S. 2 BGB) Gebrauch zu machen. Die vom Vermieter einzuhaltende Ankündigungsfrist und das

Sonderkündigungsrecht des Mieters sind so aufeinander abgestimmt, dass das Mietverhältnis im Falle der Kündigung des Mieters vor Beginn der Baumaßnahmen endet.[31]

Beginn der Modernisierung

Maßgeblich für den Zeitpunkt des Zugangs der Mitteilung ist der Beginn der Modernisierungsmaßnahmen. Von einem Beginn der Maßnahmen ist auszugehen, wenn tatsächlich Baumaßnahmen, die den Mieter beeinträchtigen, vorgenommen werden. Hiervon abzugrenzen sind bloße Vorbereitungshandlungen – z. B. die Besichtigung mit Architekten und Handwerkern sowie Planungen. Den formellen Vorgaben genügt auch eine Ankündigung, die dem Mieter früher zugeht, sofern sie den inhaltlichen Anforderungen genügen. Der Mieter kann auch nachträglich auf die Einhaltung der Frist verzichten, da diese Frist lediglich seinem Schutz dient. Die Ankündigungsfrist ist nach den §§ 187 und 188 BGB zu berechnen.

Beispiel: Ankündigung und Beginn der Modernisierung

Stellt der Vermieter seinem Mieter die Modernisierungsankündigung am 4. Februar 2008 zu, so läuft die Ankündigungsfrist bis 4. Mai 2008. Der frühestmögliche Beginn der Arbeiten ist dann der 5. Mai 2008.

Textform

Die Mitteilung hat in Textform gem. § 126b BGB zu erfolgen, d. h. die Erklärung muss als Urkunde oder in anderer schriftlicher Form – der Gesetzgeber spricht von „auf andere zur dauerhaften Wiedergabe in Schriftzeichen geeignete Weise“ – abgegeben werden. Die Urkunde muss die Person des Erklärenden enthalten und der Abschluss der Erklärung muss durch Nachbildung der Namensunterschrift oder anders erkennbar gemacht werden. Zweckmäßig ist eine Unterschrift, die nicht unbedingt eigenhändig sein muss. Insbesondere ist ein Abschluss mit einer Grußformel ausreichend.

Dies bedeutet, dass außer der Schriftform heute auch elektronische Formen der Übermittlung der Mitteilung genügen wie zum Beispiel Telefax, Teletext und E-Mail.

Auf den folgenden Seiten finden Sie zwei Muster für eine Modernisierungsankündigung, mit denen Sie Ihren Mieter rechtssicher informieren können.

---

[31] BGH, VIII ZR 6/07, Urteil vom 19.9.2007.

Siehe CD-ROM

Muster: Modernisierungsankündigung

Harald Ernsberger
Gleichmannstraße 13/1. OG
81241 München

Christoph Langbein
Ludwig-Merk-Straße 1/EG
80805 München

München, 1.3.2009

Mitteilung über Modernisierungsmaßnahmen zur Verbesserung der Mieträume im Anwesen Ludwig-Merk-Straße 1, 80805 München gem. §§ 554 Abs. 2, 554 Abs. 3 S. 1 BGB

Sehr geehrter Herr Langbein,

[hier Art, Umfang und Dauer der Modernisierungsmaßnahmen erläutern sowie zur Duldung der Maßnahmen auffordern – Sie können sich am Muster „Duldungsaufforderung von Erhaltungsmaßnahmen" auf Seite 40 orientieren]

Mit freundlichen Grüßen

Harald Ernsberger

Tipp: Auf Beweisbarkeit der Zustellung achten

Der Vermieter sollte darauf achten, dass er in einem etwaigen Duldungsprozess den Zugang der Mitteilung über Modernisierungsmaßnahmen beweisen kann. Hier ist dringend anzuraten, die Mitteilung über Modernisierungsmaßnahmen durch einen Boten oder durch den Gerichtsvollzieher zustellen zu lassen. Bestreitet der Mieter nämlich den Zugang im Prozess, so ist der Vermieter dahin gehend beweisbelastet, dass gerade diese Mitteilung dem Mieter fristgerecht zugegangen ist. Dieser Nachweis wird dem Vermieter lediglich durch Zeugenbeweis oder amtliche Zustellung durch den Gerichtsvollzieher gelingen. Der Bote sollte die Mitteilung über Modernisierungsmaßnahmen lesen und sie auf der bei ihm verbleibenden Abschrift mit dem Vermerk versehen: „Original gelesen und am ... um ...Uhr bei .... in den Hausbriefkasten eingeworfen." und diesen Vermerk abschließend unterschreiben. Nur so wird dem Vermieter glaubhaft der Beweis gelingen, dass gerade die Mitteilung über Modernisierungsmaßnahmen dem Mieter zugegangen ist. Bote kann jeder mit Ausnahme der Mietvertragsparteien sein.

Muster: Modernisierungsankündigung – Zustellung durch Boten

Siehe CD-ROM

Harald Ernsberger
Gleichmannstraße 13/1. OG
81241 München

Christoph Langbein
Ludwig-Merk-Straße 1/EG
80805 München

München, 1.3.2009

Mitteilung über Modernisierungsmaßnahmen zur Verbesserung der Mieträume im Anwesen Ludwig-Merk-Straße 1, 80805 München gem. §§ 554 Abs. 2, 554 Abs. 3 S. 1 BGB

Sehr geehrter Herr Langbein,

mit schriftlichem Mietvertrag vom 1.3.2005 haben Sie die Wohnung Nr. 1, EG, im Anwesen Ludwig-Merk-Straße 1, bestehend aus 3 Zimmern, Küche, Bad/ WC nebst Kelleranteil sowie Garagenstellplatz, von dem Unterzeichnenden gemietet.

[hier Art, Umfang und Dauer der Modernisierungsmaßnahmen erläutern sowie zur Duldung der Maßnahmen auffordern – Sie können sich am Muster „Duldungsaufforderung von Erhaltungsmaßnahmen" auf Seite 40 orientieren]

Mit freundlichen Grüßen

Harald Ernsberger

Original gelesen und am 1.3.2009 um 12:32 Uhr bei Herrn Langbein, Ludwig-Merk-Straße 1, 80805 München in den Hausbriefkasten eingeworfen.

____

Unterschrift Bote

3.3.2 Diese Punkte muss die Mitteilung enthalten

Hohe gesetzliche Anforderungen und ihre Grenzen

An den Inhalt der Mitteilungspflicht, insbesondere deren Umfang, stellt die Rechtsprechung regelmäßig hohe Anforderungen. Jedoch ist die Grenze der Anforderungen an den Umfang der Mitteilungspflicht des Vermieters dort zu ziehen, wo die gesetzlich normierte Möglichkeit der Modernisierung faktisch nicht in die Tat umgesetzt werden kann. Im Hinblick auf die sich aus der unvollständigen Mitteilung ergebenden Folgen dürfen schon aus verfassungsrechtlichen

Gründen an den Inhalt des Ankündigungsschreibens keine übertriebenen Anforderungen gestellt werden. Eine extensive Interpretation der Mitteilungspflicht als verfahrensrechtliche Voraussetzung für die Durchführung der Modernisierungsmaßnahme darf nicht den grundgesetzlich geschützten Anspruch des Vermieters auf gerichtliche Durchsetzung der gesetzlich zulässigen Maßnahme verkürzen.[32] Überzogen hohe Anforderungen an die Mitteilungsverpflichtung sind mit der Eigentumsgarantie des Art. 14 Abs. 1 S. 1 GG nicht zu vereinbaren. Dies hat das BVerfG auch für die Anforderungen an Mieterhöhungsverlangen postuliert.[33]

Präzise Mitteilung der Art der Maßnahme

Gleichwohl muss der Vermieter die Art der Maßnahme gemäß § 554 Abs. 3 S. 1 präzise mitteilen. Gemeint ist damit das einzelne Werk, d. h. beispielsweise das Anbringen einer Wärmedämmung, der Einbau neuer Heizkörper, der Einbau neuer Fenster etc. Diese Maßnahmen hat der Vermieter so genau wie möglich zu beschreiben. Im Einzelfall ist es ihm auch zuzumuten, genaue Angaben über Details oder Baustoffe zu geben. Jedoch sind die Anforderungen an die Mitteilung nicht zu überziehen (s. o.).

So ist die Vorlage einer Wärmebedarfsberechnung im technischen Sinne nicht notwendig. Hierbei hat der BGH hinsichtlich der Mieterhöhungserklärung es für ausreichend erklärt, dass in dem Mieterhöhungsverlangen die Änderung des Wärmedurchgangskoeffizienten genannt wird. Die Angabe eines bestimmten Maßes an Energieeinsparung ist nicht erforderlich.[34] Dementsprechend kann für die Ankündigung, an die geringere Anforderungen als an eine Mieterhöhungserklärung zu stellen sind, nichts anderes gelten. Ausreichend ist vielmehr eine Erläuterung der Maßnahmen, sodass der Mieter nachvollziehen kann, ob es sich um Maßnahmen handelt, die er entsprechend § 554 Abs. 2 S. 1 BGB zu dulden hat.

Durch die Mietrechtsreform zum 01.09.2001 wurden die Anforderungen an den Inhalt der Mitteilungsverpflichtung dahin gehend gelockert, dass lediglich die „voraussichtliche“ Dauer und der „voraussichtliche“ Umfang und Beginn der Maßnahme mitgeteilt werden müssen.

---

[32] BayObLG, Beschluss vom 13.11.2000, RE 1/00, NZM 2001, 89.

[33] Vgl. BVerfG 37, 132; 49, 244; 53, 352.

[34] BGH, VIII ZR 175/02, Urteil vom 12.3.2003, WuM 2004, 154–155.

3.3.3 Wann keine Mitteilungsverpflichtung besteht

Die Mitteilungspflicht besteht gem. § 554 Abs. 3 S. 3 BGB lediglich dann nicht, wenn es sich bei den Maßnahmen um solche handelt, die nur mit einer unerheblichen Einwirkung auf die Mieträume verbunden sind und nur zu einer unerheblichen Mieterhöhung führen. Nach dem Wortlaut des Gesetzes ist erforderlich, dass beide Tatbestandkriterien kumulativ erfüllt sind.[35]

Unerhebliche Einwirkung auf Mieträume

Eine Modernisierungsmaßnahme ist mit keiner bzw. nur mit einer unerheblichen Einwirkung auf die Mieträume verbunden, wenn sie die Benutzbarkeit der Mieträume nicht erheblich beeinträchtigt. Dies ist jedenfalls dann der Fall, wenn Arbeiten in den Mieträumen praktisch nicht anfallen oder der Mieter die Räume für die Arbeiten nur zugänglich halten muss. Der Mieter hat im Zuge der Arbeiten auch kurzzeitige Unterbrechungen der Versorgung im Rahmen des § 554 Abs. 3 S. 3 BGB zu dulden.

Beispiele für die unerhebliche Einwirkung auf Mieträume

- Arbeiten an den Außenanlagen sowie an der Fassade des Gebäudes (LG Köln, Urteil vom 5.10.2004, 5 O 200/04, NZM 2005, 741)
- Einbau eines verbesserten Breitbandkabels (AG Schöneberg, Urteil vom 31.10.2007, 104 a C 342/07)
- Ersetzen von TV- und Radioanschlussdosen (AG Hamburg-Blankenese, Urteil vom 20.01.2006, 518 C 318/05)
- Einbau von Thermostatventilen (LG Berlin, Urteil vom 15.4.1986, 64 S 387/85, ZMR 1986, 444)
- Einbau einer Klingelanlage (AG Charlottenburg, GE 1989, 683).

Unerhebliche Mieterhöhung

Hinzukommen muss, dass mit der Maßnahme nur eine unerhebliche Mieterhöhung verbunden ist. Das heißt, dass eine Maßnahme mit keiner bzw. einer unerheblichen Einwirkung auf die Mieträume auf jeden Fall immer dann zu dulden ist, wenn der Vermieter die Kosten nicht auf die Mieter umlegen möchte. Von einer unerhebli-

[35] LG Köln, Urteil vom 5.10.2004, 5 O 200/04, NZM 2005, 741.

chen Mieterhöhung ist auszugehen, wenn diese nicht mehr als 5 % der Nettokaltmiete beträgt.[36]

Nicht zu folgen ist der Ansicht von Eisenschmid[37], der eine unerhebliche Erhöhung der Miete bei unter 10 € pro Monat annehmen möchte, da hierfür jeder Maßstab fehlt. Was im Sinne der Vorschrift erheblich ist, ist vielmehr je nach Höhe der Miete unterschiedlich zu beantworten. Maßgebend ist allein die objektive, von den wirtschaftlichen Verhältnissen des Mieters unabhängige Betrachtungsweise.[38] Insbesondere wäre der Mieter, der eine teure Wohnung anmietet, bevorzugt. Eine absolute Grenze wäre überdies zu indexieren.

3.3.4 Konsequenzen einer fehlenden Ankündigung

Keine Duldungspflicht des Mieters

Unterlässt der Vermieter seine Mitteilungspflicht nach § 554 Abs. 3 S. 1 BGB oder kündigt er die Maßnahmen fehlerhaft oder verspätet an, so muss der Mieter aufgrund der unzulänglichen Mitteilung die Maßnahmen nicht dulden. Die Maßnahmen sind aus sich heraus aufgrund der unzulänglichen Beachtung der Mitteilungsverpflichtung ihm gegenüber rechtswidrig. Der Mieter muss sich dementsprechend gegen diese Maßnahmen wehren. Tut er es nicht, so läuft er nach der hier vertretenen Auffassung Gefahr, gleichwohl mit einer Mieterhöhung gem. § 559 BGB belastet zu werden (s. u.). Will der Vermieter an seinen Modernisierungsvorhaben festhalten, so muss er die Maßnahmen entsprechend den Vorgaben des § 554 Abs. 3 S. 1 BGB ankündigen (s. o.).

---

[36] Vgl. LG Berlin, WuM 1991, 482; LG Detmold, WuM 1990, 121; Blank/Börstinghaus, § 554 Rn. 50; Gramlich, MietR, 8. Aufl. [2001], § 554 Anm. 12; Voelskow, in: MünchKomm, 5. Aufl. § 554 Rn. 39; Palandt/Weidenkaff, BGB, 66. Aufl., § 554 Rnr. 25).

[37] Schmidt-Futterer, § 554 Rn. 299.

[38] LG Köln, Urteil vom 5.10.2004, 5 O 200/04, NZM 2005, 741.

Muster: Duldungsaufforderung von Maßnahmen zur Verbesserung der Mietsache mit Mieterhöhungsankündigung

Siehe CD-ROM

Harald Ernsberger
Gleichmannstraße 13/1. OG
81241 München

Christoph Langbein
Ludwig-Merk-Straße 1/EG
80805 München

München, 1.3.2009

Mitteilung über Modernisierungsmaßnahmen zur Verbesserung der Mieträume im Anwesen Ludwig-Merk-Straße 1, 80805 München gem. §§ 554 Abs. 2, 554 Abs. 3 S. 1 BGB

Sehr geehrter Herr Langbein,

mit schriftlichem Mietvertrag vom 1.3.2005 haben Sie die Wohnung Nr. 1, EG, im Anwesen Ludwig-Merk-Straße 1, bestehend aus 3 Zimmern, Küche, Bad/WC nebst Kelleranteil sowie Garagenstellplatz, von dem Unterzeichnenden gemietet.

I.

Der Unterzeichnende beabsichtigt, zur Erleichterung der Erreichbarkeit der Wohnungen in das von Ihnen bewohnte fünfgeschossige Wohnhaus einen Aufzug einzubauen.

1. Art und voraussichtlicher Umfang der Maßnahme

Es ist beabsichtigt, einen Personenaufzug in einen Aufzugsschacht, der auf jeder Stockwerksebene einen Ausstieg bereitstellt, einzubauen. Der Aufzug wird sich an der Treppenhauswand des Anwesens befinden und über das Treppenpodest des jeweiligen Stockwerks zugänglich sein. Dabei wird sich der Aufzugsschacht an der vom hinaufgehenden Treppenaufgang linken Seite der dem Treppenhaus gegenüberliegenden Wand befinden. Die Position des Aufzugs wird durch einen Grundrissplan verdeutlicht, welchen ich Ihnen in der Anlage beifüge und auf welchen ausdrücklich Bezug genommen wird. Die geplante Position des Aufzugs ist die einzig mögliche im Haus, da bei einer Anbringung an der Außenwand des Hauses das jeweils anliegende Zimmer das jeweils einzige Fenster verlieren würde.

Zum Einbau einer Aufzugsanlage im Anwesen Ludwig-Merk-Straße 1 sind im Einzelnen nachfolgende Maßnahmen erforderlich:

- Nach der Baustelleneinrichtung werden die vorhandenen tragenden Wände im Bereich des Aufzugs unterfangen und die Beton- und Stahlbetonarbeiten für die Grundplatte im Keller durchgeführt.
- Sodann werden die Geschossdecken, beginnend mit dem EG, geöffnet.
- Nach Öffnen der Geschossdecken wird der Aufzugschacht nach Einbau eines Ringankers bis unter die Holzdecke des jeweils darüber liegenden Geschosses in einem Zug mit Vollziegelmauerwerk, 24 cm stark, hochgemauert und verputzt.

- Sodann erfolgt nach vollständiger Herstellung der Schachtmauer der Durchbruch der Aufzugstüren im jeweiligen OG. Die Arbeiten werden jeweils vom Stockwerk darunter vorgenommen.
- Im fünften OG muss die Decke aufgrund brandschutztechnischer Auflagen verkleidet werden.
- Zuletzt erfolgt der Einbau eines Personenaufzugs in den auf der jeweiligen Ebene etwa 1,2 × 1 m² großen Schacht, der durch Durchführung vorgenannter Maßnahmen entstanden ist.

2. Voraussichtlicher Beginn und Dauer der Maßnahme

Die Arbeiten zum Einbau des Aufzugs werden voraussichtlich am 01.06.2009 beginnen. Die Maßnahmen werden voraussichtlich drei Wochen dauern und voraussichtlich am 21.06.2009 abgeschlossen sein.

3. Die zu erwartende Mieterhöhung

Die Kosten der Baumaßnahme können gem. § 559 Abs. 1 BGB in der Weise auf die Miete umgelegt werden, dass eine Erhöhung der jährlichen Miete um 11 % der aufgewendeten Kosten möglich ist. Entsprechend dem Kostenangebot der ausführenden Firma Aufzuglifter – welches gerne von Ihnen bei mir eingesehen werden kann – belaufen sich die Gesamtkosten für den Einbau des Aufzugs auf 140.000 €. Hierin sind keine Instandhaltungskosten enthalten.

Gemäß § 559 Abs. 2 BGB hat der Vermieter die Kosten, sofern die baulichen Maßnahmen für mehrere Wohnungen durchgeführt werden, auf die einzelnen Wohnungen angemessen zu verteilen. Der Vermieter kann den Verteilungsschlüssel gem. §§ 315, 316 BGB nach billigem Ermessen bestimmen. Der Unterzeichnende kann daher die Kosten des Einbaus des Aufzugs entweder linear nach Flächenanteilen oder nach dem unterschiedlichen Gebrauchsvorteil auf die Mieter verteilen (LG München I, Urteil vom 24.11.2005, 31 S 9700/05). Da es regelmäßig kaum möglich ist, einen dem tatsächlichen Gebrauchsvorteil angemessenen und damit transparenten Verteilungsschlüssel zu finden, habe ich mich entschlossen, die Kosten entsprechend den Wohnflächenanteilen umzulegen. Die Gesamtwohnfläche beträgt 980 m².

Gemäß dem Kostenangebot der Firma Aufzuglifter GmbH vom 04.02.2009 belaufen sich die

- Gesamtkosten auf 140.000,00 €
- hieraus 11 % der Gesamtkosten pro Jahr 15.400,00 €
- somit bei 980 m² Wohnfläche pro Monat pro m² (= 15.400 € ./. 980 m² ./.12) 1,31 €

Bei Ihrer Wohnungsgröße von 86,00 m² ergibt sich somit eine zu erwartende monatliche Mieterhöhung pro m² von 1,31 €, mithin von insgesamt **112,66 €**.

Nach Fertigstellung der Maßnahmen erhalten Sie nach § 559b Abs. 1 BGB eine gesonderte Mitteilung, aus der Sie die Mieterhöhung aufgrund der tatsächlich entstandenen Kosten und den auf die Wohnung entfallenden Betrag ersehen können.

II.

In rechtlicher Hinsicht erlaube ich mir darauf hinzuweisen, dass Sie gem. § 554 Abs. 2 BGB Maßnahmen zur Verbesserung der Mietsache zu dulden haben. Nach höchstrichterlicher Rechtsprechung stellt der Einbau eines Aufzugs eine Maßnahme zur Verbesserung der Mietsache i. S. des § 554 Abs. 2 Satz 1 Alt.1 BGB dar (BGH Urteil vom 19.9.2007, VIII ZR 6/07, WuM 2007, 630–631). Gem. § 554 Abs. 3 S. 1 BGB hat der Unterzeichnende die Modernisierungsmaßnahme spätestens drei Monate vor Beginn der Maßnahme, deren Art sowie deren voraussichtlichen Umfang und Beginn, die voraussichtliche Dauer und die zu erwartende Mieterhöhung in Textform (§ 126b BGB) mitzuteilen. Dieser Mitteilungsverpflichtung komme ich mit diesem Schreiben nach. Der Umlageschlüssel wurde erläutert, ist transparent und somit nachvollziehbar. Es ist nicht erforderlich, Sie, sehr geehrter Herr Langbein, als Bewohner des EG von der Umlage der Kosten für den Einbau des Aufzugs auszuklammern oder zumindest die Bewohner der oberen Geschosse stärker zu belasten, da auch für Sie immer die Möglichkeit besteht, mit einem neu eingebauten Aufzug den Keller oder ein oberes Geschoss zu erreichen oder andere Möglichkeiten für Sie bestehen, den Aufzug zu benutzen.

III.

Zum Zeichen Ihres Einverständnisses mit der Duldung oben näher erläuterter Arbeiten bitte ich um Unterzeichnung und Rücksendung beiliegender Zweitschrift bis spätestens

Freitag, den 04.04.2009.

Sollte vorgenannte Frist fruchtlos verstreichen, muss ich anwaltliche Hilfe in Anspruch nehmen und beim Amtsgericht München Klage auf Duldung der Modernisierungsmaßnahme (Aufzugseinbau) erheben. Vorsorglich weise ich darauf hin, dass Sie dem Unterzeichnenden Schadensersatz hinsichtlich der Verzögerung der Arbeiten zu leisten haben für den Fall, dass Sie zur Duldung der Modernisierungsmaßnahme vom Amtsgericht München verurteilt werden (AG Wedding, Das Grundeigentum 1984, 927; Eisenschmid in: Schmidt-Futterer, 9. Auflage § 554 BGB Rn. 33).

Ich weise weiter darauf hin, dass Sie gem. § 554 Abs. 3 S. 2 BGB bis zum Ablauf des Monats, der auf den Zugang der Mitteilung folgt, das Recht zur außerordentlichen Kündigung haben.

Für etwaige Rückfragen und Unklarheiten oder etwaige Erläuterungen der Modernisierungsmaßnahme stehe ich Ihnen selbstverständlich gerne zur Verfügung.

Mit freundlichen Grüßen Harald Ernsberger	vollinhaltlich einverstanden Christoph Langbein

Siehe CD-ROM

Muster: Duldungsaufforderung von Maßnahmen zur Einsparung von Energie und Wasser mit Mieterhöhungsankündigung

Harald Ernsberger
Gleichmannstraße 13/1. OG
81241 München

Michael Sauer
Ravensburger Ring 51
81243 München

München, 15.1.2009

Mitteilung über Modernisierungsmaßnahmen zur Einsparung von Energie im Anwesen Ravensburger Ring 51, 81243 München gem. §§ 554 Abs. 2, 554 Abs. 3 S. 1 BGB

Sehr geehrter Herr Sauer,

mit schriftlichem Mietvertrag vom 1.06.1993 haben Sie die Wohnung im Anwesen Ravensburger Ring 51, 81243 München, bestehend aus 3 Zimmern, Küche, Bad/WC nebst Kelleranteil sowie Garagenstellplatz, von dem Unterzeichnenden gemietet.

I.

Der Unterfertigte beabsichtigt, im gesamten Anwesen umfassende Modernisierungsmaßnahmen zur Einsparung von Energie vorzunehmen.

1. Art und voraussichtlicher Umfang der Maßnahme

a) Zunächst ist beabsichtigt, die Gebäudehülle durch die Anbringung eines Wärmeverbundsystems zu modernisieren.

Die sog. U-Werte der derzeitigen Gebäudehülle aus dem Jahre 1967 entsprechen nicht den Mindestanforderungen, die die EnEV (Energieeinsparverordnung) bei Änderungen von Bauteilen an bestehenden Gebäuden stellt, und bieten daher ein erhebliches Potenzial für energetische Verbesserungen. Als U-Wert (früher k-Wert) wird der Wärmedurchgangskoeffizient eines Bauteils bezeichnet. Durch die Modernisierung der Gebäudehülle wird sich der Wärmedurchgangskoeffizient erheblich verringern.

So sind im Einzelnen nachfolgende Arbeiten an der Gebäudehülle vorzunehmen:

- Zunächst ist die Fassade zu reinigen, um sodann der Energieeinsparungsverordnung entsprechende Dämmplatten anzukleben und zusätzlich mit gebohrten Dübeln zu befestigen.
- Anschließend wird ein Armierungsgewebe eingelegt, die Fassade mit Außenputz verputzt sowie gestrichen.
- Am Dach beziehungsweise auf der obersten Decke wird die alte Kiesschüttung entfernt und Wärmedämmplatten, welche den Vorgaben der Energieeinsparverordnung entsprechen, aufgelegt.
- Eine Bitumenabdichtung, welche an den Dachrand und an das Treppenhaus angearbeitet wird, wird verlegt und neue Rauchabzugskoppeln montiert.

b) Ein Austausch ihrer vier Fenster aus dem Baujahr 1967 ist vorzunehmen.

Der Zustand der Fenster ist zwar augenscheinlich als durchschnittlich bis gut zu bezeichnen. Die einfach verglasten Fenster entsprechen jedoch nicht mehr dem aktuellen Stand der Technik. Bei den bisher vorhandenen einfach verglasten Fenstern kühlt sich die Innenluft im Bereich dieser Fenster wesentlich stärker ab als bei den zu verbauenden Fenstern. Außerdem verfügen die vorhandenen Fenster nicht über die Dichtigkeit der nunmehr einzubauenden Fenster – auch der Einbau neuer Fenster führt zu einer Einsparung an Heizenergie. Weiter werden auch die Fenster im Allgemeinbereich (Treppenhaus, Waschkeller etc.) ausgetauscht.

c) Schließlich ist die Modernisierung der Anlagentechnik vorgesehen.

So werden sämtliche Heizleitungen im Kellergeschoss nach den Anforderungen der Energieeinsparverordnung gedämmt. Weiter werden sämtliche Warmwasserleitungen im Kellergeschoss nach den Anforderungen der Energieeinsparverordnung gedämmt und der Warmwasserspeicher wird ausgetauscht.

Die durchzuführenden, oben näher erläuterten Maßnahmen führen zu einer deutlichen und nachhaltigen Einsparung von Energie. Der derzeitige Energiebedarf von 577.518 kWh/Jahr reduziert sich auf 300.372 kWh/Jahr. Es ergibt sich somit eine Einsparung von 277.146 kWh/Jahr – bei gleichem Nutzerverhalten und gleichen Klimabedingungen. Die CO_2-Emissionen werden um 66.865 kg CO_2/Jahr reduziert. Dies verringert den Treibhauseffekt und hilft, unser Klima zu schützen. Durch die Modernisierungsmaßnahmen sinkt der Primärenergiebedarf des Gebäudes auf 42 kWh/m^2 pro Jahr. Dies ergibt eine Brennstoff-Einsparung von 48 %.

2. Voraussichtlicher Beginn und Dauer der Maßnahme

Die Arbeiten werden voraussichtlich am 01.05.2009 beginnen. Die Maßnahmen werden voraussichtlich bis 30.09.2009 abgeschlossen sein. Zur besseren Übersichtlichkeit habe ich Ihnen einen vorläufigen Bauzeitenplan beigefügt. Der Austausch Ihrer Fenster wird voraussichtlich am 02.06.2009 vorgenommen werden. Ich bitte Sie höflich, an diesem Tag den Handwerkern den Zutritt zur Wohnung zu gewähren.

3. Die zu erwartende Mieterhöhung

Die für Ihre Wohnung aufzubringenden Kosten können gem. § 559 Abs. 1 BGB in der Weise auf die Miete umgelegt werden, dass eine Erhöhung der jährlichen Miete um 11 % der für die Wohnung aufgewendeten Kosten möglich ist. Hierbei werden in Anspruch genommene zinsverbilligte Darlehen sowie Zuschüsse der Stadt München zu Ihren Gunsten berücksichtigt. Entsprechend den Kostenangeboten liegen der zu erwartenden Mieterhöhung die im Folgenden aufgeführten Kostenpositionen der baulichen Maßnahme zugrunde. Die Kosten der Instandhaltung sind kenntlich gemacht und wurden von der Gesamtsumme abgezogen.

Gemäß § 559 Abs. 2 BGB hat der Vermieter die Kosten, sofern die baulichen Maßnahmen für mehrere Wohnungen durchgeführt werden, auf die einzelnen Wohnungen angemessen zu verteilen. Der Vermieter kann den Verteilungsschlüssel gem. §§ 315, 316 BGB nach billigem Ermessen bestimmen. Die Verteilung der Kosten der Modernisierung der Gebäudehülle, der Anlagentechnik, der Fenster im Allgemeinbereich sowie der Baunebenkosten werde ich, nachdem kein anderer praktikabler und nachvollziehbarer Umlagemaßstab ersichtlich ist, nach dem Verhältnis der Wohnfläche der einzelnen Wohnungen zur Gesamtfläche vornehmen. Die Kosten der zu verbauenden Fenster werde ich direkt Ihrer Wohnung zuordnen. Die Gesamtfläche beträgt 3.500,00 m²:

a) Austausch der Fenster in der Küche, im Schlafzimmer, im Kinderzimmer und des Fensterelements im Wohnzimmer gegen Energiesparfenster

gemäß Kostenangebot der Firma Fensterling GmbH vom 12.12.2008 beträgt 380 € für das Küchen-, 365 € für das Kinderzimmer-, 548 € für das Schlafzimmerfenster und 950 € für das Wohnzimmerelement, insgesamt mithin	2.243,00 €
abzüglich ersparter Aufwendungen für Instandhaltung wegen Erneuerung der Fenster und Fensterrahmen gemäß Kostenberechnung der Firma Fensterling GmbH vom 12.12.2008	900,00 €
mithin Gesamtkosten von	1.343,00 €
hieraus 11 % der Gesamtkosten pro Jahr,	147,73 €
somit bei 86 m² Wohnfläche pro Monat pro m² (= 147,73 € ./. 12 ./. 86)	0,143 €

b) Kosten für die Fenstererneuerung im Allgemeinbereich

gemäß Kostenangebot der Firma Fensterling GmbH vom 12.12.2008	25.670,00 €
abzüglich ersparter Aufwendungen für Instandhaltung wegen Erneuerung der Fenster und Fensterrahmen gemäß Schreiben der Firma Fensterling GmbH vom selben Tage	9.800,00 €
mithin Gesamtkosten von	15.870,00 €
hieraus 11 % der Gesamtkosten pro Jahr,	1.745,70 €
somit bei 3.500,00 m² Wohnfläche pro Monat pro m² (= 1.745,70 € ./. 3.500,00 m² ./.12)	0,042 €

c) Kosten für die Dämmung der Heizleitungen

gemäß Kostenangebot der Firma Brikett GmbH vom 27.12.2008	18.400,00 €
hieraus 11 % der Gesamtkosten pro Jahr,	2.024,00 €
somit bei 3.500,00 m² Wohnfläche pro Monat pro m² (= 2.024,00 € ./. 3.500,00 m² ./.12)	0,048 €

d) Kosten für die Dämmung des Dachs

gemäß Kostenangebot der Firma Dämmwut vom 12.12.2008	82.000,00 €
abzüglich Aufwendungen für Instandhaltung wegen Erneuerung der RWA-Anlage	4.600,00 €
mithin Gesamtkosten von	77.400,00 €
hieraus 11 % der Gesamtkosten pro Jahr,	8.500,00 €
somit bei 3.500,00 m² Wohnfläche pro Monat pro m² (8.500 € ./. 3.500,00 m² ./.12)	0,202 €

e) Kosten für Wärmedämmverbundsystem

gemäß Kostenangebot der Firma Dämmwut GmbH vom 12.12.2008	257.000,00 €
abzüglich Aufwendungen für Instandhaltung wegen Putz-Abschlagen und Erneuern von losem Fassadenputz	750,00 €
mithin Gesamtkosten von	256.250,00 €
hieraus 11 % der Gesamtkosten pro Jahr,	28.187,50 €
somit bei 3.500,00 m² Wohnfläche pro Monat pro m² (= 28.187,50 €./. 3.500,00 m² ./.12)	0,671 €

f) Kosten für Malerarbeiten

gemäß Kostenangebot der Firma Klexel GmbH vom 12.12.2008	118.000,00 €
abzüglich Aufwendungen für Instandhaltung (Malerarbeiten an Fassadenteilen ohne Wärmedämmverbundsystem und Betonsanierung)	49.800,00 €
mithin Gesamtkosten von	68.200,00 €
hieraus 11 % der Gesamtkosten pro Jahr,	7.502,00 €
somit bei 3.500,00 m² Wohnfläche pro Monat pro m² (= 7.502 €./. 3.500,00 m² ./.12)	0,179 €

g) Kosten für Architekt vom 12.12.2008	38.000,00 €
abzüglich Aufwendungen für Instandhaltung, prozentual aufgeteilt für Instandhaltung und Modernisierung ca. 12,5 % Instandhaltung, ca. 87,5 % Modernisierung	4.750,00 €
mithin Gesamtkosten von	33.250,00 €
hieraus 11 % der Gesamtkosten pro Jahr,	3.657,50 €
somit bei 3.500,00 m² Wohnfläche pro Monat pro m² (= 3.657,50 € ./. 3.500,00 ./.12)	0,087 €

h) Kosten für Gerüst

gemäß Angebot der Firma Stabmann GmbH vom 01.12.2008	33.700,00 €
abzüglich Aufwendungen für Instandhaltung, prozentual aufgeteilt für Instandhaltung und Modernisierung ca. 12,5 % Instandhaltung, ca. 87,5 % Modernisierung	4.212,50 €
mithin Gesamtkosten von	29.487,50 €
hieraus 11 % der Gesamtkosten pro Jahr,	3.243,62 €
somit bei 3.500,00 m² Wohnfläche pro Monat pro m² (= 3.243,62 €./. 3.500,00 m² ./.12)	0,077 €
Zwischensumme zu erwartende Mieterhöhung pro m² pro Monat	**1,449 €**

Gemäß § 559a Abs. 2 BGB verringert sich der Erhöhungsbetrag nach § 559 BGB bei Inanspruchnahme zinsverbilligter Darlehen um den Jahresbetrag der Zinsermäßigung. Diese wird errechnet aus dem Unterschied zwischen dem ermäßigten Zinssatz und dem marktüblichen Zinssatz für den Ursprungsbetrag des Darlehens. Maßgebend ist der marktübliche Zinssatz für erstrangige Hypotheken zum Zeitpunkt der Beendigung der Maßnahmen.

Ich werde für die Modernisierungsmaßnahmen des Anwesens zinsverbilligte Darlehen in Anspruch nehmen.

Ein Darlehen in Höhe von 408.269,43 € aus öffentlichen Haushalten. Die jährliche Zinsersparnis beträgt 0,31 %, die prozentuale Zinsverbilligung ist auf den Darlehensbetrag anzuwenden, sodass 1.265,64 € vom Jahresbetrag der zu erwartenden Mieterhöhung abzuziehen sind, somit reduziert sich der jährliche Mieterhöhungsbetrag pro m² (= 1.265,64 € ./. 3.500,00) auf 0,3616 €/m², dass sind monatlich 0,03013 €/m².

Ein Darlehen in Höhe von 54.308,85 € aus öffentlichen Haushalten. Die jährliche Zinsersparnis beträgt 0,08 %, die prozentuale Zinsverbilligung ist auf den Darlehensbetrag anzuwenden, sodass 43,45 € vom Jahresbetrag der Mieterhöhung abzuziehen sind, somit reduziert sich der jährliche Mieterhöhungsbetrag pro m² (= 43,45 €./. 3.500,00) auf 0,01241 €/m², das sind monatlich 0,00103 €/m².

Bei Ihrer Wohnungsgröße von 86 m² ergibt sich somit eine zu erwartende monatliche Mieterhöhung pro m² von 1,418 € mithin von insgesamt **121,94 €.**

Nach Fertigstellung der Maßnahmen erhalten Sie nach § 559b Abs. 1 BGB eine gesonderte Mitteilung, aus der Sie die Mieterhöhung aufgrund der tatsächlich entstandenen Kosten und den auf die Wohnung entfallenden Betrag ersehen können.

II.

In rechtlicher Hinsicht erlaube ich mir, Sie darauf hinzuweisen, dass Sie gem. § 554 Abs. 2 BGB Maßnahmen zur Verbesserung der Mietsache, zur Einsparung von Energie oder Wasser oder zur Schaffung neuen Wohnraums zu dulden haben. Hinsichtlich etwaiger Erhaltungsmaßnahmen haben Sie diese gemäß § 554 Abs. 1 BGB zu dulden. Bei sämtlichen Maßnahmen, welche entsprechend I Ziffer 1 durchgeführt werden sollen, handelt es sich um Maßnahmen zur Einsparung von Energie. Die Energieeinsparung von bis zu 48 % habe ich Ihnen erläutert. Etwaige Kostenanteile der Erhaltungsmaßnahmen habe ich in Abzug gebracht, zinsverbilligte Darlehen habe ich angerechnet, die zu erwartende Mieterhöhung habe ich mitgeteilt.

III.

Zum Zeichen ihres Einverständnisses mit der Duldung oben näher erläuterter Arbeiten bitten ich um Unterzeichnung und Rücksendung beiliegender Zweitschrift bis spätestens

Donnerstag, den 28.02.2009.

Sollte vorgenannte Frist fruchtlos verstreichen, müssen wir anwaltliche Hilfe in Anspruch nehmen und beim Amtsgericht München Klage auf Duldung der Erhaltungs- und Modernisierungsmaßnahmen erheben. Vorsorglich weise ich darauf hin, dass Sie dem Unterzeichnenden Schadensersatz hinsichtlich der Verzögerung der Arbeiten zu leisten haben für den Fall, dass Sie zur Duldung der Erhaltungs- und Modernisierungsmaßnahmen vom Amtsgericht verurteilt werden (AG Wedding, Das Grundeigentum 1984, 927; Eisenschmid in: Schmidt-Futterer, 9. Auflage, § 554 BGB Rn. 33).

Der guten Ordnung halber weist der Unterzeichnende weiter darauf hin, dass Sie gem. § 554 Abs. 3 S. 2 BGB bis zum Ablauf des Monats, der auf den Zugang der Mitteilung folgt, das Recht zur außerordentlichen Kündigung haben.

Für etwaige Rückfragen und Unklarheiten oder etwaige Erläuterungen der Modernisierungsmaßnahmen stehe ich Ihnen gerne zur Verfügung.

Mit freundlichen Grüßen

Harald Ernsberger

3.4 Diese Rechte hat Ihr Mieter

3.4.1 Sonderkündigungsrecht

Ende des Mietverhältnisses vor Modernisierung

Nach § 554 Abs. 3 S. 2 BGB ist der Mieter berechtigt, bis zum Ablauf des Monats, der auf den Zugang der Mitteilung folgt, das Mietverhältnis außerordentlich zum Ablauf des nächsten Monats zu kündigen. Dies gilt auch für befristete Mietverhältnisse. Dem Mieter wird dadurch neben der Überlegungsfrist, ob er die Modernisierungsmaßnahme dulden möchte, ein Kündigungsrecht an die Hand gegeben. Die vom Vermieter einzuhaltende Ankündigungsfrist und das Sonderkündigungsrecht des Mieters sind so aufeinander abgestimmt, dass das Mietverhältnis im Falle der Kündigung des Mieters vor Beginn der Baumaßnahmen endet.[39]

Das Sonderkündigungsrecht entfällt hingegen nach § 554 Abs. 3 S. 3 BGB, wenn es sich um Maßnahmen handelt, die nur mit einer unerheblichen Einwirkung auf die vermieteten Räume verbunden sind und nur zu einer unerheblichen Mieterhöhung führen.[40]

Beispiel: Sonderkündigungsrecht

Stellt der Vermieter seinem Mieter die Modernisierungsankündigung am 4. Februar 2008 zu, so läuft die Ankündigungsfrist bis 4. Mai 2008. Der frühestmögliche Beginn der Arbeiten ist der 5. Mai 2008. Der Mieter kann bis 31. März 2008 sein Sonderkündigungsrecht wahrnehmen und die Kündigung dem Vermieter gegenüber erklären. Die Kündigungsfrist läuft mithin bis 30. April 2008. Das Mietverhältnis ist damit am 30.4.2008 beendet.

---

[39] BGH, VIII ZR 6/07, Urteil vom 19.9.2007.

[40] LG Köln, Urteil vom 5.10.2004, 5 O 200/04, NZM 2005, 741.

Recht auch bei fehlerhafter Ankündigung

Das Sonderkündigungsrecht des Mieters besteht auch dann, wenn der Vermieter die Maßnahmen nicht oder nicht in der Form des § 554 Abs. 3 BGB ordnungsgemäß angekündigt hat oder wenn der Mieter nicht zur Duldung verpflichtet ist. Sonst hätte es der Vermieter in der Hand, das Kündigungsrecht des Mieters zu manipulieren.[41] Die Kündigungsfrist beginnt in diesem Fall mit dem Zeitpunkt, in dem der Mieter von der Aufnahme der Arbeiten konkret Kenntnis erhält.[42] Umzugskosten, die dem Mieter durch seine Kündigung entstehen, muss der Vermieter nicht ersetzen.[43] Die Kündigung des Mietverhältnisses bedarf gem. § 568 Abs. 1 BGB der Schriftform.

3.4.2 Aufwendungsersatz

Nach § 554 Abs. 4 S. 1 BGB hat der Vermieter dem Mieter Aufwendungen in angemessenem Umfang zu ersetzen, die dieser infolge der Erhaltungs- bzw. Modernisierungsmaßnahmen vorstrecken musste. Nachdem der Mieter die Erhaltungs- bzw. Modernisierungsmaßnahmen nur zu dulden hat und hierbei zu keinerlei Aktivität verpflichtet ist, stellt jede Tätigkeit seinerseits eine freiwillige, über seine Pflichten hinausgehende Handlung dar. Zu den Pflichten des Vermieters gehört es nämlich, die Mieträume unter Berücksichtigung der Modernisierung wieder in den ursprünglichen vertragsgemäßen Zustand zu versetzen, insbesondere für deren Reinigung und Renovierung zu sorgen.

Aufwendungen müssen durch Modernisierung veranlasst sein

Die Regelung des § 554 Abs. 4 S. 1 BGB trägt der Tatsache Rechnung, dass der Mieter selbst üblicherweise nach vorgenommenen Modernisierungsmaßnahmen in seinen Mieträumen bestimmte Arbeiten im Haushalt vornehmen möchte. Beispielsweise ist hier an Putzarbeiten oder Möbelrücken zu denken. Voraussetzung für die Ersatzfähigkeit solcher Aufwendungen ist nur, dass sie gerade durch die Modernisierungsmaßnahmen veranlasst wurden.[44]

---

41 Schmidt-Futterer – Eisenschmid, § 554 Rn. 351.

42 LG Essen, Urteil vom 29.6.1990, 1 S. 164/90, WuM 1990, 513–514.

43 A. A. AG Dresden, Urteil vom 4.6.2003, 142 C 6304/02, ZMR 2004, 435–436.

44 Sonnenschein-Emmerich – Emmerich, § 554 Rn. 316.

Beispiele für ersatzfähige Kosten

Als Aufwendungsersatz können vom Mieter beispielsweise Kosten für

- Reinigungsarbeiten,
- die vorübergehende Unterbringung in einem Hotel,
- die vorübergehende Einlagerung der Möbel,
- eine Aufsichtsperson,
- Schönheitsreparaturen oder
- die Demontage und den Wiederaufbau einer Einbauküche durch eine Fachfirma

verlangt werden. Kann der Mieter für die Dauer der Maßnahmen nicht in der Wohnung verbleiben und muss er daher in eine Ersatzwohnung ziehen, so sind auch hierfür die Kosten vom Vermieter zu tragen. Erstattungsfähige Aufwendungen sind auch Ersatzanschaffungen für Einrichtungsgegenstände, die infolge eines Umbaus unbrauchbar geworden sind, wie beispielsweise Gardinen, Teppichböden, Fliesen, Einbaumöbel etc., und müssen ebenfalls vom Vermieter ersetzt werden.

Höhe des Aufwendungsersatzes

Der angemessene Umfang des Aufwendungsersatzes bestimmt sich durch die Art der Arbeiten und den Lebenszuschnitt des Mieters. Angemessen heißt, dass die Kosten in einem vernünftigen Verhältnis zu den Verbesserungsmaßnahmen und den dadurch bedingten Beeinträchtigungen des Mieters stehen müssen. Der Mieter darf daher keinen unvernünftigen Aufwand zulasten des Vermieters betreiben. In allen Fällen der Neuanschaffung ist ein Abzug „neu für alt" vorzunehmen, um eventuelle Vorteile, die der Mieter aus der Neuanschaffung zieht, nicht dem Vermieter aufzubürden.[45]
Vom Mieter in Eigenleistung erbrachte Arbeiten nach der Modernisierung (Reinigung, Räumung, Malerarbeiten usw.) können im Rahmen des Aufwendungsersatzanspruchs mit zehn Euro pro Arbeitsstunde in Ansatz gebracht werden. Für die Vergütung des Zeitaufwands im Rahmen des § 554 Abs. 4 BGB liegt es nahe, eine Orientierung am Stundensatz der Zeugenentschädigung nach § 2 Abs. 3 S. 2 ZSEG vorzunehmen.[46] Der Aufwendungsanspruch des Mieters ist gemäß §§ 256, 246 BGB mit 4 % jährlich zu verzinsen. Der Aufwendungsersatzanspruch unterliegt der kurzen Verjährung von

---

[45] Schmidt-Futterer – Eisenschmid, § 554 Rn. 339.

[46] AG Hohenschönhausen, Urteil vom 12.5.2004,11 C 50019/03, MM 2004, 265–266.

sechs Monaten nach Beendigung des Mietverhältnisses (§ 548 Abs. 2 BGB).

Vorschusspflicht

Nach § 554 Abs. 4 S. 2 BGB hat der Vermieter auf Verlangen des Mieters Vorschuss für die zu erwartenden Aufwendungen zu leisten. Der Mieter muss jedoch Art und Umfang der voraussichtlichen Aufwendungen darlegen und der Höhe nach aufschlüsseln.[47] Solange der Vermieter den Vorschuss an den Mieter nicht leistet, muss dieser die Erhaltungs- bzw. Modernisierungsmaßnahmen nicht dulden. Der Mieter hat insoweit ein Zurückbehaltungsrecht gem. § 273 BGB.[48]

3.4.3 Mietminderung

Durch die Duldungspflicht des Mieters ist sein Minderungsrecht gemäß § 536 BGB nicht ausgeschlossen. Auch das Verlangen des Aufwendungsersatzanspruchs beschränkt die Gewährleistungsrechte des Mieters nicht.

3.4.4 Schadensersatzanspruch

Der Mieter kann Ansprüche auf Schadensersatz nach § 536a Abs. 1 Fall 2 BGB, gegebenenfalls auch aus Vertragsverletzung gemäß § 280 BGB oder Delikt geltend machen.

Mangelhafte oder verspätete Ausführung der Arbeiten

Die umstrittene Frage, ob sich der Vermieter aufgrund der Beeinträchtigungen des vertragsgemäßen Gebrauchs durch die Modernisierungsmaßnahmen schadensersatzpflichtig macht, ist nach wohl herrschender Meinung jedenfalls dann zu bejahen, wenn der Mieter durch eine mangelhafte oder verspätete Ausführung der Arbeiten geschädigt wird.[49] Der Vermieter hat nämlich Schädigungen des Mieters schon deshalb zu vertreten, weil er die schädigende Erhaltungs- oder Verbesserungsmaßnahme veranlasst hat. Dem Mieter ist es nicht zuzumuten, neben dem einseitigen Vertragseingriff durch den Vermieter auch noch mit dem Risiko fehlschlagender oder feh-

---

47 Palandt-Weidenkaff, § 554 BGB, Rn. 34.
48 Schmidt-Futterer – Eisenschmid, § 554 Rn. 346.
49 Sonnenschein-Emmerich – Emmerich, § 554 Rn. 32.

lerhafter Maßnahmen belastet zu werden. Die Maßnahmen entstammen der Sphäre des Vermieters, der verantwortlich für deren Folgen auf Mieterseite ist.

Fristlose Kündigung

Der Mieter kann deshalb auch nach § 543 Abs. 2 S. 1 Nr. 1 BGB das Mietverhältnis außerordentlich fristlos kündigen.[50]

Zu niedrige Angabe der Mieterhöhung

Ebenfalls kann eine schuldhaft zu niedrige Angabe der zu erwartenden Mieterhöhung eine Pflichtverletzung des Vermieters im Sinne des § 280 Abs. 1 BGB sein, die zu einem Schadensersatzanspruch des Mieters führt.[51]

3.5 So können Sie als Vermieter und Verwalter Ihre Rechte durchsetzen

3.5.1 Klage auf Duldung

Der Vermieter muss seinen Anspruch auf Duldung der Erhaltungs- und Modernisierungsmaßnahmen im Wege der Duldungsklage durchsetzen. Der Vermieter ist auch im Falle der Außenmodernisierung – beispielsweise Anbringung eines Wärmedämmverbundsystems – verpflichtet, die Duldungsverpflichtung des Mieters nach § 554 Abs. S. 1 BGB vorab in einem Klageverfahren klären zu lassen. Dies auch, wenn der Mieter in seinem vertragsgemäßen Gebrauch allenfalls mittelbar beeinträchtigt wird.[52] Insbesondere ist der Gesetzeswortlaut des § 554 Abs. 3 S. 1 BGB eindeutig.

Die Gegenmeinung[53] welche die Auffassung vertritt, dass der Vermieter aufgrund der formell oder materiell fehlerhaften Ankündigungsverpflichtung sowieso keine Mieterhöhung nach § 559 BGB geltend machen könne, läuft seit der Entscheidung des Bundesgerichtshofs[54] ins Leere. Der BGH hat zu Recht darauf hingewiesen, dass Mängel der Modernisierungsmitteilungen aus anderen als den jetzt in § 559b Abs. 2 S. 2 BGB genannten Gründen – die Frist der

50 Münchener Kommentar – Bieber, § 554 Rn. 8.
51 LG Berlin, Urteil vom 23.08.2004, 67 S 27/04, MM 2004, 374.
52 Schmidt-Futterer – Eisenschmid, § 554 Rn. 356.
53 LG Berlin, Urteil vom 8.9.1998, 63 S. 192/98, NZM 1999, 219.
54 Urteil vom 19.9.2007 VIII ZR 6/07.

geschuldeten Mieterhöhung verlängert sich um sechs Monate – für die anschließende Mieterhöhung ohne Bedeutung sind.

Beweislast

Die Beweislast für die Voraussetzungen des Duldungsanspruchs trägt der Vermieter. Die Beweislast dafür, dass die Duldung der Verbesserungsmaßnahmen ausnahmsweise für den Mieter oder seine Familie eine nicht zu rechtfertigende Härte bedeutet (§ 554 Abs. 2 S. 2 und 3), trägt der Mieter.

Bestimmung des Streitwerts

Der Streitwert einer Duldungsklage auf Durchführung von Modernisierungs- oder Erhaltungsmaßnahmen des Vermieters nach § 554 Abs. 2 BGB bestimmt sich gem. § 41 Abs. V GKG nach dem zwölffachen Betrag der möglichen Mieterhöhung. Beabsichtigt der Vermieter, die Miete aufgrund der Modernisierungs- oder Erhaltungsmaßnahmen nicht zu erhöhen, so ist der Jahresbetrag einer möglichen Mietminderung durch den Mieter für den Streitwert maßgebend.

3.5.2 Einstweilige Verfügung

Einstweilige Verfügung zur Duldung i. A. nicht möglich

Der Vermieter kann seinen Anspruch gegen den Mieter auf Duldung der Baumaßnahmen im Regelfall nicht mit einer einstweiligen Verfügung gem. §§ 935, 940 ZPO durchsetzen.[55] Der Erlass einer einstweiligen Verfügung stellt nämlich regelmäßig eine Leistungsverfügung dar, welche die Hauptsache vorwegnimmt und dadurch über die Verpflichtung zur Duldung der Modernisierungsmaßnahmen in einem „verkürzten Verfahren" entschieden werden würde. Die Durchsetzung der Duldung von Modernisierungs- oder Sanierungsmaßnahmen in der Wohnung mit einstweiliger Verfügung ist grundsätzlich auch dann nicht möglich, wenn der Vermieter die Arbeiten für die Wohnanlage terminlich projektiert hat.[56] Auch eine Verfristung öffentlicher Modernisierungszuschüsse oder die bevorstehende Beendigung des Mietvertrags erlauben keine einstweilige Verfügung auf Duldung einer Modernisierungsmaßnahme.[57]

[55] Palandt-Weidenkaff § 554 Rn. 35; Schmidt-Futterer – Eisenschmid, § 554 Rn. 357).

[56] AG Görlitz, Urteil vom 10.6.1993, WuM 1993, 390–391.

[57] LG Frankenthal, Urteil vom 12.5.1993, 2 S 3/93, WuM 1993 418–419 für den Einbau einer Gasetagenheizung anstelle der Ofenheizung in der Mietwohnung.

Etwas anderes kann gelten, wenn Gefahr für Leben oder Gesundheit von Menschen besteht. Dies kann dann der Fall sein, wenn das sanierungsbedürftige Gebäude einsturzgefährdet ist.

Ausnahme: Gefahr für Leben/Gesundheit

Anders ist die Rechtslage auf der Seite des Mieters. Ist der Mieter nicht verpflichtet, die Modernisierungsmaßnahmen zu dulden, so kann er sein Recht auf Einstellung der Arbeiten im Wege einer einstweiligen Verfügung durchsetzen. Dem Mieter wird es jedoch regelmäßig an einem Verfügungsgrund fehlen, wenn er die Maßnahmen des Vermieters dadurch unterbinden kann, dass er den Handwerkern den Zutritt zu seiner Wohnung verwehrt.[58]

Einstellung der Arbeiten durch einstweilige Verfügung

Für den Streitwert einer einstweiligen Verfügung gilt das für die Duldungsklage Gesagte.

Streitwert vgl. Duldungsklage

3.5.3 Klage auf Zutritt

Der Klageantrag auf Zutritt wird sich wohl meistens als Annex zum Klageantrag auf Duldung der Modernisierungs- oder Erhaltungsmaßnahmen anfügen. Es ist daran zu denken, die Räumlichkeiten zu denen Zutritt begehrt wird, präzise zu beschreiben.

Der Streitwert einer Klage auf Zutritt zur Wohnung zur Durchführung von Instandsetzungsarbeiten bemisst sich nach dem zwölffachen monatlichen Minderungsbetrag, der aus der bestehenden und ohne die Maßnahme sich ergebenden Gebrauchswertminderung der Mieträume folgt.[59]

Streitwert

3.6 Ausweitung der Duldungspflicht des Mieters nicht möglich

Nach § 554 Abs. 5 BGB ist eine von Abs. 2 bis 4 abweichende Vereinbarung zum Nachteil des Mieters unwirksam. Das heißt, dass eine Duldungspflicht vertraglich, insbesondere formularvertraglich, über die gesetzliche Regelung hinaus nicht erweitert werden kann. Ebenfalls kann die Mitteilungsverpflichtung des Vermieters nicht

---

[58] Schmidt-Futterer – Eisenschmid, § 554 Rn. 361.

[59] LG München I, Beschluss vom 27.11.2007, 13 T 19627/07; LG Saarbrücken, Beschluss vom 11.10.1993, 13 B S 197/93.

eingeschränkt, das Sonderkündigungsrecht und der Aufwendungsersatzanspruch des Mieters nicht abbedungen werden.

Tipp: Einigen Sie sich mit Ihrem Mieter

Um kostenintensive Rechtsstreitigkeiten zur Durchsetzung der Duldungsverpflichtung des Mieters und Verzögerungen der Baumaßnahmen zu vermeiden, ist dringend anzuraten, mit dem Mieter eine Modernisierungsvereinbarung hinsichtlich seiner Duldungspflichten und einer etwaigen Mieterhöhung zu treffen – wie Sie das tun, sehen Sie unten. Zum einen fühlt sich der Mieter so nicht übergangen, zum anderen erlangt der Vermieter Rechtssicherheit. In diesem Zusammenhang ist anzuraten, mit dem Mieter auch die Höhe einer Mietminderung zu vereinbaren.

3.7 Modernisierungsvereinbarungen als Mittel zur Streitvermeidung

Inhalte

Beabsichtigt der Vermieter, eine Modernisierungsmaßnahme nach § 554 BGB durchzuführen, so ist diese zunächst nach §§ 554 ff. BGB förmlich mitzuteilen. Parallel dazu sollte der Vermieter versuchen, mit seinen Mietern sog. Modernisierungsvereinbarungen zu treffen. Darin wird einvernehmlich festgelegt,

- welche Maßnahmen zu welchem Zeitpunkt durchgeführt werden,
- wie im Anschluss an die baulichen Maßnahmen eine Modernisierungsmieterhöhung nach §§ 559 ff. BGB aussehen soll und
- ob und in welchem Umfang über welchen Zeitraum der Mieter zu Minderungen berechtigt ist.

Die einvernehmliche Vorgehensweise mit dem Mieter bietet erhebliche Vorteile: Beabsichtigt der Vermieter, in mehreren Wohnungen Maßnahmen durchzuführen, so ist er allein aus Gründen des reibungslosen Ablaufs der Baumaßnahme vor allem wirtschaftlich dazu gezwungen, ohne zeitliche Verzögerung, aber insbesondere ohne langwierige und aufwendige Prozesse vorgehen zu können. Stimmt ein Teil der Mieter zu, ein anderer widerspricht aber, so ist die reibungslose Durchführung der Baumaßnahme nicht möglich, wodurch erhebliche finanzielle Nachteile entstehen.

Prozesse vermeiden

Der Vermieter sollte daher in seine wirtschaftlichen Überlegungen mit einbeziehen, ob er gewillt ist, mit einem Teil der Mieter langwierige Prozesse zu führen. Diese kosten ebenfalls Geld. Prozesse über Modernisierungsmaßnahmen und daraus folgende Mieterhöhungen sind im Übrigen auch deshalb teuer, weil sie zumeist mit aufwendigen Sachverständigengutachten verbunden sind.

Mietminderung absprechen

Aus dem gleichen Grund sollte bei Abschluss einer sog. Modernisierungsvereinbarung auch gemeinsam mit dem Mieter festgelegt werden, in welchem Zeitraum welche Mietminderungen entstehen. Zwar ist bei Vermietern allgemein die Tendenz zu erkennen, Mietminderungen wenig aufgeschlossen gegenüberzustehen, zumal ja eine bauliche Verbesserung der Wohnung erfolgen soll. Dennoch sollte der Vermieter auch hier an einer einvernehmlichen Lösung mit dem Mieter interessiert sein. Die Erfahrung zeigt, dass die Instanzgerichte bei baulichen Maßnahmen, auch kleinerer Art, relativ häufig Mietminderungsquoten von 20 % der Bruttomiete zusprechen. Deshalb sollte der Vermieter sein Schicksal selbst in die Hand nehmen und hier, abgestuft nach dem Umfang der Arbeiten, einvernehmliche Quoten mit dem Mieter festlegen. Die Erfahrung zeigt, dass Quoten von 10 % von den Mietern häufig akzeptiert werden.

Zu bedenken ist außerdem, dass es bei den Mietminderungen für Baumaßnahmen, die sich in einem überschaubaren Zeitraum (zwischen ein bis drei Monaten) halten, um doch vergleichsweise geringe Summen geht. Bereits deshalb ist ein gerichtlicher Rechtsstreit über Minderungsquoten gut abzuwägen, zumal auch hier die Tendenz der Gericht dahin geht, teure Sachverständigengutachten einzuholen und dadurch die Vermieter zu einem Vergleich zu zwingen. Berücksichtigt man diese Umstände, so ist es zumeist empfehlenswert, sich außergerichtlich vor Durchführung der Maßnahme mit dem Mieter zu einigen.

Muster: Modernisierungsvereinbarung

Siehe CD-ROM

Vereinbarung

zwischen

Harald Ernsberger, Gleichmannstraße 13/1. OG, 81241 München

– im Folgenden „Vermieter" genannt –

und

Michael Sauer, Ravensburger Ring 51, 81243 München

– im Folgenden „Mieter" genannt –

Präambel

Der Vermieter beabsichtigt, im gesamten Anwesen Ravensburger Ring 51, 81243 München umfassende Modernisierungsmaßnahmen zur Einsparung von Energie vorzunehmen. Der Mieter hat mit schriftlichem Mietvertrag vom 1.6.1993 die Wohnung im 1. OG rechts im Anwesen Ravensburger Ring 51, 81243 München, bestehend aus drei Zimmern, Küche, Bad/WC nebst Kelleranteil sowie Garagenstellplatz, von dem Vermieter gemietet. Der Mieter bezahlt derzeit eine Nettokaltmiete in Höhe von 743,00 €, zzgl. einer Vorauszahlung auf die Heiz- und Warmwasserkosten in Höhe von 63,00 €, zzgl. einer Vorauszahlung auf die übrigen Betriebskosten in Höhe von 51,00 €, zzgl. Miete für einen Garagenstellplatz in Höhe von 60,00 €, mithin insgesamt 917,00 €. Zur Durchführung von baulichen Maßnahmen zur nachhaltigen Einsparung von Energie wird folgende Modernisierungsvereinbarung geschlossen:

§ 1 Art, Umfang und Dauer der baulichen Maßnahmen

(1) Die Parteien sind sich darüber einig, dass nachfolgende Arbeiten durch den Vermieter durchgeführt werden:

a) An die Gebäudehülle wird ein Wärmedämmverbundsystem angebracht. Hierzu sind im Einzelnen nachfolgende Arbeiten an der Gebäudehülle vorzunehmen:

- Zunächst ist die Fassade zu reinigen, um dann der Energieeinsparungsverordnung entsprechende Dämmplatten anzukleben und zusätzlich mit Dübeln zu befestigen.
- Anschließend wird ein Armierungsgewebe eingelegt, die Fassade mit Außenputz verputzt sowie gestrichen.
- Am Dach beziehungsweise auf der obersten Decke wird die alte Kiesschüttung entfernt und Wärmedämmplatten, welche den Vorgaben der Energieeinsparverordnung entsprechen, aufgelegt.
- Eine Bitumenabdichtung, welche an den Dachrand und an das Treppenhaus angearbeitet wird, wird verlegt und neue Rauchabzugskoppeln werden montiert.

b) Ein Austausch der vier vorhandenen einfachverglasten Fenster aus dem Baujahr 1967 in der Wohnung des Mieters durch Fenster mit Thermopenverglasung wird vorgenommen.

c) Die Fenster im Allgemeinbereich des Anwesens Ravensburger Ring 51, 81243 München (Treppenhaus, Waschkeller etc.) werden ebenfalls durch Fenster mit Thermopenverglasung ersetzt.

d) Sämtliche Heizleitungen im Kellergeschoss werden nach den Anforderungen der Energieeinsparverordnung gedämmt. Weiter werden sämtliche Warmwasserleitungen im Kellergeschoss nach den Anforderungen der Energieeinsparverordnung gedämmt und der Warmwasserspeicher wird ausgetauscht.

e) Die Heizkörper werden mit Thermostatventilen ausgestattet.

(2) Die Arbeiten werden voraussichtlich am 01.05.2009 beginnen und voraussichtlich bis 30.09.2009 abgeschlossen sein.

(3) Art und Umfang der Maßnahmen im Einzelnen ergeben sich aus Anlage 1 dieses Vertrags. Ein Bauzeitenplan ist als Anlage 2 beigefügt. Diese sind wesentliche Bestandteile dieser Vereinbarung.

§ 2 Duldungsverpflichtung des Mieters

Der Mieter erklärt hiermit sein Einverständnis, die Durchführung der unter § 1 Abs. 1 genannten Arbeiten zu dulden. Der Mieter erklärt, vorbezeichnete Arbeiten, vorbehaltlich seiner Rechte gem. § 7 dieser Vereinbarung, auch dann zu dulden, wenn sich die entsprechend im Bauzeitenplan – Anlage 2 – dargestellten Ausführungsfristen verschieben oder verzögern.

§ 3 Zutrittsrecht

(1) Der Mieter verpflichtet sich, dem Vermieter sowie den in dessen Auftrag handelnden Personen, insbesondere Architekten und Handwerkern der ausführenden Firmen, Zutritt zu seiner Wohnung, sowohl zur Vorbereitung als auch zur Durchführung der Arbeiten, zu gewähren.

(2) Der Vermieter verpflichtet sich, Arbeiten, die in der Wohnung des Mieters durchzuführen sind, gesondert drei Tage vor deren Beginn schriftlich anzukündigen. Die schriftliche Ankündigung nach Satz 1 bedarf der Textform. Für die Rechtzeitigkeit kommt es nicht auf die Absendung, sondern auf den Zugang des Schreibens an.

§ 4 Mieterhöhung

(1) Die Parteien sind sich darüber einig, dass der Mieter aufgrund der durchgeführten Modernisierungsarbeiten eine erhöhte Nettokaltmiete in Höhe von 850,00 €, zzgl. einer Vorauszahlung auf Heiz-/Warmwasserkosten wie bisher in Höhe von 56,00 €, zzgl. einer Vorauszahlung auf die übrigen Betriebskosten wie bisher in Höhe von 71,00 €, zzgl. Miete für einen Garagenstellplatz wie bisher in Höhe von 60,00 €, mithin eine monatliche Gesamtmiete in Höhe von 1.037,00 € schuldet. Die erhöhte Miete ist fällig mit Beginn des dritten Monats nach Abschluss der in § 1 genannten Arbeiten.

(2) Die Parteien sind sich darüber einig, dass die unter § 1 genannten Modernisierungsarbeiten mit Abbau des Gerüsts sowie mit Wiederherstellung der Außenanlagen abgeschlossen sind.

§ 5 Mietminderung

Die Parteien sind sich darüber einig, dass die Miete während der Durchführung der Arbeiten bis zu deren Beendigung um 20 % der Bruttomiete, mithin auf 535,60 €

gemindert ist. Im Übrigen bleiben die vertraglichen und gesetzlichen Gewährleistungsrechte des Mieters unberührt.

§ 6 Aufwendungsersatz

(1) Der Vermieter verpflichtet sich, für etwaige Aufwendungen, welche der Mieter infolge der in § 1 genannten Arbeiten zu bestreiten hat, angemessenen Aufwendungsersatz zu leisten. Der Vermieter verpflichtet sich, mit Beginn der Arbeiten hierzu einen Vorschuss in Höhe von 1.000,00 € zu bezahlen.

(2) Der Mieter ist verpflichtet, über den geleisteten Vorschuss nach Abschluss der Arbeiten abzurechnen. Der Mieter muss jedoch Art und Umfang der gemachten Aufwendungen darlegen und der Höhe nach aufschlüsseln. Hierbei sind sich die Parteien darüber einig, dass für Arbeiten, welche vom Mieter in Eigenleistung erbracht werden, wie beispielsweise Reinigung, Räumung, Malerarbeiten usw., ein Stundensatz von 10,00 € vereinbart ist. In allen Fällen etwaiger Neuanschaffung ist ein Abzug „neu für alt" vorzunehmen.

§ 7 Rücktrittsrecht

(1) Kommt der Mieter seiner Verpflichtung aus dieser Vereinbarung insbesondere gemäß § 2 und § 3 nicht nach, so kann der Vermieter nach Fristsetzung von zehn Tagen unter dem Hinweis, dass nach Ablauf der Frist das Rücktrittsrecht ausgeübt wird, von dieser Vereinbarung zurücktreten. Kommt der Vermieter mit den Arbeiten gem. § 1 Abs. 1 und 2 mit mehr als sechs Monaten in Verzug, so kann der Mieter nach Fristsetzung von zehn Tagen unter dem Hinweis, dass nach Ablauf der Frist das Rücktrittsrecht ausgeübt wird, von dieser Vereinbarung zurücktreten.

(2) Die Rücktrittserklärung nach Absatz 1 bedarf der Schriftform. Für die Rechtzeitigkeit kommt es nicht auf die Absendung, sondern auf den Zugang der Rücktrittserklärung an.

§ 8 Kosten

Die Kosten dieser Vereinbarung werden gegeneinander aufgehoben.

§ 9 Sonstige Vereinbarungen

Diese Vereinbarung ist eine Ergänzungsvereinbarung zum Mietvertrag vom 1.6.1993. Die Parteien verpflichten sich, diese Vereinbarung zu vorstehendem Mietvertrag zu nehmen und mit diesem fest zu verbinden. Im Übrigen bleiben die Bestimmungen des Mietvertrags vom 1.6.1993 unberührt.

§ 10 Schriftform

Ergänzungen dieses Vertrags bedürfen der Schriftform.

München, den ____________

______________________ ______________________

(Harald Ernsberger) (Michael Sauer)

4 So können Sie die Kosten einer Verbesserung auf den Mieter umlegen

4.1 Wann eine Mieterhöhung möglich ist

Mieterhöhung um 11 % der Kosten

Hat der Vermieter bauliche Maßnahmen durchgeführt, die den Gebrauchswert der Mietsache nachhaltig erhöhen, die allgemeinen Wohnverhältnisse auf Dauer verbessern oder eine nachhaltig Einsparung von Energie oder Wasser bewirken (Modernisierung), oder hat er andere bauliche Maßnahmen aufgrund von Umständen durchgeführt, die er nicht zu vertreten hat, so kann er die jährlichen Miete um 11 Prozent der für die Wohnung aufgewendeten Kosten erhöhen.

Mieterhöhung unabhängig von Duldung

Ob der Mieter die baulichen Maßnahmen dulden muss, ist nur eine Frage des § 554 Abs. 2 und 3 BGB. Hiervon vollständig unabhängig ist die Frage der Mieterhöhung. Diese wird von § 559 BGB beantwortet.

Der Vermieter ist berechtigt, die Miete aufgrund vorangegangener Modernisierungsmaßnahmen zu erhöhen, wenn der Mieter entweder den fraglichen Maßnahmen zugestimmt hat oder wenn er zur Duldung der Maßnahme nach § 554 Abs. 2 BGB verpflichtet war. Es kommt indes nicht darauf an, ob die Ankündigung der beabsichtigten Modernisierungsmaßnahme gemäß § 554 Abs. 3 S. 1 BGB formell oder materiell ordnungsgemäß gewesen ist und der Mieter den Maßnahmen widersprochen hat. Dies folgt bereits aus dem Wortlaut des Gesetzes. Denn nach § 559b Abs. 2 S. 2 BGB verlängert sich bei unterlassener Mitteilung der zu erwartenden Mieterhöhung nach § 554 Abs. 3 S. 1 BGB lediglich die Frist des § 559b Abs. 2 S. 1 BGB für die geforderte und geschuldete Mieterhöhung um sechs Monate. Hat somit die gänzlich unterlassene Mitteilung nach § 554 Abs. 3 S. 1 BGB nur eine Verzögerung des Eintritts der Mieterhöhung zur

Folge, so kann die erfolgte, wenn auch verspätete Mitteilung keine für den Vermieter nachteiligen Folgen auslösen. Dies entspricht auch der im Gesetzgebungsverfahren vertretenen Ansicht. Danach sollten Mängel der Modernisierungsmitteilung aus anderen als den jetzt in § 559b Abs. 2 S. 2 BGB genannten Gründen für die anschließende Mieterhöhung ohne Bedeutung sein.[60]

Die Mitteilungspflicht dient dem Schutz des Mieters bei der Durchführung von Modernisierungsmaßnahmen, nicht aber der Einschränkung der Befugnis des Vermieters, die Kosten einer tatsächlich durchgeführten Modernisierung im Rahmen des § 559 BGB auf den Mieter umzulegen. Diese Bestimmung soll dem Vermieter im Interesse der allgemeinen Verbesserung der Wohnverhältnisse einen finanziellen Anreiz zur Modernisierung geben.[61]

4.1.1 Materielle Voraussetzungen

Vorliegen einer baulichen Maßnahme

Nach § 559 Abs. 1 BGB kann der Vermieter die Miete nur aufgrund durchgeführter baulicher Maßnahmen erhöhen. Abzugrenzen ist die bauliche Maßnahme einerseits von reinen Instandsetzungsmaßnahmen und andererseits von bloßen Einrichtungen und Ausstattungen.

Beispiele, in denen keine bauliche Maßnahme vorliegt

Die Möblierung einer Wohnung, der Austausch eines Teppichbodens, das Aufstellen von einzelnen Küchengeräten oder einer fabrikmäßig hergestellten Einbauküche sowie der Austausch von Energiesparlampen stellen keine baulichen Maßnahmen dar.

Keine Mieterhöhung bei Instandsetzung

Reine Instandsetzungsmaßnahmen, die nur der Erhaltung oder Wiederherstellung des vertraglichen bzw. ordnungsgemäßen Zustands dienen und daher in der Regel in der Behebung von baulichen Mängeln liegen, sind keine Modernisierungsmaßnahmen.

---

[60] Begründung des Regierungsentwurfs zum Mietrechtsreformgesetz, BT-Drs. 14/4553 S. 58 f.

[61] BGH, Urteil vom 19.9.2007, VIII ZR 6/07.

Der Vermieter muss die Baumaßnahmen in eigener Regie durchgeführt haben[62] und somit Bauherr sein. Es ist daran zu denken, dass die Vermieter- und Eigentümerstellung auseinanderfallen können. Für eine Mieterhöhung nach § 559 BGB ist daher nur Raum, wenn die in Betracht kommenden Baumaßnahmen während der Mietzeit vom Vermieter im eigenen Namen und für eigene Rechnung in Auftrag gegeben worden sind. Unerheblich ist es allerdings, ob er die Arbeiten selbst ausgeführt hat oder von anderen für sich und auf seine Rechnung hat durchführen lassen.[63]

Vermieter muss Bauherr sein

Die Umlegung von Modernisierungskosten auf den Mieter ist nicht möglich, wenn ein Dritter die Modernisierungsmaßnahmen auf eigene Rechnung vornimmt. Für den Anwendungsbereich des § 559 besteht deshalb kein Raum, wenn beispielsweise mit einem Wärmecontractor (z. B. einem Heizungsbauunternehmen) vereinbart wurde, dass er die Modernisierung der Heizung auf eigene Rechnung durchführt[64] – und als Gegenleistung das exklusive Recht erhält, den Mietern über einen längeren Zeitraum Heizwärme und Warmwasser zu liefern. Leistungen Dritter sind beispielsweise auch die Erschließungsmaßnahmen der Gemeinden, die in Form von Gebühren auf den Vermieter umgelegt werden.

Keine Mieterhöhung bei Leistungen durch Dritte

Entsprechend schwierig ist die Frage zu beantworten, ob der Erwerber eines Grundstücks die Miete aufgrund der vom Veräußerer vorgenommenen Modernisierungsmaßnahmen erhöhen darf. Hier sind zwei Fallgruppen zu unterscheiden:

Modernisierung durch Vorbesitzer

- Hat der Veräußerer die Modernisierungsmaßnahmen durchgeführt und ist der Erwerber während oder nach Abschluss der Modernisierungsmaßnahmen gem. § 566 BGB als Vermieter in das Mietverhältnis eingetreten, so kann der Erwerber, obgleich die Arbeiten von ihm nicht veranlasst wurden, eine Mieterhöhung entsprechend § 559 BGB vornehmen.[65]

---

62 BGH, Urteil vom 22.2.2006, VIII ZR 362/04, NJW 2006, 2185.

63 Sonnenschein-Emmerich – Emmerich, § 559 Rn. 5.

64 BGH, Urteil vom 22.2.2006, VIII ZR 362/04, NJW 2006, 2185.

65 KG, Rechtsentscheid vom 8.5.2000, 8 RE-Miet 2505/00; KG, Rechtsentscheid vom 17.7.2000, 8 RE-Miet 4110/00.

- Etwas anderes gilt, wenn der Erwerber bereits vor Eintragung im Grundbuch Modernisierungsarbeiten vornimmt, weil er zum maßgebenden Zeitpunkt noch nicht Vermieter ist.[66]

WEG

Zweifelhaft dürfte sein, ob nach der Entscheidung des BGH vom 2.6.2005[67] zur Teilrechtsfähigkeit der Wohnungseigentümergemeinschaft der Vermieter die Kosten für eine Modernisierungsmaßnahme auf den Mieter umlegen kann, wenn der Verband die Maßnahmen in Auftrag gibt. Der Vermieter ist nämlich dann nicht mehr Bauherr.[68]

Nachhaltige Erhöhung des Gebrauchswerts

Weitere Voraussetzung zu Umlagefähigkeit der Modernisierungskosten ist, dass die baulichen Maßnahmen den Gebrauchswert der Mietsache nachhaltig erhöhen. Im Wesentlichen handelt es sich bei den Modernisierungsmaßnahmen um die, die im Zusammenhang mit § 554 Abs. 2 BGB beschrieben wurden (vgl. Kap. 3.2.2 ab Seite 41). Maßgebend ist allein, dass sich der vertragsgemäße Zustand, der regelmäßig zu Beginn des Mietverhältnisses zwischen den Parteien vereinbart wurde, nach Vornahme der Modernisierungsmaßnahmen verbessert hat. Hierbei ist der Maßstab objektiv zu bestimmen. Insbesondere muss die Gebrauchswerterhöhung nachhaltig sein, das heißt, sie muss von Dauer sein und ein gewisses Ausmaß aufweisen. Der Mieter kann hingegen nicht einwenden, dass die Modernisierungsmaßnahmen für ihn keinen Nutzen haben.

Verbesserung der Wohnverhältnisse

Eine bauliche Maßnahme, die den Vermieter zur Mieterhöhung berechtigt, liegt auch dann vor, wenn die Wohnverhältnisse verbessert werden. Hierunter versteht man in erster Linie die Anlage und den Aufbau nicht öffentlicher Gemeinschaftsanlagen wie Kinderspielplätze, Grünanlagen, Stellplätze und andere Verkehrsanlagen (vgl. auch Kap. 3.2.2 ab Seite 41).

Einsparung von Energie oder Wasser

Zur Mieterhöhung berechtigen außerdem bauliche Maßnahmen, die die nachhaltige Einsparung von Energie oder Wasser bewirken. Die Begriffe sind weit auszulegen. Dabei werden alle Arten von Energie erfasst, also Heizenergie, Strom, Wärme, Gas oder Öl. Es reicht aus, wenn überhaupt eine messbare Einsparung von Energie erzielt wird

---

66 Sonnenschein-Emmerich – Emmerich, § 559 Rn. 5.

67 BGH, Beschluss vom 2.6.2005 – V ZB 32/05, NJW 2005, 2061.

68 Schmidt-Futterer – Emmerich, § 554 Rn. 34.

und diese dauerhaft ist. Die Mieterhöhung wegen energieeinsparender Modernisierung wird nicht durch das Verhältnis zu der erzielten Heizkostenersparnis begrenzt. Für eine solche Begrenzung besteht keine gesetzliche Grundlage. Der Gesetzgeber hat im volkswirtschaftlichen Interesse an einer Modernisierung des Wohnbestandes – auch zum Zwecke der Energieeinsparung – von einer begrenzten Regelung bewusst abgesehen. Vielmehr ist zum Schutz des Mieters die Härteklausel ausreichend (vgl. Kap. 3.2.2 ab Seite 50).[69]

Gesetzliche Verpflichtungen des Vermieters

Schließlich kann der Vermieter auch Maßnahmen, die er aufgrund von Umständen durchgeführt hat, die er nicht zu vertreten hat, auf den Mieter umlegen. Nicht zu vertreten hat der Vermieter lediglich solche baulichen Maßnahmen, zu deren Vornahme er vertraglich nicht verpflichtet ist und die er auch weder voraussehen noch vermeiden konnte, vor allem wenn sie auf technischen Änderungen oder unerwarteten gesetzlichen oder behördlichen Anordnungen beruhen (vgl. Kap. 3.2.2 ab Seite 49).

4.1.2 Berechnung der Mieterhöhung

11 % der Kosten umlagefähig

Nach § 559 Abs. 1 BGB kann der Vermieter die jährliche Miete um 11 % der für die Wohnung aufgewendeten Modernisierungskosten erhöhen. Die Erhöhung ist nicht bis zur Amortisation der Kosten befristet. Eine solche Begrenzung sieht das Gesetz nicht vor. Vielmehr wird der „Modernisierungszuschlag" auf Dauer Bestandteil der Miete. Insbesondere wird er nicht getrennt ausgewiesen.

Aufteilung auf Wohnungen

Sind die baulichen Maßnahmen für mehrere Wohnungen durchgeführt worden, so sind die Kosten gem. § 559 Abs. 2 BGB angemessen auf die einzelnen Wohnungen aufzuteilen. Entsprechend einfach ist es daher, die Kosten für die Modernisierungsmaßnahmen auf die Mieter zu verteilen, wenn diese einer Wohnung oder einem Mietobjekt (Einfamilienhaus) zuzuordnen sind.

Beispiel: Neue Isolierglasfenster

Werden neue Isolierglasfenster eingebaut, so ist der Aufwand nach der Anzahl der eingebauten Fenster in der jeweiligen Wohnung zu bestimmen.

---

[69] BGH, Urteil vom 3.3.2004, VIII ZR 149/03, NZM 2004, 336.

Verteilung nach billigem Ermessen

Etwas schwieriger wird es hingegen, wenn die baulichen Maßnahmen für mehrere Wohnungen durchgeführt worden sind. Dies ist beispielsweise bei der Anbringung eines Wärmedämmverbundsystems oder beim Einbau eines Aufzugs der Fall. Hier ist die Verteilung der Kosten vom Vermieter nach billigem Ermessen gemäß §§ 315, 316 BGB vorzunehmen. Unbillig sind daher Umlageschlüssel, die bestimmte Mieter unangemessen benachteiligen.

Beispiele für unbillige Verteilung der Kosten

- Es ist unbillig, zahlungsunfähige Mieter weniger stark oder schwierige Mieter besonders stark zu belasten.
- Der Vermieter hat selbstverständlich die Kosten einer unvermieteten Wohnung selbst zu tragen. Es wäre unbillig, diese auf die übrigen Mieter umzulegen.
- Auch wenn eine Mieterhöhung bei einem einzelnen Mieter durch vertragliche Vereinbarung oder gesetzliche Bestimmungen gem. § 559 BGB ausgeschlossen ist, hat der Vermieter die ausfallenden Einkünfte selbst zu tragen.

Mögliche Maßstäbe

Als angemessener Maßstab ist in der Regel das Verhältnis der Wohnflächen untereinander heranzuziehen. Im Einzelfall sind jedoch auch andere Maßstäbe denkbar. So kann der Vermieter beispielsweise bei seiner Ermessensabwägung unterschiedliche Gebrauchsvorteile für den jeweiligen Mieter berücksichtigen.

Beispiel: Aufzug – Verteilung nach Gebrauchsvorteilen

Wird z. B. ein Aufzug eingebaut, so wird im Regelfall der Mieter der Dachgeschosswohnung einen größeren Gebrauchsvorteil durch den Einbau des Aufzugs haben als der der Erdgeschosswohnung. Der Vermieter kann die Kosten für den Einbau des Aufzugs entsprechend der jeweiligen Etage und dem damit verbundenen Gebrauchsvorteil staffeln. So hat beispielsweise das Landgericht Hamburg (Urteil vom 30.5.2002, 333 S 81/01, ZMR 2002 S. 919) folgende Staffelung für angemessen gehalten: Erdgeschoss 0 %, 1. OG 12 %, 2. OG 17,5 %, 3. OG 21 %, 4. OG 23,5 %, 5. OG 26 %. Eine andere Kammer des Landgerichts Hamburg (Urteil vom 20.6.1994, 311 S 82/93) hielt eine Staffelung von 12 % für das 1. OG, 16,5 % für das 2. OG, 20,5 % für das 3. OG, 24,5 % für das 4. OG und 26,5 % für das 5. OG ebenfalls für angemessen.

Der Vermieter ist jedoch nicht gezwungen, die Kosten wie in obigem Beispiel umzulegen. So hat das Landgericht München I[70] entschieden, dass der Vermieter die Kosten für den Einbau eines Aufzugs sowohl nach dem linearen Flächenanteil als auch nach dem unterschiedlichen Gebrauchsvorteil auf die Mieter verteilen kann. Ein einheitlicher Standard lässt sich hier jedoch nicht anwenden, da auch für den Erdgeschossmieter immer die Möglichkeit bestehen kann, mit einem neu eingebauten Aufzug den Keller und Speicher oder einen anderen Bewohner in einem höheren Stockwerk zu erreichen. Zu berücksichtigen ist insbesondere, dass der Mieter nicht einwenden kann, dass für ihn die Modernisierungsmaßnahme keinen Nutzen bringt. Grundsätzlich spricht gegen eine Verteilung nach Gebrauchsvorteilen nichts, es ist jedoch in der Regel schwierig, einen transparenten, angemessenen und akzeptablen Umlageschlüssel zu finden. Auch muss beispielsweise bei der Anbringung einer Wärmedämmung nicht zwischen Innen- und Außenwohnungen oder Dach und Erdgeschosswohnungen unterschieden werden.

Tipp: Maßstab nach Wohnflächen verwenden

Es empfiehlt sich, bei Umlage von Modernisierungskosten, die alle Wohnungen betreffen, als Umlagemaßstab das Verhältnis der Wohnflächen untereinander zu wählen. Nur wenn dieser Maßstab vollständig unbillig erscheint, beispielsweise weil ein Aufzug in einem ganz anderen Gebäude erstellt wird, der Mieter daher objektiv keinen Nutzen hat, ist ein anderer Maßstab zu verwenden.

4.1.3 Berücksichtigungsfähige Kosten

Trennung von Instandsetzungs- und Instandhaltungskosten

Zu den umlagefähigen Kosten zählen sowohl die reinen Baukosten als auch die Baunebenkosten.

[70] Urteil vom 24.11.2005, 31 S. 9700/05.

Beispiele für Baunebenkosten

Zu den Baunebenkosten gehören Honorare für Architekten, Bauphysiker, Statiker, Ingenieure sowie Gutachter, sofern sie aufgrund der Modernisierungsmaßnahme notwendig sind und es sich hierbei nicht um reine Verwaltungsaufgaben handelt, die auch der Vermieter wahrnehmen könnte. Weiter zählen hierzu die Gebühren für die Baugenehmigung, Kosten für die Baustelleneinrichtung, Kosten für die Reinigung nach Beendigung der baulichen Maßnahmen, Kosten für die Gerüstaufstellung.

Eigenleistung berücksichtigen

Der Vermieter kann auch seine Eigenleistung im Rahmen der Modernisierung in die Kostenberechnung einstellen.[71] Hinsichtlich der Höhe kann der Vermieter sich an den Kosten eines Fachunternehmens orientieren.

Nur aufgewendete Kosten umlagefähig

Umlagefähig sind jedoch dem Wortlaut des § 559 BGB entsprechend nur die aufgewendeten Kosten, d. h. die tatsächlichen Kosten. Eventuell erhaltene Rabatte oder Skonti muss der Vermieter dem Mieter bei der Berechnung weitergeben. Er kann daher nicht nach Kostenvoranschlag abrechnen, sondern kann nur die tatsächlich bezahlten Kosten der Modernisierungsaufwendungen auf den Mieter umlegen.

Finanzierungskosten

Nicht umlagefähig sind die Kosten für Finanzierung und Kapitalbeschaffung. Diese Kosten sind mit der Mieterhöhung abgegolten.

Kosten für Architekten

Die Kosten für den Architekten sind nur dann umlagefähig, wenn nach Art und Umfang der baulichen Maßnahme eine Hinzuziehung des Architekten objektiv notwendig und wirtschaftlich vernünftig war. Diese Kosten sind als eigene Position bei der durchgeführten Modernisierungsmaßnahme aufzuführen.[72]

Kosten durch Mietminderung

Nicht ansatzfähig ist der durch die Modernisierungsmaßnahmen bedingte Mietausfall in Form der Mietminderung gem. § 536 Abs. 1 BGB oder des Schadensersatzes gem. § 536a Abs. 1 BGB wegen einer nicht unerheblichen Gebrauchsbeeinträchtigung der Mietsache durch Staub, Lärm und Schmutz, da dies keine Kosten sind, die für die Wohnung aufgewandt wurden.[73]

---

[71] LG Halle, Urteil vom 08.08.2002, 2 S 42/01 ZMR 2003, 35, 36; Blank/Börstinghaus – Börstinghaus, § 559 Rn. 22.

[72] AG Köln, Urteil vom 7.3.1989, 212 C 301/88, WuM 1990, 226–227.

[73] Schmidt-Futterer – Börstinghaus, § 559 Rn. 161.

Nicht ansatzfähig sind Instandsetzungskosten. Regelmäßig enthalten bauliche Maßnahmen sowohl Elemente einer Erhaltungs- als auch Modernisierungsmaßnahme. Nachdem § 559 Abs.1 BGB lediglich die Umlage der Kosten für die Modernisierung vorsieht und es sich bei der Instandsetzung der Wohnung um eine Hauptleistungspflicht des Vermieters handelt, sind bei der Ermittlung der anrechenbaren Kosten Instandsetzungskosten zu berücksichtigen. Diese sind daher nachvollziehbar von den Modernisierungskosten zu trennen. Die fiktiven Kosten einer fälligen (ersparten) Instandsetzung sind von den Kosten der Modernisierungsmaßnahme abzuziehen und nur die verbleibenden Kosten mit 11 % jährlich auf den Mieter umlegbar.

Instandsetzungskosten herausrechnen

Dies gilt jedoch nur für Instandsetzungsmaßnahmen einschließlich der sog. Sowiesokosten, die im Augenblick der Ausführung der Modernisierungsmaßnahme bereits fällig waren. Zukünftig fällige fiktive Instandsetzungskosten werden den Kosten für die Modernisierung zugeschlagen.[74]

Umstritten ist, in welcher Weise die Sowiesokosten, beispielsweise Gerüstkosten bei einer modernisierenden Instandsetzung, zu berücksichtigen sind. Börstinghaus[75] vertritt die Auffassung, dass der gesamte Sockel der Kosten, der auch für die Instandsetzung angefallen wäre, nicht anzusetzen ist.

Umstritten: Sowieso-Kosten

Beispiel für Sowieso-Kosten: Aufstellung eines Gerüsts

Muss beispielsweise das Gerüst auch für die Instandsetzung der Fenster oder der Außenfassade aufgestellt werden, dann gehören die Gerüstkosten weder ganz noch anteilig zu den Modernisierungskosten, sondern ausschließlich zu den Instandsetzungskosten.

Dies führt jedoch nach Auffassung des Verfassers zu groben Unbilligkeiten. Ist beispielsweise ein Wärmedämmverbundsystem anzubringen und fallen dabei naturgemäß Instandsetzungsarbeiten an der Fassade an, die jedoch einen ganz geringen Anteil der Kosten ausmachen, so verbleiben die Gemeinkosten für das Gerüst – obwohl der Schwerpunkt der baulichen Maßnahmen auf der Modernisierungsmaßnahme liegt – beim Vermieter. Dementsprechend sind

[74] OLG Hamburg, RE v. 06.10.1982 – 4 U 133/82).

[75] Schmidt-Futterer – Börstinghaus, § 559 Rn. 166.

bei der modernisierenden Instandsetzung die Baunebenkosten anteilig auf die Modernisierung und Instandsetzung zu verteilen, beispielsweise indem auf die Gesamtkosten eine Quote angewandt wird.[76]

Beispiel: Vollwärmeschutz und Putzausbesserungen

Beabsichtigt der Vermieter, einen Vollwärmeschutz anzubringen, so ist das unstreitig eine bauliche Maßnahme, die eine nachhaltige Einsparung von Heizenergie bewirkt, und damit eine Modernisierungsmaßnahme, deren Kosten er mit 11 % jährlich auf den Mieter umlegen darf. Die Kosten des Vollwärmeschutzes betragen 41.247,35 €. Im Zuge der Modernisierungsmaßnahme hat der Vermieter Putzausbesserungen für 5.932,08 € vornehmen lassen. Zur Anbringung des Vollwärmeschutzes musste der Vermieter ein Gerüst aufstellen lassen. Die Kosten für das Gerüst betrugen 3.652,88 €. Nach der hier vertretenen Meinung sind die Gerüstkosten anteilig auf die Modernisierungskosten anzurechnen.

Bezogen auf die Gesamtrechnung bezüglich der Anbringung des Vollwärmeschutzes beträgt der Anteil der Kosten für die Putzausbesserung 5.932,08 € ./. 41.247,35 € = 14,38 %. Dementsprechend entfallen auf die Modernisierungskosten für das Gerüst 85,62 % und auf die Instandsetzungskosten 14,38 %. Von den Kosten des Gerüsts sind demnach 3.127,59 € auf den Mieter mit 11 % jährlich umzulegen. Möchte man der Meinung von Börstinghaus (a. a. O.) folgen, so wären die Kosten für das Gerüst überhaupt nicht auf den Mieter umlegbar.

Abzug von Fremdmitteln (§ 559a BGB)

Der Vermieter soll nur die tatsächlich aufgewendeten Kosten in seine Berechnung einstellen können, also nur solche Kosten, die ihn tatsächlich auch belasten. Nichts anderes gilt bei Zuwendungen durch den Mieter oder Dritte.

Anzurechnen sind dem Mieter gem. § 559a Abs. 1 und Abs. 2 S. 1 BGB Zuschüsse, zinsverbilligte und zinslose Darlehen, die dem Vermieter für die Modernisierungsmaßnahmen gewährt wurden.

---

[76] KG Berlin, Urteil vom 20.4.2006, 8 U 204/05, ZMR 2006, 612–615; LG Halle, Urteil vom 08.08.2002, 2 S 42/01, ZMR 2003, 35, 36; LG Dresden, Urteil vom 14.10.1997, WuM 1998, 216, 217.

Nach § 559a Abs. 1 BGB kann der Vermieter Kosten, die vom Mieter oder für diesen von einem Dritten erbracht oder die mit Zuschüssen aus öffentlichen Haushalten gedeckt werden, nicht auf den Mieter gem. § 559 BGB umlegen. Zu denken ist insbesondere an „verlorene Baukostenzuschüsse" (Zuschüsse des Mieters an den Vermieter für Baumaßnahmen, die Letzterer aber zurückzuzahlen hat) sowie an Bauleistungen, die vom Mieter oder für ihn beispielsweise von seinem Arbeitgeber, Freunden etc. erbracht wurden.

Beispiel: Baukostenzuschuss durch Mieter

Der Vermieter modernisiert eine 76-m²-Wohnung. Hierfür wendet er anrechenbare Kosten von 15.000,00 € auf. Der Mieter leistet einen verlorenen Baukostenzuschuss in Höhe von 4.000,00 €. Der Vermieter muss entsprechend § 559a Abs. 1 BGB die 4.000,00 € von den 15.000,00 € in Abzug bringen, da diese nicht zu den aufgewendeten Kosten im Sinne des § 559 BGB gehören. Die Mieterhöhung berechnet sich wie folgt:

Aufgewendete Kosten 11.000,00 € (15.000,00 € – 4.000,00 €), hieraus 11 % der Gesamtkosten pro Jahr, 1.210,00 € ./. 12 Monate = 100,83 €, pro m² 1,32 € (= 100,83 ./. 76).

Zuschüsse aus öffentlichen Haushalten

Bei den Zuschüssen aus öffentlichen Haushalten ist insbesondere an Mittel aus Wohnungsbauförderungsprogrammen und Projekten zur Stadtsanierung zu denken.[77]

Nach § 559a Abs. 3 BGB sind die Leistungen des Mieters, und zwar als Mieterdarlehen oder Mietvorauszahlung, bzw. die von einem Dritten für den Mieter an den Vermieter erbrachte Leistung den Darlehen aus öffentlichen Haushalten gleichzustellen. Mittel der Finanzierungsinstitute des Bundes oder eines Landes (beispielsweise Kreditanstalt für Wiederaufbau; Investitionsbanken der Länder) gelten als Mittel aus öffentlichen Haushalten.

Investitionszulagen

Investitionszulagen nach § 3 InvZulG 1999 für Modernisierungsmaßnahmen sind keine gemäß § 559a BGB anzurechnenden Fördermittel. Die Investitionszulage ist ein steuerrechtliches Instrument, das sich im Rahmen der Abgabenordnung bewegt und deshalb auch von den Finanzämtern verwaltet wird. Auf die Investi-

[77] Schmidt-Futterer – Börstinghaus, § 559a Rn. 5.

tionszulage besteht ein Rechtsanspruch. Sie ist ein Mittel der Refinanzierung des Vermieters, der gefördert werden soll, und nicht der Mieter.[78] Der Systematik des § 559 BGB entsprechend bedarf es keiner Anrechnung von Mitteln, die der Vermieter zum Zwecke der Durchführung von Instandsetzungen erhält.

Zinsverbilligte/ -lose Darlehen

Den Regelfall bildet wohl heute § 559a Abs. 2 BGB, indem dem Vermieter für die Kosten der baulichen Maßnahmen zinsverbilligte oder zinslose Darlehen aus öffentlichen Haushalten zur Verfügung gestellt werden.

Zinsermäßigung berücksichtigen!

Der Erhöhungsbetrag nach § 559 BGB verringert sich um den Jahresbetrag der Zinsermäßigung. Dieser Abzugsbetrag errechnet sich gem. § 559a Abs. 2 S. 2 und 3 BGB aus dem Unterschied zwischen dem ermäßigten Zinssatz und dem marktüblichen Zinssatz für den Ursprungsbetrag des Darlehens. Maßgebend ist der marktübliche Zinssatz für erstrangige Hypotheken zum Zeitpunkt der Beendigung der Maßnahmen. Zur Ermittlung des marktüblichen Zinssatzes für erstrangige Hypotheken kann § 23a zweite Berechnungsverordnung (II. BV) herangezogen werden: Gemäß § 23a II. BV ermittelt sich dieser aus dem durchschnittlichen Zinssatz der durch erste Hypotheken gesicherten Darlehen, die zu dieser Zeit von Kreditinstituten oder privatrechtlichen Unternehmen, die Darlehen vergeben, zu geschäftsüblichen Bedingungen für Bauvorhaben am selben Ort gewährt worden sind. Der durchschnittliche Zinssatz kann auch in Anlehnung an den Zinssatz der zu dieser Zeit zahlenmäßig am meisten abgesetzten Pfandbriefe unter Berücksichtigung der üblichen Zinsspanne ermittelt werden.

Beispiel: Modernisierung mithilfe eines KfW-Darlehens

Die anrechenbaren aufgewandten Kosten für die Modernisierungsmaßnahmen des Vermieters betrugen 100.000 €. Dem Vermieter wurde über die Kreditanstalt für Wiederaufbau (KfW) ein vergünstigtes Darlehen über 50.000 € zu einem Zinssatz von 4 % gewährt. Der marktübliche Zinssatz für erstrangige Hypotheken betrug zum Zeitpunkt der Beendigung der Modernisierungsmaßnahme 7 %.

Für das ihm gewährte Darlehen über 50.000 € muss der Vermieter also Zinsen in Höhe von 2.000 € im Jahr bezahlen. Der Zinsbetrag für

[78] Schmidt-Futterer – Börstinghaus, § 559a Rn. 6.

marktübliche erstrangige Hypotheken würde bei 3.500 € liegen. Dementsprechend erspart sich der Vermieter eine Zinsbelastung von 1.500 €.

Bei einem Modernisierungsaufkommen von 100.000 € ergibt sich ein Erhöhungsbetrag von 11.000 € jährlich (11% aus 100.000 €). Von diesem Erhöhungsbetrag ist die ersparte jährliche Zinsbelastung in Höhe von 1.500 € abzuziehen. Mithin ergäbe sich für den Vermieter ein jährlicher Erhöhungsbetrag von 10.160 € anstatt 9.500 € für das Gesamtobjekt.

Einfrierungsgrundsatz

Zugrundezulegen ist der ursprüngliche Darlehensbetrag, der auch in der Zukunft in Anrechnung zu stellen ist, obwohl das Darlehen teilweise getilgt wurde oder sich der marktübliche Zins verändert (Einfrierungsgrundsatz). Dies gilt sowohl dann, wenn die tatsächliche Zinsvergünstigung sinkt, weil der Vermieter bis zur Beendigung der Maßnahmen das Darlehen teilweise getilgt hat oder weil das Zinsniveau für erstrangige Hypotheken gefallen ist.

Beispiel: Fallende Zinsen

In obigem Beispiel ist der Zinssatz für marktübliche erstrangige Hypotheken von 7 % auf 6 % gefallen. Überdies hat der Vermieter bereits 8.000 € von der Darlehenssumme getilgt. Es würde sich für den Vermieter ein Zinsvorteil wie folgt ergeben:

Für das ihm nunmehr gewährte Darlehen über 42.000 € (50.000 € – 8.000 €) sowie bei einer Zinsvergünstigung auf 4 % muss der Vermieter also Zinsen in Höhe von 1.680 € im Jahr bezahlen. Der Zinsbetrag für marktübliche erstrangige Hypotheken würde bei einem Zinssatz von 6 % bei 2.520 € liegen. Dementsprechend erspart sich der Vermieter eine Zinsbelastung von 840 €.

Bei einem Modernisierungsaufkommen von 100.000 € ergibt sich ein Erhöhungsbetrag von 11.000 € jährlich (11 % aus 100.000 €). Von diesem Erhöhungsbetrag ist die ersparte jährliche Zinsbelastung in Höhe von 840 € abzuziehen. Mithin ergäbe sich für den Vermieter lediglich ein jährlicher Erhöhungsbetrag für das Gesamtobjekt von 9.000 €. Der Vermieter müsste im Vergleich zum Ausgangsbeispiel dem Mieter 2.000 € statt 1.500 € anrechnen.

Der Vermieter wird in obigem Beispiel durch den sog. Einfrierungsgrundsatz schlechter gestellt. Ist im Darlehensvertrag jedoch vereinbart, dass das erste Jahr (Jahr der Modernisierungsmaßnahmen) tilgungsfrei ist und steigt darüber hinaus noch der marktübliche Zinssatz für erstrangige Hypotheken, so nimmt der Vorteil der Förderung für den Vermieter zu.

Beispiel: Steigende Zinsen

In obigem Beispiel ist der Zinssatz für marktübliche erstrangige Hypotheken von 7 % auf 8 % gestiegen. Eine Tilgung erfolgte nicht. Es würde sich für den Vermieter ein Zinsvorteil wie folgt ergeben:

Für das ihm gewährte Darlehen über 50.000 € sowie bei einer Zinsvergünstigung auf 4 % muss der Vermieter also Zinsen i. H. v. 2.000 € im Jahr bezahlen. Der Zinsbetrag für marktübliche erstrangige Hypotheken würde bei einem Zinssatz von 8 % bei 4.000 € liegen. Dementsprechend erspart sich der Vermieter eine Zinsbelastung von 2.000 €.

Bei einem Modernisierungsaufkommen von 100.000 € ergibt sich ein Erhöhungsbetrag von 11.000 € jährlich (11 % aus 100.000 €). Von diesem Erhöhungsbetrag ist die ersparte jährliche Zinsbelastung i. H. v. 2.000 € abzuziehen. Mithin verbleibt ein jährlicher Erhöhungsbetrag für das Gesamtobjekt von 9.000 €. Der Vermieter müsste im Vergleich zum Ausgangsbeispiel dem Mieter statt 1.500 € 2.000 € anrechnen.

Zuschüsse und Darlehen

Ebenso zu verfahren ist gem. § 559a Abs. 2 S. 4 BGB mit Zuschüssen oder Darlehen, welche der Vermieter für laufende Aufwendungen für die Modernisierung gewährt bekommt. Der Erhöhungsbetrag verringert sich um den Jahresbetrag des Zuschusses oder Darlehens. Laufende Aufwendungen sind gemäß § 18 Abs. 1 II. BV die Kapitalkosten und die Bewirtschaftungskosten.

Beispiel: Tilgungszuschuss der KfW muss abgezogen werden

Die anrechenbaren aufgewendeten Kosten für die Modernisierungsmaßnahmen betrugen 100.000 €. Dem Vermieter wurde über die KfW ein Tilgungszuschuss in Höhe von 5.000 € gewährt. Bei einem Modernisierungsaufkommen von 100.000 € ergibt sich ein Erhöhungsbetrag von 11.000 € jährlich (11 % aus 100.000 €). Von diesem Erhöhungsbetrag ist der ersparte Tilgungszuschuss in Höhe von 5.000 € abzuziehen. Mithin kann der Vermieter noch einen Erhöhungsbetrag von 6.000 € für das Gesamtobjekt auf die Mieter umlegen.

Jährliche Neuberechnung bei degressiver Förderung

Etwas anderes gilt jedoch in den Fällen, wenn sich die öffentlichen Zuschüsse oder die Zinsverbilligung ihrerseits ändern, sodass in diesem Fall die Kürzungsbeträge gegebenenfalls jährlich neu berechnet werden müssen. Dies gilt insbesondere in den Fällen der degressiven Förderung. Bei einer degressiven Förderung zinsverbilligter Darlehen steigen die Zinsen jährlich. Verringern sich die Zuschüsse während der Laufzeit der öffentlichen Förderung, so muss der Vermieter bereits bei der ersten Mieterhöhungserklärung unter Hinweis auf die sinkenden Zuschüsse eine spätere erneute Erhöhung der Miete vorbehalten. Unterlässt er dies, bleibt es bei der einmaligen Mieterhöhung nach Modernisierung.[79]

Zuschüsse/ Darlehen für einzelne Wohnungen

Sind Zuschüsse oder Darlehen für einzelne Wohnungen gewährt worden, sind diese entsprechend § 559a Abs. 4 BGB diesen zuzuordnen. Lediglich wenn nicht festgestellt werden kann, in welcher Höhe Zuschüsse oder Darlehen für die einzelnen Wohnungen gewährt worden sind, sind diese nach dem Verhältnis der für die einzelnen Wohnungen aufgewendeten Kosten aufzuteilen. In diesem Falle ist daher für die Verteilung der Kürzungsbeträge derselbe Umlageschlüssel zu wählen, der bei der Aufteilung der Kosten auf die einzelnen Wohnungen angewendet wurde (siehe ab Seite 87).

4.2 Was Sie bei der Mieterhöhungserklärung beachten müssen

Textform

Nach § 559b Abs. 1 Satz 1 BGB ist eine Mieterhöhung nach § 559 BGB dem Mieter in Textform zu erklären. Wird diese Form nicht eingehalten, so ist die Erklärung bereits aus formellen Gründen gem. § 125 S. 1 BGB unwirksam.

Die Mieterhöhungserklärung ist als empfangsbedürftige Willenserklärung von allen Vermietern abzugeben und muss allen Mietern gem. § 130 BGB zugehen. Das Formerfordernis gilt für die gesamte Erhöhungserklärung einschließlich ihrer Begründung und Erläuterung.[80] Grundsätzlich hat die Erhöhungserklärung in einer einheitlichen Form zu erfolgen. Die bloße Bezugnahme auf andere Schrift-

---

[79] Schmidt-Futterer – Börstinghaus, § 559b Rn 30.

[80] AG Greifswald, Urteil vom 10.5.1994, 42 C 103/94, WuM 1994, 379.

stücke wie insbesondere auf die Mitteilung nach § 554 Abs. 3 BGB reicht nicht aus. Die Schriftstücke müssen der Erhöhungserklärung in einer Weise beigefügt werden, dass sie als deren Teile erscheinen und zumindest durch die Grußformel des Vermieters (Textform) gedeckt werden. Zahlungsbelege und Rechnungen muss der Vermieter der Erklärung nicht beifügen.[81] Ist die Mieterhöhungserklärung unwirksam, so ist sie als empfangsbedürftige Willenserklärung nichtig. Wichtig ist insbesondere, dass eine Nachbesserung einer unwirksamen Mieterhöhungserklärung im Prozess im Gegensatz zur Regelung nach § 558b Abs. 3 BGB nicht möglich ist. Die Mieterhöhungserklärung kann jedoch zu jeder Zeit neu abgegeben werden.[82]

Erläuterung der Mieterhöhung

Die Erklärung ist gemäß § 559b Abs. 1 Satz 2 BGB nur wirksam, wenn in ihr die Erhöhung aufgrund der entstandenen Kosten berechnet und entsprechend den Voraussetzungen der §§ 559, 559a BGB erläutert wird.

Berechnung der Mieterhöhung

Für die Berechnung der Mieterhöhung gemäß § 559b Abs. 1 S. 2 BGB ist zunächst der Gesamtaufwand von Bau- und Baunebenkosten anzugeben.[83] Bei mehreren Gewerken, beispielsweise Maurer-, Sanitär-, Elektrikerarbeiten etc., sind alle durchgeführten Gewerke aufzulisten und die jeweiligen Gesamtkosten anzugeben und auf die Mieter entsprechend zu verteilen. Nicht notwendig ist die Mitteilung der einzelnen Rechnungspositionen der jeweiligen Gewerke, es sei denn, in den einzelnen Wohnungen sind unterschiedliche Maßnahmen oder Maßnahmen mit unterschiedlichen Kosten durchgeführt worden oder mit den Modernisierungsmaßnahmen sind Instandsetzungsmaßnahmen verbunden worden.[84]

Pauschalpreis

Ist ein Pauschalpreis vereinbart, so ist strittig, ob die Angabe des Gesamtpreises ausreicht[85]. Die herrschende Meinung ist jedoch, dass bei einer Totalsanierung – also bei gleichzeitig ausgeführten Modernisierungs- und Instandsetzungsmaßnahmen – sowohl die Kosten der Instandsetzungsmaßnahmen als auch die auf die jeweilige Woh-

---

81 Staudinger-Emmerich, § 559b Rn. 8.

82 BGH, Urteil vom 25.1.2006, VIII ZR 47/05, WuM 2006, 157.

83 AG Greifswald, Urteil vom 10.5.1994, 42 C 103/94, WuM 1994, 379.

84 Sonnenschein-Emmerich – Emmerich, § 559b Rn. 7.

85 So LG Kiel, Urteil vom 23.09.1999, 1 S 65/99 WuM 2000, 613; LG Gera, Urteil vom 21.7.1999, 1 S 366–97, NZM 1999, 1093; Staudinger/Emmerich, § 559b Rn. 11.

nung entfallenden Modernisierungskosten zu ermitteln sind. Nur der um die Instandsetzungskosten und die Kosten der Modernisierung der übrigen Wohnungen reduzierte Pauschalpreis darf der Mieterhöhung zugrunde gelegt werden.[86] Denn Sinn und Zweck der Pflicht des Vermieters zur Begründung und Erläuterung der einseitigen Mieterhöhung ist es, dem Mieter eine Überprüfung des verlangten Mehrbetrags ohne besondere Kenntnisse auf dem Gebiet der Rechnungsprüfung zu ermöglichen. Es soll ihm insbesondere eine grobe Einschätzung eröffnet werden, ob die aufgewendeten Kosten erforderlich und angemessen waren. Außerdem soll ihm anhand der Mieterhöhungserklärung eine Einsicht in einzelne Rechnungsunterlagen ermöglicht werden.

Erläuterung auch bei einfachen Maßnahmen

Nichts anderes kann auch für einfache in sich abgeschlossene Modernisierungsmaßnahmen, wie beispielsweise den Einbau einer Gasetagenheizung, gelten. Auch in diesem Fall ist die Darstellung, Berechnung und Erläuterung der einzelnen Rechnungspositionen erforderlich. Dem Mieter ist es sonst unmöglich zu überprüfen, ob sich der Gesamtaufwand und damit der auf die Wohnung entfallende Teilbetrag im zulässigen Rahmen des § 559 BGB bewegt, also ob im Rahmen der Modernisierungsmaßnahmen Arbeiten durchgeführt worden sind, deren Kosten nicht auf die Mieter umgelegt werden können.[87]

Tipp: Aufschlüsselung der Rechnung auch bei Pauschalpreis

Dem Vermieter bleibt es unbenommen, mit dem jeweiligen Handwerker einen Pauschalpreis zu vereinbaren. Dies insbesondere vor dem Hintergrund, dass der Vermieter dann nicht Gefahr läuft, überraschenden Mehrkosten ausgesetzt zu sein. Gleichwohl sollte er darauf achten, dass die Schlussrechnung nach Einzelpositionen und Einheitspreisen aufgeschlüsselt ist, damit seine Arbeit bei der Mieterhöhungserklärung erleichtert wird. Die Frage ist wohl sowieso nur theoretischer Natur, da regelmäßig nach Einheitspreisen ausgeschrieben wird. Es wird dem Handwerker daher ein Leichtes sein, die Schlussrechnung mit den entsprechenden Positionen zu versehen – unabhängig davon, dass vom Vermieter ein Pauschalpreis bezahlt wird. Jedenfalls läuft der Vermieter dann nicht Gefahr, dass seine Mieterhöhungserklärung unwirksam und damit nichtig ist.

---

86 LG Berlin, Urteil vom 6.3.2003 67 S 306/02; LG Gera, Urteil vom 21.7.1999, 1 S 366–97, NZM 1999, 1093; Staudinger/Emmerich, § 559b Rn. 11.

87 So auch Wetekamp, Handbuch zur Wohnraummiete, 4. Aufl., Kapitel 7, Rn. 86.

Bei mehreren Wohnungen

Bei mehreren Wohnungen ist der Verteilungsschlüssel sowie der auf die Wohnung des Mieters entfallende Betrag und der konkret ausgewiesene monatliche Erhöhungsbetrag anzugeben.

Bei mehreren Häusern

Bei baulichen Maßnahmen an mehreren Häusern müssen die Kosten auf die einzelnen Gebäude so aufgeschlüsselt werden, dass die Mieterhöhung für die Mieter der einzelnen Gebäude nachvollziehbar wird. Sofern neben Modernisierungsarbeiten gleichzeitig Instandhaltungsarbeiten ausgeführt wurden, müssen die Instandhaltungskosten nachvollziehbar von den Kosten für die Modernisierung getrennt werden.[88] Zum Schluss sind die Finanzierungsvergünstigungen gemäß § 559a BGB abzuziehen (vgl. Kap. 4.1.3 ab Seite 89).

Begründung der baulichen Maßnahmen

Gem. § 559b Abs. 1 S. 2 BGB ist die Erklärung entsprechend den Voraussetzungen der §§ 559, 559a BGB zu erläutern. Der Vermieter muss in der Erklärung darlegen, inwiefern die von ihm durchgeführten baulichen Maßnahmen den Gebrauchswert der Mietsache nachhaltig erhöhen, die allgemeinen Wohnverhältnisse auf Dauer verbessern oder eine nachhaltige Einsparung von Energie oder Wasser bewirken. Dabei genügt es, wenn der Mieter den Grund der Mieterhöhung anhand der Erläuterung plausibel nachvollziehen kann.[89]

Mieterhöhung muss nachvollziehbar sein

Sinn und Zweck dieser Vorschrift ist es, dass der Mieter die Mieterhöhung des Vermieters nachprüfen kann. Denn grundsätzlich gilt auch im Mietrecht, dass eine Vertragspartei die Miete nicht einseitig erhöhen kann. Der Gesetzgeber hat jedoch im Mietrecht als regelmäßig lang andauerndes Dauerschuldverhältnis eine Ausnahme vorgesehen und gestattet dem Vermieter, einseitig nach Modernisierung gem. § 559 BGB die Miete zu erhöhen. Da der Vermieter mithin das Leistungsgefüge einseitig ändern kann, wird er sozusagen als Äquivalent hierzu verpflichtet darzulegen, welche Kosten er für die Modernisierung aufgewendet hat, und er muss diese plausibel erläutern. Hieraus begründet sich auch ein Einsichtsrecht des Mieters in die Belege des Vermieters.[90]

---

[88] KG Berlin, Urteil vom 20.4.2006, 8 U 204/05, ZMR 2006, 612–615.

[89] BGH, Urteil vom 25.1.2006, VIII ZR 47/05, NZM 2006, 221–222.

[90] Sonnenschein-Emmerich – Emmerich, § 559b Rn. 6.

Beispiel: Notwendige Erläuterungen

Für bauliche Maßnahmen zur Einsparung von Heizenergie muss der Vermieter in der Mieterhöhungserklärung neben einer schlagwortartigen Bezeichnung der Maßnahme und einer Zuordnung zu den Positionen der Berechnung diejenigen Tatsachen darlegen, anhand derer überschlägig beurteilt werden kann, ob die bauliche Anlage eine nachhaltige Einsparung von Heizenergie bewirkt (Senat, BGHZ 150, 277, 281 f.; Urteil vom 7. Januar 2004 - VIII ZR 156/03, NJW-RR 2004, 658 unter II 1a – jeweils zu § 3 Abs. 3 Satz 2 MHG).

Die Vorlage einer Wärmebedarfsrechnung ist nicht nötig. Ausreichend, aber auch erforderlich für eine plausible Darlegung eines Energieeinspareffekts der durchgeführten Maßnahme ist deren gegenständliche Beschreibung oder die Angabe der alten und neuen Wärmedurchgangskoeffizienten (k- bzw. U-Wert) der renovierten Teile (BGH, Urteil vom 25.1.2006, VIII ZR 47/05, NZM 2006, 221–222).

Tipp: Auf Transparenz und Nachvollziehbarkeit achten

Die Mieterhöhungserklärung sollte so einfach und transparent wie möglich gehalten werden. Es muss dem Mieter möglich sein, sich aufgrund der Informationen in der Mieterhöhungserklärung ein Bild von der Maßnahme und den jeweiligen Kosten zu machen. Für den Mieter muss die Erklärung plausibel nachvollziehbar sein, ohne dass er hierzu Fachkompetenz auf dem Gebiet der Rechnungsprüfung benötigt.

Erklärung erst bei Abschluss der Arbeiten

Die Mieterhöhung kann jedoch nicht vor dem Abschluss der Arbeiten erklärt werden. Eine vorher abgegebene Erklärung ist unwirksam, kann jedoch jederzeit wiederholt werden. Abgeschlossen sind die Arbeiten mit ihrer Fertigstellung.

Zeitmoment

Es muss jedoch ein enger zeitlicher Zusammenhang zwischen dem Abschluss der Modernisierungsmaßnahmen und der Mieterhöhung gegeben sein. Wartet der Vermieter zu lange mit der Mieterhöhungserklärung, so schafft er den Vertrauenstatbestand beim Mieter, er werde die Miete aufgrund der Modernisierungsmaßnahmen nicht mehr erhöhen. Er läuft also Gefahr, sein Mieterhöhungsrecht zu verwirken. Das Landgericht Hamburg[91] hat einen Zeitraum von vier Jahren für das Zeitmoment angenommen.

[91] Urteil vom 4.4.1980, 16 S 345/88.

Umstands-moment

Die Verwirkung benötigt jedoch neben dem Zeitmoment auch ein Umstandsmoment, d. h. dass der Vermieter einen Vertrauenstatbestand geschaffen hat, nach dem der Mieter nicht mehr mit einer Mieterhöhung hat rechnen müssen. Diese Voraussetzung ist jedoch im Einzelfall zu prüfen. Im Regelfall wird der Mieter davon ausgehen können, dass, wenn der Vermieter die zu erwartende Mieterhöhung bei der Mitteilung nach § 554 Abs. 2 BGB aufgeführt hat, eine Verwirkung nicht in Betracht kommt: Ihm wurde ja angekündigt, er werde eine erhöhte Miete bezahlen müssen.

Erhöhte Miete ab 3. Monat nach Erklärung

Der Mieter schuldet gem. § 559b Abs. 2 BGB die erhöhte Miete mit Beginn des dritten Monats nach dem Zugang der Erklärung. Zugang bedeutet, dass die Erklärung so in den Machtbereich des Mieters gelangt sein muss, dass nach dem normalen Lauf der Dinge mit der Kenntnisnahme gerechnet werden kann. Es ist daher regelmäßig auf die üblichen Leerungszeiten abzustellen.

Fälligkeit

Die Fälligkeit richtet sich im Übrigen regelmäßig nach der mietvertraglichen Vereinbarung. Ist keine Fälligkeit im Vertrag vereinbart, so bestimmt sich die Fälligkeit der Miete für Mietverträge nach dem 1.9.2001 gem. § 556b Abs. 1 BGB. Demnach ist die Miete zu Beginn, spätestens jedoch bis zum dritten Werktag der einzelnen Zeitabschnitte zu entrichten, nach denen sie bemessen ist. In Wohnraummietverhältnissen wird dies regelmäßig der dritte Werktag des jeweiligen laufenden Monats sein. Die Angabe des Zeitpunkts der Mieterhöhung ist zwar nicht Wirksamkeitsvoraussetzung der Mieterhöhungserklärung, jedoch ist es sachdienlich, dem Mieter mitzuteilen, ab wann sich seine Miete ändert.

Beispiel für die Fälligkeit der erhöhten Miete

Geht dem Mieter die Mieterhöhungserklärung des Vermieters am 16.8.2007 zu, so hat der Mieter die neue Miete mit der Novembermiete zu bezahlen.

Hier verlängert sich die Frist

Die Frist verlängert sich gem. § 559b Abs. 2 S. 2 BGB um weitere sechs Monate, wenn der Vermieter dem Mieter die zu erwartende Erhöhung der Miete nicht nach § 554 Abs. 3 S. 1 BGB mitgeteilt hat oder wenn die tatsächliche Mieterhöhung um mehr als 10 % höher ausfällt als die mitgeteilte.

Beispiel für die Verlängerung der Frist

Bleiben wir bei obigem Beispiel, so tritt, wenn der Vermieter die zu erwartende Erhöhung nicht angekündigt hat bzw. wenn die nach § 554 Abs. 3 S. 1 BGB mitgeteilten Kosten sich um 10 % erhöht haben, die Mieterhöhung erst mit dem Monat Mai 2008 in Kraft.

Verspätete Modernisierungsmitteilung

Entschieden hat der BGH[92] nun die bislang vielfach umstrittene Frage, ob eine Mieterhöhungserklärung möglich ist, wenn die Modernisierungsmitteilung gem. § 554 Abs. 3 BGB verspätet erfolgte. Hierzu führt er aus, dass einer Mieterhöhung wegen Modernisierung nicht entgegenstehe, dass der Vermieter den Beginn der Modernisierungsarbeiten weniger als drei Monate vorher angekündigt und der Mieter der Maßnahme widersprochen hat. Dies folge bereits aus dem Wortlaut des Gesetzes. Denn nach § 559b Abs. 2 Satz 2 BGB verlängert sich bei unterlassener Mitteilung der zu erwartenden Mieterhöhung nach § 554 Abs. 3 Satz 1 BGB lediglich die Frist des § 559b Abs. 2 Satz 1 BGB für die (geforderte und) geschuldete Mieterhöhung um sechs Monate. Hat somit die gänzlich unterlassene Mitteilung nach § 554 Abs. 3 Satz 1 BGB nur eine Verzögerung des Eintritts der Mieterhöhung zur Folge, so kann die erfolgte, wenn auch verspätete Mitteilung keine für den Vermieter nachteilige Folge auslösen.

Die Mitteilungspflicht dient dem Schutz des Mieters bei der Durchführung von Modernisierungsmaßnahmen, nicht aber der Einschränkung der Befugnis des Vermieters, die Kosten einer tatsächlich durchgeführten Modernisierung im Rahmen des § 559 BGB auf den Mieter umzulegen. Der BGH unterscheidet in dieser Entscheidung deutlich zwischen

- der Duldungsverpflichtung gemäß § 554 BGB und
- der Mieterhöhungsmöglichkeit des Vermieters nach § 559 BGB.

Unterlassene Modernisierungsmitteilung

Nicht entschieden hat der BGH den wohl wichtigsten Fall, nämlich dass der Vermieter eine Mitteilung gem. § 554 Abs. 3 BGB gänzlich unterlässt, d. h. dass der Vermieter weder die zu duldenden Maßnahmen noch die zu erwartende Mieterhöhung mitgeteilt, sondern einfach die Arbeiten durchgeführt hat. Dies spielt insbesondere bei

[92] Urteil vom 19.9.2007, VIII ZR 6/07.

der Außenmodernisierung, z. B. bei der Anbringung einer Wärmedämmung, eine wichtige Rolle, wenn der Mieter die Modernisierungsmaßnahme hingenommen und sich dagegen nicht mittels einer einstweiligen Verfügung gewehrt hat.
Führt man jedoch die Argumentation des BGH zu Ende, so soll die Befugnis des Vermieters, die Kosten einer tatsächlich durchgeführten Modernisierung im Rahmen des § 559 BGB umzulegen, nicht beschränkt werden. Nichts anderes kann also auch bei einer unterlassenen Mitteilungspflicht gelten. Die Frage der Umlegbarkeit der Kosten einer durchgeführten Modernisierung bei unterlassener bzw. verspäteter Mitteilung gem. § 554 Abs. 3 BGB ist eine des § 559 BGB mit der Rechtsfolge der um sechs Monate hinausgeschobenen Fälligkeit der Mieterhöhung. Möchte der Mieter die Maßnahmen nicht dulden, weil diese seiner Ansicht nach ihm gegenüber rechtswidrig sind, so muss er dies im Rahmen des § 554 BGB mittels einer einstweiligen Verfügung überprüfen lassen. Hier ist die Rechtslage dann auch klar.
Kündigt der Vermieter die Maßnahmen nicht rechtzeitig an, so sind diese gegenüber dem Mieter rechtswidrig und von diesem nicht zu dulden (vgl. Kap. 3.3). Der Vermieter muss dann die Maßnahmen ordnungsgemäß ankündigen. Die fehlende Ankündigung führt aber nicht dazu, dass der Vermieter die aufgewendeten Kosten nicht auf den Mieter umlegen kann.[93]

Beispiel: Wärmedämmung wird nicht angekündigt

Bringt der Vermieter eine Wärmedämmung an der Fassade seines Mietshauses an, ohne diese Modernisierungsmaßnahme seinen Mietern gemäß § 554 Abs. 3 BGB – aus Unkenntnis oder aufgrund organisatorischer Mängel – anzukündigen, und wehren sich seine Mieter nicht mittels einer einstweiligen Verfügung, so ist der Vermieter berechtigt, trotz alledem die durchgeführten Modernisierungsmaßnahmen auf seine Mieter gem. § 559 BGB umzulegen. Lediglich die Frist, nach der die Mieterhöhung fällig wird, verlängert sich um sechs Monate.

---

[93] So aber die wohl noch herrschende Meinung Sonnenschein-Emmerich – Emmerich, § 559b Rn. 16; Schmidt-Futterer – Börstinghaus, § 559b Rn. 50; Palandt/ Weidenkaff § 559b Rn. 6.

Muster: Mieterhöhungserklärung nach §§ 559, 559b BGB

Siehe CD-ROM

Harald Ernsberger
Gleichmannstraße 13/1. OG
81241 München

Christoph Langbein
Ludwig-Merk-Straße 1/EG
80805 München

München, 27.06.2009

Mieterhöhung wegen Modernisierung zur Verbesserung der Mieträume im Anwesen Ludwig-Merk-Straße 1, 80805 München gem. §§ 559, 559b BGB

Sehr geehrter Herr Langbein,

mit schriftlichem Mietvertrag vom 1.3.2005 haben Sie die Wohnung Nr. 1, EG, im Anwesen Ludwig-Merk-Straße 1, bestehend aus 3 Zimmern, Küche, Bad/WC nebst Kelleranteil sowie Garagenstellplatz, vom Unterzeichnenden gemietet.

I.

Gem. § 559 BGB kann der Vermieter nach Durchführung baulicher Maßnahmen, welche den Gebrauchswert der Mietsache nachhaltig erhöhen, die allgemeinen Wohnverhältnisse auf Dauer verbessern, nachhaltig Einsparungen von Energie oder Wasser bewirken, oder wenn der Vermieter andere bauliche Maßnahmen aufgrund von Umständen durchgeführt hat, die er nicht zu vertreten hat (Modernisierung), die jährliche Miete um elf Prozent der für die Wohnung aufgewendeten Kosten erhöhen. Mieterhöhungen auf die ortsübliche Miete (§ 558 BGB) sowie gestiegenen Betriebskosten (§ 560 BGB) werden nicht berücksichtigt.

Der Unterzeichnende hat, wie Sie sicherlich miterleben durften, zur Erleichterung der Erreichbarkeit der Wohnungen in das von Ihnen bewohnte fünfgeschossige Wohnhaus an der Treppenhauswand einen Personenaufzug, welcher auf jeder Stockwerksebene einen Ausstieg bereitstellt, einbauen lassen. Ich habe die Arbeiten gem. § 554 Abs. 3 S. 1 BGB mit Schreiben vom 1.3.2009 nach Art und voraussichtlichem Umfang angekündigt und Ihnen den voraussichtlichen Beginn, die Dauer der Maßnahme und die zu erwartende Mieterhöhung mitgeteilt. Mit Schreiben vom 13.3.2009 haben Sie mir die erbetene Zweitschrift zum Zeichen Ihres Einverständnisses, dass Sie den Einbau des Aufzugs dulden werden, zurückgesandt.

Nach höchstrichterlicher Rechtsprechung stellt der Einbau eines Aufzugs eine Maßnahme zur Verbesserung der Mietsache i. S. des § 554 Abs. 2 Satz 1 Alt.1 BGB dar (BGH, Urteil vom 19.9.2007, VIII ZR 6/07, WuM 2007, 630–631), durch welche sich der Gebrauchswert ihrer Mietsache objektiv erhöht hat. Dahinstehen kann, ob sich der Einbau eines Aufzugs auch als Verbesserung der allgemeinen Wohnverhältnisse qualifizieren lässt. Unstreitig stellt nämlich der Einbau eines Aufzugs eine Modernisierungsmaßnahme gem. §§ 554, 559 BGB dar. Die Arbeiten sind nunmehr abgeschlossen.

Im Folgenden erlaube ich mir, die durchgeführten und nunmehr abgeschlossenen Arbeiten zu erläutern, wobei ich mir erlaube, ebenfalls auf meine Mitteilung der Modernisierungsmaßnahme vom 1.3.2009 Bezug zu nehmen.

- Nach der Baustelleneinrichtung wurden die vorhandenen tragenden Wände im Bereich des Aufzugs unterfangen und die Beton- und Stahlbetonarbeiten für die Grundplatte im Keller durchgeführt.
- Anschließend wurden die Geschossdecken, beginnend mit dem EG, geöffnet. Nach Öffnen der Geschossdecken wurde der Aufzugsschacht, beginnend mit dem Keller, nach Einbau eines Ringankers bis unter die Holzdecke des jeweils darüber liegenden Geschosses in einem Zug mit Vollziegelmauerwerk, 24 cm stark, hochgemauert und verputzt.
- Sodann erfolgte nach vollständiger Herstellung der Schachtmauer der Durchbruch der Aufzugstüren im jeweiligen OG. Die Arbeiten wurden jeweils vom Stockwerk darunter vorgenommen.
- Im 5. OG musste die Decke aufgrund brandschutztechnischer Auflagen verkleidet werden. Die Außenwände des Aufzugsschachts wurden verputzt.
- Zuletzt erfolgte der Einbau eines Personenaufzugs in den auf der jeweiligen Ebene etwa 1,2 × 1 m² großen Schacht, der durch Durchführung vorgenannter Maßnahmen entstanden ist.

II.

Entsprechend der Schlussrechnung vom 28.06.2009 der ausführenden Firma Aufzuglifter GmbH – welche in der Anlage beiliegt – belaufen sich die Gesamtkosten für den Einbau des Aufzugs auf 134.881,82 €. Hierin sind keine Instandhaltungskosten enthalten, da es sich bei dem Aufzugseinbau um eine reine Modernisierungsmaßnahme handelt.

Gemäß § 559 Abs. 2 BGB hat der Vermieter die Kosten, sofern die baulichen Maßnahmen für mehrere Wohnungen durchgeführt wurden, auf die einzelnen Wohnungen angemessen zu verteilen. Der Vermieter kann den Verteilungsschlüssel gem. §§ 315, 316 BGB nach billigem Ermessen bestimmen. Der Unterzeichnende kann daher die Kosten des Aufzugeinbaus entweder linear nach Flächenanteilen oder nach dem unterschiedlichen Gebrauchsvorteil auf die Mieter verteilen (LG München I, Urteil vom 24.11.2005, 31 S 9700/05).

Da es regelmäßig kaum möglich ist, einen dem tatsächlichen Gebrauchsvorteil angemessenen und damit transparenten Verteilungsschlüssel zu finden, habe ich mich entschlossen, die Kosten entsprechend den Wohnflächenanteilen umzulegen. Die Gesamtwohnfläche beträgt 980 m².

Es ist auch nicht erforderlich, Sie, sehr geehrter Herr Langbein, als Bewohner des EG von der Umlage der Kosten für den Einbau des Aufzugs auszuklammern oder zumindest die Bewohner der oberen Geschosse stärker zu belasten, da auch für Sie immer die Möglichkeit besteht, mit dem neu eingebauten Aufzug den Keller oder ein oberes Geschoss zu erreichen, oder andere Möglichkeiten für Sie bestehen, den Aufzug zu benutzen.

Gemäß der Schlussrechnung der Firma Aufzuglifter GmbH vom 04.02.2009 belaufen sich die Kosten wie folgt,

Pos. 1 Behördliche Genehmigung	1.450,50 €
Pos. 2 Vorbereitende Arbeiten, Baustelleneinrichtung	7.955,82 €
Pos. 3 Abbrucharbeiten	15.688,62 €
Pos. 4 Unterfangung	3.942,05 €
Pos. 5 Betonarbeiten	4.079,96 €
Pos. 6 Maurerarbeiten	26.612,70 €
Pos. 7 Zimmererarbeiten	4.025,15 €
Pos. 8 Bauschlosserarbeiten	1.251,95 €
Pos. 9 Putzarbeiten	5.900,22 €
Pos. 10 Lohn- und Regiearbeiten	2.694,76 €
Pos. 11 Aufzugsanlage, Seilzug, Lieferung u. Montage	39.744,00 €
Gesamtkosten netto	113.345,73 €
zzgl. gesetzlicher Umsatzsteuer	21.535,69 €
Gesamtkosten	134.881,42 €
hieraus 11 % der Gesamtkosten pro Jahr,	14.836,96 €
somit bei 980 m² Wohnfläche pro Monat pro m² (= 14.836,96 € ./. 980 m² ./.12)	1,26 €

Bei Ihrer Wohnungsgröße von 86,00 m² ergibt sich somit eine monatliche Mieterhöhung pro m² von 1,26 €, mithin für Ihre Wohnung von insgesamt 108,36 €.

Ich bitte Sie daher höflich, aufgrund der durchgeführten Modernisierungsmaßnahme zukünftig monatlich eine **Gesamtmiete von 1.025,36 €** zu bezahlen. Sie errechnet sich wie folgt:

Miete bisher	743,00 €
zzgl. Erhöhungsbetrag	108,36 €
zzgl. Vorauszahlung auf die Heizkosten wie bisher	63,00 €
zzgl. Vorauszahlung auf die Betriebskosten wie bisher	51,00 €
zzgl. Garagenstellplatz	60,00 €
neue Gesamtmiete	**1.025,36 €**

Die neue Miete ist entsprechend § 559 Abs. 2 S1. BGB mit Beginn des dritten Monats nach dem Zugang der Erklärung fällig, mithin spätestens zum 3.9.2009.

Bitte ändern Sie bis dahin Ihren Dauerauftrag.

Nur der guten Ordnung halber weise ich Sie darauf hin, dass Sie gem. § 561 BGB bis zum Ablauf des zweiten Monats nach Zugang dieser Mieterhöhungserklärung zum Ablauf des übernächsten Monats das Mietverhältnis außerordentlich kündigen können.

Für etwaige Rückfragen bei Unklarheiten oder etwaige Erläuterungen der Modernisierungsmaßnahme stehe ich Ihnen selbstverständlich gerne zur Verfügung.

Mit freundlichen Grüßen

Harald Ernsberger

Siehe CD-ROM

Muster: Mieterhöhungserklärung wegen Einsparung von Energie und Wasser durch den Vermieter

Harald Ernsberger
Gleichmannstraße 13/1. OG
81241 München

Michael Sauer
Ravensburger Ring 51
81243 München

München, 15.10.2009

Erklärung über Mieterhöhung nach Modernisierungsmaßnahmen zur Einsparung von Energie im Anwesen Ravensburger Ring 51, 81243 München gem. §§ 554 Abs. 2, 554 Abs. 3 S. 1 BGB

Sehr geehrter Herr Sauer,

mit schriftlichem Mietvertrag vom 1.06.1993 haben Sie die Wohnung im Anwesen Ravensburger Ring 51, 81243 München, bestehend aus 3 Zimmern, Küche, Bad/WC nebst Kelleranteil sowie Garagenstellplatz, vom Unterzeichnenden gemietet.

I.

Gem. § 559 BGB kann der Vermieter nach Durchführung baulicher Maßnahmen, welche den Gebrauchswert der Mietsache nachhaltig erhöhen, die allgemeinen Wohnverhältnisse auf Dauer verbessern, nachhaltig Einsparungen von Energie oder Wasser bewirken, oder wenn der Vermieter andere bauliche Maßnahmen aufgrund von Umständen durchgeführt hat, die er nicht zu vertreten hat (Modernisierung), die jährliche Miete um elf vom Hundert der für die Wohnung aufgewendeten Kosten erhöhen. Mieterhöhungen auf die ortsübliche Miete (§ 558 BGB) sowie gestiegene Betriebskosten (§ 560 BGB) werden nicht berücksichtigt.

Der Unterzeichnende hat, wie Sie sicherlich miterleben durften, umfangreiche Maßnahmen zur Einsparung von Energie vorgenommen, nämlich

- eine Wärmedämmfassade angebracht,
- einfachverglaste Fenster gegen Isolierglasfenster ausgetauscht und
- die Anlagentechnik gedämmt.

Ich habe die Arbeiten gem. § 554 Abs. 3 S. 1 BGB mit Schreiben vom 15.1.2009 nach Art und voraussichtlichem Umfang angekündigt und Ihnen den voraussichtlichen Beginn, die Dauer der Maßnahme und die zu erwartende Mieterhöhung mitgeteilt. Mit Schreiben vom 15.02.2009 haben Sie mir die erbetene Zweitschrift zum Zeichen Ihres Einverständnisses, dass Sie die mitgeteilten Arbeiten zur Einsparung von Energie dulden werden, zurückgesandt.

Nach ständiger Rechtsprechung stellen

- die Anbringung einer Wärmedämmfassade (LG Halle, Urteil vom 08.08.2002, 2 S 42/01 ZMR 2003, 35, 36),

- der Einbau von Isolierglasfenstern (BGH, Urteil vom 10.04.2002, VIII ARZ 3/01, NZM 2002, 519–521, BGH, Urteil vom 7.01.2004, VIII ZR 156/03) und
- die Dämmung der Anlagentechnik (AG Berlin-Mitte, Urteil vom 12.04.2004, 20 C 11/04, Grundeigentum 2004, 1234–1237)

Maßnahmen zur nachhaltigen Einsparung von Energie dar.

Für bauliche Maßnahmen zur Einsparung von Heizenergie muss der Vermieter in der Mieterhöhungserklärung neben einer schlagwortartigen Bezeichnung der Maßnahme und einer Zuordnung zu den Positionen in der Berechnung diejenigen Tatsachen darlegen, anhand derer überschlägig beurteilt werden kann, ob die bauliche Maßnahme eine nachhaltige Einsparung von Heizenergie bewirkt (BGH, Urteil vom 7. Januar 2004, VIII ZR 156/03, NJW-RR 2004, 658 unter II 1a – jeweils zu § 3 Abs. 3 Satz 2 MHG). Die Vorlage einer Wärmebedarfsrechnung ist nicht nötig. Ausreichend, aber auch erforderlich für eine plausible Darlegung eines Energieeinspareffekts der durchgeführten Maßnahme ist deren gegenständliche Beschreibung oder die Angabe der alten und neuen Wärmedurchgangskoeffizienten (k- bzw. U-Wert) der renovierten Teile (BGH, Urteil vom 25.1.2006, VIII ZR 47/05, NZM 2006, 221–222).

Vorgenannten Vorgaben der Rechtsprechung komme ich gerne nach und erlaube mir, die von mir durchgeführten und abgeschlossenen Maßnahmen zu erläutern, wobei ich auf meine Mitteilung der Modernisierungsmaßnahmen vom 15.1.2009 Bezug nehme.

Zur Vorbereitung der Maßnahmen wurde die Baustelle eingerichtet, ein Gerüst aufgebaut und mit einer Gerüstschutzplane verhängt.

1) Modernisierung der Gebäudehülle durch die Anbringung eines Wärmedämmverbundsystems

Die sogenannten U-Werte der vormaligen Gebäudehülle aus dem Jahre 1967 entsprachen nicht den Mindestanforderungen, die die EnEV (Energieeinsparverordnung) bei Änderungen von Bauteilen an bestehenden Gebäuden stellt. Daher boten sie ein erhebliches Potenzial für energetische Verbesserungen. Als U-Wert (früher k-Wert) wird der Wärmedurchgangskoeffizient eines Bauteils bezeichnet.

So wurden im Einzelnen nachfolgende Arbeiten an der Gebäudehülle vorgenommen:

- Zunächst wurde die Fassade gereinigt, um sodann der Energieeinsparungsverordnung entsprechende Dämmplatten anzukleben und zusätzlich mit gebohrten Dübeln zu befestigen.
- Anschließend wurde ein Armierungsgewebe eingelegt, die Fassade mit Außenputz verputzt sowie gestrichen.
- Am Dach beziehungsweise auf der obersten Decke wurde die alte Kiesschüttung entfernt und Wärmedämmplatten, welche den Vorgaben der Energieeinsparverordnung entsprechen, aufgelegt.
- Eine Bitumenabdichtung, welche an den Dachrand und an das Treppenhaus angearbeitet wurde, wurde verlegt und neue Rauchabzugskoppeln montiert.

2) Austausch Ihrer vier Fenster aus dem Baujahr 1967

- Hierzu wurden die alten Fenster ausgebaut sowie die Fensterstöcke entfernt.
- Die neuen Fenster wurden eingeputzt und neue Fensterbleche und Fensterbänke angebracht.

Der Zustand der Fenster war augenscheinlich als durchschnittlich bis gut zu bezeichnen. Durch die fehlenden Dichtungsebenen waren Zugerscheinungen und Undichtigkeiten jedoch nicht auszuschließen. Durch mehrmalige Renovierungsanstriche ließen sich die Fensterbeschläge/-mechanik teilweise schwer bedienen bzw. die Fenster zum Teil schwer schließen.

Die einfach verglasten Fenster entsprachen nicht mehr dem aktuellen Stand der Technik. Bei den bisher vorhandenen einfach verglasten Fenstern kühlt sich die Innenluft im Bereich dieser Fenster wesentlich stärker ab als bei den verbauten Fenstern. Außerdem verfügten die vorhandenen Fenster nicht über die Dichtigkeit der nunmehr eingebauten Fenster – diese werden zu einer Einsparung an Heizenergie führen.

Weiter wurden auch die Fenster im Allgemeinbereich (Treppenhaus, Waschkeller etc.) ausgetauscht.

3) Modernisierung der Anlagentechnik

Sämtliche Heizleitungen im Kellergeschoss wurden nach den Anforderungen der Energieeinsparverordnung gedämmt. Weiter wurden sämtliche Warmwasserleitungen im Kellergeschoss nach Anforderungen der Energieeinsparverordnung gedämmt und der Warmwasserspeicher ausgetauscht.

Ich erlaube mir, mit nachfolgender Tabelle den jeweiligen Wärmedurchgangskoeffizienten für das jeweilige Bauteil vor der Modernisierungsmaßnahme mitzuteilen und die von der EnEV vorgesehenen Anforderungen. Die angekreuzten Bauteile liegen deutlich über diesen Mindestanforderungen und boten daher ein Potenzial für energetische Verbesserungen.

	Typ	Bauteil	Fläche in m^2	U-Wert in W/m^2K	U_{max} EnEV in W/m^2K
X	DA	Flachdach	502	0,69	0,25
	TA	Tür Ost	2	3,00	2,90
X	WA	Außenwand Nord	531	1,23	0,35
X	WA	Außenwand Ost 1	208	1,06	0,35
X	WA	Außenwand Ost 2	120	1,23	0,35
X	WA	Außenwand Süd	321	1,23	0,35
X	WA	Außenwand Trhs. Nord	8	1,49	0,35
X	WA	Außenwand Trhs. Ost	19	1,49	0,35
X	WA	Außenwand Trhs. Süd	8	1,49	0,35
X	WA	Außenwand Trhs. West	21	1,49	0,35
X	WA	Außenwand West 1	208	1,06	0,35

	Typ	Bauteil	Fläche in m^2	U-Wert in W/m^2K	U_{max} EnEV in W/m^2K
X	WA	Außenwand West 2	120	1,23	0,35
X	FA	Fenster Nord	93	2,57	1,70
X	FA	Fenster Ost 1	16	2,57	1,70
X	FA	Fenster Ost 2	167	2,57	1,70
X	FA	Fenster Süd	303	2,57	1,70
X	FA	Fenster West 1	16	2,57	1,70
X	FA	Fenster West 2	167	2,57	1,70
X	BK	Kellerdecke	502	0,89	0,40

In der nachfolgenden Tabelle habe ich Ihnen die gemessenen U-Werte nach Durchführung der Arbeiten dargestellt. Die Modernisierung der Gebäudehülle hat folgende Ergebnisse erbracht:

Typ	Bauteil	Fläche in m^2	U-Wert in W/m^2K	U_{max} EnEV in W/m2K
DA	Flachdach – Wärmedämmung, neu 14 cm, WLG 035	502	0,18	0,25
TA	Tür Ost	2	3,00	2,90
WA	Außenwand Nord - Wärmedämmverbundsystem, 12 cm, WLG 035	531	0,24	0,35
WA	Außenwand Ost 1 -Wärmedämmverbundsystem, 12 cm, WLG 035	208	0,23	0,35
WA	Außenwand Ost 2 - Wärmedämmverbundsystem, 12 cm, WLG 035	120	0,24	0,35
WA	Außenwand Süd - Wärmedämmverbundsystem, 12 cm, WLG 035	321	0,24	0,35
WA	Außenwand Trhs. Nord – Wärmedämmverbundsystem, 12 cm, WLG 035	8	0,24	0,35
WA	Außenwand Trhs. Ost - Wärmedämmverbundsystem, 12 cm, WLG 035	19	0,24	0,35
WA	Außenwand Trhs. Süd - Wärmedämmverbundsystem, 12 cm, WLG 035	8	0,24	0,35
WA	Außenwand Trhs. West - Wärmedämmverbundsystem, 12 cm, WLG 035	21	0,24	0,35
WA	Außenwand West 1 – Wärmedämmverbundsystem, 12 cm, WLG 035	208	0,23	0,35
WA	Außenwand West 2 - Wärmedämmverbundsystem, 12 cm, WLG 035	120	0,24	0,35

Typ	Bauteil	Fläche in m^2	U-Wert in W/m^2K	U_{max} EnEV in W/m2K
FA	Fenster Nord – Fensteraustausch	93	1,30	1,70
FA	Fenster Ost 1 – Fensteraustausch	16	1,30	1,70
FA	Fenster Ost 2 – Fensteraustausch	167	1,30	1,70
FA	Fenster Süd – Fensteraustausch	303	1,30	1,70
FA	Fenster West 1 - Fensteraustausch	16	1,30	1,70
FA	Fenster West 2 – Fensteraustausch	167	1,30	1,70
BK	Kellerdecke	502	0,89	0,40

Die durchgeführten, oben näher erläuterten Maßnahmen führen zu einer deutlichen und nachhaltigen Einsparung von Energie. Der Energiebedarf von derzeit 577.518 kWh/Jahr reduziert sich auf 300.372 kWh/Jahr. Es ergibt sich somit eine Einsparung von 277.146 kWh/Jahr bei gleichem Nutzerverhalten und gleichen Klimabedingungen. Die CO_2-Emissionen werden um 66.865 kg CO_2/Jahr reduziert.

Durch die Modernisierungsmaßnahmen sinkt der Primärenergiebedarf des Gebäudes auf 42 kWh/m² pro Jahr. Dies ergibt eine Brennstoff-Einsparung von 48 %. Die durchgeführten Modernisierungsmaßnahmen helfen Ihnen nicht nur, Heizkosten einzusparen, sondern vermindern auch den Treibhauseffekt und helfen, unser Klima zu schützen.

II.

1) Die für Ihre Wohnung aufzubringenden Kosten können gem. § 559 Abs. 1 BGB in der Weise auf die Miete umgelegt werden, dass eine Erhöhung der jährlichen Miete um 11 % der für die Wohnung aufgewendeten Kosten möglich ist. Hierbei werden in Anspruch genommene zinsverbilligte Darlehen sowie Zuschüsse der Stadt München zu Ihren Gunsten berücksichtigt. Entsprechend den Schlussrechnungen der ausführenden Firmen liegen der Mieterhöhung unten aufgeführte Kostenpositionen der baulichen Maßnahme zugrunde. Die Kosten der Instandhaltung sind kenntlich gemacht und wurden von der Gesamtsumme abgezogen. Gemäß § 559 Abs. 2 BGB hat der Vermieter die Kosten, sofern die baulichen Maßnahmen für mehrere Wohnungen durchgeführt werden, auf die einzelnen Wohnungen angemessen zu verteilen. Der Vermieter kann den Verteilungsschlüssel gem. §§ 315, 316 BGB nach billigem Ermessen bestimmen. Die Verteilung der Kosten der Modernisierung der Gebäudehülle, der Anlagentechnik, der Fenster im Allgemeinbereich sowie der Baunebenkosten habe ich, nachdem kein anderer praktikabler und nachvollziehbarer Umlagemaßstab ersichtlich ist, nach dem Verhältnis der Wohnfläche der einzelnen Wohnungen zur Gesamtfläche vorgenommen. Die Kosten der in Ihrer Wohnung verbauten Fenster werde ich direkt Ihrer Wohnung zuordnen. Die Gesamtwohnfläche beträgt 3.500,00 m²:

a) Die aufgewendeten **Kosten für den Austausch der Fenster in der Küche, im Schlafzimmer, im Kinderzimmer und das Fensterelement im Wohnzimmer durch Energiesparfenster** betragen gemäß Schlussrechnung der Firma Fensterling GmbH vom 7.10.2009 380 € für das Küchen-, 365 € für das Kinderzimmer-, 548 € für das Schlafzimmerfenster und 950 € für das Wohnzimmerelement

insgesamt mithin	2.243,00 €
abzüglich ersparter Aufwendungen für Instandhaltung wegen Erneuerung der Fenster und Fensterrahmen gemäß Kostenberechnung vom 12.12.2008	900,00 €
mithin Gesamtkosten von	1.343,00 €
hieraus 11 % der Gesamtkosten pro Jahr,	147,73 €
somit bei 86 m² Wohnfläche pro Monat pro m² (= 147,73 € ./. 12 ./. 86)	0,143 €
b) Kosten für die Fenstererneuerung im Allgemeinbereich	
gemäß Schlussrechnung der Firma Fensterling GmbH vom 7.10.2009	25.670,00 €
abzüglich ersparter Aufwendungen für Instandhaltung wegen Erneuerung der Fenster und Fensterrahmen gemäß Schreiben der Firma Fensterling GmbH vom 12.12.2008	9.800,00 €
mithin Gesamtkosten von	15.870,00 €
hieraus 11 % der Gesamtkosten pro Jahr,	1.745,70 €
somit bei 3.500 m² Wohnfläche pro Monat pro m² (= 1.745,70 € ./. 3.500 m² ./. 12)	0,042 €
c) Kosten für die Dämmung der Heizleitungen	
gemäß Schlussrechnung der Firma Brikett GmbH vom 4.10.2009	18.400,00 €
hieraus 11 % der Gesamtkosten pro Jahr,	2.024,00 €
somit bei 3.500 m² Wohnfläche pro Monat pro m² (= 2.024,00 € ./. 3.500,00 m² ./. 12)	0,048 €
d) Kosten für die Dämmung des Dachs	
gemäß Schlussrechnung der Firma Dämmwut vom 8.10.2009	82.000,00 €
abzüglich Aufwendungen für Instandhaltung wegen Erneuerung der RWA-Anlage	4.600,00 €
mithin Gesamtkosten von	77.400,00 €
hieraus 11 % der Gesamtkosten pro Jahr,	8.500,00 €
somit bei 3.500 m² Wohnfläche pro Monat pro m² (= 8.500 € ./. 3.500,00 m² ./. 12)	0,202 €
e) Kosten für Wärmedämmverbundsystem	
gemäß Schlussrechnung der Firma Dämmwut GmbH vom 8.10.2009	257.000,00 €
abzüglich Aufwendungen für Instandhaltung wegen Putz-Abschlagen und Erneuern von losem Fassadenputz	750,00 €
mithin Gesamtkosten von	256.250,00 €
hieraus 11 % der Gesamtkosten pro Jahr,	28.187,50 €
somit bei 3.500 m² Wohnfläche pro Monat pro m² (= 28.187,50 € ./. 3.500,00 m² ./. 12)	0,671 €

f) Kosten für Malerarbeiten

gemäß Schlussrechnung der Firma Klexel GmbH vom 8.10.2009	118.000,00 €
abzüglich Aufwendungen für Instandhaltung (Malerarbeiten an Fassadenteilen ohne Wärmedämmverbundsystem und Betonsanierung)	49.800,00 €
mithin Gesamtkosten von	68.200,00 €
hieraus 11 % der Gesamtkosten pro Jahr,	7.502,00 €
somit bei 3.500 m² Wohnfläche pro Monat pro m² (= 7.502 € ./. 3.500,00 m² ./. 12)	0,179 €

g) Kosten für Architekt

vom 12.12.2007	38.000,00 €
abzüglich Aufwendungen für Instandhaltung prozentual aufgeteilt für Instandhaltung und Modernisierung: ca. 12,5 % Instandhaltung, ca. 87,5 % Modernisierung	4.750,00 €
mithin Gesamtkosten von	33.250,00 €
hieraus 11 % der Gesamtkosten pro Jahr,	3.657,50 €
somit bei 3.500,00 m² Wohnfläche pro Monat pro m² (= 3.657,50 € ./. 3.500,00 ./. 12)	0,087 €

h) Kosten für Gerüst

gemäß Schlussrechnung der Firma Stabmann GmbH vom 07.10.2009	33.700,00 €
abzüglich Aufwendungen für Instandhaltung prozentual aufgeteilt für Instandhaltung und Modernisierung: ca. 12,5 % Instandhaltung, ca. 87,5 % Modernisierung	4.212,50 €
mithin Gesamtkosten von	29.487,50 €
hieraus 11 % der Gesamtkosten pro Jahr,	3.243,62 €
somit bei 3.500 m² Wohnfläche pro Monat pro m² (= 3.243,62 € ./. 3.500,00 m² ./. 12)	0,077 €
Zwischensumme der berechneten Mieterhöhung pro m² pro Monat	**1,449 €**

Gemäß § 559a Abs. 2 BGB verringert sich der Erhöhungsbetrag nach § 559 BGB bei Inanspruchnahme zinsverbilligter Darlehen um den Jahresbetrag der Zinsermäßigung. Diese wird errechnet aus dem Unterschied zwischen dem ermäßigten Zinssatz und dem marktüblichen Zinssatz für den Ursprungsbetrag des Darlehens. Maßgebend ist der marktübliche Zinssatz für erstrangige Hypotheken zum Zeitpunkt der Beendigung der Maßnahmen.

Ich habe für die Modernisierungsmaßnahmen des Anwesens zinsverbilligte Darlehen in Anspruch genommen.

Ein Darlehen in Höhe von 408.269,43 € aus öffentlichen Haushalten – die jährliche Zinsersparnis beträgt 0,31 %, die prozentuale Zinsverbilligung ist auf den Darlehensbetrag anzuwenden –, sodass 1.265,64 € vom Jahresbetrag der zu erwartenden Mieterhöhung abzuziehen sind. Somit reduziert sich der jährliche Mieterhöhungsbetrag pro m² (= 1.265,64 € ./. 3.500,00) auf 0,3616 €/m², das sind monatlich 0,03013 €/m².

Ein Darlehen in Höhe von 54.308,85 € aus öffentlichen Haushalten – die jährliche Zinsersparnis beträgt 0,08 %, die prozentuale Zinsverbilligung ist auf den Darlehensbetrag anzuwenden –, sodass 43,45 € vom Jahresbetrag der Mieterhöhung abzuziehen sind. Somit reduziert sich der jährliche Mieterhöhungsbetrag pro m² (= 43,45 € ./. 3.500,00) auf 0,01241 €/m², das sind monatlich 0,00103 €/m².

Bei Ihrer Wohnungsgröße von 86 m² ergibt sich somit eine zu erwartende monatliche Mieterhöhung pro m² von 1,418 €, mithin von insgesamt **121,94 €.**

Ich bitte Sie daher höflich, aufgrund der durchgeführten Modernisierungsmaßnahme zukünftig monatlich eine Gesamtmiete von 1.104,94 € zu bezahlen. Die neue Miete berechnet sich wie folgt:

Miete bisher	796,00 €
zzgl. Erhöhungsbetrag	121,94 €
zzgl. Vorauszahlung auf die Heizkosten wie bisher	56,00 €
zzgl. Vorauszahlung auf die Betriebskosten wie bisher	71,00 €
zzgl. Garagenstellplatz	60,00 €
Neue Gesamtmiete	**1.104,94 €**

Die neue Miete ist entsprechend § 559 Abs. 2 S. 1 BGB mit Beginn des dritten Monats nach dem Zugang der Erklärung fällig, mithin spätestens zum 5.1.2010.

Bitte ändern Sie bis dahin Ihren Dauerauftrag.

Nur der guten Ordnung halber weise ich Sie darauf hin, dass Sie gem. § 561 BGB bis zum Ablauf des zweiten Monats nach Zugang dieser Mieterhöhungserklärung zum Ablauf des übernächsten Monats das Mietverhältnis außerordentlich kündigen können.

Für etwaige Rückfragen bei Unklarheiten oder etwaige Erläuterungen der Modernisierungsmaßnahme stehe ich Ihnen selbstverständlich gerne zur Verfügung.

Mit freundlichen Grüßen

Harald Ernsberger'

4.3 Wann Sie die Miete nicht erhöhen können

Staffel- und Indexmiete

Die Erhöhung der Miete ist bei der Vereinbarung einer Staffelmiete gemäß § 557a Abs. 2 S. 2 BGB ausgeschlossen. Auch bei der Vereinbarung einer Indexmiete ist die Mieterhöhung nach § 559 ausgeschlossen, sofern der Vermieter nicht bauliche Maßnahmen aufgrund von Umständen durchgeführt hat, die er nicht zu vertreten hat (vgl. Kap. 3.2.2 ab Seite 49). Der Vermieter kann bei so langfristigen Miethöhevereinbarungen keine Absprache mit dem Mieter treffen, wonach trotz einer Staffelmietvereinbarung oder einer Indexmietvereinbarung eine Mieterhöhung nach §§ 558 und 559 BGB möglich ist. Eine solche Vereinbarung verstößt gegen § 557 Abs. 4 BGB, nach dem eine Abweichung von den gesetzlichen Regelungen zum Nachteil des Mieters nicht möglich ist.

Tipp: Keine Staffel-/Indexmiete bei baldiger Modernisierung

Es ist daher bei Abschluss eines Mietvertrags zu beachten, ob in den folgenden Jahren Modernisierungsmaßnahmen für das Objekt beabsichtigt sind. Ist dies der Fall, so sollte nach Möglichkeit keine Staffelmiete nach § 557a BGB oder eine Indexmiete nach § 557b BGB vereinbart werden. Eine Mieterhöhung auf die ortsübliche Miete gem. § 558 ist nämlich neben § 559 BGB nach § 558 Abs. 1 S. 3 BGB möglich.

Es ist jedoch auch gemäß § 557 Abs. 3 BGB zulässig, eine Erhöhung nach § 559 BGB ausdrücklich oder konkludent auszuschließen.

Beispiel: Vermieter verpflichtet sich zu Modernisierung

Verpflichtet sich der Vermieter bei Vertragsabschluss, bestimmte Modernisierungsmaßnahmen vorzunehmen, so ist in dieser Verpflichtung ein konkludenter Ausschluss des Mieterhöhungsrechts nach § 559 BGB zu sehen.

4.4 Sonderkündigungsrecht des Mieters nach der Mieterhöhung

Außerordentliche Kündigung bei Mieterhöhung

Unabhängig von dem dem Mieter gewährten Sonderkündigungsrecht in § 554 Abs. 3 S. 2 BGB kann der Mieter das Mietverhältnis auch außerordentlich gemäß § 561 Abs. 1 S. 1 BGB kündigen, wenn der Vermieter eine Mieterhöhung nach § 558 oder 559 BGB geltend macht. Haben sich die Vertragsparteien über die Mieterhöhung geeinigt, besteht dieses Kündigungsrecht nicht.

Ein bestimmter Inhalt ist für die Kündigungserklärung des Mieters nicht vorgeschrieben. Diese bedarf jedoch nach § 568 Abs. 1 BGB der Schriftform. Sämtliche Mieter müssen das Kündigungsschreiben eigenhändig durch Namensunterschrift unterzeichnen. Der Mieter kann bis zum Ablauf des zweiten Monats nach dem Zugang der Mieterhöhungserklärung des Vermieters zum Ablauf des übernächsten Monats kündigen.

Beispiel für außerordentliche Kündigung

Stellt der Vermieter seinem Mieter die Mieterhöhungserklärung am 16.08.2008 zu, so kann der Mieter sein Sonderkündigungsrecht bis 31.10.2008 wahrnehmen und die Kündigung dem Vermieter gegenüber erklären. Die Kündigungsfrist selbst beträgt zwei Monate, sie läuft dann bis 31.12.2008. Das Mietverhältnis ist damit am 31.12.2008 beendet.

Nimmt der Mieter sein außerordentliches Kündigungsrecht wahr, so ist er nicht verpflichtet, gem. § 561 Abs. 1 S. 2 BGB die verlangte Mieterhöhung zu bezahlen.

Falls der Mieter außerordentlich kündigt, könnte eine Mietaufhebungsvereinbarung geschlossen werden, damit der Auszug so reibungslos wie möglich vonstatten geht. Eine solche Vereinbarung verhindert weitere Auseinandersetzungen, falls es den Parteien gelingt, sich über deren Inhalt zu einigen.

Muster: Mietaufhebungsvereinbarung

Siehe CD-ROM

Zwischen

Heinrich Müller, Dornenvögelweg 23, 81735 München
– im Folgenden „Vermieter" genannt –

und

Claudia Hentschel, Zeisigweg 15, 81735 München
– im Folgenden „Mieter" genannt –

wird folgende Mietaufhebungsvereinbarung geschlossen:

Präambel:

Dies vorausgeschickt, vereinbaren die Parteien, was folgt:

§ 1 Beendigung des Mietverhältnisses

Das zwischen den Parteien durch Mietvertrag vom __________ bestehende Mietverhältnis über die im Anwesen Dornenvögelweg 23, 81735 München gelegene Wohnung, bestehend aus _____ Zimmern, Küche, Bad, WC nebst Kelleranteil, wird im beiderseitigen Einvernehmen zum ______________ beendet.

§ 2 Räumung und Übergabe

(1) Der Mieter verpflichtet sich, zu dem in § 1 genannten Termin die Mieträume mit Nebenräumen und sämtliche, auch die auf eigene Kosten beschafften Schlüssel, an den Vermieter herauszugeben.

(2) Der Mieter verzichtet, soweit gesetzlich möglich, auf Räumungsschutz. Der Vermieter nimmt diesen Verzicht an.

(3) Dem Mieter wird nachgelassen, die oben genauer bezeichnete Wohnung bereits zu einem früheren Zeitpunkt zu räumen und an den Vermieter herauszugeben. Sofern der Mieter dies _____ Wochen im Voraus schriftlich dem Vermieter anzeigt, wird der Mieter mit Räumung und Herausgabe von der Mietzinszahlungspflicht befreit.

§ 3 Abfindung des Mieters

Sofern der Mieter die oben genauer bezeichnete Wohnung bis ______ räumt und an den Vermieter herausgibt, zahlt der Vermieter an den Mieter eine einmalige Abstands- und Umzugskostenpauschale in Höhe von _______ €, zahlbar Zug um Zug gegen Räumung und Herausgabe der Wohnung gem. § 2 dieses Vertrags. Kommt der Mieter mit Räumung und Herausgabe der Wohnung gem. § 2 dieses Vertrags in Verzug, wird der Vermieter von der Bezahlung der in Satz 1 vereinbarten Abstands- und Umzugskostenpauschale befreit.

§ 4 Einrichtungsgegenstände

Der Mieter verpflichtet sich, die in die Mietwohnung eingebrachten Einrichtungen zu entfernen und den früheren Zustand wiederherzustellen.

Oder:

Die vom Mieter eingebrachten Einrichtungen übernimmt der Vermieter käuflich zum Preis von __________ €.

§ 5 Schönheitsreparaturen

Der Mieter verpflichtet sich, die in § ___ des Mietvertrags vom _______ genannten Schönheitsreparaturen bis zu Räumung fachgerecht durchzuführen oder durchführen zu lassen.

Oder:

Der Vermieter verzichtet auf die gem. § ____ des Mietvertrags vom _______ vereinbarten Schönheitsreparaturen. Der Mieter nimmt diesen Verzicht an.

§ 6 Betriebskosten

Zur Abgeltung der Betriebskosten für das laufende Wirtschaftsjahr bezahlt der Mieter eine Pauschale i. H. v. ______ €. Damit sind sämtliche Betriebskosten für das Wirtschaftsjahr abgegolten.

Oder:

Auf die Abrechnung der Nebenkosten verzichten die Parteien.

§ 7 Mietkaution

Der Vermieter verpflichtet sich, die geleistete Sicherheit in Höhe von _____ € nebst Zinsen bis zum Tag der Rückzahlung, spätestens drei Monate nach Beendigung des Mietvertrags und Räumung der Mietsache durch den Mieter an diesen zurückzuzahlen, soweit der Vermieter nicht bis dahin fällige Gegenansprüche aus dem Mietverhältnis hat und damit aufrechnet.

§ 8 Fortsetzung des Mietverhältnisses

Eine stillschweigende Fortsetzung des Mietvertrags gem. § 545 BGB ist ausgeschlossen.

§ 9 Kosten

Die Kosten dieser Vereinbarung werden gegeneinander aufgehoben. Etwaige Gerichtskosten trägt der Vermieter.

§ 10 Sonstige Vereinbarungen

Im Übrigen bleiben die Bestimmungen des Mietvertrags unberührt.

§ 11 Schriftform

Ergänzungen dieses Vertrags bedürfen der Schriftform.

München, den 16.07.2009	München, den ______________
______________________	______________________
(Heinrich Müller)	(Claudia Hentschel)

4.5 Wann Sie eine Vereinbarung zur Mieterhöhung treffen sollten

Unwirksam, wenn für Mieter nachteilig

Gem. §§ 559 Abs. 3, 559a Abs. 5 sowie 559b Abs. 3 BGB ist eine zum Nachteil des Mieters abweichende Vereinbarung unwirksam. So sind (formular-)vertragliche Vereinbarungen unwirksam, nach welchen der Mieter bereits im Voraus einer Mieterhöhung einer eventuell später durchzuführenden Modernisierungsmaßnahme zustimmt. Es bleibt den Parteien jedoch unbenommen, sich gem. § 557 BGB über etwaige Mieterhöhungen aufgrund konkret durchgeführter oder durchzuführender Modernisierungsmaßnahmen zu verständigen.

4.6 Das können Sie tun, wenn der Mieter die erhöhte Miete nicht bezahlt

Zahlungsklage

Bezahlt der Mieter die von ihm neu verlangte Miete nach der Modernisierung nicht, so bleibt dem Vermieter lediglich, Zahlungsklage beim zuständigen Amtsgericht zu erheben. Die Voraussetzungen für seinen Erhöhungsanspruch muss der Vermieter beweisen. Der Mieter trägt die Beweislast für seine Einwendungen, insbesondere für etwaige Kürzungsbeträge gem. § 559a BGB, die aus seiner Sicht zu Unrecht nicht berücksichtigt wurden.

5 Instandhaltung in Wohnungseigentümergemeinschaften

5.1 Sonder- oder Gemeinschaftseigentum – ein wichtiger Unterschied

Die Frage, ob ein einzelner Eigentümer oder die Eigentümergemeinschaft zu Instandhaltungs- oder Modernisierungsmaßnahmen befugt ist, richtet sich zunächst danach, ob Gemeinschaftseigentum oder Sondereigentum betroffen ist. Dies wiederum hängt davon ab, was der Bauträger oder die aufteilenden Wohnungseigentümer in der Gemeinschaftsordnung als Sonder- bzw. Gemeinschaftseigentum deklariert hat.

Sondereigentum

Sondereigentum wird danach an allen in der Teilungserklärung (Teilungsvertrag) bestimmten Räumen in einem Gebäude begründet, die in sich abgeschlossen sein müssen und die nicht zwingend zum Gemeinschaftseigentum gehören. Dazu gehören die in sich abgeschlossenen Räume der Wohnung, alle darin befindlichen nicht tragenden Wände, Türen, Wand- und Deckenverkleidung, der Fußbodenbelag, Badewannen, Waschbecken, Duschen etc. Die Versorgungsleitungen für Heizung, Gas, Strom, Wasser, Abwasser, Telefon etc. sind bis zum Eintritt in die Wohnung als sog. Hauptversorgungsleitungen zwingendes Gemeinschaftseigentum, ab dem Übergabepunkt in die Wohnung Sondereigentum. Zu welchem Zweck die Gebäudeteile genutzt werden dürfen, wird ebenfalls in der Teilungserklärung bestimmt.

Wohnungseigentum

Wohnungseigentum ist das Sondereigentum an einer Wohnung in Verbindung mit dem Miteigentumsanteil am gemeinschaftliches Eigentum, zu dem es gehört (§ 2 WEG).

Teileigentum

Wird an Räumen, die nicht zu Wohnzwecken dienen, Sondereigentum begründet, so spricht man von Teileigentum.

Beispiele für Teileigentum

Ladengeschäft, Büro, Arztpraxis, Garagen, Keller

Mit dem Sondereigentum kann jeder Eigentümer nach seinem Belieben verfahren, soweit nicht das Gesetz oder Rechte Dritter entgegenstehen.

Instandhaltung des Sondereigentums

Die Kosten der Instandhaltung des Sondereigentums hat grundsätzlich der Wohnungseigentümer allein zu tragen. Er kann demgemäß auch bestimmen, ob und in welchem Umfang er in seiner Sondereigentumseinheit Modernisierungs- bzw. Renovierungsmaßnahmen vornimmt.

Gemeinschaftseigentum

Die Grenze der Maßnahmen ist aber dort, wo Gemeinschaftseigentum oder Sondereigentum anderer Miteigentümer betroffen ist.

Beispiel für Gemeinschaftseigentum

Fenster gehören, soweit sie nach außen gerichtet sind, zwingend zum gemeinschaftlichen Eigentum. Der Wohnungseigentümer darf deshalb eigenmächtig keine Maßnahmen am Fenster vornehmen – dies gilt gleichermaßen für Renovierungs- wie Modernisierungsmaßnahmen.

Nach § 1 Abs. 5 WEG gehören das Grundstück sowie die Teile, Anlagen und Einrichtungen des Gebäudes, die nicht im Sondereigentum stehen, zum gemeinschaftlichen Eigentum.

Achtung: Definition „Gemeinschaftseigentum"

Grundsätzlich gilt: Alles was nicht ausdrücklich zum Sondereigentum erklärt wurde, ist Gemeinschaftseigentum.

§

Siehe CD-ROM

Zum Gemeinschaftseigentum gehören ferner die Teile des Gebäudes, die für dessen Bestand oder Sicherheit erforderlich sind, sowie Anlagen und Einrichtungen, die dem gemeinschaftlichen Gebrauch der Wohnungseigentümer dienen (§ 5 Abs. 2 WEG).

Beispiele für Gemeinschaftseigentum

Fassade, Dach, Fenster, Treppenhaus, Heizung, Heizungsanlage, Hauptversorgungsleitungen etc.

Auch ein Waschkeller gehört zum Gemeinschaftseigentum, soweit an ihm nicht Sondereigentum begründet wurde und er dem gemeinschaftlichen Gebrauch der Wohnungseigentümer dient.

Zusammenfassung

Modernisierungs- oder Renovierungsmaßnahmen am Sondereigentum stehen grundsätzlich im Belieben des jeweiligen Einzeleigentümers. Er braucht die übrigen Wohnungseigentümer – soweit deren Rechte nicht betroffen sind – grundsätzlich weder bei der Frage, ob solche Maßnahmen durchgeführt werden, noch wie diese durchgeführt werden, zu beteiligen.

Demgegenüber dürfen Renovierungs- oder Modernisierungsmaßnahmen am Gemeinschaftseigentum grundsätzlich nicht von Einzeleigentümern durchgeführt werden, es sei denn, es handelt sich um Notmaßnahmen (vgl. Kap. 5.11 ab S. 172). Für solche Maßnahmen ist die Wohnungseigentümergemeinschaft allein entscheidungsbefugtes Organ.

5.2 So werden Maßnahmen am Gemeinschaftseigentum beschlossen

Wohnungseigentümer kann Maßnahmen verlangen

Gem. § 21 Abs. 5 Nr. 2 WEG gehört die Instandhaltung und Instandsetzung des Gemeinschaftseigentums zu den Maßnahmen ordnungsgemäßer Verwaltung. Jeder Wohnungseigentümer kann deshalb die gebotene Instandhaltung und Instandsetzung von gemeinschaftlichem Eigentum verlangen.

Mieter kann Mängelbeseitigung verlangen

Liegen Mängel am Gemeinschaftseigentum vor, so hat auch der Mieter gegen seinen Vermieter einen Anspruch auf Beseitigung dieser Mängel. Der Anspruch ergibt sich aus § 535 BGB. Danach hat der Vermieter die Mietsache während der Mietzeit in einem zum vertragsgemäßen Gebrauch geeigneten Zustand zu erhalten.

Wie der Eigentümer einer Wohnung seinen Anspruch auf Durchführung von Instandhaltungs- oder Instandsetzungsmaßnahmen gegenüber der Eigentümergemeinschaft durchsetzt, bzw. wie der Mieter den Vermieter zur Durchführung entsprechender Maßnahmen zwingen kann, richtet sich danach, welche Art von Maßnahmen am gemeinschaftlichen Eigentum beansprucht wird.

Im Wesentlichen gibt es dazu fünf verschiedene Maßnahmen, nämlich Instandhaltungsmaßnahmen, Instandsetzungsmaßnahmen, modernisierende Instandsetzungen, Modernisierungen und bauliche Veränderungen.

5.2.1 Beschlusskompetenz für Instandhaltungs- und Instandsetzungsmaßnahmen

Einfacher Mehrheitsbeschluss

Wie bereits nach bisherigem Recht können Maßnahmen zur Instandhaltung und Instandsetzung des gemeinschaftlichen Eigentums auch nach der Novellierung des Wohnungseigentumsgesetzes mehrheitlich geregelt werden. Dazu ist ein einfacher Mehrheitsbeschluss ausreichend.

Beispiel: Sanierung der Tiefgarage

Die Tiefgarage ist schadhaft. Es muss dringend eine Betonsanierung größeren Umfangs stattfinden. Hierüber entscheidet die Wohnungseigentümergemeinschaft mehrheitlich, und zwar unabhängig von Umfang oder Kosten der Sanierung. Liegt Instandsetzungsbedarf vor, so entspricht es ordnungsgemäßer Verwaltung, dass die zur Beseitigung von Mängeln erforderlichen Maßnahmen beschlossen und durchgeführt werden. Die Beschlussfassung erfolgt durch einfachen Mehrheitsbeschluss.

Aufgabe des Verwalters: Mängelfeststellung

Der Verwalter ist grundsätzlich nur verpflichtet, das gemeinschaftliche Eigentum regelmäßig daraufhin zu überprüfen, ob Maßnahmen der Instandsetzung und Instandhaltung notwendig sind.[94] Danach beschränkt sich die Verpflichtung des Verwalters darauf, die Mängel festzustellen, die Wohnungseigentümer hiervon in Kenntnis zu setzen und eine Entscheidung der Wohnungseigentümer über das weitere Vorgehen herbeizuführen. Um den Zustand des Wohngebäudes beurteilen zu können, hat der Verwalter daher regelmäßig Objektbegehungen durchzuführen.

Hinzuziehen von Sonderfachleuten

Der Verwalter kann, sofern er über eigene Sachkunde verfügt, entsprechende Bestandsaufnahmen selbst durchführen. Verfügt der Verwalter nicht über die notwendige Sachkunde, so ist er berechtigt,

[94] BayObLG, Beschluss vom 02.06.1999, NZM 1999, Seite 840.

einen Fachmann hinzuzuziehen. Nach § 27 Abs. 1 Nr. 2 WEG ist der Verwalter verpflichtet, die für die ordnungsgemäße Instandhaltung und Instandsetzung des gemeinschaftlichen Eigentums erforderlichen Maßnahmen zu treffen.

Ermächtigung des Verwalters

Für die Hinzuziehung von sog. Sonderfachleuten – Ingenieure, Architekten und Sachverständige – muss sich der Verwalter durch Eigentümerbeschluss ermächtigen lassen, sofern ihm hierzu nicht bereits eine (wirksame) Befugnis im Verwaltervertrag eingeräumt wurde. Aus eigenem Recht ist der Verwalter nicht befugt, einen Sachverständigen zu bestellen und umfassende Sanierungsmaßnahmen in Auftrag zu geben. Es ist die Pflicht des Verwalters, einen Beschluss der Gemeinschaft zur Feststellung der Ursache der Mängel und zu deren Beseitigung rechtzeitig herbeizuführen.[95] In der Eigentümerversammlung kann sich der Verwalter daher zunächst durch Mehrheitsbeschluss ermächtigen lassen, einen Fachmann hinzuzuziehen, sofern Art und Umfang der bevorstehenden Maßnahme dies erforderlich macht.

Vergleichsangebote

Stellt sich danach heraus, dass größere Sanierungsmaßnahmen durchzuführen sind, so hat der Verwalter zur Vorbereitung des entsprechenden Mehrheitsbeschlusses der Wohnungseigentümer Vergleichsangebote ausführender Firmen einzuholen. Ein Eigentümerbeschluss, mit dem ohne Einholung von Vergleichsangeboten die Durchführung einer größeren Baumaßnahme entschieden wird, entspricht in der Regel nicht ordnungsgemäßer Verwaltung.[96] Zur ordnungsgemäßen Verwaltung gehört es, dass vor einer größeren Instandsetzungsmaßnahme grundsätzlich der Schadensumfang und die Sanierungsbedürftigkeit festgestellt sowie mehrere Kostenangebote eingeholt werden.[97]

5.2.2 Beschlusskompetenz für modernisierende Instandsetzungen

Mehrheitsbeschluss

Auch nach bisherigem Recht konnten sog. modernisierende Instandsetzungen mehrheitlich beschlossen werden. Voraussetzung ist

[95] OLG Hamm, Beschluss vom 17.12.1996 – 15 W 212/96, NJW RR 1997, 908.
[96] BayObLG, Beschluss vom 09.09.1999, NZM 2000, Seite 512.
[97] BayObLG, Beschluss vom 13.08.1998, NZM 1999, Seite 280.

ein konkreter Instandsetzungsbedarf. Liegt dieser vor, so kann die Eigentümergemeinschaft mehrheitlich eine Anpassung der vorhandenen defekten Anlagen und Einrichtungen an einen technisch oder wirtschaftlich besseren Standard beschließen.

Anpassung an besseren Standard

Die ordnungsgemäße Instandhaltung und Instandsetzung ist nicht auf eine bloße Wiederherstellung des früheren Zustandes beschränkt. Eine ordnungsgemäße Instandsetzung schließt vielmehr auch eine sinnvolle Modernisierung ein, die die Vorteile neuer technischer Entwicklungen und verbesserter Standards unter Berücksichtigung einer vernünftigen Kosten-Nutzen-Analyse beinhaltet. Der Eigentümergemeinschaft steht dabei ein weitreichender Ermessensspielraum zu.

Beispiele für modernisierende Instandsetzungen

- **Erneuerung von Balkonbrüstungen**
  Es ist zulässig, schadhafte massive Balkonbrüstungen durch moderne Leichtmetallgeländer zu ersetzen (OLG München, 34 Wx 105/05, Beschluss vom 14.11.05).
- **Umstellung auf eine andere Heizungsart**
  Die in der Wohnanlage vorhandene Ölzentralheizung ist defekt. Die Eigentümergemeinschaft möchte künftig eine andere Beheizungsart, nämlich eine Gaszentralheizungsanlage mit einem modernen, energiesparenden Niederbrennwertkessel einbauen. Die Umstellung der Beheizungsart auf eine moderne, dem technischen Standard entsprechende Heizung ist zulässig (OLG Hamburg, Beschluss vom 21.07.05, 2 Wx 18/04 – Zur Umstellung der Ölzentralheizung auf Fernwärme).
- **Anbringung einer Wärmedämmung**
  Als zulässige modernisierende Instandsetzung wurde auch angesehen, dass die Eigentümergemeinschaft im Rahmen der Sanierung einer durchfeuchteten Fassade gleichzeitig die erstmalige Anbringung einer Wärmedämmung beschließt. Kommen mehrere gleichermaßen Erfolg versprechende Sanierungsmaßnahmen in Betracht, so steht der Eigentümergemeinschaft bei der Auswahl ein Ermessensspielraum zu (OLG Düsseldorf, Beschluss vom 26.04.00, Az. 3 Wx 81/00, NZM 2000, 1067).
- **Ersatz von alten Wasserboilern durch ein modernes System**
  Der Ersatz von zwei 16 Jahre alten, je 750 l fassenden Warmwasserboilern, von denen einer defekt ist, durch einen neuen, 500 l

fassenden Boiler aus Edelstahl, der durch sein besseres Heizsystem warmes Wasser in ausreichender Menge zur Verfügung stellt, ist keine bauliche Veränderung, sondern eine mit Mehrheit zu beschließende modernisierende Instandsetzung (OLG Düsseldorf, Beschluss vom 27.05.02, Az. 3 Wx 40/02, NZM 2002, 705).

- **Austausch von Holzfenstern gegen moderne Kunststofffenster**
  Der Austausch von sanierungsbedürftigen Holzfenstern gegen ähnlich gestaltete moderne Kunststofffenster stellt i. d. R. keine bauliche Veränderung dar, sondern eine modernisierende Instandsetzung, die mehrheitlich beschlossen werden kann (BayObLG, Az. 2 Z BR 177/04, Beschluss vom 11.02.05).

§ Siehe CD-ROM

Wie nach bisherigem Recht genügt auch nach der WEG-Novelle ein Mehrheitsbeschluss zur Durchsetzung modernisierender Instandsetzungen. Die Ausführungen zu Instandhaltungs- und Instandsetzungsmaßnahmen geltend daher gleichermaßen auch für die modernisierenden Instandsetzungen.

Abgrenzung von Instandsetzung

Der Unterschied besteht im Wesentlichen darin, dass Instandsetzungen beschränkt sind auf die Wiederherstellung des ursprünglichen Zustandes. Bei modernisierenden Instandsetzungen hingegen wählt die Eigentümergemeinschaft im Rahmen des ihr zustehenden Ermessens neben der Wiederherstellung des ursprünglichen Zustandes (Instandsetzung) eine Anpassung an einen technisch oder wirtschaftlich besseren Standard.

5.3 Die Eigentümerversammlung als Beschlussinstanz

Anspruch des Eigentümers auf Instandsetzung des Gemeinschaftseigentums

Zur Erinnerung: Jeder Wohnungseigentümer hat einen Anspruch auf ordnungsgemäße Instandsetzung des gemeinschaftlichen Eigentums (§ 21 Abs. 4 WEG). Besteht Sanierungs- oder Reparaturbedarf am Gemeinschaftseigentum, ist die Eigentümergemeinschaft verpflichtet zu handeln. Auf welche Art und Weise die Mängel dann beseitigt werden, ist allerdings Sache der Wohnungseigentümer selbst. Es gilt der Grundsatz, dass allein die Wohnungseigentümer über die Durchführung von Instandsetzungsarbeiten am gemeinschaftlichen Eigentum zu entscheiden haben. Dazu muss der Verwalter einen Mehrheitsbeschluss im Rahmen einer Eigentümerversammlung herbeiführen. Wie hat dies zu geschehen?

5.3.1 Einberufung der Eigentümerversammlung

Wenn das Verfahren ordnungsgemäß und unproblematisch verläuft, beruft der Verwalter bei Instandsetzungsbedarf eine Eigentümerversammlung ein. Ist es wegen des Reparaturbedarfs nicht möglich, bis zur nächsten ordentlichen Eigentümerversammlung zu warten – etwa weil eine Ausweitung des Schadens droht –, so muss der Verwalter eine außerordentliche Eigentümerversammlung einberufen. Der Verwalter ist grundsätzlich allein zur Einberufung einer Eigentümerversammlung befugt.

Mindestens einmal jährlich

Er ist nach § 24 Abs. 1 WEG verpflichtet, die ordentliche Eigentümerversammlung mindestens einmal im Jahr einzuberufen. Einzeleigentümer sind mit Ausnahme der unten genannten Grundsätze (vgl. Kap. 5.4) nicht befugt, eine Eigentümerversammlung einzuberufen.

Tipp: Schriftlicher Umlaufbeschluss ebenfalls möglich

Instandsetzungsmaßnahmen können auch ohne Versammlung im Wege eines schriftlichen Verfahrens beschlossen werden. Nach § 23 Abs. 3 WEG ist ein Beschluss auch ohne Versammlung gültig, wenn alle Wohnungseigentümer ihre Zustimmung zu diesem Beschluss schriftlich erklären. Daraus folgt, dass alle Wohnungseigentümer sich nicht nur mit dem Inhalt des Beschlusses einverstanden erklären müssen, sondern auch mit dem schriftlichen Verfahren. Stimmt nur ein Eigentümer nicht zu, so wird der schriftliche Beschluss (sog. Umlaufbeschluss) nicht existent.

Für größere WEGs nicht geeignet

Erfahrungsgemäß ist vor allem in größeren Eigentümergemeinschaften die hier geforderte Allstimmigkeit nicht zu erreichen. Dies gilt insbesondere dann, wenn aufwendige und kostenträchtige Instandsetzungsmaßnahmen anstehen. Deshalb ist der Umlaufbeschluss grundsätzlich kein geeignetes Instrument für Entscheidungen über Instandsetzungsmaßnahmen.

Einberufung durch Nichtberechtigten

Wird die Versammlung von einem Miteigentümer einberufen, so spricht man von der Einberufung durch einen Nichtberechtigten. Entsprechend gefasste Beschlüsse sind nicht nichtig, sondern lediglich anfechtbar. Ein Wohnungseigentümer, der die fehlerhafte Einberufung durch einen Nichtberechtigten erfolgreich geltend machen will, muss deshalb gegen die in der Eigentümerversammlung gefassten Beschlüsse die Anfechtungsklage gemäß § 46 WEG erheben. Eine Anfechtung ist allerdings nur dann erfolgreich, wenn der Einberufungsmangel ursächlich für die gefassten Beschlüsse ist.[98] Allerdings ist von der Ursächlichkeit des Einberufungsmangels so lange auszugehen, bis das Gegenteil zweifelsfrei festgestellt ist.[99] Die Kausalität des Einberufungsmangels wird also vermutet, es sei denn, es steht fest, dass die Beschlüsse auch bei ordnungsgemäßer Einladung ebenso gefasst worden wären.[100]

5.3.2 Form der Einberufung – die Tagesordnung

Beschlussgegenstand präzise angeben

Zur Vorbereitung der Wohnungseigentümerversammlung hat der Verwalter eine Tagesordnung zu erstellen und den Wohnungseigentümern zu übersenden. Die Tagesordnung muss so gestaltet sein, dass jeder einzelne Eigentümer ausreichend über die zur Beschlussfassung anstehenden Themen informiert ist, damit er sich auf die Versammlung entsprechend vorbereiten kann. Bei der Einberufung einer Wohnungseigentümerversammlung ist deshalb der Gegenstand der beabsichtigten Beschlussfassung – hier: Instandsetzungsmaßnahme – so anzugeben, dass die Beteiligten weitestgehend vor Überraschungen geschützt sind und ihnen die Möglichkeit der Vorbereitung und der Überlegung, ob ihre Teilnahme an der Eigentümerversammlung notwendig ist, gegeben wird.[101]

Es müssen aber nicht sämtliche Einzelheiten des Beschlussgegenstands in der Einladung zur Eigentümerversammlung angegeben werden. Allerdings ist ein solches Maß an Erkennbarkeit und Voraussehbarkeit erforderlich, dass sich der einzelne Wohnungseigen-

[98] BayObLG, Beschluss vom 07.02.07, Az. 2 Z BR 161/01, NZM 2002, 346.
[99] BayObLG, Beschluss vom 02.04.92, Az. 2 Z BR 4/92, NJW RR 1992, 910.
[100] BayObLG, Beschluss vom 05.04.90, Az. 2 Z 14/90, NJW 1990, 784.
[101] OLG München, Beschluss vom 14.09.06, NZM 2006, Seite 934.

tümer über die wesentlichen rechtlichen und tatsächlichen Konsequenzen einer vorgesehenen Maßnahme klar werden kann.[102] Dem einzelnen Eigentümer muss es anhand der Tagesordnung zumutbar sein, sich auf alle mit der geplanten Sanierung zusammenhängenden Punkte, einschließlich der Fragen zur zeitlichen Ausführung und Finanzierung, vorzubereiten.
Grundsätzlich empfiehlt sich dazu ein zweistufiges Vorgehen.

1. Schritt: Sanierungsbedarf mithilfe von Fachleuten ermitteln

1. Versammlung

Die Eigentümergemeinschaft kann zur Feststellung, ob und in welchem Ausmaß Sanierungsbedarf notwendig ist, sog. Sonderfachleute, z. B. Sachverständige, Architekten oder Ingenieure, hinzuziehen. Zur Eigentümerversammlung kann der Verwalter dazu beispielsweise folgende Ankündigung in der Tagesordnung wählen:

Beispiel: Beauftragung eines Sachverständigen

„Beauftragung eines Sachverständigen zur Feststellung der Schäden an den Balkonen, einschließlich der Ermittlung des Kostenaufwandes der Sanierung.

Der Sachverständige wird beauftragt, drei verschiedene Vergleichsangebote zur Sanierung der schadhaften Balkone einzuholen."

2. Schritt: Beschluss über Sanierung und Auftragsvergabe

2. Versammlung

Im zweiten Schritt wird nach Vorliegen des Sachverständigengutachtens sowie der eingeholten Vergleichsangebote in einer zweiten Eigentümerversammlung beschlossen, ob und in welchem Umfang eine Sanierung durchzuführen ist und welche Handwerksfirma mit der Sanierung beauftragt wird.
Der Beschlussgegenstand ist umso genauer in der Ladung zu bezeichnen, je größer seine Bedeutung und je geringer der Wissensstand des einzelnen Eigentümers hierzu ist. In der oben genannten Entscheidung des OLG München wurde der Beschluss über „ergänzende und weiterführende Beschlüsse zur Großsanierung" als nicht ausreichend erachtet, da gleichzeitig über konkrete bauliche Einzelmaßnahmen beschlossen werden sollte

[102] OLG München, NZM 2006, Seite 934.

5.3.3 Frist zur Einberufung

Ladungsfrist: zwei Wochen

Gemäß § 24 Abs. 4 Satz 2 WEG beträgt die Ladungsfrist nach Novellierung des Wohnungseigentumsgesetzes nun zwei Wochen. Die Nichteinhaltung der Ladungsfrist führt ebenfalls allein noch nicht zur Nichtigkeit oder Ungültigerklärung der in der Versammlung gefassten Beschlüsse. Ein entsprechender Beschluss ist auf Anfechtung hin für ungültig zu erklären, es sei denn, es steht fest, dass die Beschlüsse bei ordnungsgemäßer Ladung ebenso gefasst worden wären.[103]

5.3.4 Beschlussfähigkeit der Eigentümerversammlung

Mehr als die Hälfte der Miteigentumsanteile anwesend

Die Eigentümerversammlung ist nur beschlussfähig, wenn die erschienenen stimmberechtigten Wohnungseigentümer mehr als die Hälfte der Miteigentumsanteile vertreten – berechnet nach der im Grundbuch eingetragenen Größe dieser Anteile (§ 25 Abs. 3 WEG). Ist eine Versammlung nicht gemäß § 25 Abs. 3 WEG beschlussfähig, so beruft der Verwalter eine neue Versammlung mit dem gleichen Gegenstand ein. Diese Versammlung ist ohne Rücksicht auf die Höhe der vertretenen Anteile beschlussfähig. Darauf hat der Verwalter bei der Einberufung hinzuweisen (§ 25 Abs. 4 WEG).

Eventualeinberufung unwirksam

Die häufig anzutreffende Praxis, dass in der Einladung zur Eigentümerversammlung bereits darauf hingewiesen wird, dass unmittelbar nach der ersten Eigentümerversammlung eine Zweitversammlung für den Fall fehlender Beschlussfähigkeit stattzufinden hat (Eventualeinberufung), ist unwirksam. Den Eigentümern soll die Möglichkeit eröffnet werden, an der Zweitversammlung teilzunehmen.

Regelung in der Gemeinschaftsordnung

Die gleichzeitige Einberufung der Zweitversammlung (Eventualeinberufung) zusammen mit der ersten Eigentümerversammlung ist nur dann zulässig, wenn die Gemeinschaftsordnung diese Möglichkeit ausdrücklich vorsieht.

[103] BayObLG, Beschluss vom 30.04.99, Az. 2 Z BR 175/98, NZM 1999, 858.

5.3.5 Stimmrechtsprinzipien

Kopfprinzip

Das WEG sieht das sog. Kopfprinzip vor. Nach § 25 Abs. 2 WEG hat jeder Wohnungseigentümer eine Stimme – unabhängig von der Größe seines Miteigentumsanteils. Etwas anderes gilt nur, wenn die Gemeinschaftsordnung vorsieht, dass die Größe der Miteigentumsanteile für die Abstimmung maßgeblich ist. Das Stimmrecht nach Köpfen gemäß § 25 Abs. 2 WEG bedeutet auch, dass ein Wohnungseigentümer nur eine Stimme hat, selbst wenn er Eigentümer mehrerer Wohnungen ist. Ausnahme: Sieht die Gemeinschaftsordnung vor, dass das Stimmrecht von der Anzahl der Wohnungen abhängig ist, so hat der Eigentümer so viele Stimmen, wie er Wohnungen hat.

5.3.6 Abstimmung per Mehrheitsbeschluss

Angelegenheiten der laufenden ordnungsgemäßen Verwaltung – wie es bei den Instandsetzungsmaßnahmen der Fall ist – können grundsätzlich mehrheitlich beschlossen werden. Ein Mehrheitsbeschluss kommt zustande, wenn für den Beschlussantrag mehr Ja- als Neinstimmen abgegeben werden. Stimmenthaltungen sind dabei nicht mitzuzählen.

Achtung: Quorum für bestimmte Beschlüsse notwendig

Für die im Rahmen der durch die WEG-Novelle eingeführten erweiterten Beschlusskompetenzen, etwa für Beschlüsse zu Modernisierungen (§ 22 WEG) oder zur Änderung der Kostenverteilung (§ 16 Abs. 4 WEG), genügt eine einfache Mehrheit nicht. Es ist ein sog. Quorum – eine Mehrheit von drei Vierteln aller stimmberechtigten Wohnungseigentümer nach Köpfen und gleichzeitig mehr als der Hälfte aller Miteigentumsanteile – erforderlich.

5.3.7 Wie soll die Maßnahme aussehen? – Der Ermessensspielraum der Eigentümer

Kommen verschiedene Maßnahmen zur Instandsetzung oder Instandhaltung in Betracht, so steht den Wohnungseigentümern bei der Entscheidung der Frage, ob eine Ausbesserung oder eine Totalerneuerung stattfinden soll, ein Ermessen zu. Regelmäßig sind die

Kosten für eine Totalerneuerung erheblich höher als im Falle der Durchführung von Ausbesserungsmaßnahmen.

Beispiel: Sanierung des Treppen- und Wegebelags

In einer Eigentumswohnanlage ist der Treppen- und Wegebelag schadhaft. In der Eigentümerversammlung wird als Sanierungsmaßnahme eine Totalerneuerung des Treppen- und Wegebelags beschlossen. Ein Eigentümer geht dagegen mit dem Argument vor, dass eine Totalsanierung nicht erforderlich sei. Eine Ausbesserung sei für einen Kostenaufwand von etwa 1.500 Euro möglich. Die Totalsanierung hingegen koste ca. 4.500 Euro.

Dazu entschied das BayObLG (BayObLG, Beschluss vom 17.11.04, Az. 2 ZBR 172/04) Folgendes: Ein Eigentümerbeschluss über die Durchführung der konkreten Maßnahmen entspricht nur dann ordnungsgemäßer Verwaltung, wenn er dem Interesse der Gesamtheit der Wohnungseigentümer nach billigem Ermessen entspricht (§ 21 Abs. 4, Abs. 5 Nr. 2 WEG). Ob ein solcher Beschluss diesem Ermessen entspricht, richtet sich – unter anderem – auch nach den zu erwartenden unterschiedlichen Kosten für die Totalerneuerung oder die einzelne Ausbesserung.

Wirtschaftlichkeit und Qualität

Dabei ist selbstverständlich, dass technisch einwandfreie Lösungen zu wählen sind. Kommen mehrere, gleich effektive Maßnahmen in Betracht, so ist auch der Gesichtspunkt der Wirtschaftlichkeit zu beachten. Die Kostenfrage ist nach der zitierten Entscheidung des BayObLG lediglich ein Argument, allerdings nicht allein entscheidend. Die Eigentümer müssen sich daher auch nicht notwendigerweise für das billigste Angebot entscheiden. So können etwa höhere Kosten dadurch gerechtfertigt sein, dass bei einer Totalerneuerung auch eine längere Haltbarkeit gewährleistet ist.

Objektive Betrachtung des Einzelfalls

Ein Eigentümerbeschluss über Instandsetzungs- oder Instandhaltungsmaßnahmen entspricht ordnungsgemäßer Verwaltung, wenn er bei objektiv vernünftiger Betrachtungsweise unter Berücksichtigung der Umstände des Einzelfalls nützlich ist. Dies ist der Fall, wenn sich die Maßnahme bei einer an den konkreten Bedürfnissen und Möglichkeiten der Gemeinschaft ausgerichteten Kosten-Nutzen-Analyse unter Berücksichtigung der Verkehrsauffassung sowie der wirtschaftlichen Leistungsfähigkeit der Gemeinschaft als vertretbar erweist.[104]

Finanzielle Belastung der Eigentümer

Der Beschluss darf die einzelnen Wohnungseigentümer finanziell zwar nicht überfordern, allerdings ist auch eine hohe finanzielle Belastung hinzunehmen, wenn Sanierungsmaßnahmen bei einer zunehmenden Verschlechterung des Bauzustandes erforderlich und unaufschiebbar sind.[105]

Wenn mehrere Reparaturmaßnahmen in Betracht kommen, steht den Eigentümern, wie gesagt, ein Beurteilungsspielraum zu. Sie sind nicht zwingend auf die kostengünstigste Alternative beschränkt. Dennoch ist das sog. Gebot der Wirtschaftlichkeit zu beachten:

Beispiel: Sollen alle oder nur einige Balkone saniert werden?

In einer Wohnanlage sind einige Balkone sanierungsbedürftig, andere Balkone müssen hingegen noch nicht instandgesetzt werden. Die Eigentümer können beschließen, dass die nicht sanierungsbedürftigen Balkone von der Gesamtmaßnahme ausgespart werden.

Allerdings müssen die Wohnungseigentümer im Rahmen des ihnen zustehenden Ermessens nicht zunächst sämtliche Balkone durch Öffnung ihrer Oberfläche auf ihre Abdichtung hin überprüfen und später den genauen Sanierungsumfang vorab bestimmen.

Wenn eine solche Schadensfeststellung weitere Kosten auslöst und nicht zu nur unerheblichen Verzögerungen der Sanierung führt, so können die Eigentümer im Rahmen ihres – nicht kleinlich zu beurteilenden – Ermessens auch die Sanierung aller Balkone beschließen (OLG München, Beschluss vom 27.09.06, Az. 34 Wx 59/06).

Verfügt ein Gericht nicht über die eigene notwendige Sachkunde, um die Frage des billigen Ermessens beurteilen zu können, so muss es ggf. ein – erfahrungsgemäß kostspieliges – Sachverständigengutachten einholen. Erst wenn die voraussichtlichen jeweiligen Kosten sowie die voraussichtliche Haltbarkeit geklärt sind, hat das Gericht die Frage, ob der Eigentümerbeschluss zur Totalsanierung oder Ausbesserung dem billigen Ermessen der Eigentümer entspricht, zu entscheiden.

---

[104] BayObLG, Beschluss vom 10.04.02, Az. 2 Z BR 70/01, NZM 2002, 531.

[105] BayObLG, a. a. O.

Achtung: Bindungswirkung eines Beschlusses

Hat die Eigentümergemeinschaft eine Maßnahme zur Sanierung bereits beschlossen und bleibt dieser Beschluss unangefochten, so sind sämtliche Wohnungseigentümer daran gebunden. Gegebenenfalls muss der Eigentümer, falls er mit den Kosten der beschlossenen Sanierungsmaßnahme nicht einverstanden ist, den Eigentümerbeschluss durch Anfechtungsklage (§ 46 WEG) angreifen.

Achtung: Gefahr doppelter Kosten

Nimmt ein Eigentümer trotz eines bestandskräftigen Sanierungsbeschlusses in der Zwischenzeit eigenmächtig Reparaturen vor, so läuft er Gefahr, am Ende doppelte Kosten tragen zu müssen.

Beispiel: Eigentümer handelt gegen Mehrheitsbeschluss

Eine Wohnanlage ist mit Holzfenstern ausgestattet. Die Fenster sind schadhaft. Die Eigentümergemeinschaft beauftragt einen Gutachter. Dieser erläutert die Vor- und Nachteile eines Einbaus von Kunststoff- oder Holzfenstern. Er empfiehlt der Eigentümergemeinschaft, Holzfenster einzusetzen. Nach Beratung der Vor- und Nachteile der unterschiedlichen Materialien entschließt sich die Eigentümergemeinschaft gegen Kunststoff- und für Holzfenster.

Der Beschluss bleibt unangefochten. Dennoch lässt ein Eigentümer entgegen diesem bestandskräftigen Beschluss im Schlaf- und Wohnzimmer die Holzfenster gegen Kunststoffelemente auswechseln. Die übrigen Miteigentümer nehmen den eigenmächtig handelnden Eigentümer auf Entfernung der von ihm eingebauten Kunststofffenster in Anspruch und beantragen bei Gericht, den Eigentümer zu verurteilen, die Kunststofffenster durch Elemente aus Holz zu ersetzen.

Zu Recht. Aufgrund des Verstoßes gegen den Mehrheitsbeschluss, Holzfenster einzubauen, ist der eigenmächtig handelnde Eigentümer zur Entfernung der Kunststofffenster verpflichtet. Der mehrheitlich gefasste Eigentümerbeschluss wirkt für und gegen alle Miteigentümer. Er wurde nicht angefochten. Durch den bestandskräftigen Beschluss hat die Eigentümergemeinschaft verbindlich definiert, dass sie sich nach Prüfung des Für und Wider im Rahmen ihres Ermessens für den Einbau von Holzfenstern entschieden hat.

Der Eigentümer kann sich auch nicht darauf berufen, dass die von ihm veranlasste Baumaßnahme für die übrigen Eigentümer nicht nachteilig ist. An den Mehrheitsbeschluss haben sich sämtliche Miteigentümer zu halten. Deshalb ist der eigenmächtig handelnde Miteigentümer verpflichtet, auf eigene Kosten den ursprünglichen Zustand wiederherzustellen (OLG Düsseldorf, Beschluss vom 09.02.05, Az. 3 Wx 314/04).

Achtung: Eigenmächtiges Handeln mit kostspieligen Folgen
Eigenmächtiges Handeln kann insoweit zu einem kostspieligen Ergebnis führen. In dem vom OLG Düsseldorf entschiedenen Fall musste der Eigentümer die neu eingebauten Kunststofffenster entfernen und durch Holzfenster ersetzen lassen.

Grundsatz des Mehrheitsprinzips

Die Entscheidung verdeutlicht den strikten Grundsatz der gemeinschaftlichen Verwaltung und des Mehrheitsprinzips. Eigenmächtige Handlungen einzelner Eigentümer haben in der Regel weitreichende und kostspielige Folgen. Wenn ein Eigentümer mit einer beschlossenen Sanierungsmaßnahme nicht einverstanden ist, ist er gehalten, den Mehrheitsbeschluss binnen eines Monats beim zuständigen Amtsgericht mit der Anfechtungsklage (§ 46 Abs. 1 WEG) anzugreifen. Unterbleibt die Anfechtung, so wird der Beschluss bestandskräftig und wirkt für und gegen alle Miteigentümer.

5.3.8 Deckung des Finanzbedarfs

Sonderumlage

Der Verwalter muss anlässlich eines Sanierungsbeschlusses auch die finanzielle Leistungsfähigkeit der Wohnungseigentümergemeinschaft prüfen. Reichen die finanziellen Mittel nicht aus, weil etwa die vorhandene Instandhaltungsrücklage zur Durchführung von Maßnahmen nicht vorhanden war oder nicht ausreichend ist, so sind entsprechende Sonderumlagen durch Mehrheitsbeschluss der Eigentümer festzusetzen. Die Sonderumlage ist eine nachträgliche Ergänzung zum Wirtschaftsplan. Die Höhe der Sonderumlage hat sich am geschätzten Finanzbedarf auszurichten. Die Wohnungseigentümergemeinschaft hat hierzu einen weiten Ermessensspielraum. Sie kann beispielsweise einen Teil der Instandsetzungsmaßnahme über Sonderumlagen, den anderen Teil über Entnahmen aus der Instandhaltungsrücklage finanzieren.

5.3.9 Änderung der Kostenverteilung bei Instandhaltung und Instandsetzung

Haben die Wohnungseigentümer Maßnahmen zur Instandsetzung und Instandhaltung beschlossen, so können sie nach Neueinführung des § 16 Abs. 4 WEG nun auch den Kostenverteilungsschlüssel für diese Maßnahme ändern. Die Änderung des in der Gemeinschaftsordnung festgelegten Kostenverteilungsschlüssels war bisher grundsätzlich nur durch die Änderung der Gemeinschaftsordnung selbst, d. h. durch eine Vereinbarung aller Wohnungseigentümer, möglich. Eine Ausnahme hiervon sieht nun der neu eingeführte § 16 Abs. 4 WEG vor.

§ Siehe CD-ROM

Danach können nun die Kosten für

Hier kann die Kostenverteilung geändert werden

- Instandhaltungen,
- Instandsetzungen,
- bauliche Veränderungen,
- Modernisierungen,
- Anpassungen des Gemeinschaftseigentums an den Stand der Technik sowie
- Aufwendungen, die über die ordnungsgemäße Instandhaltung und Instandsetzung des gemeinschaftlichen Eigentums hinausgehen,

abweichend vom geltenden Kostenverteilungsschlüssel geregelt werden.

Die Voraussetzungen dafür sind:

Voraussetzung für die Änderung der Kostenverteilung

- Konkreter Einzelfall: Es muss sich um einen konkreten Einzelfall handeln. Der Kostenverteilungsschlüssel kann also nicht generell geändert werden, sondern nur im Hinblick auf einen ganz bestimmten zu regelnden Einzelfall.
- Orientierung am individuellen Gebrauch: Der abweichende Maßstab muss dem individuellen Gebrauch oder der Möglichkeit des Gebrauchs Rechnung tragen.

Beispiel: Tiefgaragensanierung

Die Eigentümergemeinschaft beschließt, die Tiefgarage zu sanieren, und bestimmt dabei einen von der Gemeinschaftsordnung abweichenden Kostenverteilungsschlüssel: Nur die Eigentümer von Stellplätzen haben die Kosten der Sanierung zu tragen.

- Es muss eine qualifizierte Mehrheit von drei Vierteln aller stimmberechtigten Wohnungseigentümer nach Köpfen (gem. § 25 Abs. 2 WEG) vorliegen, die gleichzeitig mehr als der Hälfte aller Miteigentumsanteile (sog. Quorum) entsprechen muss.

§ Siehe CD-ROM

§ 16 Abs. 4 WEG verweist auf § 25 Abs. 2 WEG (Kopfprinzip). Danach hat jeder Wohnungseigentümer (nur) eine Stimme, auch wenn er Eigentümer mehrerer Wohnungen ist. Mehrere Miteigentümer müssen ihr Stimmrecht einheitlich ausüben, d. h. ihnen steht ebenfalls nur eine einzige Stimme zu.

Tipp: Anfechtungsklage bei Nichterreichen des Quorums

Wird das Quorum bei der Abstimmung nicht erreicht, ist der Beschluss anfechtbar, aber nicht nichtig. Es muss also ggf. innerhalb eines Monats Anfechtungsklage beim zuständigen Amtsgericht eingereicht werden, sonst wird der Beschluss bestandskräftig und kann grundsätzlich nicht mehr angegriffen werden.

Die Neuregelung ist für die Eigentümergemeinschaft im Übrigen fakultativ, d. h. die Gemeinschaft kann die Kostenverteilung im Einzelfall ändern, sie muss dies aber nicht.

Gemäß § 16 Abs. 5 WEG können die Befugnisse nach § 16 Abs. 4 WEG, d. h. die Kompetenz der Eigentümergemeinschaft zur Änderung der Kostenverteilung bei Instandhaltung und Instandsetzung durch Vereinbarung der Wohnungseigentümer, nicht eingeschränkt oder ausgeschlossen werden. Eine Erweiterung der Befugnisse ist jedoch möglich.

Beispiel: Gemeinschaftsordnung enthält Öffnungsklausel

Die Gemeinschaftsordnung enthält bereits eine sog. Öffnungsklausel. Der Kostenverteilungsschlüssel kann im konkreten Einzelfall bereits mit einer Mehrheit von zwei Dritteln aller Wohnungseigentümer geändert werden.

5.4 Durchsetzung notwendiger Maßnahmen: Diese Rechte hat jeder Eigentümer

5.4.1 Verlangen nach Einberufung einer Eigentümerversammlung

Beschlussfassung herbeiführen

Wenn Sie als Vermieter und Eigentümer Ihren Anspruch auf Instandsetzung im Rahmen ordnungsgemäßer Verwaltung durchsetzen wollen, müssen Sie zuvor versuchen, eine Beschlussfassung in der Wohnungseigentümerversammlung über die Instandsetzungsmaßnahme herbeizuführen.

Deshalb müssten Sie zunächst den Verwalter zur Aufnahme des Tagesordnungspunkts „Instandsetzungsmaßnahme“ bewegen. Ansonsten fehlt in der Regel das Rechtsschutzbedürfnis für die spätere gerichtliche Inanspruchnahme der übrigen Miteigentümer auf Instandsetzung des gemeinschaftlichen Eigentums (vgl. Kap. 5.5). Der Vermieter/Eigentümer kann also nicht ohne vorherigen Versuch zur Beschlussfassung über die Instandsetzungsmaßnahme das Gericht anrufen. Was aber ist zu tun, wenn der Verwalter sich weigert, eine Eigentümerversammlung einzuberufen?

5.4.2 Wie kann man die Einberufung einer Eigentümerversammlung erzwingen?

§ Siehe CD-ROM

Gem. § 24 Abs. 1 WEG ist der Verwalter verpflichtet, mindestens einmal jährlich eine Eigentümerversammlung einzuberufen. Umstritten ist, ob die Vorschrift des § 24 Abs. 1 WEG abdingbar ist, d. h. ob durch die Gemeinschaftsordnung andere Regelungen vereinbart werden können. Unter dem Gesichtspunkt des Schutzes der Wohnungseigentümer ist dies zu verneinen, vor allem wenn die gesetzlich vorgesehenen Rechte für Minderheiten nachteilig beeinträchtigt werden.

Fehlen eines Verwalters

Fehlt ein Verwalter, so kann die Eigentümerversammlung, sofern ein Verwaltungsbeirat bestellt ist, von dessen Vorsitzendem oder seinem Vertreter einberufen werden (§ 24 Abs. 3 WEG). Das „Fehlen eines Verwalters“ ist gegeben, wenn ein Verwalter überhaupt nicht bestellt wurde, der Beschluss über die Bestellung des Verwalters von einem Gericht für ungültig erklärt wurde oder der Bestellungszeitraum des Verwalters abgelaufen ist. Wurde der Verwalter durch Mehrheitsbeschluss der Wohnungseigentümer abberufen, so ist die Voraussetzung des Fehlens eines Verwalters ebenfalls gegeben. Dies gilt auch dann, wenn der Verwalter den Abberufungsbeschluss gerichtlich angefochten hat. Der Beschluss über die Abberufung des Verwalters bleibt gültig, solange er nicht von einem Gericht rechtskräftig für ungültig erklärt worden ist.

Pflichtwidrige Weigerung des Verwalters

Gem. § 24 Abs. 3 WEG ist der Vorsitzende des Verwaltungsbeirats oder sein Vertreter ebenfalls befugt, die Eigentümerversammlung einzuberufen, wenn sich der Verwalter pflichtwidrig weigert, die Eigentümerversammlung selbst einzuberufen. Eine pflichtwidrige Weigerung liegt dann vor, wenn der Verwalter die Eigentümerversammlung nicht mindestens einmal im Jahr einberuft, obwohl er hierzu durch Gesetz (§ 24 Abs. 1 WEG) verpflichtet ist.

Sieht die Gemeinschaftsordnung vor, dass die Eigentümerversammlung mehrmals im Jahr einberufen wird, und unterschreitet der Verwalter diese Anzahl, so liegt ebenfalls eine pflichtwidrige Weigerung vor. Auch dann ist der Vorsitzende des Verwaltungsbeirats oder dessen Vertreter berechtigt, selbst eine Eigentümerversammlung einzuberufen.

Tipp: Verwalter zur Einberufung auffordern

Um das Recht des Verwaltungsbeirats auszulösen, die Versammlung einzuberufen, muss der Vermieter/Eigentümer, der die Einberufung der Versammlung wünscht, zuvor den Verwalter – möglichst schriftlich mit Nachweis des Zugangs – erfolglos aufgefordert haben, eine Versammlung einzuberufen.

Muster: Aufforderung zur Einberufung der Eigentümerversammlung

Siehe CD-ROM

Heidi Schön
Schönstraße 120
86499 Schönberg

Durch Boten
An die
Xaver Ludwig Hausverwaltung GmbH
Immobilienstraße 1
86499 Schönberg

Schönberg, den 20.01.09

Verlangen nach Einberufung einer Eigentümerversammlung Passarge Allee 4

Sehr geehrter Herr Ludwig,

gem. § 24 Abs. 1 WEG sind Sie verpflichtet, eine Eigentümerversammlung einmal jährlich einzuberufen. Im Jahr 2008 hat keine Eigentümerversammlung stattgefunden. Ich fordere Sie daher auf, bis spätestens

4. Februar 2009 (hier schriftlich eingehend)

unter Benennung eines konkreten Datums zur Durchführung der Eigentümerversammlung verbindlich zu erklären, dass nun eine Eigentümerversammlung einberufen wird. Auf die Ladungsfrist des § 24 Abs. 4 Satz 2 WEG weise ich hin.

Die Eigentümerversammlung ist in angemessener Frist einzuberufen. Sollte ich die oben geforderte Erklärung nicht fristgemäß erhalten, gehe ich davon aus, dass Sie sich weiterhin weigern, eine Eigentümerversammlung einzuberufen.

Mit freundlichen Grüßen

Heidi Schön

Wenn sich auch der Verwaltungsbeirat weigert ...

Reagiert der Verwalter noch immer nicht, so ist der Vorsitzende des Verwaltungsbeirats oder sein Vertreter befugt, die Eigentümerversammlung einzuberufen. Es handelt sich dabei um ein fakultatives Recht. Der Verwaltungsbeirat kann, muss aber die Eigentümerversammlung nicht einberufen. Weigert sich auch der Verwaltungsbeirat, die Eigentümerversammlung einzuberufen, so stehen dem Vermieter/Eigentümer folgende Rechte zu:

Gerichtliche Verpflichtung

- Alternative 1: Gerichtliche Verpflichtung des Verwalters
  Der Vermieter/Eigentümer kann seinen Anspruch auf Einberufung einer Eigentümerversammlung gerichtlich durchsetzen.

Gem. § 43 Nr. 3 WEG entscheidet das Gericht über die Rechte und Pflichten des Verwalters bei der Verwaltung des gemeinschaftlichen Eigentums. Im Falle der pflichtwidrigen Weigerung des Verwalters zur Einberufung einer Eigentümerversammlung wird dieser durch das zuständige Amtsgericht verurteilt, eine Versammlung einzuberufen.

Ermächtigung

- Alternative 2: Ermächtigung durch das Gericht
  Der klagende Vermieter/Eigentümer kann sich im Übrigen auch selbst durch das Gericht ermächtigen lassen, die Eigentümerversammlung einzuberufen.[106]

Besser: Verwalter in Anspruch nehmen

Nach dem bis zum 30.06.07 geltenden Wohnungseigentumsgesetz war es durchaus übliche Gerichtspraxis, den Antragsteller im entsprechenden Gerichtsverfahren zu ermächtigen, eine Eigentümerversammlung einzuberufen. Mit Novellierung des Wohnungseigentumsgesetzes und Überleitung in die Zivilprozessordnung (Wirkung zum 01.07.07) und um den Verwalter weiterhin in der Verantwortung zu halten, empfiehlt es sich, den Verwalter selbst gerichtlich in Anspruch zu nehmen (oben aufgezeigte Alternative 1).

Verlangen einer Minderheit

Nach § 24 Abs. 2 WEG ist der Verwalter ferner verpflichtet, eine Eigentümerversammlung einzuberufen, wenn dies schriftlich unter Angabe des Zwecks und der Gründe von mehr als einem Viertel der Wohnungseigentümer verlangt wird (sog. Minderheitenquorum).

Schriftform

Das Einberufungsverlangen muss von den Wohnungseigentümern schriftlich gestellt werden. Es gilt § 126 BGB. Deshalb muss das Verlangen von den jeweiligen Eigentümern auch eigenhändig unterzeichnet werden.

Kopfprinzip

Im Rahmen des Minderheitenquorums gilt das Kopfprinzip gem. § 25 Abs. 2 WEG. Jeder Wohnungseigentümer hat – unabhängig von der Größe seines Miteigentumsanteils – eine Stimme. Steht das Wohnungseigentum mehreren gemeinschaftlich zu – z. B. Ehegatten – so können sie ihr Stimmrecht nur einheitlich und gemeinschaftlich ausüben (§ 25 Abs. 2 Satz 2 WEG). Ehegatten haben daher bei der Berechnung des Minderheitenquorums nur eine Stimme.

---

[106] Bärmann/Pick, Wohnungseigentumsgesetz, 18. Auflage 2007, § 24 WEG Rn. 4.

Muster: Verlangen der Einberufung einer Eigentümerversammlung durch Minderheitenquorum

Siehe CD-ROM

Die unterzeichnenden
Wohnungseigentümer der WEG Schönstraße 120
86499 Schönberg

Durch Boten
Fidelis Hausverwaltung
Herrn Jakob
Immobilienstraße 1
86499 Schönberg

Schönberg, den 20.08.2009

Einberufung einer Eigentümerversammlung, Schönstraße 120

Sehr geehrter Herr Jakob,

wie Sie wissen, ist im Bereich des Satteldachs des Anwesens Schönstraße aufgrund des Sturmtiefs Kyrill ein erheblicher Schaden, vor allem im nördöstlichen Bereich eingetreten. Die provisorische Reparatur der Dachdeckerfirma XY war nicht ausreichend. Es tritt nach wie vor bei starken Regenfällen Wasser ein. Im Bereich unter dem Speichergeschoss sind bereits massive Durchfeuchtungen eingetreten, die sich im nordöstlichen Bereich der Außenfassade abzeichnen. Es besteht daher dringender Sanierungsbedarf.

Leider sahen Sie sich bisher nicht veranlasst, eine Entscheidung der Eigentümer im Rahmen einer außerordentlichen Eigentümerversammlung über das weitere Vorgehen herbeizuführen.

Die unterzeichnenden Eigentümer fordern Sie daher auf, unverzüglich eine Eigentümerversammlung mit folgendem Tagesordnungspunkt einzuberufen:

- Reparatur des schadhaften Daches, Anwesen Schönstraße
- Beseitigung der bereits eingetretenen Wasserschäden

Die unterzeichnenden Eigentümer repräsentieren mehr als ein Viertel der Wohnungseigentümer nach Köpfen. Wie Sie den unten aufgeführten Namen und Unterschriften der Miteigentümer entnehmen können, wird die Einberufung der Eigentümerversammlung sogar von mehr als 50 % der Wohnungseigentümer verlangt.

Gem. § 24 Abs. 2 WEG sind Sie verpflichtet, eine Eigentümerversammlung einzuberufen, wenn dies schriftlich unter Angabe des Zwecks und der Gründe von mehr als einem Viertel der Wohnungseigentümer verlangt wird. Diese Voraussetzungen liegen vor.

Wir fordern Sie daher auf, unverzüglich eine Eigentümerversammlung einzuberufen. Sollten Sie diesem Verlangen nicht nachkommen, werden wir ohne weitere Ankündigung gerichtliche Hilfe in Anspruch nehmen. Wir weisen ferner darauf hin, dass die Nichteinberufung entgegen dem Minderheitenrecht auch einen Grund zur Abberufung des Verwalters darstellen kann (OLG Hamm, WuM 2001, 461). Ferner können Sie sich schadensersatzpflichtig machen.

Wir gehen daher davon aus, dass unserem Verlangen nach Einberufung einer Eigentümerversammlung nun unverzüglich nachgekommen wird.

Mit freundlichen Grüßen

____

____

____

...

(Eigentümer mit Namen und Unterschrift)

Achtung: Schreiben durch Boten zustellen lassen

Um späteren Streitigkeiten im Zivilprozess vorzubeugen, sollten Sie das Schreiben nebst Anlagen durch einen Boten zustellen lassen. In einem späteren Gerichtsverfahren kann der Zugang dann durch den Boten nachgewiesen werden. Der Bote soll nicht aus der Reihe der Eigentümer stammen. Die Eigentümer sind im Zivilprozess Partei und können daher nicht als Zeugen auftreten.

Die Zustellung durch Bekannte oder sonstige außenstehende Dritte, etwa durch einen Fahrradkurier, ist jedoch ausreichend. Der Bote sollte gleichfalls auf einer Kopie des Schreibens nebst Anlagen vermerken, wann er das Schreiben in den Briefkasten der Verwaltung eingeworfen oder dem Verwalter übergeben hat.

5.4.3 Aufnahme von Punkten in die Tagesordnung einer Eigentümerversammlung

Verwalter nimmt TOP nicht auf

Eine weitere, nicht selten anzutreffende Konstellation ist, dass der Verwalter sich zwar grundsätzlich nicht weigert, eine Eigentümerversammlung einzuberufen, hingegen aber nicht bereit ist, den Antrag eines Vermieters/Eigentümers – etwa zur Durchführung von Instandsetzungsmaßnahmen – auf die Tagesordnung der nächsten Eigentümerversammlung zu nehmen.

Vielfältige Gründe

Die Gründe dafür sind vielfältig: Oftmals ist anzutreffen, dass der Verwalter zusätzlichen Aufwand scheut und daher nicht bereit ist, die Tagesordnung zu ändern oder zu ergänzen. Oftmals sieht sich der Verwalter aber – wenig nachvollziehbar – aufgrund von bereits im Vorfeld erfolgter Meinungsbildung bestimmter Eigentümer oder Eigentümergruppen nicht in der Lage, dem Begehren eines Einzeleigentümers auf Aufnahme von Punkten in die Tagesordnung nachzukommen. Es ist keine Seltenheit, dass Gruppen von Eigentümern den Verwalter aus Angst vor auf sie zukommenden Kosten derart „bearbeiten", dass letztlich die Aufnahme eines Tagesordnungspunkts unterbleibt. Dennoch kann ein Vermieter/Einzeleigentümer ggf. gerichtlich erzwingen, dass Beratungspunkte – z. B. die Instandsetzung gemeinschaftlichen Eigentums – in die Tagesordnung der nächsten Eigentümerversammlung aufzunehmen sind.

Ermessen vs. ordnungsgemäße Verwaltung

Grundsätzlich ist es Sache des Verwalters, die Versammlung einzuberufen und die Tagesordnung aufzustellen. Dabei hat der Verwalter nach pflichtgemäßem Ermessen zu entscheiden, welche Tagesordnungspunkte in die Einladung zur Eigentümerversammlung aufzunehmen sind. Jeder einzelne Eigentümer hat jedoch auch einen Anspruch auf ordnungsgemäße Verwaltung gem. § 21 Abs. 4 WEG. Im Rahmen dieses Anspruchs kann jeder Eigentümer verlangen, dass ein bestimmter Beratungsgegenstand auf die Tagesordnung der Eigentümerversammlung gesetzt wird, wenn die Behandlung dieses Punkts ordnungemäßer Verwaltung entspricht.[107] Der Anspruch besteht, wenn sachliche Gründe dafür vorliegen, einen bestimmten Punkt auf einer Eigentümerversammlung zu erörtern und zum Gegenstand einer Abstimmung zu machen.[108]

§ Siehe CD-ROM

Gem. § 21 Abs. 5 Nr. 2 WEG gehört zur ordnungsgemäßen Verwaltung die Instandhaltung und Instandsetzung des gemeinschaftlichen Eigentums. Wenn also Reparatur- bzw. Sanierungsbedarf vorliegt, hat jeder einzelne Wohnungseigentümer einen Anspruch auf Aufnahme des Beratungsgegenstandes in die Tagesordnung.

Beispiel: Eindringen von Wasser über die Balkone

Die Anbindung der Balkone an die Außenfassade ist schadhaft. Es dringt Wasser in die einzelnen Wohnungen ein. Es handelt sich um einen Mangel am Gemeinschaftseigentum. Die Wohnungseigentümer

---

[107] OLG Frankfurt, Beschluss vom 01.09.03, Az. 2 W 103/01; BayObLG, Beschluss vom 12.07.01, Az. 2 Z BR 139/00, NJOZ 2001, 2019.

[108] BayObLG, a. a. O.

haben über die zur Reparatur/Sanierung erforderlichen Maßnahmen und das weitere Vorgehen im Rahmen ordnungsgemäßer Verwaltung zu beschließen.

Musterschreiben: Aufnahme eines Tagesordnungspunkts

Siehe CD-ROM

Heidi Schön
Haunschildweg 21
86499 Schönberg

An die
Xaver Ludwig Hausverwaltung
Immobilienstraße 1
86499 Schönberg

Schönberg, 20.08.09

Schadhafte Anbindung der Balkone Haunschildweg 21

Sehr geehrter Herr Ludwig,

wie Sie wissen, sind die Bodenplatten sämtlicher zum Anwesen Schönstraße 120 gehörenden Balkone schadhaft. Die Isolierschicht ist nicht mehr ordnungsgemäß.

Nach den starken Regenfällen am 10.08.09 ist daher wiederum Wasser in das Wohnzimmer meiner Wohneinheit Nr. 1 eingetreten.

Ich bitte Sie daher, zur nächsten Eigentümerversammlung als Beratungsgegenstand die Vorgehensweise der Eigentümer zur Instandsetzung der gemeinschaftlichen Balkone aufzunehmen.

Bitte bestätigen Sie mir bis

4. September 2009 (hier schriftlich eingehend),

dass dieser Punkt in die Tagesordnung aufgenommen wird. Vorsorglich weise ich darauf hin, dass im Rahmen ordnungsgemäßer Verwaltung ein Anspruch auf Aufnahme des Beratungsgegenstandes in die Tagesordnung besteht. Sollte ich die oben geforderte Erklärung nicht fristgemäß erhalten, muss ich davon ausgehen, dass Sie nicht bereit sind, meinen vorstehenden Anspruch zu erfüllen. Zur Wahrung meiner Rechte müsste ich dann gerichtliche Hilfe in Anspruch nehmen.

Mit freundlichen Grüßen

Heidi Schön

Aufnahme von TOPs auf Verlangen einer Minderheit

Wie bereits ausgeführt, ist der Verwalter gem. § 24 Abs. 2 WEG verpflichtet, eine Eigentümerversammlung einzuberufen, wenn dies schriftlich unter Angabe des Zwecks und der Gründe von mehr als einem Viertel der Wohnungseigentümer verlangt wird (vgl. Kap. 5.4.2). Diese Vorschrift ist im Rahmen des Anspruchs auf Aufnahme von Tagesordnungspunkten analog anwendbar. Verlangt also mehr als ein Viertel der Wohnungseigentümer die Aufnahme von bestimmten Tagesordnungspunkten oder die Ergänzung der Tagesordnung, so ist der Verwalter hierzu verpflichtet. Bezüglich der Einzelheiten wird verwiesen auf obige Ausführungen zu Kap. 5.4.2.

5.5 Letzter Ausweg: Die Klage vor Gericht

5.5.1 Rechtsschutzbedürfnis – zuerst Eigentümerversammlung anrufen

Nachdem die Eigentümergemeinschaft allein entscheidungsbefugtes Organ ist, muss der Vermieter/Eigentümer, der seinen Anspruch auf Durchführung von Instandsetzungsmaßnahmen gerichtlich durchsetzen will, grundsätzlich zuvor die Eigentümer angerufen haben.
Für die gerichtliche Geltendmachung eines solchen Anspruchs ist anerkannt, dass das Rechtsschutzbedürfnis für einen entsprechenden Antrag nur dann gegeben ist, wenn

- der Antragsteller zuvor erfolglos versucht hat, eine entsprechende Beschlussfassung der Eigentümer herbeizuführen, oder aber
- ein derartiges Vorgehen ausnahmsweise unzumutbar ist, etwa weil bereits sicher feststeht, dass es zu keiner Beschlussfassung kommen wird.[109]

Achtung: Weg zur Klage einhalten

Wenn Sie als Vermieter und Eigentümer nicht versucht haben, einen Beschluss der Eigentümergemeinschaft über notwendige Instandsetzungsmaßnahmen herbeizuführen, können Sie Ihre Miteigentümer (noch) nicht verklagen. Eine klageweise Inanspruchnahme ist erst möglich, wenn Ihre Miteigentümer die Durchführung von gebotenen Instandsetzungsmaßnahmen etwa durch Mehrheitsbeschluss abgelehnt haben oder sich weigern, einen Beschluss herbeizuführen.

Demgemäß sind folgende Konstellationen denkbar:

---

[109] OLG Hamm, Beschluss vom 28.10.03, Az. 15 W 203/02, NZM 2005, Seite 185.

5.5.2 Instandsetzungsmaßnahmen werden in der Versammlung abgelehnt

Beispiel: Marode Holzfenster – nasse Wohnung

Die im gemeinschaftlichen Eigentum stehenden Außenfenster sind defekt. Das Holz ist marode. Es regnet in die Wohnung des Eigentümers A.

Der Eigentümer verlangt vom Verwalter die Aufnahme des Tagesordnungspunkts „Sanierung der Außenfenster". Der Verwalter kommt dem Verlangen nach und nimmt den Tagesordnungspunkt in die Einladung zur bevorstehenden Eigentümerversammlung auf.

In der Eigentümerversammlung lehnt die Mehrheit der Eigentümer die Sanierung der zum gemeinschaftlichen Eigentum gehörenden Fenster des Eigentümers A mit der Begründung ab, er könne die Reparatur der Fenster auf eigene Kosten und in eigenem Namen in Auftrag geben.

In diesem Falle liegt ein ablehnender Mehrheitsbeschluss (sog. Negativbeschluss) vor.

Zur gerichtlichen Durchsetzung seines Anspruchs auf Sanierung der Fenster muss der Eigentümer gegen den ablehnenden Beschluss mit der Anfechtungsklage (§ 46 WEG, Frist: ein Monat!) die Ungültigerklärung des ablehnenden Beschlusses bei Gericht herbeiführen.

Die alleinige Ungültigerklärung bringt den Eigentümer A jedoch noch nicht weiter, da er hierdurch sein Ziel, nämlich die Durchführung der Fenstersanierung, noch nicht erreicht hat.

Beseitigung von Mängeln/ Wirtschaftlichkeit

Nach § 21 Abs. 4 WEG kann jeder Wohnungseigentümer eine Verwaltung verlangen, die dem Interesse der Gesamtheit der Wohnungseigentümer nach billigem Ermessen entspricht. Deshalb müssen auch die konkret zu beschließenden und durchzuführenden Maßnahmen diesem Grundsatz folgen.[110] Daher muss die Eigentümergemeinschaft einerseits die Lösung wählen, die eine dauerhafte Beseitigung von Mängeln und Schäden verspricht, andererseits muss auf das Gebot der Wirtschaftlichkeit geachtet werden. Es dürfen keine überteuerten Aufträge erteilt werden. Deshalb sind grundsätzlich Vergleichsangebote einzuholen.

---

[110] BayObLG, Beschluss vom 23.05.01, Az. 2 Z BR 99/00, NJOZ 2001, 1094.

Der Einzeleigentümer kann daher zur Durchsetzung der erforderlichen Instandsetzungsmaßnahmen – nachdem er im Rahmen der Eigentümerversammlung eine entsprechende Beschlussfassung zur Instandsetzung verfolgt hat – die Eigentümer darauf verklagen, dass sie einen Sachverständigen beauftragen mit der Feststellung

- der Ursachen und des Umfangs der notwendigen Sanierungsmaßnahmen sowie
- der zur Beseitigung erforderlichen Maßnahmen und
- der entstehenden Kosten.[111]

Wenn die Eigentümer dieser Verpflichtung nachkommen, kann eine sachgerechte Sanierung erfolgen. Die Beauftragung eines Sachverständigen entspricht daher ordnungsgemäßer Verwaltung im Sinne des § 21 Abs. 4 WEG. Sie kann von einem Einzeleigentümer verlangt werden.

§ Siehe CD-ROM

5.5.3 Es steht fest, dass die Eigentümer ablehnen

Sofortige Anrufung des Gerichts

Wenn von vornherein feststeht, dass die übrigen Eigentümer einen Antrag ihres Miteigentümers auf Instandsetzung des gemeinschaftlichen Eigentums ablehnen, kann der Vermieter/Eigentümer auch ohne vorherige Anrufung der Eigentümerversammlung gerichtliche Hilfe in Anspruch nehmen.

Beispiel: Drei Eigentümer

Die Eigentümergemeinschaft besteht aus nur drei Eigentümern. Es besteht unbestritten erheblicher Instandsetzungsbedarf. Zwei Eigentümer lehnen die Reparaturen am Gemeinschaftseigentum jedoch ab, da sie sich die auf sie zukommenden Kosten sparen wollen.

Die vorherige Anrufung der Eigentümerversammlung wäre in diesem Falle überflüssige Förmelei, wenn von vornherein feststeht, dass die Eigentümer einem entsprechenden Antrag auf Instandsetzung des gemeinschaftlichen Eigentums ohnehin ablehnend gegenüberstehen. In diesem Fall kann der Eigentümer direkt das Gericht anrufen und klageweise seine Miteigentümer auf Mitwirkung an der Durchführung der Arbeiten in Anspruch nehmen.

---

[111] BayObLG, a. a. O.

Unterstützung im Vorfeld sichern

Dabei ist empfehlenswert, dass der klagende Eigentümer bereits im Vorfeld versucht, möglichst viele Miteigentümer für die Durchsetzung seines Anspruchs z. B. durch gemeinsame Klageerhebung zu gewinnen.

Beispiel: Unterstützung des klagenden Eigentümers

Ein Teil der Miteigentümer erhebt Klage auf Mitwirkung an der Beseitigung der im Rückgebäude des Anwesens Katharinenweg 43 bestehenden Schäden an der Abdichtung des Flachdachs im nordöstlichen Bereich. Außergerichtlich haben andere Eigentümer bereits schriftlich erklärt, dass sie die Instandsetzungsmaßnahme ebenfalls wünschen. Daher erfolgt gemeinsame Klageerhebung.

Alternatives Vorgehen: Mitwirkungsverpflichtung

Ein Einzeleigentümer, der die Durchsetzung von Instandsetzungsmaßnahmen begehrt, kann ggf. auch folgendermaßen vorgehen: Der Eigentümer holt drei Vergleichsangebote von Handwerkern zur Durchführung der Instandsetzungsmaßnahmen ein. Im gerichtlichen Verfahren beantragt er, die übrigen Eigentümer zu verurteilen, an der Instandsetzungsmaßnahme gemäß einem dieser Angebote mitzuwirken.

Rechtsschutzbedürfnis beachten

Auch hier muss der Eigentümer zuvor versucht haben, eine entsprechende Entscheidung in der Eigentümerversammlung, sei es durch die Verpflichtung des Verwalters zur Aufnahme von Tagesordnungspunkten oder durch Beschlussfassung über Sanierungsmaßnahmen, herbeizuführen (vgl. Rechtsschutzbedürfnis, Kap. 5.5.1 ab Seite 147). Bestreiten die übrigen Miteigentümer im Prozess, dass Instandsetzungsbedarf besteht, oder behaupten sie, dass die Angebote überteuert seien, wird das Gericht ggf. ein gerichtliches Sachverständigengutachten über Art, Umfang und Kosten einer Instandsetzungsmaßnahme einholen.

Verpflichtung zur Mitwirkung

Stellt sich heraus, dass die begehrte Instandsetzung sowohl nach der Frage des „Ob“ als auch des „Wie“ ordnungsgemäßer Verwaltung entspricht, werden die Eigentümer gerichtlich zur Mitwirkung an der Instandsetzungsmaßnahme verpflichtet.

5.5.4 Die gerichtliche Ermessensentscheidung

Weiterhin steht dem Gericht die Möglichkeit nach § 21 Abs. 8 WEG zur Seite: Danach kann das Gericht anstelle der Wohnungseigentümer nach billigem Ermessen entscheiden, wenn die Eigentümer eine Maßnahme ordnungsgemäßer Verwaltung nicht treffen. Die Einführung dieser Vorschrift war nach Überleitung des Verfahrens der freiwilligen Gerichtsbarkeit in das Verfahren der Zivilprozessordnung erforderlich.

§ Siehe CD-ROM

Anordnung der Instandsetzung

Im Zusammenhang mit Instandsetzungsmaßnahmen kann das Gericht zunächst ein Sachverständigengutachten einholen und nach Vorlage des Gutachtens die konkret durchzuführenden Instandsetzungsmaßnahmen anordnen.

5.5.5 Zuständiges Gericht

Amtsgericht

Für eine entsprechende Klage ist gem. § 43 Nr. 1 WEG das Gericht zuständig, in dessen Bezirk das Grundstück liegt. Bei der Klage auf Instandsetzung oder Instandhaltung als Maßnahme ordnungsgemäßer Verwaltung handelt es sich um eine Streitigkeit der sich aus der Verwaltung des gemeinschaftlichen Eigentums ergebenden Rechte und Pflichten der Wohnungseigentümer untereinander. Unabhängig vom Streitwert ist hierfür immer das Amtsgericht zuständig, in dessen Bezirk das Grundstück liegt.[112]

Beispiel: Amtsgericht auch bei höherem Streitwert zuständig

Auch wenn die Maßnahme der Fenstersanierung einen Kostenaufwand von beispielsweise 10.000 Euro erfordert, bleibt ausschließlich das Amtsgericht entgegen der sonstigen Zuständigkeit in Zivilsachen, wonach bei Streitwerten von über 5.000 Euro das Landgericht zur Entscheidung berufen ist, zuständig.

[112] § 43 Nr. 1 WEG; § 1 ZPO; § 23 Nr. 2c GVG.

5.6 Wenn die Instandsetzung unterbleibt: Haftung der Eigentümer

Zur Erinnerung: Im Rahmen ordnungsgemäßer Verwaltung hat jeder Einzeleigentümer einen Anspruch auf Instandsetzung des gemeinschaftlichen Eigentums (§ 21 Abs. 4, Abs. 5 WEG).

5.6.1 Haftung bei schuldhaftem Unterlassen

Grundsätzlich haften die Wohnungseigentümer nur auf Schadensersatz, wenn sie ein Verschulden trifft – zum Beispiel wenn durch eine unterbliebene Instandsetzungsmaßnahme einem Miteigentümer Schaden entsteht. Ein solches liegt beispielsweise vor, wenn die Eigentümer trotz Kenntnis eines Schadens am Gemeinschaftseigentum es schuldhaft unterlassen haben, die Mängelbeseitigung zu veranlassen.

Beispiel: Schimmel wegen mangelnder Sanierung der Mauer

Eine Außenmauer (Gemeinschaftseigentum) ist schadhaft. Dadurch tritt Wasser in die Wohnung eines Eigentümers ein. Der Vermieter/Eigentümer wird von seinem Mieter über den Wassereintritt benachrichtigt. Der vermietende Eigentümer teilt dies sofort dem Verwalter mit und bittet, unverzüglich alle notwendigen Schritte zu veranlassen. Der Verwalter führt eine Besichtigung durch.

Danach wird eine außerordentliche Eigentümerversammlung mit dem TOP „Sanierung der schadhaften Außenmauer" einberufen. Die Eigentümer verweigern jedoch die Beseitigung der Schäden an der Außenmauer. Sie sind der Ansicht, dass der vermietende Wohnungseigentümer hierfür selbst aufzukommen hat.

Infolge des zeitlichen Ablaufs und wegen der Weigerung der Eigentümer, die bestehenden Schäden zu beseitigen, bildet sich in der Wohnung Schimmel. Ein Sachverständiger stellt fest, dass die betroffenen Wände abgeschlagen und Trocknungsgeräte aufgestellt werden sollten und danach verputzt und gestrichen werden muss.

Lösung:

Die Eigentümergemeinschaft ist verpflichtet, den Schaden, der dem vermietenden Wohnungseigentümer entstanden ist, zu tragen. Die Schadensersatzpflicht erfasst zunächst diejenigen Kosten, die zur

Schadensbeseitigung erforderlich sind. Im Beispielsfall also die Kosten des Abschlagens des Putzes, der erforderlichen Trocknung sowie Anbringung eines neuen Innenputzes und des Anstrichs der Wände. Die Wohnungseigentümer haben sich mit der Beseitigung des Mangels an der Außenfassade in Verzug befunden.

Schadensersatzanspruch des Geschädigten

Werden erforderliche Instandhaltungs- bzw. Instandsetzungsmaßnahmen am gemeinschaftlichen Eigentum nicht ausgeführt, kann dies Schadensersatzansprüche eines Wohnungseigentümers gegen die Gemeinschaft auslösen.[113]

In obigem Beispiel haben es die Eigentümer unterlassen, die erforderlichen Instandsetzungsmaßnahmen einzuleiten. Der zunächst vorhandene Schaden, nämlich Eintritt von Wasser in die vermietete Wohnung, hat sich nach Meldung an den Verwalter ausgeweitet und schließlich zur Schimmelbildung geführt. Der Schaden ist auch ursächlich durch die Weigerung der Wohnungseigentümer entstanden. Hätten diese sofort die erforderlichen Reparaturarbeiten an der Außenfassade veranlasst, hätte sich der Schaden nicht ausgeweitet; Schimmel wäre nicht entstanden.

Anspruch gegen teilrechtsfähigen Verband

Der Schadensersatzanspruch richtet sich gegen die Wohnungseigentümergemeinschaft als teilrechtsfähigen Verband im Sinne des § 10 Abs. 6 WEG und somit nach Novellierung des Wohnungseigentumsgesetzes sowie der Entscheidung des BGH zur sog. Teilrechtsfähigkeit[114] nicht gegen die übrigen Wohnungseigentümer.

Achtung: Haftung bei fehlender ordnungsgemäßer Verwaltung

Schadensersatzansprüche wegen Schäden am Sondereigentum entstehen nur bei schuldhaftem Unterlassen der Wohnungseigentümer, insbesondere wenn sie gebotene Instandsetzungsmaßnahmen ablehnen. In diesem Fall greift der verschuldensabhängige Anspruch aus der Verletzung von Pflichten zur Mitwirkung bei Maßnahmen ordnungsgemäßer Verwaltung (§ 21 Abs. 1 und 3 WEG; § 280 Abs. 1 Satz 1 BGB; vgl. OLG München, Beschluss vom 13.08.07, Az. 34 Wx 144/06, FGPrax 2007, 260).

[113] BayObLG, NJW RR 1992, 1102.

[114] BGH, Beschluss vom 02.06.05, Az. V ZB 32/05, NZM 2005, 543.

5.6.2 Haftung bei Verzögerung eines Beschlusses zur Sanierung

Die Wohnungseigentümer können auch schadensersatzpflichtig sein, wenn sie die die Instandsetzung des Gemeinschaftseigentums ermöglichende Beschlussfassung unterlassen oder verzögert haben oder an einer Mängelbeseitigung schuldhaft nicht oder erst nach schuldhaften Verzögerungen mitwirken, z. B. ihr nicht zustimmen. Auch Wohnungseigentümer müssen Schadensersatz leisten, wenn sie die geschuldeten Beiträge für Mängelbeseitigungskosten nicht leisten.[115]

Ein Einzeleigentümer muss auch hier – bevor er gerichtliche Hilfe in Anspruch nimmt – versuchen, einen Eigentümerbeschluss über die notwendige Instandsetzungsmaßnahme herbeizuführen.

Anfechtungsklage bei Ablehnung

Lehnt die Mehrheit der Eigentümer im Rahmen einer Eigentümerversammlung durch Beschluss die notwendigen Instandsetzungsmaßnahmen ab, so muss der Eigentümer diesen Beschluss binnen einer Frist von einem Monat durch Anfechtungsklage bei Gericht für ungültig erklären lassen. Gleichzeitig muss er beantragen, die übrigen Eigentümer zu verurteilen, der Instandsetzungsmaßnahme zuzustimmen.

Tipp: Sofort handeln!

Im Falle notwendiger Instandsetzungen sollte der Eigentümer unverzüglich nach Kenntnis der Mängel/des Schadens dies bei der Verwaltung anzeigen und sie dazu auffordern, einen Beschluss über die weitere Vorgehensweise der Eigentümer herbeizuführen.

[115] OLG München, Beschluss vom 13.08.07, Az. 34 Wx 144/06, FGPrax 2007, 260.

Muster: Anzeige eines Schadens bei der Hausverwaltung

Siehe CD-ROM

Heidi Schön
Schönstraße 120
86499 Schönberg

Durch Boten
An die
Xaver Ludwig Hausverwaltung
Immobilienstraße 1
86499 Schönberg

Schönberg, den 20.08.09

Wasserschaden WEG Katharinenweg 43

Sehr geehrter Herr Ludwig,

ich zeige hiermit an, dass in der vergangenen Woche Wasser durch das über meiner Wohnung befindliche Flachdach im Bereich von Wohnzimmer und Küche eingetreten ist.

Im Bereich der Trennwand zwischen Wohnzimmer und Küche sind Wasserschäden in einer Größe von etwa 50 × 30 cm (Küche) und 80 × 1,20 cm (im Bereich Wohnzimmer) entstanden.

Ich bitte Sie, diesbezüglich alle erforderlichen Schritte einzuleiten, insbesondere die Wohnungseigentümer über die eingetretenen Schäden zu informieren und eine Entscheidung über die weitere Vorgehensweise im Rahmen einer Eigentümerversammlung herbeizuführen.

Ich weise darauf hin, dass kurzfristiges Handeln geboten ist, da sich an den besagten Stellen bereits Schimmel bildet, mein Mieter die Miete mindert und Schadensersatzansprüche angekündigt hat. Deshalb und zur Vermeidung weiteren Schadens ist kurzfristiges Handeln geboten.

Bitte bestätigen Sie mir bis

27. August 2009 (hier schriftlich eingehend),

dass die erforderlichen Schritte von Ihrer Seite eingeleitet werden.

Ich bitte weiter um Mitteilung, welche konkreten Schritte die Verwaltung hier einzuleiten beabsichtigt.

Mit freundlichen Grüßen

Heidi Schön

5.6.3 Verschuldensunabhängiger Schadensersatz

Neben der Haftung für Schäden, die wegen einer unterlassenen oder verzögerten Instandsetzung bestehen, kann die Wohnungseigentümergemeinschaft auch ohne Verschulden haften:

Beispiel: Defekte Wasserleitung – Pflichten des Eigentümers

Im Keller unter einer EG-Wohnung treten Wasserschäden auf. Der eingeschaltete Sachverständige vermutet, dass die Wasserleitung in der Wohnung eines Miteigentümers defekt sein könnte. Den Eigentümer der EG-Wohnung treffen daher verschiedene Pflichten:

- **Duldung des Betretens der Wohnung, damit der Schaden festgestellt werden kann**
  Nachdem aufgrund des Sachverständigengutachtens ausreichende Anhaltspunkte dafür vorliegen, dass die gemeinschaftliche Wasserleitung in der Wohnung defekt ist, ist der Eigentümer verpflichtet, das Betreten seiner Wohnung zum Zwecke der Feststellung, ob Maßnahmen der Instandsetzung oder Instandhaltung in Betracht kommen, zu gestatten (OLG München, Beschluss vom 22.02.06, Az. 34 Wx 133/05, NJW RR 2006, 1022).
- **Duldung der Reparaturen**
  Nach der Begutachtung durch den Sachverständigen stellt sich heraus, dass die im gemeinschaftlichen Eigentum stehende Wasserleitung defekt ist. Zu diesem Zweck ist es erforderlich, den Versorgungsschacht, in dem sich die Leitung befindet, zu öffnen und eine Reparatur der gemeinschaftlichen Wasserleitung durchzuführen. Die im Badezimmer vor dem Versorgungsschacht befindlichen Fliesen müssen abgeschlagen werden, damit die Reparatur durchgeführt werden kann.
- **Schadensersatz**
  Der Wohnungseigentümer ist nach § 14 Nr. 4 WEG verpflichtet, das Betreten seiner Wohnung zu gestatten, da dies zur Instandsetzung der im Gemeinschaftseigentum stehenden Wasserleitung erforderlich ist. Gemäß § 14 Nr. 4 WEG, 2. Hs. ist die Wohnungseigentümergemeinschaft allerdings verpflichtet, den hierdurch entstehenden Schaden zu ersetzen. Im Gegensatz zu dem oben genannten Schadensersatzanspruch des Wohnungseigentümers wegen unterbliebener Instandsetzungsmaßnahmen handelt es sich bei § 14 Nr. 4 WEG um einen verschuldensunabhängigen Anspruch. Die Wohnungseigentümergemeinschaft haftet danach, egal ob sie ein Verschulden trifft oder nicht. Ein Anspruch des Wohnungseigen-

tümers umfasst jeden Schaden, der infolge des Betretens, der Benutzung im Vorfeld der Instandsetzung und der Abwicklung entstanden ist.

Ursprünglichen Zustand wiederherstellen

Im Beispielsfall ist die Wohnungseigentümergemeinschaft daher verpflichtet, nach Ausführung der Reparaturmaßnahmen den ursprünglichen Zustand wiederherzustellen, d. h. den aufgeschlagenen Wandbereich wieder zu verschließen und die Badezimmerfliesen anzubringen.

Ersatz des Mietausfalls

Nachdem die Eigentümergemeinschaft zum Schadensersatz verpflichtet ist und der Mieter während der Reparaturarbeiten zu Recht die Miete gemindert hat, ist die Eigentümergemeinschaft auch verpflichtet, den eingetretenen Mietausfall zu erstatten.[116]

Achtung: Eigentümer muss seinen Anteil leisten
Auch der betroffene Eigentümer ist verpflichtet, einen Teil des Schadens entsprechend der Höhe seines Miteigentumsanteils zu tragen.

Entschließt sich der Wohnungseigentümer, zur Überwachung der Handwerksarbeiten unbezahlten Urlaub zu nehmen, so gehört dies regelmäßig nicht zum ersatzfähigen Schaden. Solange es dem Eigentümer möglich und zumutbar ist, auf andere, billigere Weise Vorsorge zum Schutz des Eigentums und zur Vor- und Nachbereitung der Handwerksarbeiten zu treffen, so ist die Inanspruchnahme unbezahlten Urlaubs eine ungewöhnliche Reaktion auf die Verpflichtung, die Arbeiten zu dulden, und daher nicht ersatzfähig.[117]

5.6.4 Verschuldensunabhängiger nachbarrechtlicher Ausgleich

Für Schäden, die im Sondereigentum entstehen, kommt schließlich auch der sog. verschuldensunabhängige nachbarrechtliche Ausgleichsanspruch (§ 906 Abs. 2 Satz 2 BGB analog) in Betracht.

[116] OLG Frankfurt a. M., Beschluss vom 17.01.06, Az. 20 W 362/04, NZM 2007, 251.
[117] KG, Beschluss vom 28.07.99, Az. 24 W 9125/97, NZM 2000, 284.

Beispiel: Schäden bei der Dachsanierung

Im Rahmen einer Dachsanierung kommt es zu Schäden an den Decken einer Eigentumswohnung, die sich unmittelbar unter dem Dach befindet.

§ Siehe CD-ROM

§ 14 Nr. 4 WEG ist hier nicht einschlägig, da der Schaden nicht dadurch entstanden ist, dass die Wohnung des Eigentümers zur Dachsanierung betreten werden musste. Allerdings ist der Schaden erst aus Anlass von Sanierungsarbeiten am Gemeinschaftseigentum (Dachsanierung) entstanden. Im Rahmen des sog. nachbarrechtlichen Ausgleichsanspruchs ist die Eigentümergemeinschaft daher verpflichtet, die schadhaft gewordenen Decken im Bereich der Wohnung zu sanieren. Auch hier ist der geschädigte Eigentümer in der Höhe seines Eigentumsanteil am Schaden zu beteiligen.

5.7 Wenn Eigentümern Schadensersatz zusteht: Haftung des Verwalters

Entsteht einem Wohnungseigentümer aus unterbliebenen Instandsetzungsmaßnahmen ein Schaden, etwa weil sein Mieter die Miete mindert, so kann er Schadensersatzansprüche geltend machen. Die immer wieder anzutreffende Meinung, dass für entsprechende Schäden der Verwalter zuständig ist, ist i. d. R. nicht zutreffend.

Verletzung der Vertragspflichten

Ein Schadensersatzanspruch des Wohnungseigentümers gegen den Verwalter kommt nur dann in Betracht, wenn der Verwalter die Pflichten aus seinem Verwaltervertrag verletzt hat.

5.7.1 Unterbliebene Umsetzung von Beschlüssen

Keine Auftragsvergabe

Eine solche Pflichtverletzung liegt zum Beispiel vor, wenn die Eigentümergemeinschaft bereits Sanierungsmaßnahmen beschlossen hat, der Verwalter es jedoch unterlässt, einen entsprechenden Auftrag an die Handwerksfirma zu vergeben. Der Verwalter ist grundsätzlich gehalten, Eigentümerbeschlüsse unverzüglich auszuführen, solange sie nicht von einem Gericht rechtskräftig für ungültig erklärt werden. Unterlässt der Verwalter die Beauftragung eines Handwerkers und entsteht dem Wohnungseigentümer dadurch ein Schaden, so trifft den Verwalter eine Haftung aus schuldhafter Verletzung seiner Pflichten aus dem Verwaltervertrag.

5.7.2 Unterlassener Hinweis auf Schäden am Gemeinschaftseigentum

Pflichtverletzung führt zu Schaden

Eine Haftung des Verwalters kommt auch dann in Betracht, wenn er es unterlässt, die Wohnungseigentümer über Mängel am Gemeinschaftseigentum zu unterrichten und die Entscheidung der Gemeinschaft über das weitere Vorgehen durch Beschluss herbeizuführen. Dies gilt jedoch – wie bei allen Schadensfällen – nur dann, wenn die Pflichtverletzung des Verwalters auch für den Schadenseintritt ursächlich war. In erster Linie ist die Eigentümergemeinschaft für die Instandhaltung und Instandsetzung des gemeinschaftlichen Eigentums zuständig.

Wenn die Eigentümer Maßnahmen ablehnen ...

Eine Haftung des Verwalters wegen Untätigkeit kommt deshalb dann nicht in Betracht, wenn er zwar seine Pflicht zur Herbeiführung einer Entscheidung der Gemeinschaft über das weitere Vorgehen im Hinblick auf bestehende Mängel verletzt, jedoch von vornherein bereits feststand, dass die Eigentümergemeinschaft ohnehin entsprechende Maßnahmen ablehnt. Das OLG Düsseldorf hat dazu zum Kauf vom Bauträger Folgendes entschieden:

Beispiel: WEG lässt Gewährleistungsfrist verstreichen

In einer Anlage gab es erhebliche Rissbildungen in der Außenfassade. Die Risse waren sowohl dem Verwalter als auch der Eigentümergemeinschaft bekannt. Dennoch unternahm der Verwalter nichts, obwohl die Gewährleistungsfrist des Bauträgers in naher Zukunft auszulaufen drohte.

Grundsätzlich wäre der Verwalter verpflichtet gewesen, einen Eigentümerbeschluss über das weitere Vorgehen – vor allem Einleitung gerichtlicher Schritte gegen den Bauträger zur Vermeidung des Eintritts der Verjährung – herbeizuführen. Da der Verwalter insoweit untätig blieb, konnte sich der Bauträger später auf Verjährung berufen.

Diese Pflichtverletzung des Verwalters war jedoch für den Schadenseintritt – die zwischenzeitlich eingetretene Verjährung von Ersatzansprüchen gegen den Bauträger – nicht ursächlich: Bei den in der Wohnungseigentümergemeinschaft herrschenden Stimmungs-

und Mehrheitsverhältnissen war ohnehin nicht davon auszugehen, dass die Wohnungseigentümergemeinschaft eine vom Verwalter entfaltete pflichtgemäße Tätigkeit zum Anlass genommen hätte, vor Ablauf der Verjährung gegen den Bauträger gerichtlich vorzugehen (OLG Düsseldorf, Beschluss vom 27.05.02 Az. 3 Wx 148/01, NZM 2002, 707).

Nicht jede Pflichtverletzung des Verwalters führt daher zu einer Schadensersatzverpflichtung. Auch hier gilt der Grundsatz, dass die Wohnungseigentümer selbst zur Entscheidung über notwendige Instandsetzungsmaßnahmen verpflichtet sind.
Der Verwalter sollte unverzüglich, nachdem er von Schäden, die im gemeinschaftlichen Eigentum liegen können, Kenntnis erlangt, tätig werden. Andernfalls kann er zum Schadensersatz verpflichtet sein.

Beispiel: Feuchtigkeitsschäden – sofort handeln!

Bei Feuchtigkeitsschäden in einer Wohnung, deren Ursache im gemeinschaftlichen Eigentum liegen kann, hat der Verwalter, auch wenn er kein „Profi" ist, unverzüglich das Erforderliche zu unternehmen, um die Schadensursache festzustellen. Verletzt er diese Pflicht schuldhaft, so haftet er für den Schaden des betroffenen Wohnungseigentümers auch dann, wenn die Schadensursache ungeklärt bleibt oder sich nachträglich herausstellen sollte, dass sie ausschließlich im Sondereigentum liegt (OLG München, Beschluss vom 15.05.06, Az. 34 Wx 156/05; BayObLG, NZM 1998, 583).

5.8 Wenn dringliche Maßnahmen anstehen: Diese Pflichten hat der Verwalter

Notmaßnahmen ohne Beschluss der Eigentümer

Gem. § 27 Abs. 1 Nr. 3 WEG ist der Verwalter im Innenverhältnis zu den Wohnungseigentümern verpflichtet, in dringenden Fällen die zur Erhaltung des gemeinschaftlichen Eigentums erforderlichen Maßnahmen zu treffen. Es handelt sich dabei um die sog. Notmaßnahmen, die wegen ihrer Eilbedürftigkeit eine vorherige Einberufung einer Wohnungseigentümerversammlung nicht zulassen. Entscheidend ist, ob die Erhaltung des Gemeinschaftseigentums gefährdet wäre, wenn nicht umgehend gehandelt würde.[118]

Beispiel: Leitungswasserschaden

In einer Wohnung tritt ein Leitungswasserschaden auf. Der Verwalter beauftragt eine Sanitärfirma, damit sie den Schaden am Rohrleitungssystem behebt, sowie ein Unternehmen zur Trockenlegung der bereits feuchten Außenmauern.

Der Verwalter ist in diesem Fall zur Beauftragung beider Firmen im Namen der Wohnungseigentümergemeinschaft auch ohne vorherige Einberufung einer Eigentümerversammlung berechtigt und verpflichtet (§ 27 Abs. 1 Nr. 3 WEG).

Berechtigung zur Auftragserteilung

Im Außenverhältnis, d. h. gegenüber der zu beauftragenden Handwerkerfirma, wird dem Verwalter durch § 27 Abs. 3 Nr. 4 WEG die gesetzliche Vertretungsmacht eingeräumt, im Namen der Gemeinschaft der Wohnungseigentümer die erforderlichen Willenserklärungen abzugeben und Rechtshandlungen vorzunehmen. Das heißt, er kann einen dringenden Sanierungsauftrag erteilen.

Nicht eigenmächtig handeln!

Entscheidend ist immer, ob die Erhaltung des gemeinschaftlichen Eigentums gefährdet wäre, wenn nicht umgehend gehandelt würde. Zu berücksichtigen ist dabei auch die Größe der Eigentümergemeinschaft. Eine eigenmächtige Auftragserteilung durch den Verwalter ist der Ausnahmefall, es sei denn, der Verwalter ist durch den Verwaltervertrag ermächtigt worden, Aufträge auch ohne vorherige Anrufung der Eigentümerversammlung zu vergeben.

Ausnahme: Regelung im Vertrag

In der Praxis finden sich dazu häufig Regelungen in den Verwalterverträgen, wonach bestimmte Verträge, z. B. für die Wartung oder zur Durchführung von Reparaturen, bis zu einem bestimmten Höchstbetrag auch ohne Einberufung einer Eigentümerversammlung vom Verwalter abgeschlossen werden dürfen.

Vorsicht, Zusatzaufträge

Auch im Rahmen einer bereits beschlossenen Sanierungsmaßnahme ist der Verwalter grundsätzlich nicht berechtigt, weitere Zusatzaufträge zu vergeben. Auch hier ist der Verwalter nur dann zur eigenmächtigen Auftragsvergabe berechtigt, wenn die Erhaltung des Gemeinschaftseigentums gefährdet wäre, falls nicht umgehend gehan-

[118] BayObLG, WuM 1997, 398.

delt würde. Selbst wenn sich erst im Rahmen der Sanierungsmaßnahme herausstellt, dass noch Zusatzarbeiten erforderlich sind, muss der Verwalter deshalb grundsätzlich eine weitere Eigentümerversammlung einberufen.

Beispiel: Entwässerung – Beschluss muss eingehalten werden

Im Rahmen einer Dachterrassensanierung stellt die bauausführende Firma fest, dass die Entwässerung der Dachterrasse nur über eine zusätzliche Außenentwässerung möglich ist. Der Verwalter gibt die Außenentwässerung in Auftrag, ohne vorher die Eigentümer zu befragen. Die Wohnungseigentümer beanstanden dies und sind der Ansicht, dass die Innenentwässerung nach dem gefassten Eigentümerbeschluss sogar dann hätte beibehalten werden müssen, wenn erheblich höhere Kosten entstanden wären. Das BayObLG gibt den Eigentümern recht.

Die Verpflichtung des Verwalters beschränkt sich darauf, Mängel festzustellen, die Eigentümer darüber zu unterrichten und eine Entscheidung über das weitere Verfahren herbeizuführen. Eine eigenmächtige Auftragserteilung durch den Verwalter ist grundsätzlich nicht zulässig. Im Rahmen einer Gesamtschau berücksichtigte das BayObLG, dass die Wohnanlage nur sieben Einheiten umfasste und es deshalb ohne größere Schwierigkeiten möglich gewesen wäre, kurzfristig eine außerordentliche Eigentümerversammlung einzuberufen. Wenn das Gemeinschaftseigentum nicht gefährdet ist, darf der Verwalter Aufträge nicht eigenmächtig vergeben (BayObLG, Beschluss vom 26.02.04, Az. 2 ZBR 266/03, NZM 2004, 390).

5.9 Wie Instandsetzungs- und Verbesserungsmaßnahmen beschlossen werden

Ein einzelner Vermieter/Eigentümer ist im Rahmen einer Wohnungseigentümergemeinschaft nicht berechtigt, eigenmächtig Maßnahmen zur Modernisierung des Gemeinschaftseigentums durchzuführen. Zur Erinnerung: Gemeinschaftliches Eigentum im Sinne des WEG sind das Grundstück sowie die Teile, Anlagen und Einrichtungen des Gebäudes, die nicht im Sondereigentum oder im Eigentum eines Dritten stehen (§ 1 Abs. 5 WEG). Maßnahmen am Gemeinschaftseigentum, insbesondere zur Instandhaltung oder Instandsetzung, zur Modernisierung oder Veränderung des gemeinschaftlichen Eigentums, dürfen daher grundsätzlich nur unter Mitwirkung der anderen Wohnungseigentümer vorgenommen werden. Je nach Art der Maßnahme sind unterschiedliche Mehrheiten für einen wirksamen Beschluss erforderlich:

Einfache Mehrheit

- Maßnahmen der Instandsetzung oder Instandhaltung des Gemeinschaftseigentums können durch einfache Mehrheit beschlossen werden.

Doppelt qualifizierte Mehrheit

- Für Modernisierungen oder bauliche Veränderungen gibt es deutlich höhere Hürden: Erfordernis der sog. doppelt qualifizierten Mehrheit bzw. Zustimmung aller benachteiligten Eigentümer.

Neue Beschlusskompetenz

§ Siehe CD-ROM

Durch die Novellierung des Wohnungseigentumsgesetzes zum 01.07.07 wurden den Wohnungseigentümern erheblich erweiterte Beschlusskompetenzen eingeräumt. Gem. § 22 Abs. 2 WEG können die Wohnungseigentümer nun auch reine Modernisierungen, d. h. die Anpassung an einen modernen Standard, ohne konkreten Instandsetzungsbedarf beschließen. Nach der bisherigen Rechtslage war dies nicht möglich. Reine Modernisierungen waren bisher grundsätzlich als bauliche Veränderungen zu qualifizieren. Deshalb hatte die Wohnungseigentümergemeinschaft dazu bislang keine Beschlusskompetenz. Diese steht ihr nun nach § 22 Abs. 2 Satz 1 WEG im Rahmen des sog. doppelt qualifizierten Mehrheitsbeschlusses zu.

Doppelt qualifizierte Mehrheit

Nun können Modernisierungen auch ohne konkreten Reparaturbedarf wie im Bereich des Mietrechts nach § 559 Abs. 1 BGB im Rahmen der doppelt qualifizierten Mehrheit beschlossen werden. Dazu müssen

- drei Viertel aller stimmberechtigten Wohnungseigentümer nach Köpfen im Sinne des § 25 WEG, die gleichzeitig
- mehr als die Hälfte aller Miteigentumsanteile repräsentieren,

zustimmen. Wird dieses sog. Quorum nicht erreicht, ist der Beschluss nicht nichtig, sondern nur anfechtbar.

Voraussetzung

§ 22 Abs. 2 WEG verweist auf § 559 Abs. 1 BGB. Diese Vorschrift stammt aus dem Mietrecht. Nach § 559 Abs. 1 BGB handelt es sich um eine Modernisierung, wenn

- der Gebrauchswert des Gemeinschaftseigentums nachhaltig erhöht oder
- die allgemeinen Wohnverhältnisse auf Dauer verbessert oder
- durch die Maßnahme eine nachhaltige Einsparung von Energie oder Wasser bewirkt werden.

Beispiele von Modernisierungen

- Einbau von Isolierfenstern (ohne konkreten Instandsetzungsbedarf, da sonst modernisierende Instandsetzung).
- Einbau eines Fahrstuhls
- Einbau einer Videogegensprechanlage
- Anbringung einer Wärmedämmung
- Einbau von Kalt- oder Warmwasserzählern
- Aufstellen eines Mülltonnenhäuschens
- Einbau einer Zentralheizung
- Einbau von Rauchmeldern als Gebrauchserhöhung
- Einbau einer Alarmanlage
- Aufstellen von Fahrradständern

Bisherige Regelung

Modernisierungsmaßnahmen konnten als bauliche Veränderungen bisher grundsätzlich nur durchgeführt werden, wenn sämtliche Eigentümer, die durch die Maßnahme beeinträchtigt waren, zugestimmt haben. Hat sich ein Eigentümer z. B. gegen den Einbau einer Videoüberwachung gewehrt und einen entsprechenden Mehrheitsbeschluss angefochten, so konnte die Eigentümergemeinschaft diese Maßnahme nicht durchsetzen.

Jetzige Regelung

Nach § 22 Abs. 2 WEG kann bei Mehrheitsbeschluss die Maßnahme nun dennoch mit folgenden Einschränkungen durchgeführt werden:

- Keine Änderung der Eigenart der Wohnanlage: die Modernisierung darf die Eigenart der Wohnanlage nicht ändern und keine Wohnungseigentümer gegenüber anderen unbillig beeinträchtigen.

- Keine Umgestaltung der Wohnanlage: Umgestaltungen der Wohnanlage sind nach wie vor nicht zulässig.

Beispiele für Umgestaltung

- Anbau eines Wintergartens
- Aufstockung oder Abriss von Gebäudeteilen
- Luxussanierung eines Wohnhauses von einfacher Wohnqualität
- Ausbau eines nicht zu Wohnzwecken genutzten Speichers zu Wohnungen
- Asphaltierung einer Grünfläche zur Schaffung von Abstellplätzen

- Keine nachteilige Veränderung des optischen Gesamteindrucks: Eine Modernisierung kann ebenfalls nicht mehrheitlich beschlossen werden, wenn der optische Gesamteindruck der Wohnanlage nachteilig verändert wird.

Beispiele für nachteilige optische Veränderungen

- Einzelne Balkone an der Fassade sollen verglast werden.
- Beim Bau von Dachgauben wird die Symmetrie des Hauses nicht eingehalten.

§ Siehe CD-ROM

Derartige Maßnahmen sind keine Modernisierung, sondern bleiben – wie nach bisherigem Recht – bauliche Veränderungen, sodass diese nur nach § 22 Abs. 1 WEG zulässig sind, wenn jeder Wohnungseigentümer zustimmt, dessen Rechte durch die Maßnahmen über das in § 14 Nr. 1 bestimmte Maß hinaus beeinträchtigt werden. Modernisierungen sind also nur dann zulässig, wenn sie die Eigenart der Wohnanlage nicht ändern.

Keine unbillige Beeinträchtigung

Die Modernisierungsmaßnahme darf ferner einen oder mehrere Wohnungseigentümer nicht unbillig beeinträchtigen. Ob eine solche unbillige Beeinträchtigung vorliegt, hängt von den Umständen des konkreten Einzelfalls ab. Die Frage wird also im Wesentlichen durch die zuständigen Gerichte geklärt werden müssen.

Beeinträchtigung durch Kosten

Auch die Kosten der Modernisierungsmaßnahme können eine Beeinträchtigung darstellen. Sie werden aber nur im Ausnahmefall als erhebliche Beeinträchtigung anzusehen sein, wenn sie die Aufwen-

dungen übersteigen, die dazu dienen, das gemeinschaftliche Eigentum in einen Zustand zu versetzen, wie er allgemein üblich ist. Mit allgemein üblichen Modernisierungsmaßnahmen muss jeder Wohnungseigentümer rechnen und erforderlichenfalls entsprechende private Rücklagen bilden, um sie zu finanzieren.
Im Einzelfall kann sich eine erhebliche Beeinträchtigung aber dann ergeben, wenn ein Wohnungseigentümer wegen der Kosten von Modernisierungsmaßnahmen gezwungen wäre, sein Wohneigentum zu veräußern. Nachdem die unbillige Benachteiligung von Wohnungseigentümern von den jeweiligen Umständen des konkreten Einzelfalls abhängt, wird hier eine genauere Ausgestaltung durch die Rechtsprechung erfolgen. Dabei würde unter Berücksichtigung des Eigentumsgrundrechts (Art. 14 GG) eine unbillige Benachteiligung im konkreten Einzelfall auch dann anzunehmen sein, wenn der einzelne Eigentümer noch nicht gezwungen ist, sein Eigentum zu veräußern.

Anspruch auf Durchführung von Modernisierungsmaßnahmen

Kein Individualanspruch

Ein Individualanspruch des einzelnen Eigentümers auf Durchführung einer Modernisierung besteht nicht.

Ausnahme: Barrierefreiheit

Eine Ausnahme gilt für den Anspruch auf sog. Barrierefreiheit. Behinderte Menschen haben einen Anspruch auf Durchführung von Modernisierungsmaßnahmen, die einen barrierefreien Zugang zu ihrem Wohnungseigentum ermöglichen. Der Anspruch folgt aus dem Verbot der Benachteiligung behinderter Menschen.

Beispiele: Modernisierungsmaßnahmen zur Barrierefreiheit

- Bau einer Rollstuhlrampe im Eingangsbereich
- Einbau eines Schräglifts im Treppenhaus

Der Einbau eines Treppenlifts ist zwar eine bauliche Veränderung. Der gehbehinderte Eigentümer hat aber ein Recht auf barrierefreien Zugang zu seiner Wohnung. Wenn die Behinderung so stark ist, dass ihm ein Verlassen oder Aufsuchen seiner Wohnung ohne mechanische Steighilfe nur noch unter erschwerten Bedingungen möglich ist, überwiegt das Interesse des behinderten Eigentümers. Deshalb ist sogar hinzunehmen, dass die nach öffentlich-rechtlichen

Vorschriften erforderliche Mindestbreite des Treppenhauses teilweise nicht mehr eingehalten wird.[119]

Achtung: Mieter kann bauliche Veränderung verlangen
Im Bereich des Mietrechts kann der Mieter vom Vermieter die Zustimmung zu baulichen Veränderungen oder sonstigen Einrichtungen verlangen, die für eine behindertengerechte Nutzung der Mietsache oder den Zugang zu ihr erforderlich sind, wenn er ein berechtigtes Interesse daran hat (§ 554a BGB).

Anspruch des Vermieters gegen WEG

Deshalb hat auch der vermietende Eigentümer einen Anspruch auf Durchführung von Maßnahmen zur Barrierefreiheit (bauliche Veränderung), den er ggf. gegenüber seinen Miteigentümern gerichtlich durchsetzen kann.

Anspruch des Mieters gegen WEG

Außerdem kann der Mieter seinen Anspruch auf Barrierefreiheit nach § 554a BGB nicht nur im Verhältnis zu seinem Vermieter, dem Wohnungseigentümer, geltend machen, sondern direkt auch gegenüber der Eigentümergemeinschaft aus eigenem Recht.[120]

Außerhalb dieses Individualanspruchs des einzelnen Wohnungseigentümers auf Herstellung eines barrierefreien Zugangs besteht grundsätzlich kein Anspruch des Wohnungseigentümers auf die Durchführung von Modernisierungsmaßnahmen.

Wenn ein Wohnungseigentümer Modernisierung durchsetzen will

Im Vorfeld der Versammlung Mehrheit sichern

Will ein Wohnungseigentümer/Vermieter dennoch Modernisierungsmaßnahmen am Gemeinschaftseigentum durchführen, so sollte er die Initiative dazu ergreifen und im Vorfeld der Eigentümerversammlung versuchen, eine möglichst große Mehrheit für die beabsichtigte Maßnahme zu gewinnen. Dazu sollte der Wohnungseigentümer darauf achten, dass in der Eigentümerversammlung mindestens mit einer Mehrheit im Sinne des sog. Quorums nach § 22 Abs. 2 WEG (vgl. Kap. 5.3.6 ab S. 132) gerechnet werden kann.

Versammlung einberufen lassen

Erreicht der Eigentümer bereits im Vorfeld der Eigentümerversammlung eine ausreichende Mehrheit, so kann er gem. § 24 Abs. 2 WEG die Aufnahme der beabsichtigten Modernisierung auf die Tagesordnung zur nächsten Eigentümerversammlung durchsetzen.

[119] OLG München, Beschluss vom 12.07.05, 32 Wx 51/05.
[120] Vgl. Bärmann/Pick, Wohnungseigentumsgesetz, 18. Auflage 2007, § 13 Rn. 10.

Nach § 24 Abs. 2 WEG ist der Verwalter verpflichtet, eine Eigentümerversammlung einzuberufen, wenn dies schriftlich unter Angabe des Zwecks und der Gründe von mehr als einem Viertel der Wohnungseigentümer verlangt wird.

Achtung: Abstimmungsfreiheit

Die Wohnungseigentümer sind allerdings nicht verpflichtet, sich im Vorfeld einer Wohnungseigentümerversammlung verbindlich über ihr Stimmverhalten zu äußern. Selbst wenn ein Wohnungseigentümer vor der Eigentümerversammlung zusagt, in eine bestimmte Richtung abzustimmen, bleibt es ihm unbenommen, in der Eigentümerversammlung anders abzustimmen.

Vorsicht, Prozesskostenrisiko

Zeichnet sich im Vorfeld der Eigentümerversammlung bereits ab, dass das sog. Quorum nicht zustande kommen wird, birgt ein dennoch über die Modernisierungsmaßnahme gefasster (einfacher) Mehrheitsbeschluss ein erhebliches Prozesskostenrisiko. Ein Einzeleigentümer kann den Beschluss mit der einfachen Begründung anfechten, dass das gem. § 22 Abs. 2 WEG erforderliche Quorum nicht zustande gekommen ist. In diesem Fall muss das Gericht den Eigentümerbeschluss aufheben. Die Prozesskosten gehen zulasten der Partei, die unterliegt. Falls der Beschluss angefochten wird, gehen sie grundsätzlich zulasten aller übrigen Wohnungseigentümer, da diese Beklagte im Rahmen der Anfechtungsklage gem. § 46 Abs. 1 WEG sind.

Abwehr von Modernisierungsmaßnahmen

Anfechtungsklage

Beschließen die Wohnungseigentümer, eine Modernisierungsmaßnahme durchzuführen, so muss ein Einzeleigentümer, wenn er diesen Beschluss zu Fall bringen will, die Anfechtungsklage nach § 46 Abs. 1 WEG erheben. Die Anfechtungsklage muss binnen eines Monats nach der Beschlussfassung erhoben werden (§ 46 Abs. 1 Satz 2 WEG). Die Frist läuft unabhängig davon, ob der Wohnungseigentümer das Protokoll der Eigentümerversammlung bereits erhalten hat oder nicht.

Tipp: Protokoll anfordern und Anfechtungsfrist einhalten

Falls Sie über den Inhalt des Beschlussgegenstands im Unklaren sind, sollten Sie den Verwalter rechtzeitig vor Ablauf der Anfechtungsfrist auffordern, ein Protokoll zu übersenden. Aber auch wenn der Verwalter das Protokoll nicht rechtzeitig übersendet, muss die Monatsfrist des § 46 Abs. 1 Satz 2 WEG unbedingt gewahrt werden. Andernfalls wird der Beschluss bestandskräftig und kann grundsätzlich nicht mehr angegriffen werden.

Gründe für Ungültigerklärung

Gründe, die zur Ungültigerklärung des Beschlusses führen können, sind insbesondere,

- dass der Beschluss nicht im Rahmen des sog. Quorums mit einer Mehrheit von drei Vierteln aller stimmberechtigten Wohnungseigentümer nach Köpfen und mehr als der Hälfte aller Miteigentumsanteile zustande gekommen ist,
- dass die Voraussetzungen des § 559 Abs. 1 BGB – also eine Gebrauchswerterhöhung, eine Verbesserung der allgemeinen Wohnverhältnisse oder eine nachhaltige Energieeinsparung – nicht vorliegen,
- dass die Eigenart der Wohnanlage geändert oder umgestaltet wird,
- dass der optische Gesamteindruck nachteilig verändert wird oder
- dass ein Wohnungseigentümer in sonstiger Weise gegenüber den anderen unbillig beeinträchtigt ist.

5.10 Verbesserung abgeschlossen: Änderung des Kostenverteilungsschlüssels

Neue Beschlusskompetenz

Im Rahmen eines Beschlusses über die Durchführung von Modernisierungsmaßnahmen kann nun gem. § 16 Abs. 4 WEG auch der Kostenverteilungsschlüssel geändert werden. Die Änderung des in der Gemeinschaftsordnung festgelegten Kostenverteilungsschlüssels war bisher grundsätzlich nur durch die Änderung der Gemeinschaftsordnung selbst, d. h. durch eine Vereinbarung aller Wohnungseigentümer möglich. Nach § 16 Abs. 4 WEG können nun unter anderem die Kosten für Modernisierungen abweichend vom geltenden Kostenverteilungsschlüssel geregelt werden.

Beispiel: Einbau eines Fahrstuhls

- Die Eigentümergemeinschaft beschließt, einen Fahrstuhl einzubauen. Es handelt sich dabei um eine Modernisierungsmaßnahme im Sinne des § 22 Abs. 2 WEG, § 559 Abs. 1 BGB.
- Im Rahmen des Beschlusses über den Lifteinbau wird zusätzlich beschlossen, dass sämtliche Eigentümer an den Kosten beteiligt werden.
- Auch die Eigentümer der Erdgeschoss-Wohnungen können an den Kosten des Lifteinbaus beteiligt werden, da auch das Kellergeschoss angefahren wird, denn nach § 16 Abs. 4 WEG ist ausreichend, dass der geänderte Verteilungsschlüssel der Möglichkeit des Gebrauchs Rechnung trägt.

Diese Voraussetzungen müssen für eine abweichende Kostenverteilung vorliegen:

- Konkreter Einzelfall: Es muss sich um einen konkreten Einzelfall handeln. Der Kostenverteilungsschlüssel kann daher nicht generell geändert werden, sondern nur im Hinblick auf einen ganz bestimmten zu regelnden Einzelfall.
- Orientierung am individuellen Gebrauch: Der abweichende Maßstab muss dem individuellen Gebrauch oder der Möglichkeit des Gebrauchs Rechnung tragen.
- Qualifizierte Mehrheit: Es muss, wie auch bei der Modernisierungsmaßnahme selbst, eine qualifizierte Mehrheit vorliegen.

5.11 Eine rechtlich schwierige Konstellation: Mieter – Vermieter – WEG

Nicht selten kommt es vor, dass ein Mieter gegenüber seinem Vermieter Gewährleistungsrechte wegen bestehender Mängel am Gemeinschaftseigentum geltend macht.

Beispiel: Wasser in der Tiefgarage

Der Mieter hat vom Eigentümer eine Wohnung nebst Tiefgaragenstellplatz gemietet. In die Tiefgarage dringt bei starkem Regen Wasser ein; es bestehen erhebliche Feuchtigkeitsschäden. Der Mieter mindert die Miete und verlangt Beseitigung der Mängel nach § 535 Abs. 1 Satz 2 BGB.

Der Vermieter ist allein nicht in der Lage, die Beseitigung der Mängel durchzuführen. Da es sich um Mängel am Gemeinschaftseigentum (Tiefgarage) handelt, kann die Sanierung der Tiefgarage grundsätzlich nur durch die Mehrheit der Wohnungseigentümer beschlossen werden. Der Vermieter kann von den Wohnungseigentümern gem. § 21 Abs. 4, Abs. 5 WEG die ordnungsgemäße Instandsetzung des gemeinschaftlichen Eigentums verlangen.

Kein Anspruch des Mieters gegen WEG

Der Vermieter einer Eigentumswohnung ist gemäß § 535 Abs. 1 Satz 2 BGB verpflichtet, die Mietsache bei Mängeln instandzusetzen. Dieses Recht des Mieters folgt aus dem Mietvertrag, also einer Sonderverbindung zwischen Vermieter und Mieter. Deshalb kann der Mieter seine Ansprüche auf Instandsetzung grundsätzlich nicht gegen die übrigen Miteigentümer geltend machen.

Klage des Mieters

Allerdings ist der Mieter einer Eigentumswohnung nicht daran gehindert, den ihm gegenüber seinem Vermieter zustehenden Instandsetzungsanspruch gerichtlich durchzusetzen. Dies gilt auch dann, wenn die Wohnungseigentümer einen Beschluss zur Instandsetzung des gemeinschaftlichen Eigentums noch nicht gefasst haben.[121]

Anspruch auf Mitwirkung der Eigentümer

Nach § 21 Abs. 4 WEG hat jeder einzelner Eigentümer einen Anspruch gegen die übrigen Miteigentümer auf Mitwirkung an einer Verwaltung, die dem Interesse der Gesamtheit der Wohnungseigentümer nach billigem Ermessen entspricht.[122] Gegebenenfalls muss der einzelne Wohnungseigentümer deshalb die Mitwirkung der anderen Wohnungseigentümer an der Instandsetzungsmaßnahme gerichtlich einklagen; er ist dazu auch verpflichtet, wenn der Mieter von ihm die Instandsetzung des gemeinschaftlichen Eigentums verlangt.

[121] BGH, Urteil vom 20.07.05, Az. VIII ZR 342/03.

[122] BGH, Urteil vom 20.07.05, Az. VIII ZR 342/03, NZM 2005, 820.

Achtung: Rechtsschutzbedürfnis beachten

Macht der Mieter Rechte aus Mängeln am Gemeinschaftseigentum geltend, so muss der Vermieter zuvor immer versuchen, einen Mehrheitsbeschluss auf Instandsetzung herbeizuführen, anderenfalls fehlt für eine Klage das Rechtsschutzbedürfnis, vgl. Kap. 5.5.1 ab Seite 147.

Ausnahme: Opfergrenze

Nur wenn die Kosten für die Beseitigung des Mangels unverhältnismäßig hoch sind und die sog. Opfergrenze für den Vermieter übersteigen, kann der Mieter vom Vermieter ausnahmsweise nicht die Beseitigung des Mangels verlangen. Die Opfergrenze ist jedoch grundsätzlich ein Ausnahmefall und kommt nach der Entscheidung des BGH unter Berücksichtigung aller Umstände des einzelnen Falls nur dann in Betracht, wenn zwischen dem Reparaturaufwand einerseits und dem Nutzen der Reparatur für den Mieter andererseits sowie dem Wert des Mietobjekts und den aus ihm zu ziehenden Einnahmen ein krasses Missverhältnis entsteht.[123] In diesem Fall ist die Verpflichtung des Vermieters zur Wiederherstellung der Mietsache gemäß § 275 Abs. 2 BGB ausgeschlossen.

Beispiel: Wasser in der Tiefgarage – Fortsetzung

In Fortsetzung des obigen Beispiels kann dies dann der Fall sein, wenn sich im Bereich der Tiefgarage erhebliche Feuchtigkeitsschäden befinden, diese jedoch einen Reparaturaufwand von 100.000 Euro erfordern. Ist danach die Opfergrenze überschritten, so kann der vermietende Wohnungseigentümer seine gegenüber dem Mieter bestehende Verpflichtung nicht gegenüber den anderen Wohnungseigentümern durchsetzen. Der Mieter ist in diesem Falle beschränkt auf seine sonstigen Rechte aus dem Mietvertrag, insbesondere Mietminderung.

Notmaßnahmen – Heizungsreparatur

§ Siehe CD-ROM

Der Vermieter ist als Eigentümer einer Wohnung grundsätzlich allein nicht berechtigt, Arbeiten am Gemeinschaftseigentum vorzunehmen. Die Verwaltung des gemeinschaftlichen Eigentums steht den Wohnungseigentümern grundsätzlich nur gemeinsam zu (§ 21 Abs. 1 WEG).

---

[123] BGH, Az. VIII ZR 342/03, NZM 2005, 820.

Nur im Falle sog. Notmaßnahmen ist ein Einzeleigentümer berechtigt, ohne Zustimmung der anderen Wohnungseigentümer die Maßnahmen zu treffen, die zur Abwendung eines dem gemeinschaftlichen Eigentum unmittelbar drohenden Schadens notwendig sind (§ 21 Abs. 2 WEG).

Schadensabwendung

Beispiele für Notmaßnahmen

- Reparatur der Heizung im Winter
- Einleitung notwendiger Maßnahmen bei Gasaustritt

Pflichten des vermietenden Wohnungseigentümers bei Modernisierungen

Umgekehrt kann der Vermieter einer Eigentumswohnung gegenüber seinen Miteigentümern verpflichtet sein, gegen den Mieter gerichtlich vorzugehen. Beschließt die Eigentümergemeinschaft zulässigerweise Modernisierungsmaßnahmen am Gemeinschaftseigentum (vgl. Kap. 5.9), so ist auch der Mieter grundsätzlich verpflichtet, die Modernisierungsmaßnahmen zu dulden (§ 554 Abs. 2). Zur Erinnerung: § 22 Abs. 2 WEG verweist auf § 559 Abs. 1 BGB, eine Vorschrift aus dem Bereich des Mietrechts. Modernisierungen liegen danach vor, wenn der Gebrauchswert des Gemeinschaftseigentums nachhaltig erhöht wird oder die allgemeinen Wohnverhältnisse auf Dauer verbessert werden oder die Maßnahme eine nachhaltige Einsparung von Energie oder Wasser bewirkt. Diese Begriffe werden im Rahmen des WEG und nach den mietrechtlichen Vorschriften synonym gebraucht. Deshalb ist der Mieter regelmäßig verpflichtet, die von der Wohnungseigentümergemeinschaft beschlossenen Modernisierungsmaßnahmen zu dulden.

Mieter muss Modernisierung dulden

Weigert sich der Mieter, die Modernisierungsmaßnahmen zu dulden, so ist der Vermieter aus § 21 Abs. 4 WEG gegenüber seinen übrigen Miteigentümern verpflichtet, den Duldungsanspruch gegen seinen Mieter durchzusetzen.

Wenn sich der Mieter weigert ...

Im Fall einer Härte Interessenabwägung

Allerdings sieht § 554 Abs. 2 BGB vor, dass eine Duldungspflicht des Mieters entfällt, wenn die Maßnahme für den Mieter, seine Familie oder einen anderen Angehörigen seines Haushalts eine Härte bedeuten würde, die auch unter Würdigung der berechtigten Interessen des Vermieters nicht zu rechtfertigen ist. In diesem Rahmen hat eine Interessensabwägung zwischen den Interessen des Vermieters und dessen Mieters stattzufinden.

Achtung: Wenn keine Modernisierung vorliegt ...

Der Mieter ist allerdings nicht verpflichtet, Maßnahmen zu dulden, die tatsächlich keine Modernisierungsmaßnahmen sind, etwa wenn die Maßnahme nicht zu einer nachhaltigen Einsparung von Energie führt.

Anfechtungsklage

In diesem Fall sollte der Vermieter den Beschluss über die Modernisierung mit der Anfechtungsklage (§ 46 WEG, Frist: ein Monat) anfechten, da der Beschluss ansonsten bestandskräftig wird und in diesem Fall auch den vermietenden Eigentümer im Innenverhältnis zu seinen Miteigentümern zur Duldung der Modernisierungsmaßnahmen zwingend verpflichtet.

6 So ermitteln Sie den Istzustand der Bausubstanz

Um den Wert einer Immobilie zumindest festzuschreiben, besser noch zu erhöhen, ist die regelmäßige Überprüfung des baulichen Istzustands erforderlich. Entsprechend der DIN 18960 „Nutzungskosten im Hochbau" wird bei der Instandhaltung nach der Nutzungskostengruppe 400 „Instandsetzungskosten" verfahren (siehe auch Seite 280). Die Kostengruppe 400 gliedert sich in vier Untergruppen:

- Baukonstruktion,
- technische Anlagen,
- Außenanlagen und
- Ausstattung.

Für diese Gruppen wird zunächst eine umfassende Gebäudediagnose erstellt, festgehalten und zur Kostenplanung weiterverwendet.

Langfristige Planung der Instandhaltung

Für die Instandhaltung von Gebäuden ist eine längerfristig angelegte Planung notwendig, die sich an der Lebenserwartung der eingesetzten Baustoffe und Bauteile – allgemein rechnet man mit einer Lebensdauer von 60 bis 80 Jahren bei Wohngebäuden – orientiert. Während der gesamten Nutzungszeit gemachte Erfahrungen sollten fortlaufend in die Instandhaltungsplanung einfließen. Einmal aufgestellte Instandhaltungspläne sollten deshalb immer flexibel gehandhabt werden.

Wurde beim Bau des Gebäudes hochwertiges Material eingesetzt, ist auch bei der Instandhaltung mit höheren Kosten zu rechnen, wenn die Ursprungsqualität erhalten werden soll. Allerdings wird bei hoher Bau- und Ausstattungsqualität die Häufigkeit von Instandhaltungsmaßnahmen verringert.

Tipp: Der Einsatz hochqualitativer Baustoffe zahlt sich aus

Baustoffe und Baukonstruktionen mit hohem qualitativem Standard zeichnen sich dadurch aus, dass sie eine lange Lebensdauer ohne aufwendige Instandhaltungsmaßnahmen haben und dadurch wirtschaftlich verwaltet werden können.

6.1 Die Gebäudediagnose

Gründliche Analyse des Bauzustands

Bei der Gebäudediagnose wird durch eine gründliche Analyse der Bauzustand zu einem bestimmten Datum in Schrift und Bild erfasst. Das zu erstellende Protokoll sollte immer in Zusammenarbeit mit einem Baufachmann (Architekt, Bauingenieur, öffentlich bestellter und vereidigter Sachverständiger für Baukonstruktion u. Ä.) schriftlich angefertigt und mit Fotos versehen werden. Auch empfiehlt es sich für den Verwalter einer Immobilie, ein Mitglied des Verwaltungsbeirates oder – bei Eigentumswohnungen – einen Wohnungseigentümer bei der örtlichen Begehung dabei zu haben.

Sehr häufig stehen Schwachstellen bei Wohngebäuden in Zusammenhang mit dem Baujahr des Gebäudes. Um vergleichen und bestimmte Schwachstellen besonders eingehend untersuchen zu können, empfiehlt sich die nachstehend aufgeführte Einordnung in Gebäudeklassen. Die hier genannten Kriterien orientieren sich an den in der Wohnungswirtschaft gebräuchlichen Kategorien (Mietspiegel, Energieausweis).

Gebäudealtersklassen

Eine erste Unterteilung kann nach den geschichtlichen Zeitabläufen, die in Deutschland stattgefunden haben, vorgenommen werden:

- Wohngebäude, die bis Ende des Ersten Weltkriegs, also bis 1918, gebaut wurden (Gebäudeklasse A),
- Wohngebäude, die in der Zeit zwischen den Kriegen und kurz danach errichtet wurden, also bis etwa 1950 (Gebäudeklasse B),
- Wohngebäude, die in den Aufbaujahren und Bauboomzeit bis 1970 (Gebäudeklasse C) gebaut wurden und
- Wohngebäude, die ab 1970 (Gebäudeklasse D) errichtet wurden.

6.1.1 Merkmale der Gebäudeklasse A

Oft Fachwerkkonstruktionen

Wohngebäude der Klasse A wurden bis etwa 1850 oft in reiner Fachwerkbauweise – nach heutigen Maßstäben mit statisch überdimensionierten Konstruktionen – gebaut, vielfach nachträglich überputzt und im Laufe der Zeit dem Wohnstandard angepasst. Etwa 1850 wurde in Deutschland die Normung von Baustoffen eingeführt, was zu einer Änderung der Baukonstruktion (Statik) und des Einsatzes meist industriell hergestellter Baustoffe führte. Damit ging die bautechnische Umstellung von hölzernen Fachwerkkonstruktionen zu Mauerwerksbauten einher. Vielfach wurde Sichtmauerwerk in den Fassaden eingesetzt. Im Wohnungsbau sind Gebäude der Klasse A meist als heute unter Denkmalschutz stehende Ein- und Mehrfamilienhäuser anzutreffen. Wohngebäude mit mehr als vier Geschossen findet man hier selten, meist gibt es ein bis zwei Geschosse, oft ohne Dachausbau.

Besondere Merkmale dieser Gebäudeklasse A sind:

Außenwände und Fassaden

- einschalige, 25 bis 51 cm dicke Wände aus Vollziegel- oder Natursteinmauerwerk, verklinkert oder verputzt, Fassade mit Stuck- oder Mauerwerksornamentik optisch gestaltet, wenn in Mauerwerk errichtet;
- regional bedingt auch mit zweischaligem Sichtmauerwerk (Küstennähe) mit und/oder ohne Luftschicht, jedoch ohne zusätzliche Wärmedämmung;
- regional auch traditionell hölzerne Fachwerkkonstruktionen mit Lehmausfachung, Fassade regional unterschiedlich farblich gestaltet und mit Schnitzereien versehen, Außenfassade gestrichen, ohne zusätzliche Wärmedämmung;

Dachkonstruktion und -deckung

- meist mit Tondachziegeln, Naturschiefer oder Reet eingedeckt, ab Normeneinführung mit Betondachsteinen oder Metall, nach Sanierung in den Kriegsjahren oft mit Bitumendachpappe, Dachraum nicht wärmegedämmt;
- Dachsparren innen sichtbar belassen, keine Wärmedämmung und Luftdichtigkeit, oft „offene“ Dachböden, Dacheindeckung vermörtelt oder regional mit Pappnoppen;

Fenster

- Fenster meist mit Bauglas, einfach verglaste Holzsprossenfenster mit Holzrahmen, regional (meist Süddeutschland und Küstenbereich) als Kastenfenster ausgeführt, deren äußerer Flügel im Sommer ausgehängt wird;

Kellerdecken

- Kellerdecken als gemauerte Gewölbedecken oder Holzbalken mit Holzdielen, dazwischen Ascheschüttung, unterseitig Lehmschlag oder Putz auf Rohrgeflecht (bei Holzdecken), nach ca. 1850 verstärkt Massivdecken aus Stahlträgern (dazwischen Ziegelplatten oder Ortbeton), später auch Ziegeldecken;

Geschossdecken

- Geschoss- bzw. Zwischendecken meist als Holzbalkendecken mit Sand-, Lehm- oder Schlackenfüllung, oberseitig mit Dielung, oft auch bei Nassräumen mit Fliesen oder Terrazzo, selten kommen Ortbetondecken vor, Schallschutz oft unzureichend.

6.1.2 Merkmale der Gebäudeklasse B

Unzureichende Schall- und Wärmedämmung

Die Zeit zwischen und nach den Kriegen ist baulich besonders durch den in den Nachkriegsjahren herrschenden Materialmangel und der daraus resultierenden Materialqualität bei den Baustoffen gekennzeichnet. Hinzu kommen Ausführungsmängel durch fehlende Facharbeiter am Bau und die von der Politik geforderte schnelle Schaffung von Wohnraum. Vor dem Hintergrund heute üblicher technischer Standards ist die Bauqualität jener Jahre gering. So werden besonders die Anforderungen an den Schall- und Mindestwärmeschutz an Wohngebäuden in Hinblick auf heutige Normen und Vorschriften meist nicht oder nur unzulänglich erfüllt.
Merkmale der Gebäudeklasse B sind:

Außenwände und Fassaden

- Außenwände oft nur 24 cm dick aus Voll- oder Lochziegeln oder Hohlblocksteinen, mit Putz- oder Klinkerfassaden, ohne zusätzliche Wärmedämmung;

Dachkonstruktion und -deckung

- Dächer meist mit Dachziegeln, Betondachsteinen, Bitumendachbahnen oder Metall eingedeckt und entweder nicht oder nur gering wärmegedämmt, Kamine und Kaminköpfe meist gemauert;

Fenster

- Fenster und Fenstertüren fast immer als Holzsprossenfenster, Einscheiben-Fensterglas mit Holzrahmen, regional auch Holzkastenfenster und Holzklappläden, ohne umlaufende Dichtung;

- Kellerdecken ähnlich wie Klasse A, teilweise bereits als Hohlsteindecken oder Ortbetondecken ausgeführt, unterseitig roh belassen oder verputzt, unzureichender Schall- und Wärmeschutz; Kellerdecken
- Obergeschoss- und Zwischendecken als Holzbalkendecken oder Ortbetondecken, Montagedecken aus Betonträgern mit Ziegel- oder Leichtbetonformkörper eingeschoben, unterseitig geputzt, oberseitig mit Holzdielen oder Estrich mit keramischen Bodenbelägen, Linoleum oder Naturstein belegt, unzureichende Schall- bzw. Wärmedämmung. Geschossdecken

6.1.3 Merkmale der Gebäudeklasse C

Hohe Instandhaltungskosten

Die Wohngebäude, die zwischen 1950 und 1970 gebaut wurden, sind von der in Deutschland überschäumenden Aufbauzeit gekennzeichnet. So wurde möglichst kostensparend gebaut und die Konstruktion entsprechend darauf abgestimmt. Der Bauboom brachte es mit sich, dass – aufgrund der schnellen Fertigstellung von Wohngebäuden – teilweise minderwertiges Material verwendet und mangelbehaftete Bauleistungen erbracht wurden. Deshalb fallen nun oft hohe Instandhaltungskosten an. Nicht immer wurden die Mindestanforderungen des baulichen Wärmeschutzes nach DIN 4108 „Wärmeschutz im Hochbau“ sowie nach DIN 4109 „Schallschutz im Hochbau“ eingehalten. Deshalb sind hier oft aufwendige Instandhaltungsmaßnahmen erforderlich, um den Standard heutiger Wohngebäude herzustellen. Doch der Aufwand lohnt sich, da damit auch der Immobilienwert erhöht wird.

Hochhäuser

In diese Zeit fällt auch die damals „neue“ Architekturlinie: Man wollte Amerika nacheifern und baute verstärkt „Hochhäuser“. Die Hochhausgrenze wurde seinerzeit mit acht Geschossen bautechnisch und genehmigungspflichtig definiert. Bei diesen Gebäuden gab es im Nachhinein vermehrt Probleme mit den Fassaden und -bekleidungen sowie den bei hohen Gebäuden üblichen Flachdächern (Abdichtung, Materialtauglichkeit u. Ä.)

Merkmale der Gebäudeklasse C sind insbesondere:

- Außenwände aus Voll- und Lochsteinen (Tonziegel, Kalksand-, Betonhohlblock-, Leichtbetonsteine, „Gasbeton“) gemauert oder Außenwände und Fassaden aus Ortbeton bzw. mit Betonfertigteilen – vereinzelt als Beton-Sandwichelement mit zwischenliegender Wärmedämmung;

- Außenwände verputzt, mit Fassadenelementen – hinterlüftet oder unbelüftet – bekleidet oder bereits mit Wärmedämmverbundsystemen (WDVS) gedämmt; die Mindestanforderungen des baulichen Wärmeschutzes nach DIN 4108 wurden eingehalten;

Dach-konstruktion und -deckung

- Dächer bereits nach DIN 4108 wärmegedämmt, beim Steildach Holzsparren unbekleidet oder mit mineralisierten Holzwolleleichtbauplatten und raumseitig verputzt oder mit Gipskartonplatten bekleidet, oft mit Mineralwollesteppmatten unter der Dachlattung gedämmt, bei Flachdächern wurden sogenannte „Kaltdächer" ohne Belüftung oder „Warmdächer" mit Belüftung ausgeführt. Als Wärmedämmstoffe verwendete man meist Mineralwolledämmstoffe, Polystyrol-Hartschaumplatten sowie Holzwolleleichtbauplatten. Die Steildächer im Mehrgeschossbau wurden selten ausgebaut und wärmegedämmt;
- Dacheindeckung mit Tondachziegeln, Betondachsteinen, Asbestzementwellplatten, Metallwellplatten, Bitumen- oder Kunststoffdachbahnen, in manchen Regionen auch mit Metallblech;

Fenster

- Fenster oft als ein- und mehrflüglige Holzfenster mit Doppelverglasung; im Laufe der Zeit wurden diese von Kunststofffenstern und/oder Metallfenstern mit Isolierverglasung (zwei Scheiben mit Vakuumzwischenraum) abgelöst;

Kellerdecken

- Kellerdecken ähnlich Klasse B, allerdings meist mit verbesserter Dämmung nach DIN 4108;

Geschossdecken

- Geschoss- und Zwischendecken ähnlich Klasse B, jedoch mit verbessertem Schall- und Wärmeschutz

6.1.4 Merkmale der Gebäudeklasse D

Einsatz neuer Technologien

Ab 1970 ist der Wiederaufbau mit seiner Forderung nach schnell beziehbarem und kostengünstigem Wohnungsbau größtenteils abgeschlossen. Neue statische Erkenntnisse führen zur Entwicklung dünner Deckenplatten und gering dimensionierter tragender Wände. Die industrielle Fertigungstechnik ermöglicht Sandwichkonstruktionen oder eine Verbundbautechnik, die im Wohnungsbau hilft, Kosten zu reduzieren.

Die erste „Ölkrise" (1973) lenkte das Augenmerk verstärkt auf die Einsparung von Heizenergie – meist waren die Wohngebäude mit einer zentralen Ölheizung ausgestattet – und die Verbesserung des Wärmeschutzes. 1978 trat die erste Wärmeschutzverordnung, 1984 die zweite WSchV in Kraft. Der Immissionsschutz durch Kontrolle der Abgaswerte bei der Gebäudeheizung führte zu einer verstärkten Umstellung auf „sauberes" Erdgas. Mit Einführung der EnEV vom 16.11.2001 wurde nicht nur die Senkung des Energieverbrauchs angestrebt, sondern auch die CO_2-Reduzierung festgeschrieben.

Zu den Merkmalen der Gebäudeklasse D zählen:

- Außenwände dicker dimensioniert gemauert, teilweise verputzt oder mit wärmedämmenden Fassadenkonstruktionen (hinterlüftet oder nicht hinterlüftet) bekleidet, bei Mauerwerk Einsatz porosierter Mauer-, Leichtbetonhohlblock- oder -vollsteine, Betonwänden werden Zuschlagstoffe beigegeben, die die Wärmedämmung verbessern, verstärkter Einsatz zusätzlicher Wärmedämmstoffe (z. B. Kerndämmung, WDVS-Systeme, hinterlüftete Vorhangfassaden usw.); Außenwände und Fassaden
- Dächer verstärkt als zusätzlicher Wohnraum ausgebaut, daher Verbesserung des Wärmeschutzes im Dach, Ausführung luftdichter Dach- und Wandkonstruktionen, Flachdächer mit entsprechend hoher Dämmung, alles gemäß der DIN 4108 und der folgenden EnEV 2002; Dachkonstruktion und -deckung
- verbesserte Fensterkonstruktionen aus verschiedenen Werkstoffen, Rahmen und Fensterstock wärmegedämmt, Zwei- und Mehrscheiben-Isolierverglasung; Fenster
- Decken meist Ortbeton- oder Fertigteildecken mit entsprechender Beachtung des Schall- und Wärmeschutzes, Deckenkonstruktion entsprechend den Anforderungen nach dem „Stand der Technik" (Normen, Verordnungen, örtliche Bauvorschriften, Erste EnEV, WSchV usw.); Decken
- je nach Gebäudegröße ein zentraler Personenaufzug;
- Heizanlage entspricht den höheren Anforderungen der EnEV 2002 bzw. der Heizanlagenverordnung. Heizanlage

Mit Einordnung in die vorgenannten Gebäudeklassen lässt sich zunächst überschlägig abschätzen, auf welche Punkte ein besonderes Augenmerk bei einem Wohngebäude gerichtet werden sollte. Durch Vergleich mit anderen Gebäuden, bei denen früher Instandhaltungsmaßnahmen durchgeführt wurden, kann bereits jetzt eine grobe Einschätzung künftig notwendig werdender Instandhaltungskosten erfolgen.

Tipp: Die Gebäudeklasse zeigt Ihnen Schwachpunkte auf

Durch die Einordnung in eine Gebäudeklasse lassen sich bereits frühzeitig Schwachpunkte und spätere Instandhaltungsmaßnahmen erkennen.

6.2 Risikocheck: Keller- bzw. Untergeschoss

Bekannte Risikozonen

Bei größeren Wohngebäuden befinden sich im Kellergeschoss sogenannte Nebenräume, die zur Versorgung der Bewohner oder zur Lagerung von Gegenständen dienen. Im Gegensatz dazu gibt es aber auch Wohn- oder Büroräume (Souterrain) im Kellergeschoss. Bei Altbauten wurde Bodenplatten im Keller nicht wärmegedämmt. Oft ist auch eine unzureichende Abdichtung der Außenwände gegen Erdfeuchte gegeben. Die meist unter der Kellerdecke verlaufenden Leitungen für Kalt- und Warmwasser, oft auch Abwasser, müssen isoliert sein. Tropfwasserbildung hier bedeutet einen erhöhten Instandhaltungsaufwand bzw. eine Leitungsauswechslung. Kellerzu- und -abgänge, Kellerfenster und andere Öffnungen stellen Risikozonen dar.

Siehe CD-ROM

Checkliste: Istzustand Bodenplatte, Kellerwand und -decke	
Rissbildung in der Bodenplatte (auch Haarrisse beachten)?	
Feuchte Stellen an der Bodenplatte?	
Höhenunterschiede der Platte in den Einzelräumen? (Falls vorhanden, Bodenbelag und Abplatzungen dokumentieren.)	

Checkliste: Istzustand Bodenplatte, Kellerwand und -decke	
Feuchte Flecken an den Außenwänden? (Achten Sie besonders auf den Anschluss Wand/Bodenplatte, Wand/decken, Wanddurchdringungen, Fenster, Türen und Treppen.)	
Feuchte Stellen an der Kellerdecke? (Kontrollieren Sie vor allem den Anschluss Wand/Decke, Deckenauflager zur Außenwand sowie den Bereich um Durchbrüche an Elektrokabeln, Rohren u. Ä.)	
Im Wohnbereich (schwimmender Estrich, Asphaltboden): Wärmedämmung zum Erdreich gemäß EnEV 2007 vorhanden?	
Kellerfester im Wohnbereich ausreichend wärmegedämmt?	
Lagerräume: Wärmedämmung zu den darüber liegenden Wohnräumen gemäß EnEV 2007?	
Brand- und Einbruchschutz bei Außen- und Kellerinnentüren ausreichend?	
Schall- und Wärmedämmung im Wohnbereich ausreichend?	
Wärmedämmung der Kalt- und Warmwasserleitungen (Nutzwasser) gemäß EnEV 2007 (Dicke ausreichend)?	
Lagerräume für Heizmaterial: Sickerwanne (Ölwanne), Explosions- (Gas), Brand- und evtl. Schallschutz vorschriftsgemäß?	
Raum für Holzpellets groß genug?	
Stromanschlusskästen und -zähler, Stromleitungen, Gasanschluss und -zähler, Gasleitung entsprechend den Sicherheitsvorschriften?	
Fernmelde- und informationstechnischen Anlagen und Leitungen in Ordnung?	
Brandschutz bei Abfallbeseitigung und in Mülltonnenräumen ausreichend?	

6.3 Risikocheck: Gebäudehülle

Wärmedämmung und Statik prüfen

Bei der Diagnose des Gebäudekörpers geht es zunächst um die Hüllfläche, also die . Bei älteren Gebäuden ist hier der geforderte Mindestwärmeschutz – entsprechend der gültigen EnEV 2007 – oft nicht oder nur unzureichend vorhanden. Die statische Sicherheit hingegen wird kaum große Instandhaltungsmaßnahmen erfordern. Trotzdem sollte auch diese bei der Feststellung des Istzustands überprüft werden. Denn besonders bei dünn gemauerten Außenwänden und der späteren Montage wärmegedämmter Fassadenteile stimmen oft beispielsweise die Auszugswerte der Fassadendübel nicht mehr. Bei höheren Fassaden ist die Schadenshäufigkeit durch eine materialbedingte Veränderung der Tragkraft der früher verarbeiteten Fassadendübel relativ häufig anzutreffen. Oft ist hier eine reine Sichtprüfung nicht möglich und muss durch die Einzelprüfung (Auszugsprüfung) ersetzt werden.

Asbestzementplatten entsorgen

Besonderes Augenmerk ist auf Fassadenplatten aus asbesthaltigem Faserzement (Asbestzementplatten) zu richten. Diese Plattenart wurde in Deutschland 1980 durch Faserzementprodukte ohne Asbest abgelöst. Asbestzementplatten müssen nach der Gefahrstoffverordnung entsorgt werden. Da in einem solchen Fall besondere technische Sicherheitsmaßnahmen beachtet werden müssen und die asbesthaltigen Baustoffe und Stäube als Sondermüll auf spezielle Deponien entsorgt werden, ist der Kostenaufwand relativ hoch. Jedoch sollte man die von asbesthaltigen Baustoffen ausgehende gesundheitliche Gefährdung nicht unterschätzen.

Siehe CD-ROM

Checkliste: Istzustand	
Rissbildung (auch Haarrisse) im Sockelbereich (Anschluss Außenwand an Erdreich)? Falls vorhanden, Schäden dokumentieren.	
Risse, Abplatzungen, Löcher, Frostschäden u. Ä. an der Fassadenoberfläche?	
Rettungswege, wie Feuerleiter, Abstieg, Rettungsbalkon usw., intakt und ausgewiesen?	

Checkliste: Istzustand	
Zugang der Wassereinspeisung für die Feuerwehr frei (im Hochhausbereich)?	
Beschädigungen am Sichtmauerwerk? (Prüfen Sie insbesondere Mauerwerksfugen, Fenster- und Türstöcke, Bewegungsfugen, Regenfallrohre.)	
Putzfassade (mineralischer Putz oder Kunststoffputz): Abplatzungen (stellenweise/großflächig), Frostaufbrüche, Ausblühung, Verschmutzung, Salzfraß? (Prüfen Sie besonders den Anschluss Balkon/Loggiabereich, Fensterbänke, Fenster, Türen, Verblechungen, Bewegungsfugen, Regenfallrohre.)	
Bei keramischen Fassadenplatten, Vormauersteinen, Metallblechen, WDVS mit Mineralwolle, Polystyrol-Hartschaum- oder Faserzementplatten u. Ä.:	
• Anschlüsse, Fenster- und Türbereiche, Laibungen, Fensterbänke, Bewegungsfugen, Balkon- und Loggiabereich, Durchdringungen, Regenfallrohre in Ordnung?	
• Farbveränderungen in der Fassade?	
• Statischen Tragfähigkeit der tragender Wandkonstruktion und Bekleidung noch vorhanden?	
Bei Vorhangfassaden mit Hinterlüftung und Faserzementplatten, Metallblechen, Glas-, Kunststoff-, Betonelementen u. Ä.:	
• Beschädigungen, Verlust einzelner Bekleidungsteile? (Prüfen Sie besonders Bewegungsfugen, Anschlussbereiche, Durchdringungen, Fenster und Türen, Regenfallrohre.)	
• Statische Tragfähigkeit der tragender Wandkonstruktion, Unterkonstruktion und Befestigungsdübel noch ausreichend vorhanden? (Auszugsfestigkeit der für die Unterkonstruktion notwendigen Dübel)	

6.4 Risikocheck: Dachfläche und -konstruktion

Das Dach ist ein sehr sensibler Bauteil: Bis zu fünfzig Prozent der Heizwärmeverluste bei kleineren Gebäuden werden über das Dach abgegeben.

Feuchteschäden häufig

Niedrigere Gebäude bis zur Hochhausgrenze und Altgebäude sind meist mit einem Steildach versehen. Je steiler ein solches Dach ist, desto mehr Wohnfläche lässt sich nach einem nachträglichen Ausbau herstellen. Diese Dachbereiche wurden ehemals als reine Abstellfläche genutzt und selten wärmegedämmt ausgeführt. Die Holzsparren wurden nicht verkleidet, sodass die unbehandelte Dachfläche unmittelbar an den Raum anschließt. Oft gibt es deshalb Feuchteschäden durch Regenwasser oder Schneeeintrieb, da ein wasserführendes Unterdach fehlt. Flachdächer zeigen nach einer Liegezeit von zehn und mehr Jahren häufig Feuchteschäden durch nicht vorhandene oder nicht ausreichende Wärmedämmung, Fehlen eines wasserdichten Unterdachs oder die durch Alterung und UV-Einstrahlung in ihrer Funktion geminderten Eindeckstoffe. Bei Kunststoffdachbahnen sind besonders die Nahtverbindungen eine kritische Stelle, bei bitumenhaltigen Eindeckbahnen führen stehende Wasserlachen zu Moosbildung und Versprödung. Das kann zu Rissbildungen führen, durch die Wasser in die Konstruktion dringt.

Regenrinnen und -fallrohre

Bei allen Dachformen trägt die Funktionsfähigkeit der Regenrinnen und Regenfallrohre wesentlich zur Schadensminimierung bei. Deshalb gehört die Prüfung der Regenrinnen und -fallrohre unbedingt mit zur Aufnahme des Istzustands.

Schornstein und Kamin

Generell müssen Schornsteine über Dach geführt werden. Die Kaminführung und die Zu- bzw. Abluftschächte wurden bei Altbauten immer gemauert, was bei der Umstellung auf Ölheizung zur Versottung führte. Auch die Umstellung auf Heizanlagen mit niedrigen Abgastemperaturen (Öl oder Gas) lässt in den ausgekühlten Schornsteinen Kondensat auf der Innenfläche entstehen und führt zu Schäden. Hinzu kommen nachträglich veränderte Abgasführungen, z. B. durch Einzug eines Glas- oder Metallrohrs in den alten Schornsteinzug, die, wenn sie schlecht ausgeführt wurden, in kurzer Zeit ebenfalls zu Feuchteschäden führen können.

Bei nachträglich aufgestockten oder bei einer späteren Änderung vom Flachdach zum Steildach sollte zur Instandhaltungsplanung unbedingt die tragende Dachkonstruktion bei der erstmaligen Aufnahme statisch mit überprüft werden.

Siehe CD-ROM

Checkliste: Istzustand Flachdach	
Raumseitig: Flecken und dunkle Stellen in der Deckenfläche, am Dachauflager, im Eckbereich Wand/Dach?	
Dachoberfläche:	
• Moosbildung, Wasserlachen, Blattansammlung, Pflanzenbewuchs, Verwehungen (bei Kiespressdächern)?	
• Abdeckung des Attikabereichs intakt?	
• Rostbildung an Metallteilen und -abdeckungen, Dachdurchdringungen?	
• Risse in Dachbahnen (bituminös oder Kunststoff)?	
• Auffaltungen der Stoßfugen bei Dachabdichtungsbahnen?	
• Anschlussbereiche Dachabdichtung/Metallblech (Kaminkopf, Attika, Wandanschluss usw.) intakt?	
Regenrinnen, (bei innen liegender Dachentwässerung) Dachgefälle und Dacheinläufe in Ordnung?	
Wärmedämmschicht: Durchfeuchtung, Schwinden (Fugenabbildung in der Dachabdichtungsbahn), Schüsselung, Minderung der Dimension?	
Statisch tragende Dachkonstruktion (früher Kalt- oder Warmdach):	
• Holzbalken mit Feuchteflecken, Schimmelbildung, Ausblühung, morschen Bereichen, Schädlingsbefall?	
• Betondecken mit Roststellen, Ausblühungen und Beschädigungen?	
Querlüftung und Lüftungsöffnungen bei belüfteten Flachdächern funktionstüchtig?	

Checkliste: Istzustand Flachdach	
Eindeckbaustoff:	
• Beschädigungen bei „harten“ Eindeckungen?	
• Abrieb bei alten asbesthaltigen Wellasbestzementplatten oder Faserzementplatten? (Hier kann aufgrund der Gefahrstoffverordnung eine Auswechslung gegen einen anderen Baustoff infrage kommen.)	

Siehe CD-ROM

Checkliste: Istzustand Steildach	
Raumseitig:	
• Schädlingsbefall, Pilzbildung, Nassstellen, Fäule, Wassereintrieb, Schneeeintrieb an tragender Dachkonstruktion (meist Holz)? Holzschutz intakt?	
• Verankerung der Sparren auf der Decke in Ordnung?	
• Genagelte und/oder geschraubte Holzverbindungen und Durchdringungen intakt?	
• Verkohlungen an Holzteilen und Verblechungen der Führung der Schornsteinwange (Brandgefahr)?	
Ausgebauter Dachbereich:	
• Feuchte Stellen?	
• Wärmedämmung intakt? (Achten Sie auf Anschlussbereiche Wand/Drempel und Dachflächenfenster.)	
Dacheindeckung:	
• Frostaufbrüche, Ausblühungen, Beschädigungen, fehlende Eindeckteile, Moosbildung?	
• Windsogsicherheit der Eindeckung funktionsfähig? (Sturm)	
• First-, Grat- und Traufausbildung in Ordnung?	
• Anschlüsse bei Kaminköpfen, Lüftungsleitungen, Dachflächenfenstern, Dachgauben in Ordnung?	
• Wasserführendes Unterdach dicht?	
• Dachraum winddicht gemäß EnEV?	

Checkliste: Istzustand Steildach	
Sicherheitseinrichtungen:	
• Für Schornsteinfeger bzw. zur Dachbegehung: Dachleiterhaken, Dachluke, Laufbretter und Trittstufen intakt?	
• Schneefanggitter in Ordnung?	
• Blitzschutz funktionstüchtig?	

6.5 Risikocheck: Heizung und Energieversorgung

Entwicklung der Heiztechnik

Je nach Gebäudeklasse sind bei Altbauten noch immer veraltete und zu hohem Energieverbrauch tendierende Heizsysteme im Einsatz. Dazu zählt die Einzelraumbeheizung mit Öfen oder offenem Kamin (Gebäudeklassen A, B und C) – beheizt mit Holz, Kohle, Öl oder Gas –, aber auch Nachtstromspeicheröfen. Komfortabler sind da bereits Zentralheizungen mit groß bemessenen Heizleitungen und gusseisernen Heizkörpern, da die Heizkörper früher mit Wasserdampf (über 100 Grad Celsius Temperatur, Gebäudeklasse B und C) erwärmt wurden. Diese überdimensionierten Leitungsquerschnitte und Heizkörper behielt man oft bei, wenn von der Koks- bzw. Kohleheizung auf Ölbrenner (Gebäudeklasse C und D) umgestellt wurde. Das war selbst nach Einführung der DIN 4108 noch der Fall, da Heizöl billig war und man nicht so sehr auf Verbrauchswerte achtete. Es gab sogar den Trend zur Wohngebäudebeheizung mit Strom. Mit steigenden Energiepreisen und der Forderung nach Umweltschutz kamen Heizanlagen auf den Markt, deren Rohrsysteme und Heizkessel gering dimensioniert waren, bei denen die Vorlauftemperatur unter hundert Grad gehalten wurde und deren Heizkörper schneller Wärme abgaben (Gebäudeklasse C und D).

Heizwärme- und Warmwasserleitungen

Die Heizwärme- und Warmwasserleitungen wurden früher nur sehr gering (meist mit zementgebundenen Holzwerkstoffen oder mit Rohrgeflecht oder Draht umspannt und gipsverputzt) wärmegedämmt. So ist der Wärmeverlust auf dem Transportweg solcher Leitungen sehr hoch, sie heizen praktisch die Umgebungsluft.

Brauchwasserleitungen

Brauchwasserleitungen (kalt und warm) führte man bei den Gebäudeklassen A und B – teilweise sogar noch bei der Klasse C – als Blei- oder Kupferleitungen aus. Bei den Gebäudeklassen C und D trifft man insbesondere auf verzinkte Metallleitungen, doch auch noch auf Kupferleitungen. In der Regel sind diese Leitungen nicht wärmegedämmt.

Abwasserleitungen

Abwasserleitungen wurden bei Wohngebäuden der Klassen A und B meist aus keramischen Rohren ausgeführt, ab Gebäudeklasse C dann aus Gussrohren, ab Klasse D aus Guss, Faserzement, Schleuderbeton oder Kunststoff.

Elektrische Leitungen

Elektrische Leitungen wurden bis in die Nachkriegsjahre vielfach aus Aluminium mit teilweise bitumengetränkter Ummantelung verlegt. Solche Leitungen findet man heute noch in Wohngebäuden der Gebäudeklassen A und B, teilweise auch der Gebäudeklasse C. Grund war, dass es zum Zeitpunkt der Bauerstellung an Metallen mangelte. Bei den Gebäudeklassen C und D wurden meist Kupferleitungen mit Kunststoffummantelung verlegt.

Siehe CD-ROM

Checkliste: Istzustand Heizanlage	
Entspricht die Anlage den Bestimmungen der EnEV 2007? (Am Typenschild des Kessels und des Brenners lässt sich schnell das Herstellungsjahr feststellen.)	
Womit wird geheizt (Öl, Erdgas, Flüssiggas, Kohle, Holz u. Ä.)?	
Lagerräume für Öl, Holz, Kohle u. Ä., Heizraum und Abgasschornstein in guten Zustand?	
Zu- und Abluft für den Heizraum gesichert (funktionsfähig)?	
Feuerschutztüren und -klappen, Notausgänge und Brandschutz funktionstüchtig?	
Decke, Wand und Bodenbelag des Heiz- und des Lagerraums, Bodenablauf im Heizraum, Wasserzuführung in Ordnung?	
Leitungstrassen ausreichend wärmegedämmt? Wärmedämmung beschädigt?	

Checkliste: Istzustand Heizanlage	
Aufhängung bzw. Führung der Leitungen für Vor- und Rücklauf in Ordnung?	
Brenner, Kessel, Wasserpumpen, Steuerungsanlage in gutem Zustand?	
Heizleitungen und Heizkörper in beheizten Räumen in Ordnung und zeitgemäß?	
Leitungen und Heizkessel vor Verkalkung geschützt?	

Checkliste: Istzustand Wasserleitungen	
Aus welchem Material bestehen die Leitungen (Blei, Kupfer, verzinktes Eisen, Faserzement oder Kunststoff)?	
Wärmedämmung der Leitungen (kalt und warm) intakt?	
Tropfenbildung, Beschädigungen, Rostbildung, Lochfraß, Patina, feuchte Stellen an den Rohren?	
Wand- und Deckendurchführungen (beweglich oder eingemauert) der Rohre in Ordnung?	
Absperrventil für Hauptleitung und Übergabestation vom Wasserlieferanten (EVU) zum Wohngebäude funktionstüchtig?	
Leitungen vor Verkalkung geschützt?	

Siehe CD-ROM

Checkliste: Istzustand Elektroinstallation	
Woraus bestehen die Leitungen (Blei, Kupfer, Aluminium oder Eisen)?	
Womit sind die Leitungen isoliert (bituminierte Stoffe, PVC oder anderer Kunststoff)?	
Hausanschlussraum, Hauptverteiler, Hauptsicherung, Wohnungsverteiler, Trassenführung im Gebäude in Ordnung?	

Siehe CD-ROM

Siehe CD-ROM

Checkliste: Istzustand Abwasserleitungen	
Woraus bestehen die Leitungen im Erdreich unter der Bodenplatte (Beton-, Guss- oder keramische Rohre, Faserzement- oder Kunststoffrohre)?	
Woraus bestehen die Leitungen im Gebäude (Stahl, Guss, Beton, keramisches Material oder Kunststoff)?	
Bodenabläufe im Keller und in den Wohnungen in Ordnung?	

Siehe CD-ROM

Checkliste: Istzustand Gasleitungen	
Hausanschlussraum, Absperrung Hauptleitung, Zuführung zu den Wohnungen, Gaszähler in den Wohnungen intakt?	
Brand- und Explosionsschutz gegeben?	
Woraus bestehen die Gasleitungen (Metall, Kunststoff)?	
Sicherheitseinrichtungen bei der Zuleitung im Wohngebäude, Übergabebereich Wohnungen, Einzelübergabe im Wohnraum intakt?	
Dämmung der Leitungen intakt?	
Tropfwasserbildung, Rostbildung bei ungedämmten Leitungen?	
Sind die Verbindungen dicht?	
Sind die Leitungen vor Manipulationen sicher?	

6.6 Risikocheck: Brandschutz

Beim Brandschutz handelt es sich um einen besonders sicherheitsrelevanten Bereich, der bei den Gebäudeklassen A und B oft nicht vorhanden und nur mit großem Aufwand – auch mit konstruktiven und gestalterischen Maßnahmen verbunden – zu erzielen ist. Das gilt besonders bei denkmalgeschützten Gebäuden und Fachwerkbauten. Die Gebäudeklassen C und D sind meist mit Brandschutzeinrichtungen ausgestattet, die aber – besonders bei Wohngebäuden mit mehreren Etagen und in Ballungsräumen – immer kritisch überprüft werden sollte.

Brandschutztüren und -klappen

Oft sind es weniger die verarbeiteten Baustoffe, die den Brandschutz mindern, sondern häufiger die Fluchtwege, die durch Veränderungen und Umbauten kaum mehr oder nicht ausreichend vorhanden sind. Hinzu kommt, dass Brandschutztüren in Altgebäuden bis Gebäudeklasse C oft als einfache Eisentüren ausgeführt wurden. Für die Zugänge zum Keller, innerhalb der Keller oder Dachböden werden bei größeren Wohneinheiten oft Brandschutztüren gefordert.

Hohe Wohngebäude mit Fahrstühlen müssen auch im Treppenhaus entsprechend ausgerüstete Türen besitzen. Sind hier Glastüren vorhanden, müssen diese aus Brandschutzglas bestehen. Nicht nur in großen – dort sind sie vorgeschrieben –, sondern auch kleineren Treppenhäusern können Rauchgasklappen und -fenster Menschenleben retten. Das gilt auch für die ausreichende und gut sichtbare Markierung von Rettungswegen.

Regelmäßige Prüfung von Brandschutzeinrichtungen

Brandschutzeinrichtungen sollten grundsätzlich regelmäßig auf Funktion und Sicherheit überprüft werden (gesetzlich vorgeschrieben ab einer bestimmten Gebäudegröße). Dazu empfiehlt es sich, einen Fachmann der örtlichen Feuerwehr einzuschalten und nicht erst bis zur nächsten, vorgeschriebenen Brandschutzbegehung (regional unterschiedliche Zuständigkeiten: wird örtlich durchgeführt vom Bauamt, Feuerwehr, Baupolizei u. Ä.) zu warten.

Siehe CD-ROM

Checkliste: Istzustand Brandschutz	
Fluchtwege frei, Löscheinrichtungen zugänglich?	
Fluchtwegeplan vorhanden, Löscheinrichtungen, Brandschutztüren und -klappen gekennzeichnet?	
Zuleitung des Löschwassers, Reserveleitungen, Zuleitung für die Sprinkleranlage, Wasserbassin für Sprinkleranlage in Ordnung?	
Zapfstellen für Löschwasser, Wasserschläuche und Löschgeräte gekennzeichnet?	
Feuerschutzleitern, -balkone, -treppen, Notlandeplatz für Helikopter auf dem Dach (falls vorhanden) in Ordnung?	
Zufahrtsbereiche für die Feuerwehr gekennzeichnet?	
Sind genug Rauchabgasöffnungen vorhanden und sind sie funktionstüchtig?	
Wie ist die Rauchabgasführung in den Fluchtwegen gestaltet?	

Achtung: Energetische Schwachpunkte nicht berücksichtigt

Im vorliegenden Kapitel wird generell der bauliche Zustand eines Gebäudes erfasst, ohne auf energetische Schwachpunkte einzugehen. Auf Basis dieser während der Inspektion anhand der Prüflisten erfassten bautechnischen Dokumentation kann eine langfristig angelegte Instandhaltungsplanung erstellt werden.

7 So können Sie Ihre Immobilie energetisch optimieren

Überprüfen der Dichtheit eines Gebäudes

Mithilfe der Gebäudediagnose lassen sich die energetischen Schwachpunkte des Wohngebäudes bewerten und zur Instandhaltungsplanung heranziehen. Wesentliches Ziel des energetischen Gebäudechecks ist es, sog. Wärmebrücken zu lokalisieren und andere Schwachstellen bei der Dichtheit des Gebäudes ausfindig zu machen. Die Diagnose hilft herauszufinden, welche energetischen Eingriffe in die Gebäudesubstanz notwendig sind, um den Wert einer Immobilie zu verbessern.

Generell wird eine Begehung des Gebäudes notwendig, um den tatsächlichen energetischen Zustand zu einem bestimmten Stichtag festzustellen. Diese Begehung wird anhand der in Kap. 6 aufgeführten Einzelpunkte auch für den Energiecheck angewendet und protokolliert.

Daten aus Verwaltungsakten einbeziehen

Zur Vorbereitung sollten zunächst einmal die für das Gebäude vorhandenen Verwaltungsakten und Baupläne gesichtet werden. Normalerweise sind in den Akten der Hausverwaltung alle bisher durchgeführten baulichen Maßnahmen und Reparaturen aufgezeichnet. So kann beispielsweise nachgeschlagen werden, wann und in welchem Umfang die Heizanlage repariert, umgebaut oder nachgerüstet wurde. Ein Abgleich mit den Forderungen der EnEV 2007 macht schnell deutlich, wo die Instandhaltung ansetzen sollte und welche zeitlichen Vorgaben eingehalten werden müssen. Das gilt auch für den Einbau neuer Fenster oder zusätzliche Dämmmaßnahmen an der Fassade, um nur einige Beispiele zu nennen.

Sichtung der Bauunterlagen

Zusätzlich liefern die Bauunterlagen des Gebäudes verwertbare Fakten. Ein Fachmann kann bereits anhand des genehmigten Eingabeplansatzes im Maßstab 1:100 feststellen, wo energetische Schwachstellen liegen könnten. Diese müssen dann bei der folgenden Begehung intensiv geprüft und lokalisiert werden. Besser ist, wenn die Werkpläne im Maßstab 1:50 und zusätzliche Details (Baubeschreibung) zur damaligen Bauausführung vorhanden sind. Sollten allerdings, was besonders bei Vorkriegsgebäuden häufig der Fall ist, die Bauakten und andere Unterlagen nicht mehr vorhanden sein, kann man es beim zuständigen Bauamt versuchen. Oft sind die alten Bauunterlagen in deren Archiv noch vorhanden.

Achtung: Verlassen Sie sich nicht nur auf die Bauunterlagen
Generell aber gilt für Planunterlagen: Es muss immer überprüft werden, ob die genannten Baustoffe tatsächlich eingebaut bzw. mittlerweile durch andere ersetzt wurden. Denn je älter ein Wohngebäude ist, desto mehr wurde im Laufe der Zeit um- bzw. angebaut. Hinzu kommt, dass solche Maßnahmen in den Kriegs- und Nachkriegsjahren oft ohne Plan bzw. Genehmigung und mit Baustoffen minderer Qualität durchgeführt wurden. In solchen Fällen bleibt nur, einen Fachmann mit der kompletten Neuvermessung und Erfassung des Gebäudes zu beauftragen.

Verpflichtungen aus EnEV

Entsprechend der EnEV 2007 sind Verpflichtungen zum Ersatz alter Heizanlagen, zur Wärmedämmung freiliegender Brauchwasserrohre und Armaturen sowie zur Wärmedämmung der obersten Geschossdecke unbedingt zu beachten. Dabei ist mit der anstehenden Novellierung der EnEV in den kommenden Jahren nicht nur mit einer Verschärfung der Mindestforderungen, sondern auch mit zusätzlichen Auflagen zu rechnen. So wurde bereits Ende 2007 in Brüssel und in Deutschland diskutiert, bei Holzöfen bzw. Holzpelletheizungen einen Rußfilter zu fordern, um den hohen Feinstaubausstoß bei der Holzheizung in den Griff zu bekommen. Für bestehende Anlagen und Einzelöfen wird es sicher zur Nachrüstpflicht kommen.

Thermografie als mögliches Diagnosemittel

Eine sichere und aufschlussreiche Möglichkeit der energetischen Bestandsaufnahmen bietet die Thermografie. Dabei werden sämtliche wärmeabgebende Außenflächen eines Gebäudes mit einer Wärmebildkamera erfasst. Das Ergebnis ist eine farblich abgestufte Darstellung der unterschiedlichen Oberflächentemperaturen der Gebäudehüllfläche. Anhand dieser Darstellung kann der Fachmann ablesen, an welcher Stelle wärmetechnische „Leckagen“ vorhanden sind und ausgebessert werden müssen. Allerdings ist die komplette Thermografie relativ teuer und bei größeren Gebäuden nur mit hohem technischen Aufwand durchzuführen.

7.1 Energetische Schwachstellen bei Altbauten

Generell kritische Punkte eines Gebäudes beim Energiecheck sind

- alle erdberührenden Außenbauteile im Keller,
- die Deckenauflager der Außenwände,
- auskragende Deckenplatten (Balkon, Loggia),
- Deckenplatten über unbeheizten Bereichen (Tiefgarage, Tordurchfahrt, bewohnte Räume über Lager- und Produktionsbereichen u. Ä.),
- die Einbindung der raumteilenden Zwischenwände an die Außenwand,
- Dachflächen bei Flach- und Steildächern über beheizten Räumen,

um nur einige Problembereiche zu nennen. Die aufgeführten Bereiche gelten nicht allein für Altbauten, sondern auch für Gebäude, die vor Inkrafttreten (Juli 2007) der neuen EnEV errichtet wurden.

7.1.1 Schwachstellen der Gebäudeklasse A

Sofern im Laufe der Zeit keine Modernisierung am Gebäude vorgenommen wurde, sind hier folgende energetische Schwachpunkte als typisch anzusehen:

Bodenplatte

- Fehlen einer Bodenplatte im Keller (Stampfbeton, Lehm) oder Vorhandensein einer ungedämmten Bodenplatte aus minderer Betonqualität; oft fehlt auch eine Isolierung gegen Bodenfeuchtigkeit unter der Bodenplatte und den im Erdreich liegenden Außenwänden;

Decken und Außenwände

- nicht wärmegedämmte Kellerdecke und Kelleraußenwand;
- ungedämmte Hausfassade mit hohem Energieverlust;
- ungedämmte oberste Geschossdecke;

Dach

- ungedämmter Dachstuhl bzw. Dachbodenbereich, nicht winddicht, offene Fugen in der Dacheindeckung;

- sehr viele Wärmebrücken an den Deckenauflagern, bei durchlaufenden Betondecken (Balkone, Loggien, Vordächer, Terrassen u. Ä.);

Fenster

- einfach mit Bauglas verglaste Fenster, kein Isolierglas, Fensterkonstruktion oft undicht;
- falls Rollläden vorhanden: ungedämmte Rollladenkästen;

Heizung und Leitungen

- veraltete Einzelofenheizung in Wohnräumen, Öl- oder Gasheizöfen oder Brenner, Nachtstromspeicheröfen;
- ungedämmte Heizungsleitungen;
- ungedämmte Brauchwasserleitungen (warm und kalt);
- veraltete Heizkörper, oft noch Guss, die verkalkt, vielfach überstrichen und ohne Thermostatventile sind, ihre Wärmeabstrahlung an die Raumluft ist mangelhaft;
- veraltete Warmwasseraufbereitung: raumweise Gasdurchlauferhitzer mit Abgasleitung an die Außenluft (über Dach oder durch Außenwand) oder Elektrospeicherkessel (Nachtstromtarif) bzw. Durchlauferhitzer (Normaltarif);
- gemauerte Abgaskamine, Abluftleitungen.

7.1.2 Schwachstellen der Gebäudeklasse B

Bodenplatte

- Fehlen einer Bodenplatte im Keller oder nicht wärmegedämmte Bodenplatte vorhanden, fehlende Feuchtigkeitsisolierung gegen Erdfeuchte;

Decken und Außenwände

- ungedämmte Kellerdecke;
- ungedämmte oberste Geschossdecke (zum Dach);
- ungedämmte Gebäudefassade mit großer Wärmeabgabe;

Dach

- Dachstuhl bzw. Dachboden ungedämmt und nicht winddicht, oft nicht begehbare Bodenbeläge (einfache Holzbretter, wenige nebeneinanderliegende Platten, offene Dämmschichten o. Ä.);
- zahlreiche Wärmebrücken am Deckenauflager, durchlaufende Betondecken zu Balkon oder Loggia, ungedämmte Deckenunterseite über Durchfahrten;

Fenster

- Fenster und Fenstertüren einfach mit Bauglas verglast, kein Isolierglas, undichte Fensterkonstruktionen;

- ungedämmte Rollladenkästen mit hohem Wärmeverlust;
- veraltete Heizanlagen, Einzelöfen in Räumen, Nachtstromspeicheröfen, veraltete Brenner und Heizkessel (hoher Energieverbrauch), kaum nachträglich eingebaute elektronische Steuerung der Heizanlage, zu hohe Vorlauftemperatur der Heizanlage; Heizung und Leitungen
- ungedämmte Heizwasserleitungen im Freien und in der Wand;
- alte Heizkörper, oft überdimensionierte Gussheizkörper, ohne Thermostate, oft verkalkt, überstrichen, geminderte Wärmeabstrahlung, ohne Entlüfterventil;
- Warmwasseraufbereitung für Einzelräume über Durchlauferhitzer oder Speicher, betrieben mit Gas oder Strom (Nachtspeichertarif), bei Gas Abgasführung meist über Außenwand;
- ungedämmte Wasserleitungen (kalt, warm);
- gemauerte Abgaskamine und Abluftleitungen. Kamine

7.1.3 Schwachstellen der Gebäudeklasse C

Teilweise weisen diese Gebäude bereits einen Mindestwärmeschutz nach dem Energieeinspargesetz (EnEG) von 1976 auf, der aber den Anforderungen der EnEV 2007 nicht mehr genügt. Als Schwachstellen sind zu nennen:

- betonierte, ungedämmte Bodenplatte im Keller; Bodenplatte
- Kellerdecke und oberste Geschossdecke meist nicht wärmegedämmt, Wärmebrücken, großer Wärmeverlust; Decken und Außenwände
- Wohnraumnutzung im Keller: ungedämmte Außenwände im Erdreich, oft nachträglich mit innenliegender Wärmedämmung gemäß EnEG nachgerüstet;
- nicht oder nur unzureichend gedämmte ;
- ungedämmter Dachstuhl, nicht winddicht; Dach
- einfach verglaste Fenster und Fenstertüren; Fenster
- ungedämmte Rollladenkästen;
- zu gering gedämmte Deckenauflager, Wärmebrücken;
- veraltete Heizanlage und Brenner mit hohem Energieverbrauch und Öl- oder Gasbetrieb; Heizung und Leitungen
- nicht gedämmte Wasserleitungen (kalt, warm);

- veraltete, verkalkte Heizkörper ohne Thermostat;
- Warmwasseraufbereitung in der Wohnung mit Speicher oder Durchlauferhitzer, betrieben mit Strom oder Gas, dann meist Außenabgasführung über Fassade;

7.1.4 Schwachstellen der Gebäudeklasse D

Grundsätzlich ist bei diesen Gebäuden bereits ein Mindestwärmeschutz vorhanden. Er ist oft besser als bei Gebäuden der Klasse C, genügt aber den Anforderungen der EnEV 2007 ebenfalls nicht, es sei denn, das Gebäude wurde nach Juli 2007 fertiggestellt. Als energetische Schwachpunkte sind zu nennen:

Bodenplatte

- Bodenplatte betoniert, oft ungedämmt oder mit nur geringem Wärmeschutz ausgestattet;

Decken und Außenwände

- bereits wärmegedämmte , aber nach heutigen Anforderungen nicht ausreichend;
- meist ungedämmte Kellerdecke und oberste Geschossdecke, großer Wärmeverlust (kalte Füße);

Dach

- ungedämmter oder unzureichend gedämmter Dachstuhl, nur manchmal winddicht bei Verwendung einer Unterspannbahn;
- teilweise Wärmebrücken an den Deckenauflagern und nicht getrennten, durchlaufenden Deckenplatten (Balkon, Loggia), teilweise zu gering gedämmte Deckenköpfe;

Fenster

- Fenster und Fenstertüren bereits wärmegedämmt, Fensterkonstruktionen aus Holz, Kunststoff oder Metall mit Wärmedämmung, wärmegedämmte „Isolierglasscheiben", jedoch nicht mehr aktuell;
- Rollladenkästen unzureichend wärmegedämmt und selten winddicht;

Heizung und Leitungen

- Heizanlage zwar modern, entspricht aber selten den Anforderungen der EnEV 2007;
- Heizkörper mit verbesserter Wärmeabgabe, oft verkalkt, nur teilweise mit Thermostat oder raumweiser Steuerung, Fußbodenheizung mit Kunststoff- oder Kupferrohrleitungen;

- Wasserleitungen im Keller und der Wand/Decke nur selten wärmegedämmt;
- betonierte Treppenläufe, Personenaufzüge.

Tipp: Zuordnung zur Gebäudeklasse hilfreich

Auch für die energetische Instandhaltung ist die Zuordnung zu Gebäudeklassen (siehe Seite 176) hilfreich, da sich damit grob abschätzen lässt, welcher wirtschaftliche Aufwand notwendig ist, um den Immobilienwert zu erhöhen.

7.2 Risikocheck: Keller- bzw. Untergeschoss

Ausgehend von den auf die Gebäudeklasse bezogenen typischen energetischen Schwachstellen wird nun der Istzustand für eine energetische Instandsetzung oder Modernisierung ermittelt. Sinnvoll ist es dabei, geschossweise vorzugehen.

Unbewohnte Kellerräume

Geprüft werden die drei raumbildenden Bauteile Boden, Wand und Decke. Ein Kellergeschoss ist meist nicht bewohnt. Hier befinden sich oft „Nebenräume“, wie z. B. Abstellräume der Hausbewohner, Fahrrad- und Müllraum, Waschküche mit Trockenraum, Heizungsanlage mit Öllagerraum, Hausanschlussraum für Gas, Elektro und Wasser, Zählerraum usw. In solchen Fällen ist lediglich der vorgeschriebene niedrige Mindestwert beim Wärmeschutz des Bodens, der Wände und der Decke sowie der Fenster und Außentüren einzuhalten. Dagegen muss die Decke zu den darüber liegenden Wohnräumen gemäß der EnEV hoch wärmegedämmt sein.

Bewohnte Kellerräume

Anders sieht es aus, wenn sich im Keller Wohn- oder Arbeitsräume befinden. In diesen Bereichen sind Boden, Wand und Decke, aber auch alle Fenster und Türen entsprechend der EnEV zu dämmen. Bei allen Gebäudeklassen ist zu überprüfen, ob die vorhandene Wärmedämmung den neuen Anforderungen entspricht oder ob sie nachgebessert werden muss.

Wand-, Decken- und Bodendämmung

Falls möglich, sollte auch die nachträglich eingebaute Wärmedämmschicht immer auf der Wandaußenseite im Erdreich angebracht werden (Perimeterdämmung). Ist das technisch nicht oder nur mit großem finanziellen Aufwand machbar, bietet sich die Anbringung einer raumseitig aufgebrachten Dämmung an. Neben den bauphysikalischen Besonderheiten (Wasserdampfkondensat kann sich in der Konstruktion bilden) müssen besonders das Deckenauflager und die Einbindung der Innenwand in die Außenwand sowie der Anschlussbereich Außenwand mit Bodenplatte sorgfältig ausgebildet werden, da hier schnell Wärmebrücken entstehen können.

Kellertreppen werden meist aus Ort- oder Fertigbetonteilen hergestellt. Da diese fest auf der Bodenplatte stehen, bildet sich auch hier eine Wärmebrücke, die entsprechend konstruktiv wärmegedämmt werden muss.

Grenzen Garagen bzw. Tiefgaragen an beheizte Wohnräume, sind die entsprechenden Wandflächen wärmegedämmt auszuführen. Es gilt, die Wärmebrücken am Anschluss von Boden und Decke entsprechend zu dämmen. Sind die Garagen unmittelbar unter Wohn- und Arbeitsräumen angeordnet, muss die Decke gemäß EnEV wärmegedämmt sein.

Dämmung von Leitungen und Armaturen

In allen Kellerräumen sind grundsätzlich alle darin befindlichen bzw. durchlaufenden Warmwasserleitungen und Armaturen entsprechend der EnEV wärmegedämmt auszuführen bzw. nachzurüsten. Das gilt auch für Leitungen, die nicht sichtbar in der Wand oder Decke verlaufen. Empfehlenswert, wenn auch nicht gefordert, ist es, dann die Kaltwasserleitungen mit zu dämmen, da sich sonst Kondensat auf den kalten Rohren bilden und zu Rost führen kann.

Siehe CD-ROM

Checkliste: Keller- bzw. Untergeschoss	
Sind Boden, Decke, Wände, Fenster und Türen in den Neben- und Wohnräumen im Keller ausreichend wärmegedämmt (entsprechend den Anforderungen der EnEV)?	
Sind die Übergänge Bodenplatte/Wand, Decke/Wand besonders gut gedämmt (Achtung: Wärmebrückengefahr)?	
Ist der Anschluss Kellertreppe/Bodenplatte ausreichend gedämmt (Achtung: Wärmebrückengefahr)?	
Sind alle Decken und Wände von Kellerräumen und Tiefgarage, die an beheizte Wohnräume grenzen, ausreichend wärmegedämmt (EnEV 2007)?	

Checkliste: Keller- bzw. Untergeschoss	
Sind alle Warmwasserleitungen und Armaturen gemäß der EnEV wärmegedämmt? (Vergessen Sie nicht, auch die nicht sichtbar in Wand oder Decke verlaufenden Leitungen zu überprüfen!)	
Sind die Kaltwasserleitungen wärmegedämmt (sonst Gefahr von Rostbildung durch Kondensat)?	

7.3 Risikocheck: Gebäudehülle

Zur energetischen Bewertung müssen besonders in der Fassade alle Wärmebrücken aufgespürt und erfasst werden. Wärmebrücken führen dazu, dass an den betroffenen, nicht ausreichend gedämmten Boden-, Wand- und Deckenbereichen die warme Raumluft bis unter ihre Taupunkttemperatur abkühlt. Luft kann jedoch in Abhängigkeit von ihrer Temperatur nur eine bestimmte Menge Wasserdampf aufnehmen. Je höher die Temperatur, umso mehr Wasserdampf kann aufgenommen werden. Man bezeichnet die maximal aufzunehmende Wasserdampfmenge auch als Sättigungsgehalt.

Schimmelbildung an Wärmebrücken

Sinkt nun die Raumlufttemperatur in einem bestimmten Bereich – beispielsweise aufgrund von Wärmebrücken an den Außenwänden eines Gebäudes –, muss sie gezwungenermaßen Wasserdampf abgeben. Das hierdurch entstehende sog. Tauwasser schlägt sich sofort an den kalten Bereichen der Außenwände nieder, da dort die Auskühlung der Raumluft am stärksten ist. Zunächst bilden sich auf der Wandoberfläche zum Raum hin nasse Stellen. Bei stetigem Feuchteanfall werden die Wände nass und es können sich, wenn keine Abhilfe geschaffen wird, gesundheitsschädliche Schimmelpilze bilden (für Allergiker lebensgefährlich). Der im Prinzip gleiche Ablauf findet auch bei ungedämmten Rohrleitungen u. Ä. statt. Bei Rohren kommt es durch das Tauwasser zur Rostbildung. Nicht allein aus energetischen Gründen ist eine gute Wärmedämmung, wie sie bereits in der „alten" DIN 4108 „Wärmeschutz im Hochbau" deutlich herausgehoben wurde, wichtig, sondern auch aus gesundheitlichen Gründen.

Gebäude der Klassen A und B

Bei den Gebäudeklassen A und B findet man oft 36,5 cm dicke gemauerte Außenwände mit beidseitigem Putz, die entsprechend der damaligen Bauweise üblich waren. Bei mehrgeschossigen Wohngebäuden wurden aus statischen Gründen in den unteren Geschossen sogar 48 cm (und mehr) dicke Wände, die in den darüber liegenden Geschossen bis auf 36,5 cm abgemindert wurden, gemauert. Sie bestehen meist aus Vollziegeln, die zwar gute wärmespeichernde Eigenschaften haben, die Raumwärme aber schnell nach draußen leiten.

Fachwerkbauten

Anders sieht es bei Fachwerkgebäuden der Klasse A aus. Das tragende Holzfachwerk kann bis zu 50 cm dick und mit einem Stroh-Lehmgemisch ausgefacht sein. Raumseitig und nach außen wurden solche Fassaden mit Lehmstrich „verputzt" und mit Kalkfarbe gestrichen (gekalkt). Vielfach sind solche Gebäude saniert und ihr Gefach mit Leichtbetonsteinen (die alte Bezeichnung: Gasbeton) ausgemauert worden. Sie entsprechen energetisch nicht der EnEV und sind nur mit großem finanziellen und technischen Aufwand an die neuen Anforderungen anzupassen.

Tipp: Lassen Sie sich von einem Spezialisten beraten

Bei Fachwerkbauten sollte generell ein Spezialist eingeschaltet werden, da die Kosten schnell „explodieren" können, besonders wenn der Denkmalschutz zusätzliche Auflagen macht. Deswegen möchte ich auf die speziell darauf eingehende Literatur verweisen:

- Ekkehart Hähnel: Fachwerkinstandsetzung – Ein Praxisbuch. Arbeitsschritte – Details – Anregungen. Fraunhofer IRB-Verlag Stuttgart 2007, ISBN 978-3-8167-7277-4
- Manfred Gerner: Fachwerk. Entwicklung, Instandsetzung, Neubau. DVA München 2007, ISBN 978-3-421-03575-2
- G. Ulrich Großmann: Fachwerkbau. Planung, Herstellung, Technik am Beispiel verschiedener Bauten im Westfälischen Freilichtmuseum Detmold. Münster 1987, ISBN 978-3-923-43211-0.

Gebäude der Klassen C und D

Die Gebäudeklassen C und besonders D entsprechen in der Baukonstruktion meist der heute üblichen Bauweise: gemauert oder betoniert. Teilweise trifft man noch auf nur geputzte oder bekleidete Altfassaden, teilweise sind diese aber auch bereits zusätzlich wärmegedämmt ausgeführt. Entweder wurde für die statisch tragende Außenwand „leichtes" Mauerwerk aus Steinen der Rohdichteklasse 0,8 bis 1,0 Kilogramm pro Kubikmeter, aber auch mit niedrigeren Klassen und porosierten Mauer-, Leichtbeton-, Hohlblock- oder Leichtbetonsteinen gebaut oder die Außenwände werden betoniert. Die gemauerten Außenwandkonstruktionen sind meist zwischen 30 und 36,5 cm dick und beidseitig verputzt.

Neue Dämmsysteme seit 1973

Nach der „Ölkrise" 1973/74 begann auch die Bauindustrie umzudenken und entwickelte Fassadensysteme, die eine zusätzliche und damit bessere Wärmedämmung der Gebäude ermöglichten:

- Fassadenkonstruktionen wie das WDVS (auf die Wand montierte, verklebte Wärmedämmstoffplatten) mit witterungsseitig aufgebrachtem Außenputz oder
- hinterlüftete Vorhangfassaden mit Dämmstoffen auf der Außenwandfläche.

Bauphysikalisch und wärmedämmtechnisch betrachtet sind diese Konstruktionsvarianten ideal, da sie die Gebäudeaußenhülle komplett umschließen und die gefürchteten Wärmebrücken vermeiden. Problembereiche sind hier Fenster- und Türlaibungen, Dach- bzw. Attikaanschlüsse, auskragende Betonplatten und der Brandschutz (sog. Feuersprung zwischen den Geschossen).

Bei den beiden anderen Dämmarten, deren Entwicklung auch ab dieser Zeit vorangetrieben wurde, sind

- die Kerndämmung (Sandwichbauweise) und
- die raumseitig aufgebrachte Dämmung

markante Baukonstruktionen. Die Kerndämmung wurde bei Mauerwerk zunächst mit einer mineralischen Schüttung (Perlit-Gestein) entwickelt, nach Änderung der Normen DIN 4108 und DIN 1053 auch mit Mineralwolle-Wärmedämmplatten oder Polystyrol-Hartschaumplatten zwischen den Wänden. Im Betonbau schon länger praktiziert, wurde die Sandwichbauweise nun besonders im sozialen Wohnungsbau und bei hohen Gebäuden mit Betonfertigteilen eingesetzt, wobei diese Wände außenseitig verputzt oder in Sichtbeton, innenseitig verputzt oder nur gestrichen ausgeführt wurden.

Alterung von Bauteilen einkalkulieren

Diese wärmegedämmten Baukonstruktionen besitzen damit einen – nach damaligen Anforderungen – guten Wärmeschutz und speichern die Wärmeenergie. Sie entsprechen aber trotzdem meist nicht mehr den Forderungen der EnEV 2007. Deshalb ist für die vorausplanende Instandsetzung die Feststellung des Istzustands wichtig. Denn die schon über Jahrzehnte eingebauten Baustoffe unterliegen einem Alterungsprozess, der aufgrund seinerzeitiger Produktionstechniken zur Minderung der ursprünglich eingebauten Dämmstoffdicken führen kann.

Achtung: Prüfen Sie den Zustand der Altdämmung
Bei vorhandener Altdämmung muss grundsätzlich geprüft werden, ob eine Dimensionsänderung stattgefunden hat. Die Überprüfung ist bei außen oder innen liegenden Dämmschichten einfach durch Messen durchzuführen. Bei der Kerndämmung sollten jeweils am Deckenauflager oben und unten Probeöffnungen vorgenommen werden, die eine Messung ermöglichen.

Raumseitige Wärmedämmschicht

Die raumseitige Montage einer Wärmedämmschicht findet man häufig bei den Gebäudeklassen A, B und C. Bei Fachwerk und Verblendfassaden ist das eine wirtschaftliche, wenn auch bauphysikalisch nicht unproblematische Lösung. Aus optischen und bautechnischen (Schallschutz, Brandschutz) Gründen sind raumseitig angeordnete Wärmedämmschichten mit Gipskartonplatten oder zementgebundenen Holzwolleleichtbauplatten bekleidet, die dann verputzt oder tapeziert sind. Diese Bauweise wird auch im Dachgeschoss eingesetzt. Bei allen genannten Konstruktionsvarianten muss auch geprüft werden, ob die Fassade gemäß der EnEV 2007 winddicht ausgeführt wurde oder ob sie nachgebessert werden muss.

Problembereiche beim Trockenbau

Ab den 70er-Jahren wurde die aus Amerika kommende Leichtbauweise im Büro- und Wohnungsbau intensiviert. Mit leichten Baustoffen werden dabei Innen-, aber auch Außenwandkonstruktionen kostengünstig und schnell erstellt – zwischen zwei auf Holzlatten oder speziellen Stahlblechprofilen befestigten Leichtbauplatten wird die Wärmedämmschicht eingebaut. Diese Bauweise wird auch als „Trockenbau" bezeichnet. Heute lassen sich in dieser Bautechnik bereits mehrgeschossige Gebäude erstellen. Bei Altgebäuden sind hier die energetischen Problembereiche an den Öffnungen (Fenster, Türen), den Deckenauflagern und der Einbindung der nicht tragenden Innenwände an die Außenwand zu orten.

Heizleitungen in der Wand

Unabhängig von der Wandkonstruktion ist es in Deutschland – im Gegensatz zu anderen Ländern – noch immer üblich, Heizleitungen in der Wand zu verlegen. Dadurch wird der Wandquerschnitt geschwächt und der Wärmeverlust bei ungedämmter Leitungsführung sehr groß. Beim Energiecheck müssen die Außenwände auch auf den Leitungsverlauf überprüft und in der Regel nachgedämmt werden.

Öffnungen in der Fassade

Energetische Schwachpunkte bilden in einer Fassade generell alle Öffnungen, wie Fenster und Türen. Ab der Gebäudeklasse C sind oft neben den Holzfenstern auch gedämmte Metall- oder Kunststofffenster mit Isolierverglasung vorhanden. Sowohl Rahmen als auch Glasfläche entsprechen kaum mehr den Anforderungen, wie sie in der EnEV 2007 gestellt werden. Geradezu verschwenderisch gehen großflächige Fensteröffnungen, wie sie ab den 60er-Jahren üblich waren, mit der Heizenergie um. Nicht allein aufgrund ihrer nicht ausreichenden Isolierverglasung, Rahmenausbildung und Fugendichtheit, sondern besonders wegen ihrer großen Flächen geben sie zu viel Wärme ab. Die damalige Architektur störte sich kaum am hohen Wärmeverlust solcher Flächen, da besonders Heizöl noch billig war.

Checkliste: Gebäudehülle	
Sind Boden, Wand und Decken ausreichend wärmegedämmt (Achtung: Wärmebrückengefahr an den Anschlüssen Boden/Wand, Wand/Decke)?	
Sind Fenster- und Türlaibungen ausreichend wärmegedämmt (Achtung: Wärmebrückengefahr)?	
Finden sich Wärmebrücken an Dach- bzw. Attikaanschlüssen oder auskragenden Betonplatten?	
Ist die vorhandene Wärmedämmung intakt und ausreichend? (Die Dicke des Dämmstoffs kann mit fortschreitendem Alter abnehmen. Messen Sie also unbedingt nach.)	
Ist die Fassade winddicht (besonders bei raumseitig angebrachter Dämmung zu prüfen)?	

Siehe CD-ROM

Checkliste: Gebäudehülle	
Sind die Heizleitungen in den Wänden ausreichend wärmegedämmt? (Hier droht großer Energieverlust!)	
Verfügen die Fenster über Isolierverglasung?	
Sind die Rahmen und Fugen an den Fenstern dicht?	

7.4 Risikocheck: Dach

7.4.1 Steildach

Forderungen der EnEV 2007

Bei der Nutzung des Dachbodens von Steildächern als unbeheizter Abstellbereich bleibt die eigentliche Dachkonstruktion ungedämmt. Da nahezu ein Drittel des Wärmeverlusts eines Einfamilienhauses durch das Dach erfolgt, fordert die EnEV 2007 die Wärmedämmung der „letzten Decke", also des Dachbodens – selbst wenn dieser nur teilweise begehbar, also nicht durchgehend nutzbar ist. Ab der Gebäudeklasse C wurden in solchen Fällen oft lose verlegte Dämmmatten zwischen den Tragbalken oder auf die rohe Betondecke verlegt. Eine solche Dämmung reicht heute nicht mehr aus.

Wird dagegen das Dach als Wohn- oder Aufenthaltsraum genutzt, muss der gesamte Dachstuhl entsprechend winddicht und wärmegedämmt sein. Dagegen muss die „letzte Decke" in einem solchen Fall nur den normalen Anforderungen entsprechen. Ganz wichtig ist beim Dach, sämtliche Anschlüsse und Durchdringungen absolut winddicht abzukleben, egal an welcher Stelle der Dachsparren die Dämmschicht angebracht ist. Bei der Dachdämmung werden nach der Anordnung der Wärmedämmschicht unterschieden:

Gängige Dämmungsarten

- Aufsparrendämmung (Dämmschicht über den Dachsparren),
- Zwischensparrendämmung (Dämmschicht zwischen den Dachsparren) und
- Untersparrendämmung (Dämmschicht raumseitig unter den Sparren angeordnet).

Raumseitig muss immer eine funktionstüchtige winddichte Unterbahn oder Dampfsperre vorhanden sein, sonst kann es sehr schnell zur Wasserdampfanreicherung in der Dämmschicht kommen. Das ist nicht nur für den Energiehaushalt bedenklich, sondern kann bei Holz auch zu Pilzbildung und Fäulnis führen.

Überprüfung vorhandener Dämmschichten

In allen Fällen muss die vorhandene Dämmschicht daraufhin geprüft werden, ob sie trocken oder durchfeuchtet ist und ob sie an den kritischen Stellen von Durchdringungen (Dachflächenfenster, Gaube, Schornstein, Antennendurchgang, Dachausstieg, Lüftungsrohre usw.) Luft abgibt. Im Einzelfall, bei Altbauten vor der Instandsetzung seltener, kann auch der „Blower-Door-Test" durchgeführt werden. Dabei wird das gesamte Geschoss mit Folien luftdicht abgeschottet und mit einem Gebläse ein Überdruck erzeugt. Im Raum erzeugt man ein geringes Rauchgasgemisch, womit man am Dach optisch den Luftverlust (warme Raumluft) sichtbar macht. Am Gebläse zeigen zusätzlich Armaturen den Luftverlust pro Zeiteinheit an.

Prüfung auf Wärmebrücken

Beim Steildach müssen unbedingt die oft schwer zugänglichen Bereiche am Drempel bzw. des Auflagers des Sparrens auf der Decke energetisch gecheckt werden. Denn wird nur die letzte Decke gedämmt, muss der Dämmstoff über den obersten Wandanschluss gezogen werden (Wärmebrücke). Beim voll gedämmten Dachgeschoss wird die Dämmschicht aus dem Dachsparren fugenlos mit der Dämmung der Außenwand verbunden. Das ist auch ein sehr kritischer Punkt bei der Verlegung der Unterspann- bzw. der Winddichtigkeitsbahn. Außenseitig verläuft hier die Traufe mit der wasserführenden Dachrinne. Von dort darf selbst bei starkem Wind weder Regenwasser noch Schnee eingetrieben werden.

Auch der Firstbereich ist sehr kritisch. Sämtliche Dachfolien müssen sich überlappend luftdicht kreuzen. Der eigentliche Wärmedämmstoff sollte hier ebenfalls mit dichtem Stoß verlegt werden, da dieser Punkt durch Winddruck bzw. -sog immer in Bewegung ist.

Dämmung von Leitungen und Armaturen

Sämtliche im Dachbereich verlaufenden Warmwasserleitungen müssen entsprechend der EnEV 2007 wärmegedämmt werden, ebenso alle Armaturen. Empfehlenswert ist, dabei gleich die Kaltwasserleitungen mit zu dämmen.

Siehe CD-ROM

Checkliste: Steildach	
Ist die „letzte Decke" ausreichend wärmegedämmt? (Achtung: Fast ein Drittel der Wärmeenergie entweicht bei Einfamilienhäusern über das Dach!)	
Bei bewohntem Dachgeschoss: Ist der gesamte Dachstuhl winddicht und wärmegedämmt?	
Sind alle Anschlüsse und Durchdringungen winddicht?	
Ist raumseitig eine winddichte Unterbahn oder Dampfsperre angebracht? (Sehr wichtig, da es ohne sie schnell zur Durchfeuchtung der Dämmschicht, Pilzbefall und Fäulnis kommen kann.)	
Ist die vorhandene Dämmschicht trocken und sind alle Durchdringungen (Dachflächenfenster, Gauben, Schornstein, Antennendurchführung, Dachausstieg, Lüftungsrohre usw.) dicht? (Evtl. Blower-Door-Test durchführen.)	
Bestehen Wärmebrücken an Drempel bzw. Auflagern der Sparren auf der Decke?	
Sind Dach- und Wanddämmung fugenlos miteinander verbunden (kritischer Punkt bei der Verlegung der Unterspann- bzw. Winddichtigkeitsbahn)?	
Wird im Traufbereich bei Wind Regen oder Schnee eingetrieben?	
Liegen im Firstbereich alle Dachfolien luftdicht (und in dichtem Stoß) übereinander (besonders starker Winddruck bzw. -sog)?	
Sind alle Warm- und Kaltwasserleitungen sowie Armaturen wärmegedämmt (gemäß EnEV)?	

7.4.2 Flachdach

Das Flachdach sollte energetisch wie „die oberste Decke" betrachtet werden, wobei entsprechende Werte der EnEV zu entnehmen sind. Bei den Gebäudeklassen B und C findet man häufig mit hölzernen Fachwerkträgern gebaute „Kalt-" oder „Warmdächer" (zu den Begriffen siehe Seite 180). Energetische Schwachpunkte sind hier die meist unzureichende Dicke der verlegten Wärmedämmschicht. Auch sind solche Konstruktionen in der Regel nicht winddicht ausgeführt, wie es die EnEV 2007 fordert.

§ Siehe CD-ROM

Bei tragenden Betondachplatten, die als „letzte Decke" die Dachfläche bilden, sind alle Anschlüsse und Durchdringungen energetische Problemzonen. Besonders häufig gibt es Schäden im Attikabereich und dem nicht wasserabführend ausgeführten Dachgefälle. An diesen Stellen dringt häufig Feuchtigkeit in die Wärmedämmschicht ein, mindert den Wärmeschutz und führt zu Durchfeuchtungen im darunter liegenden Raum an Decke und Wand. Wohngebäude der Gebäudeklassen C und D entsprechen in ihrer Wärmedämmung häufig nicht mehr den neuen Anforderungen. Besonders ausgeprägt ist das bei Hochhäusern. Aufgrund ihrer Höhe wird hier besonders durch Windsog im Attikabereich die Dachhaut und die dort anschließende Außenwand beschädigt.

Achtung: Umkehrdächer intensiv prüfen

Eine intensive energetische Überprüfung sollte bei den sog. Umkehrdächern durchgeführt werden. Da hier der Wärmedämmstoff über der eigentliche Dachabdichtung angeordnet wird, ist er intensiv Wind und Wetter und der Sonneneinstrahlung ausgesetzt. Das kann zu Dimensions- oder Formänderungen der Dämmstoffplatten und so zu Wärmebrücken führen.

Flachdächer werden oft als begehbare Flächen mit Platten belegt oder als Gründach ausgebildet. Auch wenn ein sehr guter Durchwurzelungsschutz beim Bau eingebracht wurde, können Pflanzwurzeln die Dachhaut und Dämmschicht beschädigen. Meist stimmen auch hier die vorhandenen Dämmungen nicht mehr mit den verschärften Forderungen der EnEV 2007 überein.

Siehe CD-ROM

Checkliste: Flachdach	
Entspricht die Wärmedämmung des Daches den Forderungen der EnEV? (Achtung: Bei Kalt- und Warmdächern sind die Dämmschichten oft nicht dick genug. Zudem ist die Konstruktion meist nicht winddicht ausgeführt.)	
Sind alle Anschlüsse und Durchdringungen ausreichend gedämmt und winddicht?	
Ist der Attikabereich besonders gut abgedichtet? (Hier dringt oft Feuchtigkeit in die Dämmschicht ein.)	
Sind Wand und Dachhaut im Attikabereich intakt? (Vor allem bei Hochhäusern kommt es hier durch Windsog oft zu Schäden.)	
Umkehrdächer: Hat die vorhandene Wärmedämmung noch die gewünschte Form und Dicke? (Wärmebrückengefahr)	
Bei Dachbegrünung: Sind Dachhaut und Dämmschicht durch Wurzeln beschädigt?	

7.5 Risikocheck: Heizanlage

§ Siehe CD-ROM

Generell kann man davon ausgehen, dass die Heizanlagen in allen Gebäudeklassen energetisch nachgerüstet oder ersetzt werden müssen. Die Bedingungen dafür entnehmen Sie bitte der EnEV 2007. Dabei stellt sich für den Hausverwalter oder Immobilienbesitzer immer die Frage, ob im Rahmen der geplanten Instandsetzung lediglich die Mindestanforderungen erfüllt werden sollen oder ob es sich auf längere Sicht lohnt, eine umfassende Modernisierung der Heizung anzugehen. Wird beispielsweise noch mit Strom, Holz oder Kohle geheizt, muss gemäß den gesetzlichen Bestimmungen nicht unbedingt umgestellt werden. Dazu § 13 EnEV, Absatz 3:

> „Absatz 1 ist nicht anzuwenden auf [...] 2. Heizkessel, die für den Betrieb mit Brennstoffen ausgelegt sind, deren Eigenschaften von den marktüblichen flüssigen und gasförmigen Brennstoffen erheblich abweichen, ..."

Das klassische Heizsystem in Deutschlands Gebäuden besteht meist aus sieben Bausteinen, die miteinander reibungslos funktionieren müssen und grundsätzlich im Instandhaltungsplan enthalten sind:

- der Lagerraum für Heizöl oder Flüssiggas (mit Tanks) oder die Übergabestation für Erdgas,
- die Brenneranlage zur Verbrennung des Heizstoffs,
- die Kesselanlage zur Erwärmung des Heizwassers,
- die Heizungspumpe zur Verteilung des aufgeheizten Wassers in Rohre und Heizkörper,
- die Heizungsrohre zur Zu- und Abführung des Wassers (Vor- und Rücklauf),
- die Heizflächen zur Abgabe der Wärme aus dem Wasserkreislauf an die Raumluft,
- die Sicherheitseinrichtungen wie Sicherheitsventile, Sicherheitsschalter, Überdruckventile, Ausdehnungsgefäß, Steuerungsanlage usw.

Optimale Energienutzung anstreben

Um bei einem solch komplexen System Energie zu sparen sowie den Instandhaltungsaufwand so gering wie möglich zu halten, muss nicht nur ein umweltverträglicher Brennstoff genutzt, sondern auch optimal verbrannt werden. Seine Abwärme aus den bisher direkt über den Schornstein abgeleiteten Abgasen sollte über einen Wärmetauscher noch zusätzlich zur Wärmegewinnung genutzt werden. Außerdem müssen alle Warmwasserleitungen, die zum Heizkörper führen, wärmegedämmt sein.

Zu oft findet man in Altbauten noch eine sogenannte „Einrohrheizung“, die energetisch unrentabel und in der Instandhaltung aufwendig ist. Hier sollte schnell auf ein modernes „Zweirohrsystem“ mit getrenntem Vor- und Rücklauf umgestellt werden. Bis in die 80er-Jahre verwendete man Gussheizkörper mit Rippen. Sie haben den Nachteil, Wärmeenergie nicht optimal abzugeben und leicht von innen zu rosten. Moderne Leichtheizkörper mit Thermostatventilen ermöglichen die gezielte Temperierung jedes einzelnen Heizkörpers und reduzieren den Instandhaltungsaufwand.

1. BImSchV beachten

Beim energetischen Check der Heizanlage müssen Sie sich nach den gegebenen gesetzlichen Vorgaben richten, wie sie in § 13 und § 14 der EnEV 2007 genannt sind. Gleichzeitig ist aber auch die

1. BImSchV zu beachten, die augenblicklich überarbeitet wird (Stand Dezember 2007) und demnächst durch die 2. BImSchV ergänzt oder ersetzt wird. Hier werden besonders die Abgasrichtwerte verschärft und bei Holzfeuerung (Heizanlage oder Einzelofen, offener Kamin) wird ein Rußfilter gefordert werden.

Umstellung auf neue Heizmedien lohnt sich

Deshalb sollten bei anstehenden Instandhaltungsmaßnahmen grundsätzliche Überlegungen angestellt werden, ob nicht nur die Heiztechnik angepasst, sondern alternativ auch nach neuen Heizmedien gesucht wird. Denn eines ist sicher: Die Preise für die bisher üblichen Heizmedien Erdöl, Erdgas und Strom werden sich bald in fast unbezahlbaren Regionen bewegen. So gab es allein beim Erdgas in NRW im Jahr 2007 eine Preissteigerung von 35 Prozent, wobei für 2008 bereits weitere Steigerungen angekündigt sind.

Moderne Heizungsanlagen verbrauchen heute bis zu 45 Prozent weniger Energie als die in den Siebzigerjahren gebauten Anlagen. Da kann es sich für den Immobilienbesitzer schon lohnen, z. B. einen zur Reparatur anstehenden Kessel oder Brenner komplett auszutauschen – doch im Hinblick auf steigende Energiepreise ist das allein dauerhaft keine sinnvolle Lösung. Zwar werden heute bereits Heizkessel angeboten, die sowohl mit Heizöl wie auch mit Holz oder Holzpellets betrieben werden können, doch wurde auch bei Holz eine Verteuerung von bis zu 30 Prozent innerhalb kürzester Frist (2007) festgestellt.

Anpassung von Heizanlagen spart Kosten

Viele Besitzer älterer Immobilien unterschätzen die Möglichkeit, bei Gebäuden Energie einzusparen und damit auch den CO_2-Ausstoß zu reduzieren. Dabei werden allein durch Heizen und die Erzeugung von Warmwasser rund 40 Prozent aller CO_2-Emissionen in Deutschland verursacht. Eine Studie des Fraunhofer Instituts für Bauphysik ergab, dass durch eine höhere Energieeffizienz allein bei privaten Haushalten von 1990 bis 2005 rund 16 Millionen Tonnen Kohlendioxid weniger entstanden und an die Luft abgegeben wurden. Nach Schätzungen des Bundesbauministeriums ließen sich durch angepasste Heizanlagen bis ins Jahr 2020 rund 50 Milliarden Euro Heizkosten einsparen.

Tipp: Lassen Sie sich verschiedene Varianten vorschlagen

Muss die Heizanlage komplett erneuert werden, eine Investition, die über den normalen Instandhaltungsetat hinausgeht, sollte grundsätzlich ein Fachmann eingeschaltet werden. Es lohnt sich immer, von ihm verschiedene Varianten vergleichend prüfen und dokumentieren zu lassen.

In den folgenden Kapiteln wird ausführlich auf mögliche alternative Heizmedien hingewiesen (ab Seite 220). Deshalb an dieser Stelle nur ein kurzer Ausflug in die Niedertemperatur- und Brennwerttechnik.

Niedertemperaturheizungen

Sog. Niedertemperaturheizungen in Kombination mit der Brennwerttechnik wurden besonders in Gebäuden aus den 90er-Jahren installiert. Bei ihnen wird das Heizwasser in dem niedrigen Temperaturbereich zwischen 35 und 70 Grad Celsius gehalten. In Altheizungen üblich sind dagegen Temperaturen zwischen 70 und 90 Grad Celsius. Die niedrigeren Temperaturen ermöglichen geringere Abgasverluste und damit eine wirtschaftlichere Nutzung des Brennstoffs. Bei sehr niedrigen Vorlauftemperaturen werden selten Heizkörper, sondern meist Fußboden-, Wand- und Deckenheizsysteme eingesetzt.

Brennwerttechnik

Die Brennwerttechnik nutzt die in den Abgasen enthaltene Wärme des bei der Verbrennung entstehenden Wasserdampfs. Je niedriger die Rücklauftemperatur des Heizmediums vom Heizkörper in den Kessel ist, desto wirksamer kann die Brennwerttechnik genutzt werden. Da bei Brennwertgeräten säurehaltiges Kondensat anfällt, das bei größeren Anlagen durch Zugabe alkalischer Stoffe, z. B. Kalk, neutralisiert wird, ist der Instandhaltungsaufwand für Wohngebäude relativ hoch. Außerdem kann für die Abführung der Verbrennungsluft der alte Schornstein (Mauerwerk, Beton) nicht mehr genutzt, sondern muss aufwendig umgerüstet (Stahl- oder Glasrohreinsatz) werden.

Tipp: Ziehen Sie alternative Energien in Betracht

Bevor umfangreiche Instandhaltungsmaßnahmen an der bestehenden Heizanlage in Angriff genommen werden, sollte grundsätzlich überprüft werden, ob sich eine Umstellung auf alternative Heizenergie lohnt. Eine solche Umstellung erhöht immer den Immobilienwert.

Siehe CD-ROM

Checkliste: Heizanlagen	
Wird die Abwärme, die bei der Verbrennung des Brennstoffs in den Abgasen enthalten ist, zur Wärmegewinnung genutzt (oder werden die Abgase über den Schornstein abgeleitet)?	
Sind alle Warmwasserleitungen wärmegedämmt?	
Gibt es im Haus noch „Einrohrheizungen"? (energetisch unrentabel und instandhaltungsaufwendig)	
Wird noch über Gussheizkörper mit Rippen geheizt? (geben Wärmeenergie nicht optimal ab, rosten schnell)	
Werden die Abgasrichtwerte der BImSchV eingehalten?	
Ist das verwendete Heizmedium noch zeitgemäß? (Bedenken Sie die steigenden Preise für Erdöl und -gas!)	
Sind Sie mit der Effizienz Ihrer Heizanlage zufrieden?	

7.6 Risikocheck: Warmwasseranlagen

§ Siehe CD-ROM

Die Energieeinsparverordnung fordert nach § 14 Abs. 1, dass „Zentralheizungen mit zentral selbsttätig wirkenden Einrichtungen zur Verringerung und Abschaltung der Wärmezufuhr sowie zur Ein- und Ausschaltung elektrischer Antriebe in Abhängigkeit von der Außentemperatur … und der Zeit ausgestattet werden." Diese Forderung ist zwingend zur Nachrüstung bei Altgebäuden vorgeschrieben, sofern sie nicht vorhanden sind. Das gilt auch für die Versorgung mit Nah- oder Fernwärme.

Systemanforderungen

Für Warmwasserheizungen wird zur Regulierung der Raumtemperatur die thermostatische Regelung verpflichtend gefordert:

> „Heizungstechnische Anlagen mit Wasser als Wärmeträger müssen beim Einbau in Gebäude mit selbsttätig wirkenden Einrichtungen zur raumweisen Regelung der Raumtemperatur ausgestattet sein."

Ausdrücklich werden diese Forderungen für Wohngebäude genannt. Bei Fußbodenheizungen, die vor dem 1.2.2002 gebaut wurden, darf die Anpassung der Wärmeleistung auch raumweise geregelt werden.

Die automatische Regelung gilt nicht für Einzelheizgeräte, die mit festen oder flüssigen Brennstoffen betrieben werden. Auch diese Forderungen werden für Altbauten zwingend vorgeschrieben.
Bei Zentralheizungen mit mehr als 25 Kilowatt Nennleistung müssen die Umwälzpumpen der Heizkreise so ausgestattet sein, dass der Stromverbrauch selbsttätig in mindestens drei Stufen der Betriebsanforderung angepasst wird. Zirkulationspumpen müssen sich ebenfalls selbsttätig ein- und ausschalten können. Damit soll der Stromverbrauch reduziert werden, was auch bei Altanlagen nachgerüstet werden muss.

Anforderungen an Wärmedämmung

Wichtig ist die grundsätzliche Forderung, dass alle Wärmeverteilungs- und Warmwasserleitungen, deren Armaturen in Gebäuden sowie die Heiz- und/oder Warmwasserspeicher entsprechend wärmegedämmt werden (siehe auch Seite 218). Diese Forderungen müssen auch bei Altbauten beachtet werden.

Warmwasserversorgung

Die Gebäudeversorgung mit Warmwasser ist meist direkt mit der Heizungsanlage gekoppelt und wird über diese gesteuert. Allerdings findet man bei Altbauten auch noch oft Einzelraumöfen, die der Raumbeheizung dienen. In solchen Fällen wird das benötigte Warmwasser über Durchlauferhitzer, die mit Gas oder Strom betrieben werden, oder Elektrospeicher bereitgestellt (Bad und Küche).

Trennung von Heiz- und Warmwasserbereitung

Hier empfiehlt es sich, eine grundlegende energetische Modernisierung vorzunehmen. Muss die Heizung entsprechend der EnEV umgebaut werden, ist davon auch die Warmwasserbereitung betroffen. Nachteilig ist in solchem Fall immer, sowohl Heizwasser als auch Warmwasser mit nur einem (demselben) Kessel zu erzeugen. Zwar kann das den Wartungsaufwand und die Installationskosten reduzieren, jedoch muss beispielsweise auch im Sommer die Heizung betrieben werden, um Warmwasser zu erzeugen. Besser ist aus energetischer Sicht, zwei getrennt zu betreibende Kessel aufzustellen, die entsprechend den Anforderungen genutzt werden.
Unwirtschaftlich sind Elektrowarmwasserspeicher und -durchlauferhitzer, da sie mit teurem (Nacht-)Strom betrieben werden. Gasdurchlauferhitzer sind dagegen zwar kostengünstiger zu betreiben, doch wegen der steigenden Gaspreise dauerhaft nicht wirtschaftlich.

Zudem müssen diese eine direkte Entlüftung an die Außenluft und eine geregelte Frischluftzufuhr besitzen. Bei falscher Installation oder Nutzung besteht durch sich bildende (tödlich wirkende) Gase (Kohlenmonoxid) Lebensgefahr.

Optimierung der Leitungswege

Wichtig ist auch, die Warmwasserverteilung zu optimieren. Da Rohrleitungen sich aufgrund der Wasserqualität relativ schnell zusetzen können (Verkalkung) und eine Querschnittsminderung zu Druckabfall in höheren Etagen führt, sollte ihr Instandhaltungsintervall kurz sein. Anfällig sind auch die Rohrverbindungen, die undicht werden oder durch galvanische Veränderungen (Eisenrohr mit Messingverbindung) zu Schäden führen. Muss eine Leitung komplett ausgewechselt werden, sollte man prüfen, ob sich der Leitungsweg nicht verkürzen lässt und die Rohrquerschnitte verändert werden können.

Warmwasserleitungen müssen gemäß EnEV 2007 wärmegedämmt werden. In vielen Altbauten besteht hier Nachrüstbedarf. Die Wärmedämmung sollte unbedingt in den Instandhaltungsplan aufgenommen werden. Die Mindestdicke einer Wärmedämmschicht beträgt in Abhängigkeit vom Innendurchmesser eines Rohres:

Dämmschichtdicke Warmwasserrohre

Leitungsart	**Mindestdämmschichtdicke** Wärmeleitfähigkeit von 0,035W/(m²K)
Innendurchmesser bis 22 mm	20 mm
Innendurchmesser über 22 bis 35 mm	30 mm
Innendurchmesser über 35 bis 100 mm	Dämmstoffdicke gleich Innendurchmesser
Innendurchmesser über 100 mm	100 mm
Leitungen und Armaturen mit Innendurchmessern bis 100 mm, die nach dem 31. Januar 2002 in Bauteilen (in Wand- und Deckendurchbrüchen, Leitungskreuzungen, Verbindungen usw.) eingebaut wurden	halb so dicke Dämmung wie für die jeweils übrigen Rohrabschnitte, z. B. Innendurchmesser bis 22 mm = 10 mm Dämmstoffdicke
Leitungen von Zentralheizungen mit Innendurchmesser bis 100 mm in Bauteilen zwischen beheizten Räumen verschiedener Nutzer	halb so dicke Dämmung wie für die jeweils übrigen Rohrabschnitte, z. B. Innendurchmesser 22 bis 35 mm = 15 mm Dämmstoffdicke

Leitungsart	**Mindestdämmschichtdicke** Wärmeleitfähigkeit von 0,035W/(m²K)
Leitungen von Zentralheizungen mit Innendurchmesser bis 100 mm in Bauteilen im Fußbodenaufbau zwischen beheizten Räumen verschiedener Nutzer	6 mm
Kälteverteilungs- und Kaltwasserleitungen sowie Armaturen von Raumlufttechnik- und Klimakältesystemen	6 mm

Optimierung der Armaturen

Auch die Entnahmearmaturen der Warmwasserversorgung sollten bei der Instandhaltung überprüft werden. Zur Reduzierung des Wasserverbrauchs und der Temperaturregelung empfiehlt es sich, regelbare Einventilarmaturen (Einhebelmischer) mit Wasserdurchflussreduzierung einzubauen.

Siehe CD-ROM

Checkliste: Warmwasseranlagen	
Sind alle Wärmeverteilungs- und Warmwasserleitungen, Armaturen sowie Heiz- bzw. Warmwasserspeicher ausreichend wärmegedämmt?	
Werden Warm- und Heizwasser im selben Kessel erzeugt? (unwirtschaftlich, da auch im Sommer die Heizung mit betrieben werden muss)	
Werden Elektrowarmwasserspeicher oder -durchlauferhitzer verwendet? (unwirtschaftlich, da Strom teuer)	
Werden Gasdurchlauferhitzer verwendet? (nachteilig wegen steigender Gaspreise)	
Können die Leitungswege noch verkürzt werden?	
Sind die Rohre verkalkt oder verrostet? (Gefahr von Druckabfall und Wasserschäden)	
Kann mithilfe der Armaturen der Wasserverbrauch möglichst gering gehalten werden? (Einbau von Einventilarmaturen mit Wasserdurchlaufreduzierung)	

7.7 Lohnt sich die Nutzung alternativer Energiequellen?

7.7.1 Haben Öl- oder Gasheizungen ausgedient?

Moderne Heizanlagen effektiv

Grundsätzlich gibt es darauf augenblicklich nur eine Antwort: „Jein“, denn moderne Heizanlagen, die mit Heizöl betrieben werden, sind betriebstechnisch und umwelttechnisch so verbessert worden, dass sie auch heute noch gute Wirkungsgrade erzielen. Das liegt einmal daran, dass sie mit niedrigen Kesseltemperaturen gefahren werden, zum anderen ist ihre gesamte Steuerung ein elektronisches Hightech-Produkt. Mit einer modernen Heizanlage sparen sie heute – im Gegensatz zu Altanlagen, die älter als 20 Jahre sind – bis zu 15 Prozent an Öl- bzw. Gasverbrauch.

Nachteil: steigende Öl- und Gaspreise

Der einzige Wermutstropfen dabei sind die für den Endverbraucher nicht steuerbaren Einkaufspreise. Die Jahre 2005 bis 2007 haben gezeigt, wie es Spekulanten weltweit gelang, den Ölpreis so hochzutreiben, dass Wohnungsinhaber die Heizkosten kaum noch bezahlen können. Zudem ist abzusehen, dass in den kommenden Jahren der Ölpreis immer weiter nach oben getrieben wird.

Im Prinzip ähnlich ist die Situation bei Heizanlagen, die mit Erd- oder Flüssiggas betrieben werden, denn der Gaspreis ist in Deutschland an den Ölpreis gekoppelt. Grundsätzlich gilt auch heute eine Erdgasheizung als umweltschonend, da sie nur geringe Mengen an schädlichem CO_2 ausstößt. Auch sie wird heute mit Niedrigtemperaturkesseln betrieben und mittels Computertechnik gesteuert und kann damit sehr effektiv arbeiten. Im Gegensatz zur Ölheizung spart sich der Hausbesitzer bei einer mit Erdgas betriebenen Anlage den Bau eines Lagertanks bzw. Öllagerraums im Keller. Bei Flüssiggasanlagen, die meist dort genutzt werden, wo kein Anschluss an einen Gasversorger möglich ist, muss man Kosten für die Aufstellung eines Tanks zurechnen.

Ihre Minuspunkte sammelt die Gasheizung durch die nicht nachvollziehbare Preisentwicklung und Abhängigkeit von den Erdgaslieferanten – die alle nicht in Deutschland sitzen – sowie den regionalen Erdgasanbietern. Wegen ihrer besondere Marktstellung in Deutschland konnten die Erdgaspreise 2006 um bis zu 17,7 Prozent angehoben werden. Und der Endabnehmer muss zahlen … oder steigt auf alternative Energien um.

7.7.2 Erdwärme

Bereits in den Achtzigerjahren begann man, die Erdwärme (Geothermie) für die Gebäudeheizung zu nutzen. Als in Deutschland noch die „Steinzeit“ mit Kohle- oder Ölheizung üblich war, rüstete man in der Schweiz auf Geothermie um. Ein bekanntes Projekt dort nannte sich „PLENAR“ – zusammengesetzt aus den Begriffen Planung, Energie und Architektur.

Voraussetzung: Genehmigung der Baubehörde

Heute haben Immobilienbesitzer die Chance, nach genau dem gleichen Muster ihr Haus umzurüsten. Für die Nutzung von Erdwärme muss eine Genehmigung der zuständigen Baubehörde eingeholt werden. Das setzt zunächst eine detaillierte Planung voraus. Denn das Haus sollte mindestens dem Niedrigenergiehaus-Standard gemäß EnEV 2007 entsprechen. Besser wäre eine Umrüstung nach dem Nullenergiehaus-Standard bzw. Passivhaus-Standard. Nach den dort verankerten Konstruktionsprinzipien kann ein Hausbesitzer alle zur Verfügung stehenden Energiequellen nutzen.

Notwendige Installationen

Um Erdwärme, die fast unter jedem Grundstück vorhanden ist, nutzen zu können, wird ähnlich wie beim Brunnenbau ein Loch gebohrt oder Leitungsrohre in einigen Metern Tiefe auf dem Grundstück verlegt. Je tiefer man in die Erde gehen kann, desto höher ist der Nutzeffekt. Knapp unter der Oberfläche wird zusätzlich die Sonneneinstrahlung genutzt. Zur Nutzung im Wohnbereich kommen die Grundwasserwärmepumpe, der Erdwärmekollektor oder die Erdwärmesonde in Betracht.

Zur technischen Nutzung der Geothermie in größerem Umfang wird eine maximale Tiefe von etwa 3.000 Metern als wirtschaftlich vertretbar angesehen. Dabei handelt es sich um die Nutzung der Erdwärme zur Dampferzeugung bei Kraftwerken. Bei Wohngebäuden wird selbstverständlich nicht so tief gebohrt. Wie tief – das kann nur ein Fachmann festlegen.

Tipp: Lassen Sie sich frühzeitig beraten

Nehmen Sie frühzeitig die Beratung durch einen Fachingenieur in Anspruch, bevor die Planung und Vergabe erfolgen.

In geothermisch günstigen Gegenden, z. B. Eifel, Rheinbecken, Rhön, Alpenvorland, Schwarzwald, Bereiche in Norddeutschland usw., liegt die geförderte Wassertemperatur zwischen 40 und bis zu 100 Grad Celsius in etwa 1.000 bis 1.500 Metern Tiefe. Die Nutzung ist in diesen Regionen günstig. Der Hausbesitzer bleibt unabhängig vom Lieferanten und die Ressourcen sind nahezu unerschöpflich.

So funktioniert Geothermie

Die dem Erdreich entzogene Wärme wird über Rohrleitungen zu einer Wärmepumpe geführt. Diese gibt die über einen Wärmetauscher umgewandelte Energie an einen Wärmespeicher weiter. Von diesem wird das gesamte Warmwasser auf im Gebäude verteilte Heizkörper oder Fußbodenheizelemente oder zur Warmwasserbereitstellung abgegeben. Die gesamte Anlage wird computergesteuert überwacht.

Was ist eine Wärmepumpe?

Funktionsweise

Kernstück aller Anlagen, die mit erneuerbarer Energie (außer Windkraft) betrieben werden, ist die Wärmepumpe. Eine Wärmepumpe nimmt die Wärme aus zugeführter erneuerbarer Energie (Luft, Wasser, Erde) auf, erhöht die Temperatur und gibt sie dann an den nachgeschalteten Wärmetauscher ab. Sie funktioniert nach dem Kühlschrankprinzip, nur umgekehrt. Verfahrenstechnisch wird ein Kompressor mit Strom oder Gas betrieben, der die Flüssigkeit verdichtet und die dabei entstehende (größere) Wärme an einen Wärmetauscher abgibt. Die Wärme wird in einem geschlossenen Kreislauf von einem Energieträgermedium (Wasser, Wassermischung, Öl, chemischer Stoff u. Ä.) transportiert. Mit modernen Wärmepumpen lassen sich die Emissionen des Treibhausgases CO_2 nachhaltig senken, da der Betrieb der Anlage deutlich weniger Energie benötigt, als bereitgestellt wird.

Mithilfe dieser Technologie kann heute eine Wärmepumpe auch im Altbau wirtschaftlich betrieben werden. So amortisieren sich die beim Einbau entstehenden Kosten in einem Zeitraum von rund sechs bis zehn Jahren durch deutlich geringere Energiekosten.

Wärmepumpen werden seit über 40 Jahren hergestellt. Ihr Einsatz bei der Gebäudeheizung ist deshalb so vorteilhaft, weil sie

Vorteile von Wärmepumpen

- die von der Umwelt gelieferte Wärme nutzen. Von 100 Prozent Energiebedarf für die Beheizung eines Hauses liefert die Umwelt zwischen 65 und 80 Prozent. Die restliche Energiemenge ist Strom für den Betrieb der Wärmepumpe.
- mit der Sonne heizen, denn die überwiegende Energiemenge, die uns die Umwelt bereitstellt, ist Sonnenenergie, die von der Erde gespeichert wird. Diese Energie ist kostenlos, nahezu unerschöpflich und erneuert sich ständig selbst.
- mit sehr niedrigen Betriebskosten heizen, die bis zu fünfzig Prozent niedriger als die anderer Heizsysteme sind.
- keinen besonderen Betriebsraum benötigen, keinen Schornstein und auch keinen Tank- oder Vorratsraum.
- umweltschonend arbeiten: Im Vergleich zu einer Gas- oder Ölheizung senken sie die CO_2-Emissionen um bis zu 30 Prozent.
- sich sogar mit Strom aus der auf dem Gebäudedach montierten Fotovoltaikanlage (über Batteriespeicherung) betreiben lassen.

7.7.3 Solarenergie

Mit der Solarenergie steht jedem Hausbesitzer eine fast unerschöpfliche und zudem kostenlose Energiequelle zur Verfügung. Diese Energie lässt sich auf zwei Arten nutzen:

- über Solarzellen zur Stromversorgung oder
- mit Kollektoren zur Erwärmung von Wasser.

Stromgewinnung mit Solarzellen

Funktionsweise einer Fotovoltaikanlage

In einer Fotovoltaikanlage, auch Solarstromanlage genannt, findet die unmittelbare Umwandlung von Sonnenenergie in elektrischen Strom statt. Die Anlage besteht aus mehreren Komponenten und arbeitet völlig geräuschlos, emissionsfrei und ohne mechanisch bewegte Teile. Der Generator empfängt und wandelt die Lichtenergie in elektrische Energie (Gleichstrom) um. Als (Licht-) „Empfänger" dient entweder die Solarzelle oder ein optisches System, bei dem Spiegel oder Linsensysteme die Strahlung direkt auf die Zelle umleiten bzw. konzentrieren. Es findet eine Konzentration, oft mit einer Fresnellinse, statt, wenn die Strahlung auf einer Fläche eingesammelt wird, die größer als die Empfängerfläche ist. Dabei muss der Spiegel oder das Linsensystem den Strahl so ändern, dass die gesamte eingefangene Strahlung auf die Empfängerfläche trifft. Die Solarzelle dient in jedem Fall als Wandler der eingestrahlten Energie durch Nutzung des fotovoltaischen Effekts. Da die einzelne Zelle nur geringe elektrische Spannung erzeugt, werden mehrere Zellen zu Solarmodulen zusammengefügt. Eines oder mehrere Module bedienen einen Generator.

Die so gewonnene elektrische Energie wird dem System über Kabel zugeführt. Sie kann entweder in gebäudeinternen Batterien gespeichert – dann spricht man von einer „Insellösung" – oder direkt ins öffentliche Netz eingespeist werden, wofür der Hauseigentümer in Deutschland Geld bekommt. Zusätzlich sorgen weitere Komponenten dafür, dass die Energie allen Anforderungen entspricht. Man unterscheidet

- das Inselsystem,
- das Hybridsystem und
- die netzgekoppelte Anlage.

Energieertrag

Man rechnet in Deutschland mit einem mittleren Energieertrag von ca. 650 bis 1.150 kWh pro kW_p (kW_p = Kilowattstunden Index peak) installierter Leistung der Anlage und Jahr. „Kilowatt peak" beschreibt die Nennleistung der Anlage unter Normbedingungen, die jedoch nur bei optimalen Bedingungen erreicht wird. In sonnenreichen Jahren sind in den südlichen Bundesländern Erträge von über 1.200 kWh möglich. Die höheren Werte sind jedoch nur in guten Lagen im Gebirge und bei Freiflächen im Süden und Dachanlagen erreichbar. Der Wirkungsgrad einer Anlage ist von den verwendeten Komponenten abhängig. Die Kernkomponenten sind dabei die Solarzellen und die Wechselrichter. Da die Sonne nicht den ganzen Tag scheint, müssen sie für eine alternative Stromeinspeisung sorgen. Das kann ein direkter Netzanschluss ebenso sein wie z. B. ein entsprechendes Notstrom-Dieselaggregat.

Thermische Solaranlagen zur Erwärmung von Wasser

Montage

Für thermische Solaranlagen zur Erwärmung von Wasser ist hauptsächlich das Steildach prädestiniert: Eine Dachfläche muss nicht unbedingt exakt nach Süden ausgerichtet sein, um als Montagefläche für Solarkollektoren zu dienen. Abweichungen aus der Südrichtung von bis zu 30 Grad führen bei den üblich steilen Dachneigungen nur zu geringen Einbußen. Selbst eine reine Ost- oder Westorientierung lässt sich durch entsprechend vergrößerte Kollektorflächen ausgleichen. Der Neigungswinkel eines Steildachs sollte zwischen 20 und 60 Grad liegen, wobei kleine Gradzahlen die Energieausbeute im Sommer begünstigen und steilere im Winter. Bei Flachdächern müssen die Kollektoren immer auf Ständern montiert werden. Solche Anlagen lassen sich wirtschaftlich nutzen. Im Sommer kann je nach Größe aus einer Dachanlage der Warmwasserbedarf eines kleineren Gebäudes gedeckt werden. Zur Überbrückung längerer Schlechtwetterperioden und für die Winterzeit ist dabei eine zusätzliche Heizmöglichkeit notwendig.

Grundsätzlich sollte der Entwurf einer Solaranlage vom Fachmann vorgenommen werden. Wesentlich ist dabei die objektbezogen richtige Dimensionierung auf Grundlage des Warmwasserbedarfs. So rechnet man bei einer kleineren Anlage mit einem mittleren Wasserverbrauch von 50 Litern pro Person und Tag (bei 45 Grad Celsius) eine Kollektorfläche von 1,2 bis 1,5 Quadratmetern pro Person.

Funktionsweise

Überwiegend werden Zweikreisanlagen mit Zwangsumlauf eingebaut. Dabei wird eine Wärmeträgerflüssigkeit von einer Pumpe in den Warmwasserspeicher transportiert, wo sie die Sonnenwärme über einen Wärmetauscher an das Frischwasser (Leitungswasser) im Speicher abgibt. Im Solarkreislauf befindet sich ein Wasser-Frostschutzgemisch, im zweiten Kreis das Frischwasser. Dagegen wird bei Einkreisanlagen das Frischwasser direkt im Kollektor erwärmt. Bei Thermosiphonanlagen entfallen Regelung und Solarkreis-Umwälzpumpe, da durch den Dichteunterschied der in Vor- und Rücklauf unterschiedlich warmen Trägerflüssigkeit eine Eigenzirkulation dieser Flüssigkeit erfolgt.

Bevorratung der Energie

Zur Bevorratung von Energie wird ein Warmwasserspeicher verwendet. Er sollte rund das 1,5- bis 2-Fache des täglichen Warmwasserbedarfs speichern. Man rechnet etwa 80 bis 100 Liter pro Person.

Der Speicher sollte entsprechend der EnEV 2007 mit Dämmstoff isoliert sein.

Isolierung der Leitungen wichtig

Über meist aus Kupfer bestehende Rohre mit einem Durchmesser von 15 bis 18 Millimetern wird das auf dem Dach erwärmte Wasser dem Speicher zugeführt. Diese Rohre sollten ebenfalls entsprechend der EnEV 2007 mit Dämmstoff isoliert und über kurze Leitungswege zusätzlich den Wärmeverlust mindern. Die Wärmedämmung muss hohen Temperaturen widerstehen und im Außenbereich UV-beständig sein. Bewährt haben sich Mineralwolle, Polyurethan- oder Schaumglasrohrschalen und spezielle Schaumgummischalen.

Eine Solarkreis-Umwälzpumpe sichert den Wasserdurchfluss, der bei kleinen Anlagen etwa 30 bis 50 Liter pro Stunde und Quadratmeter Kollektorfläche beträgt. Der typische Betriebsdruck solcher Anlagen liegen bei rund vier Bar. Thermometer im Vor- und Rücklauf dienen zur Betriebskontrolle der Anlage. Ein Ausdehnungsgefäß hält den Druck in der Anlage stabil und nimmt die durch unterschiedliche Temperaturen bedingten Volumenänderungen der Wärmeträgerflüssigkeit auf.

Anlagenregelung

Zur Anlagenregelung dient ein Temperaturdifferenzregler, der über zwei Temperaturfühler die Umwälzpumpe steuert. Diese Regler sind meist so eingestellt, dass für den Pumpenstart eine Temperaturdifferenz von etwa fünf bis acht Grad Celsius zwischen Kollektor und Speicher notwendig ist. Sinkt die Temperatur auf zwei bis drei Grad Celsius ab, schaltet sich die Pumpe aus.

Solarkollektoren: Typen und Einsatz

Platten- und Speicherabsorber

Kernstück eines Solarkollektors ist der Absorber. Er besteht meist aus mehreren schmalen Metallstreifen. Dabei wird das Wärmeträgermedium durch ein mit dem Absorberstreifen verbundenes Wärmeträgerrohr geleitet. Bei einem Plattenabsorber sind zwei Platten miteinander verschweißt, zwischen denen das Trägermedium strömt. Typische Absorbermaterialien sind Kupfer und Aluminium. Bei einem Speicherabsorber sind die Funktionen des Speichers und Kollektors in einem Gerät vereint. Diese Geräte benötigen keine Umwälzpumpe und Regeleinrichtungen.

Absorber sind meist schwarz, da schwarze Oberflächen einen besonders hohen Absorptionsgrad aufweisen. Der Absorptionsgrad gibt an, wie viel der einfallenden kurzwelligen Sonnenstrahlung aufgenommen und nicht reflektiert wird. Da sich der Absorber dabei erwärmt, gibt er einen Teil der aufgenommenen Energie an die kühlere Umgebung wieder ab. Dieser Anteil wird als „Emissionsgrad" bezeichnet. Hocheffiziente Absorber besitzen eine selektive Beschichtung. Diese ermöglicht die hohe Aufnahme von Sonnenenergie bei gleichzeitig verminderter Emission der Wärmestrahlung. Üblicherweise betragen die Absorptionsgrade über 90 Prozent.

Flachkollektoren

Flachkollektoren bestehen aus einem Absorber, einer transparenten Abdeckung, dem Gehäuse und der Wärmedämmung. Meist wird eisenarmes Solarsicherheitsglas zur Abdeckung verwendet, das einen hohen Transmissionsgrad für den kurzwelligen Spektralbereich aufweist. Die Abdeckung verhindert gleichzeitig den Wärmeentzug durch vorbeistreichende Kaltluft. Für das Gehäuse wird Aluminium, verzinktes Stahlblech oder glasfaserverstärkter Kunststoff verwendet. Die Wärmedämmung auf der Rückseite und an den Seitenwänden vermindert den Wärmeverlust. Meist werden Polyurethanschaum und Mineralwolle, seltener Glaswolle, Steinwolle, Glasfaser oder Fiberglas verarbeitet. Flachkollektoren lassen sich sehr variabel einbauen: Im Dach zwischen den Sparren, auf der Dacheindeckung oder in freier Aufstellung.

Vakuum-Röhrenkollektor

Beim Vakuum-Röhrenkollektor befindet sich der Absorberstreifen in einer evakuierten, druckfesten Glasröhre. Die Wärmeflüssigkeit durchströmt den Absorber direkt in einem U-Rohr oder im Gegenstrom in einem Rohr-in-Rohr-System. Mehrere einzeln hintereinander geschaltete bzw. über einen Sammelleitung verbundene Röhren bilden den Solarkollektor. Beim Heat-Pipe-Röhrenkollektor befindet sich eine bereits bei geringen Temperaturen verdampfende Flüssigkeit in einem Wärmerohr. Bei Erwärmung verdampft diese Flüssigkeit. Dieser Dampf steigt im Wärmerohr auf und gibt die enthaltene Wärme über einen Wärmetauscher an die durch das Sammelrohr fließende Wärmeträgerflüssigkeit ab. Die kondensierte Flüssigkeit fließt anschließend wieder in das Wärmerohrende zurück. Damit der Prozess ablaufen kann, müssen die Röhren eine bestimmte Mindestneigung aufweisen.

Montage von Kollektoren

Anordnung und Größe der Kollektoren müssen dem objektbezogenen Einsatzbereich entsprechen. Soll nicht nur die Warmwasserbereitung, sondern auch die Heizungsanlage unterstützt werden, muss eine größere Kollektorfläche eingeplant werden. Lage und Dacharchitektur eines Gebäudes entscheiden mit über Umfang und Ausrichtung der Solaranlage.

Tipp: Machen Sie sich ein Bild vom Marktangebot

Auf dem Markt gibt es Hersteller, die auf Ihre Wohndachfenster abgestimmte Solarkollektoren im System anbieten. Es gibt aber auch Dachziegel- und Betondachsteinhersteller, die spezielle Solarsysteme, abgestimmt auf Ihren Dachbaustoff, liefern.

Schwere der Kollektoren berücksichtigen

Da die Kollektoren relativ schwer sind, sollte bei der Planung auf dem Dach ein entsprechender statischer Zuschlag eingerechnet werden, was bei Altbauten auch zur Änderung der Dachkonstruktion führen kann. Die Kollektoren selbst lassen sich entweder in die Dachkonstruktion integrieren oder auf die Dacheindeckung mittels entsprechenden Ständern montieren.

Sicherung gegen Wasser, Wind und Schnee

In allen Fällen muss darauf geachtet werden, dass die Wasserableitung aus der Fläche nicht behindert wird. Hier sind besonders die Anschlüsse zwischen Kollektor und Dacheindeckung zu beobachten, damit kein Kriechwasser oder Flugschnee ins Dach eingetrieben werden kann. Bei aufgeständerten Kollektoren muss ein ausreichender Abstand zwischen Dacheindeckung und Kollektorunterseite bestehen, um Regen- und Tauwasser sicher ablaufen zu lassen. Bei Aufständerung ist auch die Kraft des Windes zu berücksichtigen. Vor allem in windintensiven Regionen oder großen Höhen kann es leicht zu hohen Sog- bzw. Druckbelastungen kommen. Der Winter 2005/06 hat gezeigt, dass selbst in geschützten Regionen u. U. mit starken Schneefällen und hohen Schneelasten gerechnet werden muss. Deshalb sollten Dachfläche und Kollektoren mit entsprechenden Maßnahmen gesichert sein.

7.7.4 Windenergie

Die Nutzung von Windenergie zur Stromerzeugung kennt man von den überall im Land stehenden Windparks. Dabei handelt es sich um Windräder, die rein kommerziell genutzt werden. Doch auch jeder Hausbesitzer kann ein Windrad zur Stromerzeugung auf dem eigenen Grundstück aufstellen, was den wenigsten Immobilienbesitzern bewusst ist. Solche Geräte werden von der Industrie auch gebaut. Sie sind natürlich wesentlich kleiner und liefern auch entsprechend geringere Strommengen. Dafür gibt es, je nach Bundesland, auch Förderprogramme.

Auch private Windräder möglich

Tipp: Bitten Sie einen Fachmann um Hilfe

Falls Sie ein Windrad auf Ihrem Grundstück aufstellen möchten, sollten Sie einen Fachingenieur einschalten und das Vorhaben von der örtlichen Baubehörde genehmigen lassen.

7.7.5 Heizen mit Holz oder Holzpellets

Heimisches Holz ist ein nachwachsender Energieträger. Es ist qualitativ hochwertig und dauerhaft verfügbar. Heute kann man zwischen der direkten Verbrennung von Nutzholz oder der industriellen Form als Holzpellets wählen.

Man kann jeden im Handel erhältlichen Kaminofen oder offenen Kamin mit Holz beheizen. Moderne Kaminöfen können nicht nur als dekoratives Element, sondern auch zur Erzeugung von Heizenergie verwendet und in das Heizkonzept des Hauses integriert werden. Dafür gibt es beispielsweise Kaminöfen mit sog. Wassertaschen, die – im eingebauten Zustand nicht sichtbar – seitlich angeordnet sind. Das darin erzeugte Warmwasser wird einem entsprechenden Wasserspeicher zugeführt und über eine Wärmepumpe genutzt. Diese Öfen eignen sich auch zur etagenweisen Beheizung von Wohnräumen bei Mehrfamilienhäusern.

Heizen mit Naturholz

Als Heizmaterial werden Holzpellets seit den 80er-Jahren in den USA und Kanada und seit den 90er-Jahren in Österreich und den

Heizen mit Holzpellets

skandinavischen Ländern genutzt. Seit 1999 sind sie auch in Deutschland erhältlich und werden gefördert.

Herstellung von Holzpellets

Ausgangsmaterial

Sägemehl und Hobelspäne sind die grundlegenden Rohstoffe, aus denen Holzpellets industriell hergestellt werden. Es handelt sich dabei nahezu ausschließlich um Abfallprodukte aus der Holz verarbeitenden Industrie, beispielsweise aus Sägewerken und Schreinereien. Ohne Zugabe chemischer Bindemittel werden die trockenen und unbehandelten Späne unter hohem Druck gepresst. Eine große Rolle spielt dabei die Qualität der verarbeiteten Späne. Deshalb finden vor der Abnahme der Späne Qualitätskontrollen statt, die über die Aufbereitung bis zum fertigen Pellet weitergeführt werden. Um eine Tonne Pellets verkaufsfertig herzustellen, werden zwischen sechs und acht Kubikmeter Holzspäne verarbeitet.

Aufbereitung

Für eine gleichbleibende Qualität und damit für den konstanten späteren Heizwert der Pellets ist neben einem hochwertigen Ausgangsmaterial auch die sorgfältige Aufbereitung wichtig. Dabei besteht die Kunst darin, den eigentlichen Rohstoff Holz so zu homogenisieren, dass die Presse immer ein Produkt mit identischen Eigenschaften liefert. Das bezieht sich vor allem auf die Holzfeuchte und Korngröße der Späne. Auch unterschiedliche Holzarten, wie z. B. Buche oder Eiche, erfordern andere Presskräfte als Weich- oder Nadelhölzer. Die fertigen Pellets sind zwischen fünf und 45 Millimetern lang, ihr Durchmesser liegt zwischen sechs und acht Millimeter und ihr Heizwert beträgt 18 Megajoule pro Kilogramm (MJ/kg), etwa fünf Kilowattstunden pro Kilogramm (kWh/kg).

Heizungssysteme für Pellets

Pellet-Einzelöfen

Pellet-Einzelöfen sind für die Aufstellung in Wohnräumen gebaut. Angeboten werden sie im Leistungsbereich von fünf bis 15 Kilowatt. Sie besitzen einen vom Brennraum abgetrennten Vorratsbehälter, der regelmäßig von Hand befüllt werden muss. Der Vorratsbehälter ist so ausgelegt, dass eine Füllung für 24 bis 100 Stunden, abhängig vom Heizbedarf, reicht.

Durch den Einbau einer Wassertasche und den Anschluss an ein Heizsystem können Einzelöfen auch zu zentralen Heizanlagen erweitert werden. Das in den Wassertaschen erwärmte Wasser wird unmittelbar an das Heizsystem abgegeben. Wegen der geringen Größe des Vorratsbehälters und der damit notwendigen häufigeren Befüllung eignen sich diese Heizsysteme nur zur Beheizung von Wohnungen mit geringem Wärmebedarf, z. B. für Niedrigenergie- oder Passivhäuser. Schließt man den Ofen jedoch an einen zentralen Pelletsvorratsraum mit an, was technisch unproblematisch ist, lässt sich daraus auch ein komplettes System zur Beheizung des ganzen Hauses – eventuell mit der zusätzlichen Aufstellung von Einzelöfen in verschiedenen Räumen – machen. Da jedoch immer rund 20 Prozent der erzeugten Wärme direkt als Raumwärme abgegeben werden, ist für eine Brauchwassererwärmung im Sommer immer ein zusätzliches Heizsystem notwendig, z. B. in Kombination mit einer Solaranlage.

Kombination mit Solaranlage

Kombiniert man Pelletöfen mit einer Solaranlage, wird der Wärmebedarf für das Haus von etwa März bis Oktober überwiegend über die Solaranlage gedeckt. Sollte die Sonneneinstrahlung nicht ausreichen, schaltet sich automatisch der Pellet-Einzelofen (bzw. die Pelletzentralheizung) ein. Eine witterungsgeführte, elektronische Regelung und ein spezieller Pufferspeicher bilden dabei die Schnittstelle zwischen Solaranlage und Pelletheizung. Durch eine solche Kombination lässt sich bei kleineren Wohngebäuden etwa ein Drittel des jährlichen Brennstoffbedarfs einsparen und damit sehr günstig heizen.

Pelletzentralheizung

Pelletzentralheizungen werden immer häufiger für die Beheizung von Mehrfamilienhäusern als Alternative zu Öl- und Erdgasheizungen genutzt. Dafür gibt es mittlerweile zwei Systeme. Bei der halbautomatischen Kompaktanlage wird ein großer Vorratsbehälter von Hand mit Pellets bestückt. Meist ist das ein Vorratsvolumen von mindestens 400 Litern, es entspricht rund 260 Kilogramm Pellets. Dagegen werden die Pellets bei der vollautomatischen Heizanlage über eine Förderschnecke oder eine Saugeinrichtung aus einem Lagerraum oder Lagertank automatisch zum Heizkessel transportiert. Konzipieren Sie den Lagerraum so, dass er nur einmal jährlich von einem Pellettankwagen befüllt werden muss. Eine solche Anlage besitzt den gleichen Bedienkomfort wie eine Ölheizung.

Bei der vollautomatischen Pelletzentralheizung steuert eine digitalelektronische Überwachung das optimale Verhältnis von Verbrennungsluft und Pelletmenge. Das führt zu einem exakt abgestimmten Verbrennungsvorgang mit niedrigen Emissionen und einem hohen Wirkungsgrad von bis zu 95 Prozent. Die Raumheizung bestimmt der Wohnungsinhaber über Thermostate in den Einzelräumen so, wie es bei einer Zentralheizung üblich ist.

Im Gegensatz zu den Einzelöfen, bei denen die Abgabe von Strahlungs- und Konvektionswärme, um den Raum zu erwärmen, erwünscht ist, sind zentrale Anlagen vollständig isoliert, um Abstrahlungsverluste zu minimieren. Zwar sind Pufferspeicher nicht unbedingt notwendig, jedoch ist es mit ihnen möglich, die Brennerstarts zu reduzieren. Dadurch kann der Heizkessel immer unter Volllast betrieben werden, wodurch sich der Nutzungsgrad erhöht. Empfehlenswert ist ein Pufferspeicher, wenn das Haus als Niedrigenergiehaus gemäß der EnEV 2007 umgebaut wurde.

Mit diesen Kosten ist zu rechnen

Betriebskosten

Im Vergleich zu den herkömmlichen fossilen Brennstoffen liegen die Kosten für Pellets heute durchschnittlich bei rund 50 Prozent der jährlich anfallenden Heizkosten mit Erdgas oder 55 Prozent bei Heizöl. Die höchsten Kosten ergeben sich bei der Heizung mit Strom. Legt man einen Pelletpreis von 200 Euro pro Tonne (netto) und einen durchschnittlichen Brennstoffbedarf von rund vier Tonnen bei einem Einfamilienhaus zugrunde, ergeben sich jährliche Kosten von etwa 750 Euro (Stand Ende 2007).

Anschaffungskosten

Unter Betrachtung der Gesamtkosten, die beim Betrieb einer Heizanlage anfallen, ist bei Pelletkesseln mit höheren Anschaffungskosten zu rechnen, als sie bei konventionellen Anlagen üblich sind. Stellt man die, regional unterschiedlichen, Förderungen dagegen, besteht kaum ein Unterschied zwischen einer Pellet- und einer Öl- bzw. Erdgasheizung. Da viele Privathaushalte auf Pellet- bzw. Holzheizung umgestellt haben, sind die Preise auch für diese Alternativen gestiegen und werden noch steigen.

Das ist zu beachten, wenn eine Pelletheizung eingebaut wird

Feuerungsverordnung beachten

In Deutschland ist für Brennstofflagerräume grundsätzlich die in der jeweiligen Landesbauordnung enthaltene „Verordnung über Feuerungsanlagen und Brennstofflagerung“ (FeuVO) zu beachten. Darin sind jedoch für Pelletlagerräume keine besonderen Anforderungen enthalten. Allgemein werden deshalb die „Lagervorschriften für feste Brennstoffe“ angewendet, bei denen in den meisten Bundesländern bis zu einer Menge von fünfzehn Tonnen (ca. 23 Kubikmeter) keine Auflagen bestehen.

Tipp: Legen Sie strengere Maßstäbe an

Es ist empfehlenswert, bereits heute, im Vorgriff auf kommende Vorschriften, strengere Maßstäbe anzulegen. So sollten Umfassungswände und Geschossdecken den Anforderungen der Brandschutzklasse F 90 und Türen bzw. Einstiegsöffnungen T 30 bzw. T 90 entsprechen.

Falls Pellets mit Überdruck in den Lagerraum geblasen werden, muss ein ausreichender Prallschutz an den Wänden vorhanden sein.

7.7.6 Biogasanlagen

Von Biogasanlagen wird zwar viel gesprochen, sie lohnen sich aber trotz der hohen finanziellen Förderung des Staates für Mehrfamilienhäuser kaum, es sei denn, man hat den „Misthaufen“ vor der Tür. Biogas lässt sich politisch gut verkaufen, wird jedoch nur einem begrenzten Personenkreis wirtschaftlich zur Verfügung stehen. Eine entsprechend groß ausgelegte Anlage kann durchaus ein komplettes Dorf mit Heizenergie beliefern. In städtischen Ballungsräumen wird Biogas bei der Schmutzwasserbehandlung erzeugt und leider noch relativ selten zur Wärmeerzeugung genutzt.

7.8 Wann ist eine Baugenehmigung nötig?

Alle Umbaumaßnahmen und Sanierungen können eine Baugenehmigung nötig machen. Die Genehmigungsbehörden oder Ihr Architekt beraten Sie bestimmt gerne, in welchen Fällen Sie genehmigungsfrei agieren können.

Tipp: Baugenehmigung rechtzeitig beantragen

Lassen Sie rechtzeitig prüfen, ob Ihre Modernisierung baurechtlich genehmigt werden muss. Und kalkulieren Sie den zeitlichen Bedarf hierfür entsprechend in die Maßnahme ein. Lassen Sie lieber einen zeitlichen Puffer. Nur in seltenen Fällen bekommen Sie eine Baugenehmigung schneller als nach drei Monaten.

Vergrößerung der Außenmaße hat Folgen

Durch die Anbringung einer Wärmedämmung auf die Außenwände eines Gebäudes vergrößern sich logischerweise seine Außenmaße. Dies könnte Auswirkungen auf Auflagen aus dem Bebauungsplan, die Abstandsflächen oder Überschreitungen von Baufeldern auslösen, die dann genehmigungspflichtig sind. In verschiedenen Fällen sind dann sogar Befreiungen oder Abweichungen nötig. Erfahrungsgemäß sind die Genehmigungsbehörden sehr kooperativ und helfen gerne, wenn es sich um die Unterstützung bei energetischen Sanierungen handelt.

Wenn das Gebäude direkt an den Gehweg grenzt, muss beispielsweise die Überbauung dieses öffentlichen Grundstücks genehmigt werden, bei der Sockel- und Kelleraußendämmung sind zusätzlich die im Gehweg verlegten Leitungen zu beachten und die Arbeiten mit den entsprechenden Behörden abzustimmen.

Änderungen im Inneren

Im Inneren von Wohngebäuden sind Änderungen an nicht tragenden oder auch tragenden Bauteilen üblicherweise genehmigungsfrei. Wenn sich jedoch die Zahl oder Größe der Wohnungen verändert, kann dies wiederum zum Beispiel Auswirkungen auf den Stellplatznachweis oder die Größe des Kinderspielplatzes haben.

Welche behördlichen Verfahren durch bauliche Änderungen an Dächern und Dachaufbauten ausgelöst werden, muss fallweise geprüft werden. Bei Balkonen verhält es sich genauso. Allgemeine Angaben sind hierzu nicht möglich, weil die Rahmenbedingungen zu unterschiedlich sind.

Auflagen des Denkmalschutzes

In den Denkmalschutzgesetzen der Länder ist ganz allgemein geregelt, was zu beachten ist, wenn an denkmalgeschützten Gebäuden Änderungen vorgenommen werden sollen. Empfehlenswert ist auf jeden Fall, im Vorfeld die geplante Maßnahme mit den zuständigen Behörden zu besprechen. Bei denkmalgeschützten Gebäuden ist eine besonders sensible Betrachtungsweise nötig. In gewissen Fällen sind energiesparende Maßnahmen nur mit entsprechender Kompromissbereitschaft aller Seiten möglich. Baudenkmäler, die nach Landesrecht geschützt sind, sind beispielsweise von der Verpflichtung zur Erstellung von Energieausweisen ausgenommen.

Auch für Baudenkmäler gilt EnEV

Prinzipiell haben Baudenkmäler aber die sonstigen Anforderungen der Energieeinsparverordnung zu erfüllen, wobei aber einschränkend festgehalten ist, dass in bestimmten Fällen die nach Landesrecht zuständigen Behörden auf Antrag Ausnahmen zulassen. Insbesondere dann, wenn das Erscheinungsbild beeinträchtig würde oder der Aufwand für die Maßnahme unverhältnismäßig hoch wäre.

Gerade bei Baudenkmälern ist bei jeglicher Instandhaltung, Instandsetzung und besonders bei Modernisierungen besonderes Fingerspitzengefühl nötig. Das gilt sowohl für die Planung als auch für die Ausführung.

Achtung: Sie sind für die Rechtmäßigkeit verantwortlich!

Wenn Sie für eine Baumaßnahme keine Baugenehmigung nach Ihrer Landesbauordnung benötigen, heißt das leider noch nicht, dass das Vorhaben auch zulässig ist. Gerade durch die jüngsten Novellierungen der Bauordnungen wurden immer mehr Vorhaben ohne Genehmigung oder gar ohne Verfahren möglich. Das schließt aber nicht aus, dass Ihre Baustelle nach anderen Gesetzen oder Verordnungen – beispielsweise nach dem Denkmalschutzgesetz – gewissen Auflagen unterliegt. Die Verantwortung für die Rechtmäßigkeit Ihrer Baumaßnahme tragen Sie als Bauherr bzw. Bauherrin!

Tipps zur Gültigkeit einer Baugenehmigung

- Eine Baugenehmigung erlischt, wenn nicht – je nach Bundesland – innerhalb von drei bis vier Jahren nach deren Erteilung mit der Bauausführung begonnen wurde. Auf schriftlichen Antrag kann eine Baugenehmigung verlängert werden.
- Beachten Sie bitte, dass die Bauordnungen des jeweiligen Bundeslandes gelten und dort unterschiedliche Fristen vorgesehen sind, die fallweise geprüft werden müssen.
- Sicher ist jedenfalls, dass eine Baugenehmigung nach einer gewissen Frist erlischt.
- Beachten Sie auch, dass die Verlängerung der Baugenehmigung nur dann erteilt wird, wenn sich in der Zwischenzeit an den Rahmenbedingungen der Genehmigung nichts geändert hat. Ein Anspruch auf die Verlängerung einer Baugenehmigung besteht nicht.

8 So planen Sie die Instandhaltung Ihrer Immobilie

Instandhaltungsmaßnahmen sollten grundsätzlich – allein schon aus Gründen der Werterhaltung eines Gebäudes – über einen absehbaren Zeitraum im Voraus geplant werden. Bei Altbauten hat sich in Deutschland generell ein hoher Instandhaltungsbedarf gebildet, da in der Vergangenheit lediglich der Neubau intensiver finanziell gefördert wurde. Baumaßnahmen im Bestand hatten dabei nur geringe Bedeutung.

Instandhaltungsdefizit in Deutschland

Heute haben wir ein erhebliches Instandhaltungsdefizit, das sowohl auf die erhöhte Schadensanfälligkeit von Gebäuden aus der Nachkriegszeit, wie auch auf den allgemeinen Wissensstand (Stand der Technik) der in den Nachkriegsjahren tätigen Planer und Bauunternehmen zurückzuführen ist. Ältere Bauten weisen überwiegend eine massive, schwere Bauweise, Steildächer mit großem Dachüberstand und einen geringen Installationsgrad (Installationsgrad: Ausrüstung mit Leitungen für Wasser, Gas und Strom) auf. In der Nachkriegszeit wurden Gebäude häufig mit einer leichten Mauerwerks- bzw. Skelettbauweise, Betonfertigteilen mit hohem Fugenanteil, großer Materialvielfalt und nicht sehr umfangreicher Gebäudetechnik errichtet. Man musste schließlich schnell zerstörten Wohnraum ersetzen. Zusätzlich führt die steigende Umweltbelastung (Schlagwort: Saurer Regen) zu erhöhter Schadensbildung an Gebäuden.

Problem: fehlende Finanzen

Die Entscheidungen für Instandhaltungsmaßnahmen fallen selten aus technischen Gründen, sondern meist erst dann, wenn ausreichende Finanzmittel zur Verfügung stehen. Hier kann eine Instandhaltung nicht zur vorbeugenden Werterhaltung beitragen, sondern hinkt vielmehr wegen längst überfälliger Reparaturen und akuter Probleme dem Bedarf hinterher. Daraus ergibt sich vielfach die Notwendigkeit zur vollständigen Sanierung bzw. Modernisierung. Die dafür notwendigen Haushaltsmittel fehlen dann aber wiederum für die normale Instandsetzung, wodurch ein fortwährender Nachholbedarf entsteht.

Tipp: Eine gute Planung erhöht den Immobilienwert

Eine aktive Hausverwaltung sollte Instandhaltungsmaßnahmen über einen längeren, überschaubaren Zeitraum vorbeugend planen. Auf diese Weise wird der Immobilienwert nicht nur erhalten, sondern sogar gesteigert.

Wegen der oben beschriebenen Situation haben sich die Aktivitäten bei vorhandenem Gebäudebestand auf die Bestandserhaltung verlagert. Die Maßnahmen lassen sich in vier Schwerpunkte unterteilen:

- Instandhaltung wegen Überalterung, Abnutzung und Umweltschäden,
- bautechnische Maßnahmen zur Anpassung an neue Vorschriften und Gesetze, z. B. EnEV 2007,
- Sanierung aufgrund unzureichender Instandhaltung in der Vergangenheit, woraus hohe Kosten resultieren, und
- Umbau bzw. Modernisierung aufgrund geänderter Wohnbedürfnisse bzw. Hygienevorstellungen.

8.1 Die Lebensdauer eines Gebäudes

Basis: Materialprüfung und Erfahrungswerte

Der heute übliche Ansatz für die Lebensdauer eines Gebäudes liegt bei 80 bis 100 Jahren, im Gegensatz zu der früher üblichen Annahme von 100 Jahren und mehr. Für einzelne Bauteile oder Baustoffe ist die Ermittlung der Lebensdauer nur in statistischen Zeitspannen möglich, die auf Untersuchungen und Materialprüfungen von Prüfinstituten beruhen und hochgerechnet werden. Diese Werte ergänzt man in der Praxis durch eigene Erfahrungen. So kommen in der Literatur teilweise sehr unterschiedliche Aussagen zur Lebensdauer einzelner Bauteile oder Baustoffe zustande.
Ausgehend von einem Lebenszyklus von 80 bis 100 Jahren für Gebäude bedeutet das für die Gebäudeklassen A und B einen hohen Instandhaltungsbedarf. Für die Gebäudeklasse C kann dieser Bedarf niedriger sein, jedoch werden aufgrund der damals üblichen Ausstattung Investitionen zur Anpassung an heutige Wohnbedürfnisse notwendig. Zugleich müssen alle Gebäudeklassen an die gesetzlichen Forderungen der EnEV 2007 angepasst werden. Schließlich kommen

noch einige Unwägbarkeiten hinzu, die bei der Planung bedacht werden müssen.

Beispiel: Unvorhersehbarer Instandsetzungsbedarf

Die Lebensdauer eines Isolierglases beträgt theoretisch einige Jahrzehnte, in denen es noch klarsichtig, ohne Kondensatbildung oder Verfärbung funktionsfähig bleibt. Es kann jedoch zu einer kurzfristigen Instandsetzung kommen, wenn das Fenster durch Fremdeinwirkung zerstört oder beschädigt wird. Damit wird die vorbeugende Instandhaltungsplanung, die auf den theoretisch bekannten Werten beruht, durch die Notwendigkeit, das Fenster kurzfristig zu ersetzen, ausgehebelt.

Ebenso kann es passieren, dass aufgrund neuer Bestimmungen ein noch funktionsfähiges Fenster den Forderungen der Energieminimierung angepasst werden muss, indem die alte, an sich noch intakte Isolierglasscheibe durch eine hoch wärmedämmende Scheibe ersetzt wird. In diesem Fall besteht sogar vonseiten eines Mieters ein Rechtsanspruch auf Anpassung.

Unwägbarkeiten

Bekannt sind auch Fälle, bei denen an Hochhäusern aus den 60er-Jahren Fassadenschäden durch sich lösende und herabfallende Teile der Vorhangfassade entstanden. Obwohl die seinerzeit übliche Fassadenbekleidung mit z. B. Asbestzementplatten statistisch Jahrzehnte überdauern könnte, lösten sich Platten im Windsogbereich der Fassade. Man stellte schnell fest, dass die ausgeführte Verankerung mit üblichen Kunststoffdübeln im Mauerwerk – zum Zeitpunkt der Erstellung Stand der Technik und damit rechtens – nicht den auftretenden Windsogkräften genügte. Seit Änderung der statischen Bauvorschriften bezüglich der Fassadenverankerung treten solche Schäden nicht mehr auf. Dennoch müssen die asbesthaltigen Fassadenplatten hier aufgrund der Gefahrstoffverordnung (GefStoffV) entfernt werden. Diese basiert ebenfalls auf Erkenntnissen, die erst nach dem Bau solcher Gebäude publik und dann in Normen und Verordnungen aufgenommen wurden. Damit änderte sich auch die frühere Annahme für die Lebensdauer des Fassadenbauteils Asbestzement. Ersatz dafür bieten die nach 1980 gefertigten bauüblichen Produkte aus Faserzement.

Achtung: Praxisvergleich wichtig
Einmal festgelegte Daten zur Lebensdauer eines Bauteils oder Baustoffs müssen laufend mit der Praxis verglichen und entsprechend in den eigenen Daten nachgetragen werden.

8.2 So ermitteln Sie kurz- und langfristig notwendige Maßnahmen an einzelnen Gewerken

Kurzfristig notwendige Maßnahmen sind nach DIN 31051 (Punkt 4.1.2 Wartungsmaßnahmen) solche, die „zur Verzögerung des Abbaus des vorhandenen Abnutzungsvorrats“ beitragen. Dabei muss „jedes Bauteil, Bauelement, Gerät, Teilsystem, Betriebsmittel oder System, das für sich allein betrachtet werden kann“, auf Schwachstellen und Abnutzung überprüft werden. Im Einzelfall, wenn davon eine unmittelbare Gefahr für Nutzer ausgeht, muss das Teil sofort saniert oder bis zur Reparatur sogar stillgelegt werden.

Beispiel: Aufzug außer Betrieb
Funktioniert bei der technischen Prüfung eines Personenaufzugs die Schließvorrichtung der Tür nicht mehr, kann der Aufzug nicht mehr benutzt werden und wird gesperrt. Eine Reparatur ist unmittelbar in Auftrag zu geben und auszuführen.

Sicherheits- und Wartungsinspektion

In die Kategorie „Sicherheits- und Wartungsinspektion“, die mindestens einmal jährlich durchgeführt werden sollte, fallen

- eine regelmäßige qualifizierte Inspektion und Wartung, die eine Nutzungsdauer des betreffenden Bauteils oder Geräts deutlich steigert und das Risiko eines plötzlichen Versagens mindert, und
- die Kontrolle bestehender Sicherheitsvorschriften, durch deren Nichtbeachtung Personen zu Schaden kommen können, z. B. für Personenaufzüge, Treppen usw.

So gehen Sie vor

Unabhängig von Gebäudekategorie und -größe können Sie bei der Überprüfung nach den folgenden Checklisten vorgehen. Dabei wird bei der Begehung die entsprechende Frage durch Ankreuzen bei

„Rep“ (Reparatur) oder „Inst“ (normale Instandhaltung) und „Abn“ (Abnutzung in Prozent) beantwortet. Die so gesammelten Daten werden später in die zur Instandhaltungsplanung benötigten Dateien übertragen. Mit dieser einfachen Prüfung ergibt sich für jedes Gebäude eine zeitgenaue Feststellung des Istzustands. Dabei sollten die Tabellen zunächst entsprechend der eigenen Gebäudeausstattung angepasst bzw. ergänzt werden.
Bei einem Kreuz bei „Rep“ handelt es sich um ein beschädigtes Bauteil, das nicht mehr funktionsfähig ist und dringend ausgewechselt bzw. erneuert werden muss. „Inst“ wird angekreuzt, wenn das Teil noch voll funktionsfähig ist und deshalb in die normale Instandhaltungsplanung übernommen werden soll. Die Angabe von Prozenten (von Null bis Hundert) bei „Abn“ unterstützt die Instandhaltungsplanung. Dabei wird eine Null eingesetzt, wenn es sich um ein neues Bauteil handelt, die Hundert bedeutet dagegen, dass eine sofortige Reparatur (Ersatz) notwendig und somit nicht mehr in das normale Instandhaltungsintervall aufgenommen wird bzw. nach der Erneuerung dann mit Null in der Planung steht.

Beispiel: Durchgerostete Dachrinne

Eine Metalldachrinne ist durchgerostet, das Wasser tropft an der Fassade herunter. Somit besteht die Gefahr eines Fassadenschadens. Die Rinne muss hier sofort repariert werden – also Eintrag 100 Prozent bei „Abn" und zusätzlich ein Kreuz bei „Rep". Wurde dagegen bereits eine neue Rinne montiert, wird Null Prozent eingetragen und diese in die normale Instandhaltungsplanung übernommen.

Checkliste: Flachdach

Siehe CD-ROM

Gebäude/Ort ...	**Gebäudeklasse ...**	**Baujahr ...**	
Überprüfung der Dachhaut Flachdach	**Rep**	**Inst**	**Abn**
Blasen oder Risse in der Oberlagsbahn sichtbar?			
Bahnen oder Nahtverbindungen offen?			
Oberlagsbahn stark verwittert (Versprödungsrisse)?			
UV-Schutz beschädigt (Oberflächenfarbe)?			
Stehende Wasserpfützen (Dellen in der Dachhaut)?			

Gebäude/Ort ...	Gebäudeklasse ...	Baujahr ...	
Überprüfung der Dachhaut Flachdach	**Rep**	**Inst**	**Abn**
Haben sich Hohlstellen gebildet?			
Einzelne Bahnenbereiche abgewittert?			
Abdichtungsbahnen beschädigt?			
Hat sich Pflanzenbewuchs gebildet?			
Durchdringen Pflanzwurzeln die Dachhaut?			
Fehlt Einlauf des Flachdachentwässerungskorbs?			
Einlauf Flachdachentwässerung verstopft?			
Einlauf Flachdachentwässerung undicht?			
Dachkies verweht?			
An- und Abschlüsse beschädigt?			
Fugenabbildung in der Dachabdichtungsbahn (schwindende Wärmedämmschicht)?			
Dachdämmplatten sichtbar?			
Dämmplatten im Fugenbereich aufgeschüsselt?			
Blitzschutz vorhanden/funktionsfähig?			
Oberlichter beschädigt?			
Oberlichter undicht?			
Oberlichtkranz beschädigt?			
Attikaabdeckung beschädigt?			
Bewegungsfugen undicht?			
Abdeckung Gebäudetrennfuge intakt?			
Gibt es generell mechanische Beschädigungen?			
Ist das Dach noch begehbar?			
Rettungswege ausgewiesen?			
Belag im begehbaren Bereich beschädigt?			
Pflanzung der Dachbegrünung nachbessern?			
Dachbegrünung nachdüngen?			
Bewässerung der Dachbegrünung ausreichend?			
Antennendurchgänge undicht/beschädigt?			
Kaminköpfe beschädigt/Fugen undicht?			

Checkliste: Steildach

Siehe CD-ROM

Gebäude/Ort ... **Gebäudeklasse ...**	**Baujahr ...**		
Überprüfung Steildach	**Rep**	**Inst**	**Abn**
Dacheindeckung			
Tondachziegel, Betondachsteine: Oberfläche beschädigt?			
Asbestzement-Wellplatten (vor 1980) oder asbestfreie Faserzement-Wellplatten: Oberflächenzustand der Platten in Ordnung?			
Naturschiefer: Befestigung der Schiefereindeckung in Ordnung?			
Verzinkte Metallbleche: Bildung von Rostflecken? Fugenzustand der Metalleindeckung in Ordnung?			
Aluminiumbleche: Oxidation der Oberflächen?			
Beschichtete Metalldachpfannen: Oberflächenzustand der Beschichtung in Ordnung?			
Faserzement-Dachplatten (nach 1980) asbestfrei kleinformatig: Zustand der Dachabdichtungsbahnen in Ordnung?			
Bitumendachbahnen: Zustand der Dachabdichtungsbahnen in Ordnung?			
Kunststoff-Dachbahnen: Versprödung sichtbar (feine Spinnenhaarrisse)?			
Reet oder Stroh: Starke Bemoosung? Einzelteile der Eindeckung lose/beschädigt?			
Dacheindeckung gegen Windsog mit Sturmklammer gesichert oder teilverschraubt: Befestigung intakt?			
Vermörtelte Dacheindeckung: Bereiche lose?			
Dacheindeckung mit offenen Fugen ohne Abdichtung?			
Dachrinne (innen liegend oder an der Traufe)			
Kunststoff: Oberfläche angewittert?			
Metallblech: Rostflecken stark/schwach?			
Kupferblech: Patinabildung an den Stößen/in der Fläche?			
Metalldachrinnen an Blitzschutz angeschlossen?			
Fallrohr			
Verzinktes Metallblech: Rostlöcher vorhanden?			
Kupferblech: Patinabildung?			
Kunststoff: Oberfläche angewittert?			
Dachfirst			
Dachfirst vermörtelt: Mörtelteile lose?			

Gebäude/Ort ... Gebäudeklasse ... Baujahr ...			
Überprüfung Steildach	**Rep**	**Inst**	**Abn**
Dachfirst genagelt/verschraubt: Befestigung noch intakt? Einzelne Bereiche beschädigt?			
Dachbegehung			
Ausstiegsluke für Schornsteinfeger, Dachbegehung wärmegedämmt?			
Sicherheitstritt, -rost, -stufe für Dachbegehung intakt?			
Dachhaken für Leitersicherung vorhanden und intakt?			
Schneefangvorrichtungen			
Schneefanggitter, Schneefangholz, Schneestoppstein, Schneefanghaken vorhanden und intakt?			
Durchdringungen			
Dunstrohrdurchgang mit/ohne Kappe?			
Dunstrohrmündung zu niedrig (1 m über OK Dachfläche)?			
Antennendurchgang gedämmt?			
Wand- und/oder Kaminanschluss mit Verblechung aus Blei/Metall/Kunststoff: Oberfläche verwittert/Rostbildung?			
Dachbelichtung			
Dachfenster zur Belichtung wärmegedämmt?			
Lichtdachziegel aus Kunststoff zur Dachbelichtung: Oberfläche verwittert?			
Kamin			
Abdeckung am Kaminkopf aus Klinker vorhanden/nicht vorhanden?			
Kaminkopf bekleidet mit Metallblech/Faserzementplatten/Schiefer: Bekleidung intakt?			
Abdeckung Kaminkopf aus Formteilen/Metallblech intakt?			
Kehlenausbildung aus Metall/Kunststoff: Rost/Verwitterung?			
Lüfterelemente/Lüftersteine im Traufbereich intakt?			
Fenster			
Verglasung der Dachflächenfenster intakt und zeitgemäß (EnEV) (Isolierglas)?			
Dachgauben			
Dachgauben aus Fertigteilen: Oberfläche intakt?			
Dachgauben aus Holz: Schimmel/Verwitterung?			
Dachgaubenflächen verputzt: Putz intakt?			

Gebäude/Ort ... Gebäudeklasse ... Baujahr ...			
Überprüfung Steildach	**Rep**	**Inst**	**Abn**
Dachgaubenflächen mit Dacheindeckung bekleidet: Oberfläche intakt?			
Dachgaubenflächen mit Metall bekleidet: Rost?			
Dachgaubenfenster wärmegedämmt gemäß EnEV? (Wenn nicht, so müssen sie nachgerüstet werden.)			
Dachgauben an Blitzschutz angeschlossen?			
Dachstuhl			
Dachstuhl aus Holzbalken sichtbar/bekleidet: Balken/Bekleidung intakt?			
Dachstuhl aus Fachwerkbindern (Holz): Imprägnierung gegen Schädlinge/Pilzbefall erneuern?			
Holzdachstuhl teilweise durchfeuchtet?			
Holzdachstuhl mit Schädlingsbefall?			
Holzdachstuhl mit Pilzbefall?			
Holzdachstuhl: Statik in Ordnung?			
Dachkonstruktion			
Dachkonstruktion ohne Unterdach/Holzschalung?			
Dachkonstruktion mit Unterspannbahn nach DIN 4108?			
Dachkonstruktion ohne (ausreichende) Wärmedämmung?			
Dachkonstruktion luftdicht?			
Wärmedämmung			
Wärmedämmung des Daches ausreichend und zeitgemäß?			
Wärmedämmung brandsicher? (Mineralwolle: schwer entflammbar, Polystyrol- oder Polyurethan-Hartschaumplatten: nicht brennbar; Holzwolle, Zellulose, Hanf, Schafwolle, Stroh, Holzspäne: brennbar)			
Wärmedämmung beschichtet mit Metallfolie: Beschichtung intakt?			
Dachunterseite			
Dachunterseite bekleidet mit Gipskartonplatten, Holzwolle-Leichtbauplatten, Holztäfelung: Bekleidung intakt?			
Leitungen			
Elektrische Leitungen in der Dachkonstruktion in Ordnung?			
Heiz-, Warm-, Kaltwasserleitungen in der Dachkonstruktion in Ordnung (Rost?) und ausreichend gedämmt?			
Leitungen (Elektrik, Wasser) auf Putz in Ordnung?			

Gebäude/Ort ...	Gebäudeklasse ...	Baujahr ...	
Überprüfung Steildach	**Rep**	**Inst**	**Abn**
Dachbalkon			
Dachbalkon: Konstruktion intakt?			
Verglasung der Fenstertüren intakt und ausreichend wärmegedämmt?			
Metallgeländer: Rost? Statisch sicher?			
Holzbrüstung: Pilz-/Schädlingsbefall? Statisch sicher?			
Dachbalkon komplett an den Blitzschutz angeschlossen?			

Checkliste: Außenfläche/Fassade

Siehe CD-ROM

Gebäude/Ort ...	Gebäudeklasse ...	Baujahr ...	
Überprüfung Außenfläche/Fassade	**Rep**	**Inst**	**Abn**
Fassade teilweise beschädigt?			
Teilflächen der Putzfassade ausgebrochen?			
Fehlen bei Teilflächen der Vorhangfassade Fassadenplatten?			
Fassadenfugen undicht?			
Bewegungsfugen beschädigt?			
Fassadenschäden im Traufbereich?			
Fassadenschäden im Attikabereich?			
Fassadenecken (-anschlüsse) beschädigt?			
Anschlussbereiche an Öffnungen beschädigt?			
Balkonplatten ungedämmt?			
Balkonbrüstungen beschädigt?			
Fensteranschlüsse undicht?			
Fensterlaibung beschädigt?			
Schadhafte Fensterbankbleche?			
Schadhafte Balkonbankbleche?			
Fensterbänke beschädigt?			
Elemente für Pflanzen in der Fassade instabil?			
Blumenkübelhaken in der Fassade instabil?			
Fallrohre beschädigt?			
Fallrohre im Sockelbereich beschädigt/nicht funktionsfähig?			
Fassadenanstrich schadhaft, Abplatzungen, Verfärbungen?			
Feuerleitern (Fluchtweg), Feuerbalkone intakt?			

Gebäude/Ort ...	Gebäudeklasse ...	Baujahr ...	
Überprüfung Außenfläche/Fassade	**Rep**	**Inst**	**Abn**
Befestigung der Feuerleitern intakt?			
Haarrisse/starke Risse im Außenputz?			
Mörtelfugen bei Sichtmauerwerk nachbessern?			
Fugenabdeckungen bei Bewegungsfugen erneuern?			
Abdichtungsmaterial in Bewegungsfugen erneuern?			
Wärmedämmschicht durchfeuchtet/auswechseln?			

Checkliste: Fenster und Türen

Siehe CD-ROM

Gebäude/Ort ...	Gebäudeklasse ...	Baujahr ...	
Überprüfung Fenster und Türen	**Rep**	**Inst**	**Abn**
Holzrahmen: • Imprägnierung nachbessern? • Anstrich erneuern?			
Metallrahmen: • Rostflecken/Oxidation/Patina? • Kunststoffbeschichtung beschädigt?			
Kunststoffrahmen farblich ausgebleicht?			
Laibungsbereich mit offenen Fugen zw. Wand/Fenster/Tür?			
Fensterbank Anstrich erneuern?			
Fenster-/Türfugen ohne Dichtung?			
Fenster-/Türfugen Dichtung beschädigt?			
Fenster-/Türbeschläge beschädigt?			
Fehlende Wetterschutzschiene am Fenster/an Tür?			
Fenster für Notausstieg gekennzeichnet?			
Fenster als Rauchabzugsklappe im Treppenhaus funktionstüchtig?			
Wärmedämmung der Rollladenkästen veraltet?			
Außenjalousien schadhaft?			
Sonnenschutzanlage schadhaft?			
Raumseitige Jalousien schadhaft?			
Außenseitige Klappläden schadhaft?			
Außenseitige Schiebläden schadhaft?			
Fenster mit Brandschutzverglasung			
Türen mit Brandschutzverglasung			

Checkliste: Heizung und Installation

Siehe CD-ROM

Gebäude/Ort ... Gebäudeklasse ... Baujahr ...			
Überprüfung Heizung und Installation	**Rep**	**Inst**	**Abn**
Zentrale Heizung mit Heizöl, Gas, Strom, Fernwärme, Holzpellets, alternativer Energie			
Heizung allgemein funktionstüchtig?			
Entspricht die vorhandene Heizanlage noch den Forderungen der EnEV 2007?			
Sicherheitsschalter für Strom, außenseitig, in Ordnung?			
Sicherheitsschalter für Gas, außenseitig, in Ordnung?			
Halb- oder vollautomatische Steuerungsanlage intakt?			
Warmwasseraufbereitung			
Zentrale Aufbereitung über Heizkessel im Gebäude			
Getrennte Aufbereitung über eigenen Brenner/Wassertank			
Warmwasser wird mit Ölbrenner erzeugt			
Warmwasser wird mit Gasbrenner erzeugt, Sicherheit			
Warmwasser wird mit alternativer Energie erzeugt, welche?			
Dezentrale Warmwasseraufbereitung			
Warmwasser über Fernwärme			
Warmwassererzeugung in jeder Wohnung separat			
Gasbrenner in Wohnung: Ab- und Zuluft, Sicherheit			
Speicher/Durchlauferhitzer mit Strom in Wohnung			
Warm- und Kaltwasserleitungen			
Wärmedämmung vorhanden und intakt?			
Kunststoffrohre: Oberfläche intakt?			
Verzinkte Metallrohre: Rost auf der Oberfläche?			
Bleirohre (Gebäudeklasse A): Auswechseln?			
Kupferrohre: Patinabildung?			
Heiz- und Lagerräume			
Zentraler Heizraum mit Zu- und Abluft gemäß FeuVO?			
Zentraler Brennstofflagerraum gemäß FeuVO?			
Zugangstüren Heiz- und Lagerraum gemäß FeuVO?			
Fußböden in Heiz- und Lagerraum gemäß FeuVO?			
Fluchtwegeplan ausgewiesen?			

Gebäude/Ort ...	**Gebäudeklasse ...**	**Baujahr ...**	
Überprüfung Heizung und Installation	**Rep**	**Inst**	**Abn**
Elektrische Leitungen im Heiz- und Lagerraum explosionsgeschützt?			
Ölfangwanne im Heizöllagerraum dicht?			
Decke wärmegedämmt?			
Decke über Heizraum explosionsgeschützt?			
Decke allgemein intakt (Schäden an Mauerwerk/Holzbalken/Stahlbeton)?			
Abgasführung			
Abgasführung über Außenwand			
Werden die Rauchgase über Dach geführt?			
Werden die Abgase im Wohnbereich über die Außenwand abgeführt?			
Abgasschornstein gemauert: Versottung checken			
Abgasschornstein Metall: Auf Roststellen prüfen			
Abgasschornstein mit Innenfutter: Auf Schadstellen prüfen			
Ist eine bessere Rauchgasführung möglich?			
Abgasschornstein: Mauerwerk/Oberfläche intakt?			
Abgasschornstein: Verbesserung der Rauchgasführung möglich?			
Einzelheizkörper in den Wohnungen			
Einzelheizkörper funktionstüchtig?			
Einzelheizkörper mit Thermostat ausgestattet?			
Wohnraumheizkörper zeitgemäß (Guss- oder Stahlrippenheizkörper energetisch ineffizient)?			
Fußbodenheizung funktionstüchtig?			
Fußbodenheizung mit Kunststoffrohren: Oberfläche intakt?			
Fußbodenheizung mit Metallrohren: Rostbildung?			
Fußbodenheizung mit Thermostatsteuerung ausgerüstet?			
Wand- und Deckenstrahlungsheizung in Ordnung?			
Elektroinstallation			
Leitungen intakt, keine Korrosion?			
Elektroinstallation geerdet?			
Elektroinstallation nur zweikablig bis in Wohnungen (Gebäudeklasse A und B)?			
Leitungen ausreichend isoliert/Isolation intakt?			

Gebäude/Ort ...	Gebäudeklasse ...	Baujahr ...	
Überprüfung Heizung und Installation	**Rep**	**Inst**	**Abn**
Zentraler Anschlussraum für Strom, Wasser, Gas			
Zentrale Anschlussraum für Telefon, Internet, TV-Kabel (Sicherheit, gem. Bauvorschrift, Brandschutz, Funktionsfähigkeit)			
Zentrale Antennenanlage in Ordnung?			
Zentrale Klingelanlage mit Gegensprecheinrichtung funktionstüchtig?			
Abwasserleitungen			
Abwasserleitung im Erdreich verstopft?			
Abwasserleitung im Erdreich auf Schäden prüfen (Wurzeln, Risse, Verbindungen)			
Abwasserleitungen im Erdreich aus keramischen, Kunststoff-, Gussrohren			
Falls alte Asbestzementrohre vorhanden sind, diese auswechseln (Gefahrstoffverordnung)			
Guss-, Metall-, Kunststoffrohre in den Wohnungen intakt?			
Asbestzement- oder Bleirohre vorhanden (auswechseln, gesundheitliche Risiken)?			
Abwasserhebeanlage im Keller intakt?			
Gullyeinläufe im Keller mit Rückstauverschluss versehen?			
Abfallentsorgung			
Zentrale Abfallentsorgung über Treppenhaus mit Abfallschacht: Schacht und Einschüttöffnungen intakt?			
Zentrale und separate Müllräume: Anforderungen an Brandschutz erfüllt?			

Checkliste: Keller, Untergeschoss und Tiefgarage

Siehe CD-ROM

Gebäude/Ort ...	Gebäudeklasse ...	Baujahr ...	
Überprüfung Untergeschoss/Tiefgarage	**Rep**	**Inst**	**Abn**
Risse im Fußboden?			
Feuchte Stellen im Fußboden?			
Risse in den Außenwänden?			
Feuchte Stellen an den Außenwänden?			
Ausblühungen (helle Stellen mit Kristallen) auf den Außenwänden?			

Gebäude/Ort ... Gebäudeklasse ... Baujahr ...			
Überprüfung Untergeschoss/Tiefgarage	**Rep**	**Inst**	**Abn**
Pilzsporen (dunkle Flecken) auf den Außenwänden?			
Pilzsporen (dunkle Flecken) im Bereich Decke/Außenwand?			
Feuchte Bereiche hinter Möbeln?			
Feuchte am Anschluss Wand/Fußboden?			
Wasser über Lichtschächte eingelaufen?			
Lichtschächte ohne eigene Entwässerung?			
Lichtschächte von Wand abgerissen?			
Genutztes Untergeschoss			
Ist die Deckendämmung in Ordnung?			
Ist die Fußbodendämmung in Ordnung?			
Ist die Außenwanddämmung in Ordnung?			
Ist der Deckenputz/-anstrich noch intakt?			
Sind die Einzelheizkörper in den Räumen in Ordnung?			
Ist die Fußbodenheizung in Ordnung?			
Ist die Badeinrichtung (Wanne/Dusche/Toilette) in Ordnung?			
Ist die separate Toilette in Ordnung?			
Ist die Fensterverglasung in Ordnung?			
Ist die Fensterdämmung in Ordnung?			
Ist der Lichtschacht entwässert?			
Ist die Außentür am separaten Zugang wärmegedämmt?			
Ist die Außentür einbruchhemmend?			
Ist die Betonaußentreppe in Ordnung?			
Ist die Innentreppe zum EG in Ordnung?			
Tiefgarage			
Fußboden mit feinen Rissen?			
Feuchte Stellen im Fußboden?			
Starker Verschleiß der Fußbodenoberfläche (Fahrspuren)?			
Nässe an den Wänden?			
Ausblühungen an den Wänden?			
Risse in den Wänden?			
Rissen in der Decke?			
Wassertropfen an der Decke (Kondensatbildung durch Temperaturdifferenz)?			
Nassstellen an der Decke (Wassereinbruch von außen)?			

Gebäude/Ort ...	Gebäudeklasse ...		Baujahr ...
Überprüfung Untergeschoss/Tiefgarage	**Rep**	**Inst**	**Abn**
Stalaktiten an der Decke?			
Weiße Stellen an der Decke (Kalkauslaugung, Ausblühung)?			
Sind die Türen am Ausgang (Treppenhaus) Feuerschutztüren?			
Fluchtwege ausgewiesen?			
Garageneinfahrt gesichert mit Toren /Rollgitter?			
Lüftung Garage vorhanden?			
Beleuchtung in Ordnung?			
Belüftungsanlage in Ordnung?			
Markierungen Einstellplatz intakt?			

Checkliste: Sicherheitsrelevante Bauteile

Siehe CD-ROM

Gebäude/Ort ...	Gebäudeklasse ...		Baujahr ...
Überprüfung sicherheitsrelevante Bauteile	**Rep**	**Inst**	**Abn**
Personen- und/oder Lastenaufzug			
Sicherheitsüberprüfung erfolgt (durch TÜV, Hersteller)?			
Automatische Steuerung mit Schlüssel/Codekarte funktionstüchtig?			
Seilzugaufzug mit Motorraum im Dachgeschoss funktionstüchtig?			
Brandschutzsicherung im Motorraum intakt?			
Hydraulischer Aufzug mit Steuerung im Keller funktionstüchtig?			
Fahrstuhl mit Erweiterung für Krankentransport in Ordnung?			
Nothalt- und Meldeeinrichtung intakt?			
Kabineneinrichtung entsprechend Bauvorschrift?			
Fahrstuhltür entsprechend den Bauvorschriften?			
Rufnummer für Notfälle angegeben?			
Brandschutz			
Feuermeldeeinrichtung im Aufzug (Rauchmelder) funktionstüchtig?			
Feuerschutztüren im Treppenhaus vorhanden und intakt?			
Brandschutzfenster im Treppenhaus vorhanden und intakt?			

Gebäude/Ort ... Gebäudeklasse ... Baujahr ...			
Überprüfung sicherheitsrelevante Bauteile	**Rep**	**Inst**	**Abn**
Feuerschotten im Treppenhaus vorhanden und intakt?			
Glastüren Treppenhaus mit Sicherheitsglas?			
Fluchtwegeplan im Treppenhaus vorhanden?			
Fluchtwege gekennzeichnet?			
Notausstiege gekennzeichnet und funktionsfähig?			
Feuertreppe an Fassade gut befestigt?			
Rauchabzug im Treppenhaus (mit/ohne automatische Steuerung) funktionstüchtig?			
Rauchmelder im Treppenhaus funktionstüchtig?			
Löschwasserzuleitung gekennzeichnet?			
Löschwasserentnahmestelle für Feuerwehr gekennzeichnet?			
Löschwasserschläuche im Treppenhaus vorhanden und funktionstüchtig?			
Feuerlöscher im Treppenhaus vorhanden und intakt?			
Feuerlöscher im Wohn-, Bürobereich vorhanden und intakt?			
Sprinkleranlage im Treppenhaus funktionstüchtig?			
Sprinkleranlage in den Wohn-, Nutz-, Büroräumen funktionstüchtig?			
Sprinkleranlage in der Tiefgarage funktionstüchtig?			
Brandschutztüren in den Rettungswegen vorhanden?			
Zufahrt Feuerwehr vor Haus gekennzeichnet?			
Außenreinigung			
Absturzsicherung für Fassaden-/Fensterreinigung funktionstüchtig?			
Fassadenaufzug (bei höheren Gebäuden) für Außenreinigung funktionstüchtig?			
Einbruchsicherung			
Einbruchüberwachung durch Kameras mit Aufzeichnung intakt?			
Zugang Kellerbereich gesichert?			
Universalschlüssel für Hauseingang vorhanden?			
Kennzeichnung			
Notfallschlüssel in Kasten für Fluchtwege vorhanden?			
Fluchtwege frei und gekennzeichnet?			

Gebäude/Ort ... Gebäudeklasse ... Baujahr ...			
Überprüfung sicherheitsrelevante Bauteile	**Rep**	**Inst**	**Abn**
Sicherungskasten mit Hauptsicherung für Gebäude (Strom) intakt?			
Haupthahn Gasabsperrung gekennzeichnet?			
Haupthahn Wasserzuleitung gekennzeichnet?			

8.3 Diese Instandhaltungsintervalle sollten Sie einhalten – Terminpläne nach Gewerken

Nachdem der Istzustand zu einem bestimmten Zeitpunkt mit einer Begehung des Gebäudes unter Zuhilfenahme der Checklisten auf den Seiten 241 bis 252 festgestellt wurde, kann eine zeitliche Festlegung der regelmäßig wiederkehrenden Instandhaltung nach Bauelementen geplant werden. Ziel ist es, rechtzeitig festlegen zu können, wann und mit welchem Aufwand der wirtschaftliche Einsatz ohnehin begrenzter Mittel für die Instandhaltung von Gebäuden vorgenommen werden sollte.

Grundlage für Terminplanung: Datenbank

Sie haben nun den real vorhandenen Gebäudezustand in Ihren Listen festgehalten. Damit haben Sie den ersten Schritt zum Aufbau einer umfassenden Datenbank für jedes Gebäude vollzogen. Demnach wissen Sie, wo und an welcher Stelle Reparaturen sofort fällig sind oder Maßnahmen im Rahmen der Gebäudeinstandsetzung eingeplant werden müssen. Die in diesem Kapitel folgenden Tabellen helfen Ihnen, eine exakte Terminplanung der Instandhaltung in Ihrer Datenbank festzuschreiben. Zwar ist zunächst der zeitliche Aufwand für jede einzelne Immobilie hoch, jedoch erhalten sie auf diese Weise Planungssicherheit bezüglich der Termine der Instandhaltungsmaßnahmen. Diese Maßnahmen beziehen sich nicht nur auf energetische Verbesserungen, wie sie von der EnEV 2007 gefordert und von vielen Hausverwaltungen als alleinige Aufforderung zur Instandhaltung angesehen werden. In diesem Buch wird die generelle Instandhaltungsplanung von Gebäuden angestrebt und nicht allein die nach der EnEV zwingend vorgeschriebene. Beide Argumente dürfen nicht allein für sich stehend, sondern müssen in ihrer Gesamtheit betrachtet werden, um Gebäude dauerhaft und entsprechend dem Stand der Technik nutzbar zu erhalten.

Empfehlungen für Inspektion und Wartung

Dabei sind in den im Folgenden vorgestellten Tabellen Vorgaben zur mittleren Lebenserwartung, Inspektion und Wartung als Empfehlung genannt. Im Einzelfall und in Abhängigkeit vom Gebäudezustand, der ausgeführten Instandhaltung sowie örtlich unterschiedlicher Umweltbelastungen sind Abweichungen möglich. Deshalb sollten die genannten Werte immer objektbezogen entsprechend den hauseigenen Möglichkeiten und angepasst an die Finanzplanung ergänzt werden. Nicht erfasst werden können Sofortmaßnahmen, wie sie bei kurzfristiger Reparatur durch Schäden oder Zerstörung entstehen können.

Der Abnutzungsgrad (in Prozent) ist keine feststehende Größe. Er muss bei der Gebäudebegehung subjektiv festgelegt werden. Null Prozent bedeutet, das Teil ist neu bzw. frisch repariert, hundert Prozent heißt, es muss sofort ausgewechselt werden. Möglich ist auch, den Grad der Abnutzung eines Gebäudeteils durch mechanische oder endoskopische Prüfung festzustellen (aber: hoher Zeit- und Finanzaufwand). Das gilt besonders für sicherheitsrelevante Elemente, wie z. B. beim Aufzug.

Erstellung einer objektbezogenen Datenbank

Die Lebenserwartung (in Jahren) der Bauteile entspricht der angenommenen Gesamtnutzungszeit von 80 bis 100 Jahren. Ausgehend davon werden Inspektions- und Instandhaltungsintervalle empfohlen. Die Inspektion dient kurzfristig der Feststellung anfallender Maßnahmen oder Sofortmaßnahmen (Reparaturen) und zur Feststellung des Istzustands eines Gebäudes (siehe Seite 240). Gleichzeitig wird damit die Basis für die Datenbank jedes Gebäudes erstellt. Die Instandhaltung dagegen hilft im Wesentlichen bei der Werterhaltung und Wertverbesserung einer Immobilie. Art und Umfang der Inspektions- und Wartungsarbeiten sollten vom Anwender bearbeitet und einer kritischen Kontrolle unterzogen werden. Auf diese Weise bildet sich im Laufe der Zeit eine objektbezogene Datenbank für jede einzelne Immobilie und damit ein verlässliches Hilfsinstrument für eine erfolgreiche Hausverwaltung.

Instandhaltung bedeutet, frühzeitig vorbeugende Maßnahmen zu planen, damit ein Gebäude voll nutzbar oder die ursprüngliche bauliche Substanz zumindest erhalten bleibt, damit der Immobilienwert gesteigert werden kann. Das aber ist nur möglich, wenn nach spezifischen Zeitintervallen Instandhaltungs- und Instandsetzungsarbeiten durchgeführt werden.

Allgemein gültige Daten fehlen bisher

In der Wohnungswirtschaft liegen dafür keine allgemeingültigen Daten einzelner Wohngebäude vor, wie sie beispielsweise bei Maschinen bekannt sind und angewendet werden. Deshalb handelt es sich bei den in diesem Buch genannten Zahlen um Daten, die aus der Literatur bekannt sind und um praxisorientierte Erfahrungswerte ergänzt wurden. Der Autor kann keine generelle Garantie für die aufgeführten Werte übernehmen, zumal mit neuen Bauvorschriften, einem europaweit länderübergreifend abgestimmten Europäischen Normenwerk und sich laufend ändernde Vorschriften des Gesetzgebers und der EU in naher Zukunft zu rechnen ist. Besonders aufgrund der bis 2011 sich stufenweise verschärfende EnEV ist augenblicklich eine zeitliche Festlegung im Bereich Energie und Wärmeschutz vorausplanend nur begrenzt möglich, da die Entwicklung von politischen Entscheidungen abhängig ist.

Terminplan: Bauteile im Erdreich

Siehe CD-ROM

Gebäude/Ort ...			**Gebäudeklasse ...**		**Baujahr ...**	
Bauteil	**LE**	**Insp.**	**Alter**	**AG**	**VLE**	**Inst.-Int.**
Bodenplatte aus Beton	100	20				50
Fundamente aus Beton	100	20				50
Tragende Außenwand aus Beton	100	10				50
Tragende Außenwand in Mauerwerk verputzt	90	10				40
Außenwandisolierung gegen Erdfeuchte	50	10				20
Isolierung gegen drückendes Wasser	50	5				10
Weiße Wanne (drückendes Wasser)	80	5				25
Lichtschacht Beton	80	5				50
Lichtschacht Kunststoff	60	3				25

Gebäude/Ort ...			Gebäudeklasse ...		Baujahr ...	
Bauteil	**LE**	**Insp.**	**Alter**	**AG**	**VLE**	**Inst.-Int.**
Kellerfenster	50	3				10
Drainage	50	5				20
Kontrollschacht für Drainage	50	2				10
Abwasserleitung	70	3				25
Durchdringungen der Außenwand	30	1				10

Legende: LE: mittlere Lebenserwartung in Jahren des Bauteils – nicht des Baustoffs
Insp.: Inspektion in Jahren, Datenaufnahme entsprechend Kap. 6
Alter: Alter in Jahren, von Bauerstellung bis jetzt
AG: Abnutzungsgrad in Prozent, muss bei Begehung festgestellt werden
VLE: Verbleibende Lebenserwartung = Lebenserwartung minus Alter
Inst.-Int.: Instandhaltungsintervall in Jahren (= 100 %); je nach Abnutzungsgrad entsprechende Minderung

Terminplan: Tragende Außenwände

Siehe CD-ROM

Gebäude/Ort ...			Gebäudeklasse ...		Baujahr ...	
Bauteil	**LE**	**Insp.**	**Alter**	**AG**	**VLE**	**Inst.-Int.**
Beton bewehrt, frei bewittert	70	10				20
Naturstein, frei bewittert	100	10				20
Mauerziegel, Vormauersteine frostfest	80	10				15
Mauerziegel Klinker, frei bewittert	90	10				20
Betonwerkstein, Beton, bekleidet	100	10				20
Mauerziegel, Hintermauerstein bekleidet	90	10				20
Kalksandstein, bekleidet	90	10				20
Kalksandvormauerstein, frei bewittert	70	10				15

Gebäude/Ort ...			Gebäudeklasse ...		Baujahr ...	
Bauteil	**LE**	**Insp.**	**Alter**	**AG**	**VLE**	**Inst.-Int.**
Mörtelfuge Sichtmauerwerk	40	10				10
Naturschiefer, frei bewittert	80	10				20
Kalksandlochstein, bekleidet	90	10				20
Weichholz, frei bewittert	45	7				10
Weichholz, bekleidet	70	10				10
Hartholz, frei bewittert	70	10				10
Hartholz, bekleidet	90	15				10
Leichtbeton-Hohlblocksteine	70	10				20

Legende: LE: Lebenserwartung, Insp.: Inspektion, VLE: Verbleibende Lebenserwartung, Inst.-Int.: Instandhaltungsintervall und Alter in Jahren; AG: Abnutzungsgrad in Prozent (Erläuterungen siehe Legende auf Seite 257)

Terminplan: Nicht tragende Außenwände

Siehe CD-ROM

Gebäude/Ort ...			Gebäudeklasse ...		Baujahr ...	
Bauteil	**LE**	**Insp.**	**Alter**	**AG**	**VLE**	**Inst.-Int.**
Beton, nicht armiert	70	10				20–30
Beton, stahlarmiert	90	15				25–30
Weicher Naturstein	80	10				20
Mauerziegel, Vollsteine	90	10				15–20
Mauerziegel Klinker	90	10				20–30
Betonwerkstein, Betonfertigteil	100	10				15–30
Mauerziegel, Hintermauerstein	70	10				20–30
Kalksandstein, Hintermauerstein	70	10				20–30
Kalksandvollstein	90	10				15–30
Mörtelfuge	40	10				10

Gebäude/Ort ...			Gebäudeklasse ...		Baujahr ...	
Bauteil	**LE**	**Insp.**	**Alter**	**AG**	**VLE**	**Inst.-Int.**
Naturstein, hart	100	10				25
Leichtbetonvollstein	60	10				20
Leichtbeton-Hohlblockstein	50	10				25–20
Weichholz, frei bewittert	45	7				10
Weichholz, bekleidet	70	10				10
Hartholz, frei bewittert	70	10				10
Hartholz, bekleidet	90	15				10
Betonsanierung	5–20	5				5–10
Stahl(träger), Abfangkonstruktion	40	7				10–20
Edelstahl (Luftschichtanker)	55	10				25
Betonfertigteil, Balkonbrüstung, Abdeckung	60	5				20
Kunststoff	40	5				10
Kupferblech, Bleiblech	50	5				10–15
Alu, Stahl (Blech, Profil)	40	5				10–15
Zinkblech	25	5				10
Kalkzement-Außenputz	20–30	5				10–20
Faserzement	40	5				20
Gipsdielen	40	2				10

Legende: LE: Lebenserwartung, Insp.: Inspektion, VLE: Verbleibende Lebenserwartung, Inst.-Int.: Instandhaltungsintervall und Alter in Jahren; AG: Abnutzungsgrad in Prozent (Erläuterungen siehe Legende auf Seite 257)

Terminplan: Fassade

Siehe CD-ROM

Gebäude/Ort ...			Gebäudeklasse ...		Baujahr ...	
Bauteil	**LE**	**Insp.**	**Alter**	**AG**	**VLE**	**Inst.-Int.**
Sichtbeton, armiert	80	10				20–30
Stahlbeton mit Sichtfläche	90	15				25–30
Weicher Naturstein	70	10				20
Vormauerziegel frostbeständig	80	10				15–20
Mauerziegel Klinker	90	10				20–30
Betonwerkstein	80	10				20
Hintermauerziegel, verputzt	70	10				20–30
Kalksandstein, verputzt	70	10				20–30
Kalksandvollstein, verputzt	90	10				15–30
Mörtelfuge in Sichtfassade	30–40	7				10–15
Naturstein, sichtbar	100	10				25
Leichtbetonvollstein, verputzt	60	10				20
Leichtbeton-Hohlblockstein, verputzt	50	10				25–20
Weichholz, frei bewittert	45	7				10
Weichholz, bekleidet	70	10				10
Hartholz, frei bewittert	70	10				10
Hartholz, bekleidet	90	15				10
WDVS auf Polystyrol-Hartschaumplatten	20–40	5				10
WDVS auf Mineral-wolle	20–40	5				10
WDVS auf Holzwolle-Leichtbauplatten	20–40	5				10

Gebäude/Ort ...			Gebäudeklasse ...		Baujahr ...	
Bauteil	**LE**	**Insp.**	**Alter**	**AG**	**VLE**	**Inst.-Int.**
Betonfertigteil als Sandwichplatte	50	10				20
Kunststoff-Fassadenplatten	40	5				10
Kupferblech, Fassadenbekleidung	50	5				10–15
Alu-, Stahlblech als Fassadenbekleidung	40	5				10–15
Glaselemente als Fassadenbekleidung	40	5				10
Kalkzement-Außenputz	20–30	5				10–20
Faserzement-Elementplatten	40	5				20
Keramische Fassadenplatten	50	5				10

Legende: LE: Lebenserwartung, Insp.: Inspektion, VLE: Verbleibende Lebenserwartung, Inst.-Int.: Instandhaltungsintervall und Alter in Jahren; AG: Abnutzungsgrad in Prozent (Erläuterungen siehe Legende auf Seite 257)

Terminplan: Fenster

Siehe CD-ROM

Gebäude/Ort ...			Gebäudeklasse ...		Baujahr ...	
Bauteil	**LE**	**Insp.**	**Alter**	**AG**	**VLE**	**Inst.-Int.**
Stock und Flügel						
Hartholz (z. B. Teak)	70	10				15–20
Weichholz (z. B. Kiefer)	40	5				10
Kunststoff	30	5				10
Alu, farbbeschichtet	40	5				10
Alu, eloxiert	35	5				10
Stahl ohne Wärmedämmung	40	5				10
Stahl mit Wärmedämmung	45	5				10

Gebäude/Ort ...			Gebäudeklasse ...		Baujahr ...	
Bauteil	**LE**	**Insp.**	**Alter**	**AG**	**VLE**	**Inst.-Int.**
Glas, Abdichtung						
Einfachverglasung, Bauglas	80	10				10–15
Sicherheitsglas	60	10				25
Zweischeiben-Isolierglas	50	10				20
Mehrscheiben-Wärmedämmglas	70	10				15–20
Schallschutz-Wärmedämmglas	50	10				10
Beschichtetes Wärmedämmglas	70	10				10
Verkittung bei Holzfenstern	10	3				6
Glas-Dichtprofile (z. B. Kunststoff)	20	5				10
Glasabdichtung mit Dichtstoffen (z. B. Silikon)	12	3				6
Dichtungsprofile in Flügeln (Kunststoff)	16	4				8
Regenprofile im Fensterstock	20–30	5				10
Wetteranstrich auf Holz	20	5				10
Beschläge						
Beschläge allg.	40	5				10
Einfache Beschläge	40	3				10–15
Drehkipp-, Hebedreh-kipp-, Schwingflügel-, Schiebebeschläge	25	3				10–15
Schließanlagen	25	5				10
Fensterbänke raumseitig						
Naturstein, Beton, Keramik	80	10				20
Faserzement	50	10				10

Gebäude/Ort ...			Gebäudeklasse ...		Baujahr ...	
Bauteil	**LE**	**Insp.**	**Alter**	**AG**	**VLE**	**Inst.-Int.**
Holz	40	8				10
Kunststoff	40	8				10
Alu, Stahl	50	10				10
Fensterbänke außenseitig						
Naturstein, Beton, Keramik	80	10				20
Metall, Leichtmetall	50	10				10
Faserzement	40	8				10
Rollläden, Sonnenschutz						
Rollladenkasten, ungedämmt	50	5				10
Rollladenkasten, Fertigteil, gedämmt	60	5				10
Rollladenkasten außen vorgesetzt	40	5				10
Sonnenschutz, außen fest, Leichtmetall	40	5				10
Sonnenschutz, außen beweglich, Leichtmetall	40	3				10
Sonnenschutz, außen beweglich, Kunststoff	35	3				10
Markisen, beweglich, Stoff	15	2				10
Rollladen Kunststoff	25	2				10
Rollladen Metall	35	2				10
Rollladen Holz	35	2				10
Klappläden Holz	40	5				10
Klappläden Kunststoff	30	5				10
Rollladenantrieb: Handkurbel	30	3				10

Gebäude/Ort ...			Gebäudeklasse ...		Baujahr ...	
Bauteil	**LE**	**Insp.**	**Alter**	**AG**	**VLE**	**Inst.-Int.**
Rollladen-/Sonnenschutzantrieb Motor	25	3				10
Rollladenantrieb Gurtaufzug	20	2				10

Legende: LE: Lebenserwartung, Insp.: Inspektion, VLE: Verbleibende Lebenserwartung, Inst.-Int.: Instandhaltungsintervall und Alter in Jahren; AG: Abnutzungsgrad in Prozent (Erläuterungen siehe Legende auf Seite 257)

Terminplan: Steildach

Siehe CD-ROM

Gebäude/Ort ...			Gebäudeklasse ...		Baujahr ...	
Bauteil	**LE**	**Insp.**	**Alter**	**AG**	**VLE**	**Inst.-Int.**
Dacheindeckung						
Tondachziegel	80	10				15–20
Betondachsteine	80	10				15–20
Naturschiefer	80	10				15–20
Holzschindeln	40	10				10
Bitumendachschindeln	30	5				10
Wellasbestzementplatten (Gesundheitsgefahr, nicht mehr zulässig)	50	5				10
Faserzementdachplatten, kleinformatig	45	5				10
Metallbleche, feuerverzinkt	30	5				10
Metallbleche, farbbeschichtet	45	5				15
Metallbleche, Kupfer	50	5				20
Leichtmetall, farbbeschichtet	45	5				15

Gebäude/Ort ...			Gebäudeklasse ...		Baujahr ...	
Bauteil	**LE**	**Insp.**	**Alter**	**AG**	**VLE**	**Inst.-Int.**
Dachkonstruktion						
Holzdachstuhl, Vollholz	80	10				10–15
Leimbinder	60	10				25
Brettschicht-Fachwerkbinder	50	10				20
Stahlträger	70	10				15–20
Betonfertigteile, -platten	80	10				10
Wärmedämmschicht						
Mineralwolle-Dämmplatten	60	3				10–15
Mineralwolle lose	50	3				10
Polystyrol-Hartschaumplatten	50	3				10
Polyurethan-Hartschaumplatten	50	3				10
Holzwolle-Leichtbauplatten	50	3				10
Holzwolle-Leichtbauplatten mit Wärmedämmung (Sandwichplatte)	40	3				10
Schafwolle-Wärmedämmplatten	40	3				10
Hanf-Wärmedämmplatten	40	3				10
Zellulose-Wärmedämmplatten	40	3				10
Einblasdämmung Zellulose	30	5				10
Einblasdämmung Perlite	30	5				10

Gebäude/Ort ...			Gebäudeklasse ...		Baujahr ...	
Bauteil	**LE**	**Insp.**	**Alter**	**AG**	**VLE**	**Inst.-Int.**
Unterspannbahn, Luftdichtungsbahn						
Kunststoff (ein- und mehrlagig)	50	10				10
Zellulose (Papier)	40	8				10
Leichtmetall	40	8				10
Dachflächenfenster						
Ausstiegsluke einfach verglast	80	10				20
Holz mit Wärmedämmverglasung (EnEV)	70	10				10
Metall mit Wärmedämmverglasung (EnEV)	70	10				10
Kunststoff mit Wärmedämmverglasung (EnEV)	70	10				10
Holz mit Isolierverglasung (DIN 4108)	40	5				10
Kunststoff mit Isolierverglasung (DIN 4108)	40	5				10
Metall mit Isolierverglasung (DIN 4108)	40	5				10
Dachgauben						
Handwerkskonstruktion Holz	80	10				20–30
Fertiggaube Beton	70	10				20–30
Fertiggaube Kunststoff	45	10				15–25
Fertiggaube Holz	50	10				20–25
Dachbalkon						
Handwerkskonstruktion Holz	40	5				20
Fertigteil Kunststoff	50	5				20
Fertigteil Beton	50	5				20

Gebäude/Ort ...			Gebäudeklasse ...		Baujahr ...	
Bauteil	**LE**	**Insp.**	**Alter**	**AG**	**VLE**	**Inst.-Int.**
Schornsteinkopf						
Fertigteil Beton	60	5				20
Fertigteil Mauerwerk	60	5				20
Mauerwerk aus Mauerziegeln	50	5				20
Fertigteil Metall	50	5				20
Sicherheit						
Windsogsicherung (Sturmklammer)	40	5				20
Sicherheitstritt Metall	40	5				20
Sicherheitsrost Metall	40	5				20
Sicherheitsleiter Metall	40	5				20
Schneefanggitter	40	5				20
Lüftungselemente in Dachfläche	30	5				15
Abgas-/Dunstrohr-durchgang	25	5				10
Antennendurchgang	25	5				10
Blitzschutzanlage	60	5				20
Dachrinne Metall	50	5				20
Dachrinne Kunststoff	40	5				15
Regenfallrohre Metall	50	5				20
Regenfallrohre Kunststoff	40	5				15

Legende: LE: Lebenserwartung, Insp.: Inspektion, VLE: Verbleibende Lebenserwartung, Inst.-Int.: Instandhaltungsintervall und Alter in Jahren; AG: Abnutzungsgrad in Prozent (Erläuterungen siehe Legende auf Seite 257)

Terminplan: Flachdach

Siehe CD-ROM

Gebäude/Ort ...			Gebäudeklasse ...		Baujahr ...	
Bauteil	**LE**	**Insp.**	**Alter**	**AG**	**VLE**	**Inst.-Int.**
Dacheindeckung						
Bitumendachbahn	50	5				15–20
Kunststoffdachbahn	50	5				15–20
Metalleindeckung	60	5				15–20
Begrünte Dachfläche	40–60	3				10–20
Faserzementplatten	45	5				10
Wellasbestzementplatten (Gesundheitsgefahr, nicht mehr zulässig)	45	5				10
Flüssigkunststoff	45	3				10
Metallbleche, farbbeschichtet	60	5				15
Metallbleche, Kupfer	60	5				20
Leichtmetall, farbbeschichtet	60	5				15
Dachkonstruktion						
Holzdachstuhl, Vollholz	80	10				10–15
Leimbinder	60	10				25
Brettschicht-Fachwerkbinder	50	10				20
Stahlträger	80	10				15–20
Betonfertigteile, -platten	80	10				10
Wärmedämmschicht						
Mineralwolle-Dämmplatten	60	3				10–15
Mineralwolle lose	50	3				10
Polystyrol-Hartschaumplatten	50	3				10
Polyurethan-Hartschaumplatten	50	3				10

Gebäude/Ort ...			Gebäudeklasse ...		Baujahr ...	
Bauteil	**LE**	**Insp.**	**Alter**	**AG**	**VLE**	**Inst.-Int.**
Holzwolle-Leichtbauplatten	50	3				10
Holzwolle-Leichtbauplatten mit Wärmedämmung (Sandwichplatte)	40	3				10
Schafwolle-Wärmedämmplatten	40	3				10
Hanf-Wärmedämmplatten	40	3				10
Zellulose-Wärmedämmplatten	40	3				10
Einblasdämmung Zellulose	30	5				10
Einblasdämmung Perlite	30	5				10
Unterspannbahn, Unterlagsbahn						
Kunststoff (ein- und mehrlagig)	50	10				10
Zellulose (Papier)	40	8				10
Leichtmetall	40	8				10
Flachdachfenster, Lichtkuppeln						
Ausstiegsluke einfachverglast	80	10				20
Metall mit Wärmedämmverglasung	70	10				10
Holz mit Wärmedämmverglasung (EnEV)	70	10				10
Kunststoff mit Wärmedämmverglasung (EnEV)	70	10				10
Holz mit Isolierverglasung (DIN 4108)	40	5				10
Kunststoff mit Isolierverglasung (DIN 4108)	40	5				10

Gebäude/Ort ...			Gebäudeklasse ...		Baujahr ...	
Bauteil	**LE**	**Insp.**	**Alter**	**AG**	**VLE**	**Inst.-Int.**
Schornsteinkopf						
Fertigteil Beton	60	5				20
Fertigteil Mauerwerk	60	5				20
Mauerwerk aus Mauerziegeln	50	5				20
Mauerwerk, bekleidet	50	5				20
Fertigteil Metall	50	5				20
Sicherheit						
Lüftungselemente in Dachfläche	30	5				15
Abgas-/Dunstrohr-durchgang	25	5				10
Antennendurchgang	25	5				10
Blitzschutzanlage	60	5				20
Dachrinne Metall	50	5				20
Dachrinne Kunststoff	40	5				15
Regenfallrohre Metall	50	5				20
Regenfallrohre Kunststoff	40	5				15
Attikaabdeckung Metall	50	5				20
Attikaabdeckung Kunststoff	40	5				20
Attikaabdeckung Beton	40	5				20
Gebäudebewegungs-fuge	25	3				10
Kiesschüttung (Kiespressdach)	30	5				20
Gehwegplatten	30	5				20

Legende: LE: Lebenserwartung, Insp.: Inspektion, VLE: Verbleibende Lebenserwartung, Inst.-Int.: Instandhaltungsintervall und Alter in Jahren; AG: Abnutzungsgrad in Prozent (Erläuterungen siehe Legende auf Seite 257)

Terminplan: Heizung und Installation

Siehe CD-ROM

Gebäude/Ort ...			Gebäudeklasse ...		Baujahr ...	
Bauteil	**LE**	**Insp.**	**Alter**	**AG**	**VLE**	**Inst.-Int.**
Wärmeerzeugung						
Heizanlage allgemein, alte Gusskessel	60	1				15–20
Heizanlage Ölheizung	50	1				15–20
Heizanlage Gasheizung	50	1				15–20
Heizanlage Niedertemperatur	40–60	1				10–20
Heizanlage Holz/Kohle/Koks	60	5				10
Brenner Erdöl	30	2				10
Brenner Erdgas	30	2				10
Armaturen	30	2				15
Steuerungsanlage	20–30	1				10
Wärmepumpe	30	2				10
Solarkollektoren (Röhrenkollektoren)	25	3				10
Leitungen Heißwasser	25	3				10
Speichertank Heißwasser	50	3				10
Heizkörper Guss	50	3				10
Heizkörper Stahl	50	3				10
Öltank Metall	50	3				10
Öltank Kunststoff	50	3				10
Öltank Beton	50	3				10
Abgasschornstein	50	1				10

Gebäude/Ort ...			Gebäudeklasse ...		Baujahr ...	
Bauteil	**LE**	**Insp.**	**Alter**	**AG**	**VLE**	**Inst.-Int.**
Installation Wasser						
Kaltwasserleitung Metall	60	5				10–15
Warmwasserleitung Metall	50	5				25
Wärmedämmung Warmwasser	50	5				20
Kaltwasserleitung Kunststoff	50	10				15–20
Warmwasserleitung Kunststoff	45	5				15–20
Armaturen	30	3				10
Sprinkleranlage	50	3				10–15
Installation Abwasser						
Gussrohrleitung	80	10				20
Keramische Rohre	70	10				10
Kunststoffrohre	60	10				10
WC, Wanne, Dusche (keramisch)	50	5				10
Abwasser-Hebeanlage	40	5				10
Bodeneinläufe	40	5				10
Elektroinstallation						
Leitungen	50	5				15
Steckdosen, Schalter	20	3				10
Antennenanlagen	25	5				10
Blitzschutzanlage	60	5				20
Sicherungskasten, Zähler	30	5				15
EDV-/Telefonleitungen	25	3				10

Legende: LE: Lebenserwartung, Insp.: Inspektion, VLE: Verbleibende Lebenserwartung, Inst.-Int.: Instandhaltungsintervall und Alter in Jahren; AG: Abnutzungsgrad in Prozent (Erläuterungen siehe Legende auf Seite 257)

9 Mit diesen Instandhaltungskosten müssen Sie rechnen

Instandhaltungsmaßnahmen sind sehr komplexe Projekte, bei denen die Kosten von unterschiedlichen Faktoren abhängen. Zur vorausplanenden Ermittlung müssen deshalb nicht nur die auszuführenden Mengen (in cbm, qm, lfm, St.) ermittelt werden, sondern auch die zugehörigen Einzelpreise, ergänzt um einen Faktor für das Gebäudealter (Gebäudeklasse – siehe Seite 176). Erfahrungsgemäß sollte man bei der ermittelten Endsumme einen Sicherheitszuschlag von zehn Prozent mit einkalkulieren, da besonders im Altbau immer mit vorher nicht bekannten technischen Problemen zu rechnen ist.

Tipp: Eine Datenbank ist eine große Hilfe

Legen Sie für Ihren Immobilienbestand eine Datenbank an, der Sie für kommende Maßnahmen Vergleichsdaten entnehmen können. Zudem sollten Sie nach jeder Instandhaltungsmaßname die ermittelten Soll- und die abgerechneten Istkosten miteinander vergleichen und in die Datenbank eintragen. Damit haben Sie nicht nur Abweichungen im Blick, sondern können auch die für eine Instandhaltung notwendigen finanziellen Mittel frühzeitig einplanen.

So gehen Sie vor

Nachdem durch die Inspektion eines Gebäudes festgestellt wurde, an welchen Konstruktionsteilen bzw. Geräten Sofort- (dringende Reparaturen) oder langfristig zu planende Instandhaltungsmaßnahmen notwendig sind, werden diese Daten mit dem Zeitplan (Kap. 8) ab Seite 237) abgestimmt. Je mehr Einzelheiten festgehalten werden, desto umfang- und hilfreicher ist die daraus resultierende objektbezogene Datenbank. Durch die Zusammenführung der bisher gesammelten Daten ergibt sich der Zeitplan (Intervall) für notwendige Instandhaltungsmaßnahmen.

Als nächster Schritt folgt die für eine langfristige Planung notwendige Ermittlung möglicher Kosten. Die zu erwartenden Kosten richten sich beispielsweise nach

- der Beanspruchung der Gebäudekonstruktion,
- der Lebenserwartung einzelner Baustoffe und Bauteile sowie
- dem Pflegezustand des Gebäudes.

Wurden in der Vergangenheit lediglich dringend notwendige Reparaturen ausgeführt, bei der technischen Ausrüstung gespart und die Gebäudehaut dem Wechselspiel der Klimabelastung überlassen, entsteht aufgrund dessen ein großer Instandhaltungsbedarf. Dieser kann im Extremfall sogar so groß ausfallen, dass eine Komplettsanierung mit Modernisierung wirtschaftlicher ist als eine langfristig angelegte Instandhaltung.

Siehe CD-ROM

Ein nützliches Instrument, das sie bei der Instandhaltungskostenplanung unterstützt – den Instandhaltungskostenrechner – finden Sie auf Ihrer CD-ROM.

9.1 Richtwerte für die Instandhaltung nach Gebäudeklassen

Die hier beispielhaft aufgeführten Richtwerte basieren auf den Daten verschiedener Wohngebäude in Deutschland, die aus der Literatur und der Praxis zusammengetragen wurden. Um einen vorläufigen Überblick zu erhalten, sind sie den in diesem Buch beschriebenen Gebäudeklassen (siehe Seite 176) zugeordnet. Die Werte können objektbezogen nach Lage und Zustand erheblich differieren. Die realen Kosten werden zudem von Faktoren wie Zeitraum, Baukonjunktur, Wirtschaftslage und Gebäudezustand stark beeinflusst. Aus diesem Grund kann der Autor keine Garantie für die genannten Werte (in Euro pro Quadratmeter Wohnfläche und Jahr = Euro/qm/a) übernehmen. Diese sind vielmehr als Richtwerte anzusehen. Die teilweise stark unterschiedlichen Kostenangaben ergeben sich aus dem Instandhaltungszustand der Gebäude. Besonders bei alten Wohngebäuden kommt es bei in der Vergangenheit vernachlässigter Instandhaltung durch nun dringend auszuführende bauliche Maßnahmen zu erhöhten Kosten. Nach einigen Jahren der Verwaltung wird es Ihnen möglich sein, für Ihre Gebäude eigene Richtwerte zu ermitteln.

Faktor Mieterfluktuation beachten

Bei den hier herangezogenen Objekten handelt es sich durchweg um Wohngebäude durchschnittlicher Architektur und Ausstattung, meist mit einer durchschnittlichen Mieterfluktuation von mehr als zehn Jahren. Bei höherer Mieterfluktuation (unter zehn Jahre) ist mit einem höheren Verschleiß und entsprechend höherem Instandhaltungsbedarf zu rechnen. Dies ist beispielsweise bei kleineren Wohnungen und Appartements, die vorwiegend an Studenten vermietet werden, der Fall. Die erhöhte Abnutzung ist entsprechend in den im vorigen Kapitel aufgeführten Tabellen unter „Abnutzungsgrad" zu berücksichtigen.

Anforderungen der EnEV 2007 nicht erfüllt

In den meisten Fällen sind normale Treppenhäuser ohne Fahrstuhl vorhanden. Energetisch entsprechen die Wohnungen den im Wohnungsbau seinerzeit üblichen Anforderungen. Sie erfüllen jedoch nicht die hohen Anforderungen der gültigen EnEV 2007, was sowohl die Wärmedämmung und Fenster wie auch die Heizungsausstattung betrifft. Da bisher noch keine gesicherten Werte für die Anpassung von Altgebäuden an die gültige EnEV 2007 vorliegen, kann nur mit Schätzungen gearbeitet werden. Unter Berücksichtigung der in Kap. 8 genannten Instandsetzungsintervalle sollte man mindestens mit einer Kostenerhöhung von dreißig Prozent der nachfolgend genannten Werte (Basis: Jahr 2000) pro Quadratmeter Wohnfläche ausgehen. Der Baupreisindex (Instandhaltung von Wohngebäuden) für Mehrfamilienhäuser ohne Schönheitsreparaturen lag laut Statistischem Bundesamt im dritten Quartal 2007 bei 113,4 (2000 = 100). Damit ergab sich gegenüber dem Jahr 2000 eine Steigerung um 13,4 Prozent einschließlich Umsatzsteuer (19 Prozent).

9.1.1 Richtwerte für Gebäudeklasse A

Datengrundlage

Alle beispielhaft genannte Gebäude wurden normal gepflegt und entsprechen trotz ihres Alters den Anforderungen der DIN 4108 „Wärmeschutz im Hochbau". Sie müssen also generell der seit 2007 geltenden Energieeinsparverordnung angepasst werden. Deshalb kann sich der rechnerisch ermittelte Wert pro Quadratmeter Wohn-

fläche im Einzelfall erheblich erhöhen, da für die neue EnEV bisher keine gesicherten Kostendaten vorliegen.
In den folgenden Übersichten werden die Richtwerte für die Gebäudeinstandhaltung in Euro pro Quadratmeter Wohnfläche und Jahr (Euro/qm/a) angegeben.

Gebäudeart	Kosten in Euro/qm/a
Viergeschossiges Wohngebäude mit Satteldach, ohne Dachausbau, Wohnfläche 450 Quadratmeter, mittlerer Ausstattungsstandard (siehe Seite 19), Großstadtlage	65,00
Fünfgeschossiges Wohngebäude mit ausgebautem Satteldach, Eckhaus, Wohnfläche 1.000 qm, mittlerer Ausstattungsstandard, Großstadtlage	36,00
Fünfgeschossiges Wohngebäude mit Satteldach, ohne Dachausbau, Eckhaus, Wohnfläche 1.400 qm, mittlerer Ausstattungsstandard, Großstadtlage	65,00
Fünfgeschossiges Wohngebäude mit Satteldach, Mittelhaus, mittlerer Ausstattungsstandard, Blockbebauung, Großstadt, Wohnfläche 1.700 qm, Großstadtlage	41,00

9.1.2 Richtwerte für Gebäudeklasse B

Datengrundlage

Die hier beispielhaft aufgeführten Gebäude wurden normal gepflegt und entsprechen den Anforderungen der DIN 4108 „Wärmeschutz im Hochbau“, die für Wohngebäude in diesem Zeitfenster galt. Auch sie müssen generell an die seit 2007 geltende Energieeinsparverordnung angepasst werden. Deshalb kann der rechnerisch ermittelte Wert pro Quadratmeter Wohnfläche sich im Einzelfall erheblich erhöhen, da für die neue EnEV bisher keine gesicherten Kostendaten vorliegen.

Gebäudeart	Kosten in Euro/qm/a
Zweigeschossiges Mittelhaus einer geschlossenen Wohnbebauung (Siedlung) mit voll ausgebautem Dachgeschoss, mittlerer Ausstattungsstandard (siehe Seite 19), Mittelstadt, teilmodernisiert, Wohnfläche 270 qm	29,00
Dreigeschossiges Mittelhaus einer geschlossenen Wohnbebauung (Siedlung) mit voll ausgebautem Dachgeschoss, mittlerer Ausstattungsstandard, Mittelstadt, teilmodernisiert, Wohnfläche 500 qm	78,00
Dreigeschossiger Wohnblock mit vier Treppenhäusern, Satteldach ohne Dachausbau, mittlerer Ausstattungsstandard, Mittelstadt, teilmodernisiert, Wohnfläche 900 qm	42,00
Dreigeschossige Wohnbebauung im ländlichen Raum, Siedlungsbau, Satteldach ohne Dachausbau, mittlerer Ausstattungsstandard, teilmodernisiert, Wohnfläche ca. 3.500 qm	30,00
Viergeschossiges Mittelhaus einer geschlossenen Wohnbebauung (Siedlung) mit voll ausgebautem Dachgeschoss, mittlerer Ausstattungsstandard, Großstadtlage, teilmodernisiert, Wohnfläche 2.700 qm	35,00

9.1.3 Richtwerte für Gebäudeklasse C

Datengrundlage

Die hier beispielhaft aufgeführten Gebäude wurden normal gepflegt und entsprechen den Anforderungen der DIN 4108 „Wärmeschutz im Hochbau" und dem Energieeinspargesetz (EnEG) von 1976, die für Wohngebäude in diesem Zeitfenster maßgebend waren. Auch sie müssen generell an die seit 2007 geltende Energieeinsparverordnung angepasst werden. Deshalb kann sich der rechnerisch ermittelte Wert pro Quadratmeter Wohnfläche im Einzelfall erheblich erhöhen, da für die neue EnEV bisher keine gesicherten Kostendaten vorliegen.

Gebäudeart	Kosten in Euro/qm/a
Viergeschossige Wohnbebauung mit ausgebautem Satteldach, Großstadt, Mittelhaus, mittlerer Ausstattungsstandard (siehe Seite 19), Treppenhaus ohne Fahrstuhl, Wohnfläche 570 qm	42,00
Viergeschossige Wohnbebauung mit Satteldach, nicht ausgebaut, ländliches Gebiet, Eckhaus, mittlerer Ausstattungsstandard, Treppenhaus ohne Fahrstuhl, Wohnfläche 940 qm	52,00
Fünfgeschossige Wohnbebauung mit Satteldach, nicht ausgebaut, Großstadt, Ecklage, mittlerer Ausstattungsstandard mit Treppenhaus ohne Fahrstuhl, Wohnfläche 550 qm	34,00
Achtgeschossige Wohnbebauung, Flachdach, Großstadt, frei stehend, Treppenhaus mit Fahrstuhl, gehobener Ausstattungsstandard, Wohnfläche 1.750 qm	40,00
Dreizehngeschossige Wohnbebauung mit Flachdach (Hochhaus), Großstadt, freistehend, zwei Treppenhäuser mit je einem Fahrstuhl, gehobener Ausstattungsstandard, Wohnfläche 4.700 qm	58,00
Viergeschossige Wohnbebauung mit Flachdach, Wohnblock mit vier Treppenhäusern, freistehend, mittlere Kleinstadt, mittlerer Ausstattungsstandard, Wohnfläche 1.700 qm	31,00
Vierzehngeschossige Wohnbebauung mit Flachdach (Hochhaus), Kleinstadt, freistehend, drei Treppenhäuser mit je einem Fahrstuhl, gehobener Ausstattungsstandard, Wohnfläche 3.250 qm	51,00

9.1.4 Richtwerte Gebäudeklasse D

Datengrundlage

Die hier beispielhaft aufgeführten Gebäude wurden normal gepflegt und entsprechen den Anforderungen der DIN 4108 „Wärmeschutz im Hochbau“ und dem Energieeinspargesetz (EnEG) von 1976 und teilweise auch der EnEV von 2002, die für Wohngebäude in diesem Zeitfenster maßgebend waren. Generell müssen auch sie an die seit 2007 geltende Energieeinsparverordnung angepasst werden. Deshalb kann sich der rechnerisch ermittelte Wert pro Quadratmeter Wohnfläche im Einzelfall erheblich erhöhen, da für die neue EnEV bisher keine gesicherten Kostendaten vorliegen.

Gebäudeart	Kosten in Euro/qm/a
Zweigeschossige Wohnbebauung mit Flachdach, ein Treppenhaus, Blockbebauung, Kleinstadt, mittlerer Ausstattungsstandard (siehe Seite 19), Wohnfläche 225 qm	116,00
Dreigeschossige Wohnbebauung mit Satteldach, Wohnblock mit drei Einheiten, ein Treppenhaus und Wohnungszugang über Laubengang, eingegliedert in Blockbebauung, mittlere Kleinstadt, gehobener Ausstattungsstandard, Wohnfläche 600 qm	83,00
Dreigeschossige Wohnbebauung mit Flachdach, ein Treppenhaus, frei stehender Wohnblock, mittlerer Ausstattungsstandard, Kleinstadt, Wohnfläche 1.300 qm	69,00
Dreigeschossige Wohnbebauung mit Pultdach, ein Treppenhaus, frei stehender Wohnblock, mittlerer Ausstattungsstandard, Kleinstadt, Wohnfläche 1.180 qm	78,00
Viergeschossige Wohnbebauung mit Pultdach, ein Treppenhaus, Blockbebauung, Großstadt, mittlerer Ausstattungsstandard, Wohnfläche 780 qm	57,00
Viergeschossige Wohnbebauung mit Satteldach, EG mit gewerblicher Nutzung, ein Treppenhaus, Blockbebauung, gehobener Ausstattungsstandard, Großstadt, Nutzfläche (Wohnfläche + Gewerbefläche) 4.880 qm	80,00
Fünfgeschossige Wohnbebauung mit Flachdach, frei stehend, ein Treppenhaus, Großstadt, gehobener Ausstattungsstandard, Wohnfläche 956 qm	61,00
Fünfgeschossige Wohnbebauung mit Spitzdach (Satteldach), ausgebautes Dachgeschoss, drei Treppenhäuser mit Fahrstuhl, Wohnblock im Winkel, frei stehend, Großstadt, gehobener Ausstattungsstandard, Wohnfläche 620 qm	62,00
Sechsgeschossige Wohnbebauung mit Satteldach, ausgebautes Dachgeschoss, zwei Treppenhäuser mit Fahrstuhl, Blockbebauung, Großstadt, gehobener Ausstattungsstandard, Wohnfläche 1.250 qm	70,00
Achtgeschossige Wohnbebauung, Flachdach mit Penthouse, ein Treppenhaus mit Fahrstuhl, frei stehender Wohnblock, gehobener Ausstattungsstandard, Großstadt, Wohnfläche 2.680 qm	61,00

Kostenverteilung auf Bauteile

Die prozentuale Verteilung der genannten Kosten pro Quadratmeter Wohnfläche kann nach folgendem Schlüssel angenommen werden:

- Konstruktiv tragende Bauteile 4,1 %
- Konstruktiv nicht tragende Bauteile 2,4 %
- Fenster und Türen außen 9,7 %
- Wandbekleidung außen 3,2 %
- Nicht tragende Innenwände 10,0 %
- Decken, Treppen 5,3 %
- Dächer ohne tragenden Dachstuhl 5,0 %
- Installation, Heizung 48,6 %
- Betriebliche Einbauten, Fahrstuhl 11,1 %
- Außenanlagen 0,6 %

9.2 Werterhaltung der Immobilie

Für die Instandhaltungsplanung von baulichen und technischen Anlagen eines Gebäudes sollte nach der Kostengruppe 400 der DIN 18960 vorgegangen werden, die sie in der unten stehenden Tabelle finden. Diese Planung stellt eine der wesentlichsten Aufgaben des Immobilienbesitzers und seiner Verwaltung dar, um den vorhandenen Gebäudebestand gebrauchsfähig (§§ 535, 536 BGB) und vermietbar zu erhalten und den Immobilienwert zu steigern.

Nutzungskostengruppen nach DIN 18960

Nr.	Nutzungskostengruppe
400	**Instandsetzungskosten**
410	**Instandsetzung der Baukonstruktion**
412	Außenwände
413	Innenwände
414	Decken
415	Dächer
416	Baukonstruktive Einbauten
419	Instandsetzungskosten der Baukonstruktion, Sonstiges
420	**Instandsetzung der technischen Anlagen**
421	Abwasser-, Wasser-, Gasanlagen

Nr.	Nutzungskostengruppe
422	Wärmeversorgungsanlagen
423	Lufttechnische Anlagen
424	Starkstromanlagen
425	Fernmelde- und informationstechnische Anlagen
426	Förderanlagen
427	Nutzungsspezifische Anlagen
428	Gebäudeautomation
429	Instandsetzung der technischen Anlagen, Sonstiges
430	**Instandsetzung der Außenanlagen**
431	Geländeflächen
432	Befestigte Flächen
433	Baukonstruktionen in Außenanlagen
434	Technische Anlagen in Außenanlagen
435	Einbauten in Außenanlagen
439	Instandsetzung der Außenanlagen, Sonstiges
440	**Instandsetzung der Ausstattung**
441	Ausstattung
442	Kunstwerke
449	Instandsetzung der Ausstattung, Sonstiges

Von „Instandhaltung“ spricht man im Allgemeinen dann, wenn der Zustand einer Immobilie aufrechterhalten werden soll, wobei es sich damit nicht um eine Wertsteigerung handelt. In der Wohnungswirtschaft ist es üblich, die Definition der Zweiten Berechnungsverordnung (II. BV) bei den Kosten zur Abgrenzung der Betriebskosten und der nicht umlagefähigen Instandhaltungskosten zu verwenden. In den Verlautbarungen der Bundesregierung bzw. des Bundesbauministers (BMBau) wird dafür auch der Begriff „Investitionen in den Bestand“ verwendet. Sinngemäß findet sich dieser Begriff auch in der EnEV von 2007 wieder.

Ab dem 1.1.2008 werden nach der II. BV für Instandhaltungskosten bei Gebäuden angesetzt:

Kostenansatz nach II. BV

- Bezugsfertigkeit weniger als 22 Jahre zurückliegend: 7,87 Euro pro Quadratmeter Fläche,

- Bezugsfertigkeit mindestens 22 Jahre zurückliegend: 9,97 Euro pro Quadratmeter Fläche,
- Bezugsfertigkeit mindestens 32 Jahre zurückliegend: 12,74 Euro pro Quadratmeter Fläche.

Grundsätzlich sollte die Instandhaltung dazu dienen, nicht erst den Ausfall von Bauteilen oder Geräten abzuwarten, sondern rechtzeitig Maßnahmen zur Erhaltung des Istzustands zu ergreifen. Bei regelmäßigen Inspektionen (siehe Ausführungen ab Seite 237) werden Umfang und Zustand der Abnutzung und vorhandene Schäden festgestellt und in die Datensammlung eingespeist, um so zuverlässig eine langfristige Instandhaltungsplanung vorzubereiten.

Allgemein liegen bisher in der Wohnungswirtschaft keine genauen Daten zur Lebenserwartung einzelner Gebäude vor, sodass meist eine rein auf akute Maßnahmen abgestimmte Planung und Kostenermittlung vorgenommen wird. In der Praxis kann man daher drei Planungsstrategien der Instandhaltung feststellen:

Planungsstrategien

- schadensbedingte und -abhängige Instandhaltung,
- zustandsabhängige Instandhaltung und
- intervallabhängige Instandhaltung.

Die Vor- und Nachteile solcher Strategien sind (nach Jörn Krimmling, Facility Management, 2005):

Schadensabhängig

- Schadensabhängig: Maßnahmen werden erst nach einem konkret vorliegenden Schadensfall ausgeführt. Dies führt zu hohen Schadenskosten bei einer möglichen Verkürzung der Lebensdauer, eingeschränkter Verfügbarkeit und unzufriedenen Mieter bzw. Wohnungseigentümer. Als gewisser Vorteil gelten hier der geringe Planungsaufwand und die optimale Ausnutzung der technischen Lebensdauer.

Zustandsabhängig

- Zustandsabhängig: Durch Inspektion festgestellte notwendige Maßnahmen in Abhängigkeit vom Istzustand. Bedingt einen höheren Planungsaufwand und höheren Kosten durch Inspektion. Vorteilhaft sind die hohe Verfügbarkeit der Immobilie, ihre Wertbeständigkeit und eine optimale Ausnutzung der technischen Lebensdauer.

Intervallabhängig

- Intervallabhängig: Fest terminierte Maßnahmen nach den Werten der Datensammlung in Abhängigkeit von Zeit, Alter und Zustand. Bedingt einen hohen Planungsaufwand und hohe Kosten. Doch der Vorteil überwiegt: Frühzeitige Planbarkeit von Maßnahmen und Kosten, die technische Lebensdauer der Immobilie wird optimal genutzt, frühzeitige Planung der Anpassung an neue Anforderungen (EnEV), Werterhöhung der Immobilie durch guten Pflegezustand, zufriedene Mieter und Wohnungseigentümer, planbare Rückstellung der Finanzen für Instandhaltung.

Achtung: Intervallabhängige Instandhaltung vorgestellt
In diesem Buch wird die intervallabhängige Instandhaltung vorgestellt. Trotz der zu Beginn relativ hohen Investitionen in Arbeitszeit und Kosten ergibt sich auf Dauer eine einfach zu handhabende Datenbank des Immobilienbestands – auch wenn zur erstmaligen Anwendung und Datensammlung zunächst ein hoher Aufwand betrieben werden muss.

Instandsetzungskostenindex KG 400 (DIN 18960) 2000–2007, Mehrfamilienhäuser

Jahr	Index
Basisjahr 2000	100,000
Jahr 2003	101,725
Jahr 2004	102,850
Jahr 2005	104,425
Jahr 2006	106,650
Jahr 2007 bis drittes Quartal	113,033

Quelle: Statistisches Bundesamt, Jahresmittel, einschl. Umsatzsteuer

Erhöhung des Preisindex zu erwarten

Es ist zu erwarten, dass sich durch die neue EnEV 2007 und den damit verbundenen Nachholbedarf bei Altbauten der Preisindex wesentlich schneller erhöhen wird als in den vergangenen Jahren. Bereits im dritten Quartal 2007 erhöhten sich die Preise für Instandhaltungsarbeiten bei Wohngebäuden laut Statistischem Bundesamt um 5,9 Prozent gegenüber dem Vorjahr 2006.
In derselben Statistik werden – jeweils von August 2006 bis August 2007 – folgende Erhöhungen genannt:

- bei Verglasungsarbeiten 14,2 Prozent,
- bei Stahlbauarbeiten 12,0 Prozent,

- bei Klempnerarbeiten 10,8 Prozent,
- bei Dämmarbeiten an technischen Anlagen 10,2 Prozent und
- für Zimmerer- und Holzarbeiten 9,0 Prozent.

9.3 Ermittlung der Kosten nach Gewerken

Als Gewerk bezeichnet man handwerkliche und bautechnische Arbeiten im Bauwesen. Die Vergabe- und Vertragsordnung für Bauleistungen (VOB), Ausgabe 2006, nimmt in ihrem Teil C eine Unterteilung der Gewerke vor und beschreibt die zuständigen allgemeinen technischen Vertragsbedingungen für Bauleistungen. Die Einteilung nach Gewerken in der VOB wird meist differenzierter dargestellt, als es in der Praxis bei gewerkeweiser Vergabe üblich ist. Der öffentliche Auftraggeber ist zur gewerkeweisen Vergabe verpflichtet – dagegen können private Auftraggeber auch komplette Bauleistungen pauschal an einen Generalunternehmer vergeben.
Die in den nachfolgenden Tabellen aufgeführten Baukosten (Instandhaltung) für Wohngebäude (Mehrfamilienhäuser) beziehen sich in ihrer Zusammenstellungen auf das Basisjahr 2005 (Index 104,425). Die seit 2007 geltende Umsatzsteuer von 19 Prozent wurde berücksichtigt. Die genannten Kosten in Euro beziehen sich auf die Leistung (Material und Arbeit) pro Quadratmeter (qm) Fläche, laufender Meter (lfm) oder Stück (St.), müssen also mit den am Gebäude ermittelten Maßen multipliziert werden:
Anzahl (Maße in qm, lfm, St.) × Baukosten pro Quadratmeter (in Euro) = Gesamtkosten.

Beispielrechnung

Wandfliesen: 20 qm × 62,00 Euro = 1.240 Euro.

Fundament, Keller, Souterrainräume

Gewerk	Einheit	Euro
Erdarbeiten	cbm	90,00
Boden ausheben, lagern, hinterfüllen	cbm	21,00
Betonarbeiten allgemein	qm	120,00
Betondecke, d = ca. 16 cm	qm	84,00
Ortbeton Kellersohle bewehrt mit Wärmedämmung	qm	78,00
Ortbeton Kellerwand, einschalig, im Erdbereich	qm	132,00
Kellerabdichtung bitum. Außenanstrich	qm	18,00
Treppenstufen aus Beton	St.	84,00
Kelleraußentreppe: Treppenstufen aus Beton	St.	79,00

Fassade, Wandkonstruktion, Dach

Gewerk	Einheit	Euro
Mauerwerk, tragende Außenwand allg.	qm	118,00
Einschalige Außenwand, d = 36,5 cm, Lochziegel	qm	108,00
Einschalige Außenwand, d = 49 cm, Leichtbeton-Hohlblockstein	qm	138,00
Tragende Außenwand, d = 24 cm, Kalksandlochstein	qm	69,00
Tragende Innenwand, d = 24 cm, KS-Plan	qm	66,00
Vormauerschale DF	qm	130,00
Verfugung Sichtmauerwerk	qm	12,00
Hintermauerschale zweischal. Mwk, d = 17,5 cm	qm	82,00
Gerüstarbeiten	qm	67,00
Außenputz mineralisch	qm	55,00
Fassade		
Außenanstrich	qm	17,00
Wärmedämmverbundsystem 10 cm Wärmedämmung	qm	78,00
Vorhangfassade ohne Wärmedämmung	qm	46,00
Vorhangfassade mit 10 cm Wärmedämmung	qm	72,00
Faserzementplatten ohne Wärmedämmung, mit Unterkonstruktion	qm	116,00
Metallfassadenplatten ohne Wärmedämmung, mit Unterkonstruktion	qm	262,00

Gewerk	Einheit	Euro
Dachdeckerarbeiten allgemein	qm	65,00
Fertigdachgauben, Holzkonstruktion	St.	bis 2.500,00
Dachflächenfenster	St.	bis 1.100,00
Dachluken	St.	120,00
Lichtkuppel bei Flachdach	St.	bis 1.200,00
Tondachpfanneneindeckung	qm	87,00
Betondachsteine	qm	79,00
Faserzement-Wellplatten	qm	63,00
Dachdichtungsbahn, zweilagig, Bitumen	qm	83,00
Dachdichtungsbahn, vierlagig, Bitumen	qm	123,00
Dachdichtungsbahn, Kunststoff	qm	64,00
Gründach, extensiv	qm	162,00
Dachdämmung Mineralfaser, d = 20 cm	qm	62,00
Dachdämmung Polystyrol-Hartschaumplatten, d = 20 cm	qm	45,00
Dachdämmung Polyurethan-Hartschaumplatten, d = 20 cm	qm	64,00
Dachentwässerung Zinkblech	lfm	54,00
Dachentwässerung Kunststoff	lfm	59,00
Metalleindeckung	qm	156,00
Bekleidung Innendach Gipskartonplatten	qm	48,00
Bekleidung Innendach Holz	qm	103,00
Kaminkopfbekleidung	qm	110,0
Kaminabdeckplatte	St.	193,00
Zimmererarbeiten allgemein	qm	65,00
Holzsparren für Dächer	qm	22,00
Holzpfetten für Dächer	qm	21,00
Dachschalung Holz	qm	27,00

Fenster und Türen

Gewerk	Einheit	Euro
Fenster		
Weichholzfenster, Isolierverglasung	qm	490,00
Hartholzfenster, Isolierverglasung	qm	510,00

Gewerk	Einheit	Euro
Kunststofffenster, Isolierverglasung	qm	562,00
Rollladenkasten	lfm	67,00
Rollladenpanzer Kunststoff, wärmegedämmt	qm	159,00
Holzklappladen außen	qm	235,00
Außenjalousien komplett	qm	370,00
Wärmedämmglas	qm	612,00
Schreinerarbeiten allgemein	qm	43,00
Innentür Normtür	St.	265,00
Innentür Normtür, Ganzglas	St.	440,00

Decken, Innenwände, Fußböden

Gewerk	Einheit	Euro
Innenausbau Gipskartonplatten auf Metallständer (Trockenbau)	qm	68,00
Metallständerkonstruktion für Trockenbauwand	qm	37,00
Innenwandelement mit Kernfüllung, d = 11,5 cm	qm	102,00
Innenwandputz	qm	18,00
Innenwand, Wandanstrich Dispersion	qm	5,50
Deckenputz innen	qm	12,00
Tapeten	qm	12,00
Malerarbeiten	qm	38,00
Zimmererarbeiten allgemein	qm	65,00
Holzbalkendecke	qm	68,00
Holzbalken, Bauholz	lfm	32,00
Holzbalken, Leimbinder	lfm	68,00
Bodenbeläge	qm	38,00
Estrich glatte Oberfläche	qm	22,00
Holz-, Holzwerkstoffboden	qm	37,00
PVC-Belag	qm	17,00
Linoleum	qm	31,00
Treppenbelag	qm	42,00
Wandfliesen, Dünnbettmörtel	qm	73,00

Sanitär, Elektroinstallation

Gewerk	Einheit	Euro
Sanitär	qm	67,00
Wasserinstallation Bad (Wanne, Waschtisch)	St.	1.160,00
Wasserrohr Kupfer	lfm	24,00
Wasserrohr wärmegedämmt, Kupfer	lfm	35,00
Wasserrohr Stahl, wärmegedämmt	lfm	29,00
Abwasserleitung Kunststoff	lfm	48,00
Abwasserleitung Gussrohr	lfm	78,00
Klempner, Metallarbeiten	qm	45,00
Elektroinstallation	lfm	54,00
Mantelleitung NYM	lfm	5,60
Stegleitung NYIF	lfm	5,80

Heizanlage

Gewerk	Einheit	Euro
Heizung/Lüftung (Leitungen Wärmedämmung)	lfm	72,00
Heizanlage (umgelegt auf qm Wohnfläche: qm/WFL)	qm/WFL	102,00
Gasaußentherme mit Warmwasser	St.	3.800,00
Ölheizkessel mit Brenner	St.	bis 6.500,00
Fernwärme-Übergabe-Wärmetauscher	St.	bis 6.000,00
Heizleitung Stahlrohr wärmegedämmt	lfm	60,00
Heizleitung Kupferrohr wärmegedämmt	lfm	72,00
Flächenheizkörper Stahlkörper thermostatgesteuert, ca. 60 × 120 cm	St.	257,00
Schornstein Betonfertigteile	lfm	120,00
Heizöllagertank 4.500 Liter, innen	St.	bis 5.000,00
Heizöllagertank 5.000 Liter, Erdlagerung, außen	St.	bis 8.000,00

Treppen, Außenanlage

Gewerk	Einheit	Euro
Betonarbeiten allgemein	qm	120,00
Treppenstufen aus Beton	St.	84,00
Kelleraußentreppe Treppenstufen aus Beton	St.	79,00
Zimmererarbeiten allgemein	qm	65,00
Holztreppenstufen ohne Setzstufen	St.	137,00
Holztreppen mit Setzstufen	St.	204,00
Klempner, Metallarbeiten	qm	45,00
Schlosser, Stahlbau	lfm	47,00
Stahlträger IPB 160	lfm	128,00
Bodenbeläge	qm	38,00
Treppenbelag	qm	42,00

Nachkalkulation wichtig

Mit den genannten Tabellenwerten kann eine erste überschlägige Kostenermittlung vorgenommen werden. Eine exakte Kostenfestlegung ergibt sich erst durch die darauf folgende Ausschreibung und Vergabe der Einzelleistungen. Nach deren Abschluss und Endabrechnung sollten unbedingt die objektbezogen erzielten Preise und ausgeführten Leistungen in die eigene Datenbank eingegeben werden. Auf diese Weise ist die laufende Anpassung und Korrektur der genauen Kostenermittlung durch Nachkalkulation möglich. Abgestimmt mit den genannten zeitlichen Intervallen entsteht so eine Datenbank für den Immobilienbesitzer bzw. Verwalter, mit der eine vorausschauende Instandhaltungsplanung ermöglicht wird:

Beispiel: Instandhaltungskosten für ein Haus

Gebäude/WFL/Ort: Beispielshaus, viergeschossig, Satteldach, WFL 480 qm, Irgendwo, 2007

Bauteil/ Gewerk	II	BJ	AG	LE	M	PE	GK	JR
Faserzement-platten/ Fassade	5	1978	20	40	210 qm	46,00	9.660	240,00
Sichtbeton/ Fassade	10	1978	10	80	96 qm	120,00	11.510	144,00
Kunststoff-fenster/Fenster	5	1987	40	30	105 qm	287,00	30.135	1004,50
Zweischeiben-isolierglas	20	1987	40	50	105 qm	287,00	30.135	602,70
Tondachziegel/ Dach	10	1978	50	80	435 qm	65,00	28.275	353,44
Mineralwolle-dämmung/ Dach	3	1978	30	60	460 qm	65,00	29.900	498,33
Elektroleitun-gen/Elektro	5	1978	50	50	308 lfm	54,00	16.632	332,64
Ölheizung/ Heizung	1	1978	70	50	480 qm	102,00	48.960	979,20

Legende: II: Instandhaltungsintervall in Jahren; BJ: Baujahr; AG: Abnutzungsgrad in Prozent; LE: Lebenserwatung in Jahren; M: Menge (qm = Quadratmeter, lfm = laufender Meter); PE: Preis pro Einheit in Euro; GK: Gesamtkosten = Menge × Preis (in Euro); JR: Jährliche Rücklage = GK : LE

9.4 Wertsteigerungen durch Instandhaltung

Eine Immobilie muss, damit ihr Wert erhalten bleibt, regelmäßig überprüft und gepflegt werden. Damit wird ihr Istzustand festgeschrieben. Aufgrund der durch die globale Klimaänderung hervorgerufenen politischen Aktivitäten in Deutschland und Europa ist die EnEV 2007 der Anfang einer sich ändernden Baupolitik. Alle bis 2006 gebauten und genutzten Immobilien entsprechen nicht den Forderungen der EnEV. Bisher waren solche Forderungen auf Neubauten beschränkt – seit 2007 sind auch alle Altbauten davon betroffen.

Anpassung an EnEV 2007 im Rahmen der Instandhaltung ausführen

Deshalb sollte jeder Immobilienbesitzer im Rahmen der normal fälligen Instandhaltung gleich die Anpassung an die neuen Forderungen einplanen und ausführen lassen. Denn sicher ist, dass Mieter oder Wohnungskäufer eine Immobilie mithilfe des Energieausweises intensiver auf die wirtschaftliche Nutzung von Energie überprüfen können und werden. Wer als Immobilienbesitzer auf die optimale Wärmedämmung und Energienutzung verweisen kann, wird seine Wohnungen schneller und wirtschaftlicher vermieten oder verkaufen können. Damit kann er sich einen Wettbewerbsvorsprung gegenüber Konkurrenten verschaffen, die eine regelmäßige Instandsetzung und Anpassung vernachlässigt haben.

Tipp: Kalkulieren Sie weitere Änderungen der EnEV ein

Die zurzeit gültige EnEV zeigt den Weg, wo und welche Maßnahmen zu einer energetischen Wertsteigerung der Immobilie im Altbaubereich führen. Doch sollte man im Vorgriff auf bereits angekündigte Änderungen der EnEV in den kommenden Jahren bereits heute über die jetzigen Mindestforderungen hinausgehende Werte bei der Wärmedämmung ansetzen. Denn die Politik möchte jedes Gebäude, insbesondere den energetisch schlecht ausgestatteten Altbau, auf das sog. „Nullenergiehaus" umstellen. Dieser Begriff beinhaltet neben einer hohen Gebäudedämmung auch die Nutzung alternativer Energien und einen dadurch bedingten niedrigen Ausstoß schädlicher Abgase (CO_2) im Wohnungsbau. Wer frühzeitig umstellt, wird in Deutschland mit Fördermaßnahmen belohnt.

Anpassung der Wärmedämmung

An Altgebäuden sind energetische Wertsteigerungen mit der Veränderung der Gebäudehüllfläche und der Heizanlage wirtschaftlich möglich. Mit der nachträglichen Montage von Wärmedämmstoffen in bzw. an den Gebäudeteilen Dach, Fassade, Fenster und Kellerdecke bzw. Bodenplatte lässt sich technisch relativ einfach der Energieverbrauch eines Gebäudes minimieren. Dafür gibt es unterschiedliche technische Lösungen und Verfahren. Die Fensterindustrie hat sich ebenfalls auf die neuen Anforderungen umgestellt und fertigt Fenster mit speziellen wärmedämmenden Rahmen und Gläsern.

Für genutzte Räume im Keller bietet sich einmal die Perimeterdämmung an, die mit dafür zugelassenen Wärmedämmstoffen auf der Erdseite der Kellerwand erstellt wird, oder die raumseitige Montage der Wärmedämmstoffe. Bei der Bodenplatte kann wirtschaftlich nur eine raumseitige Dämmung unter dem Bodenbelag erfolgen.

Bei Steildächern sollte immer eine Wärmedämmschicht auf, zwischen oder unter den Dachsparren angebracht werden. Bei Flachdächern dagegen gibt es zwei Lösungsansätze: Ist die Dachabdichtung noch voll funktionsfähig, kann mit speziell dafür zugelassenen Wärmedämmstoffen einfach eine Dämmschicht offen darauf verlegt werden. Ist die Dachabdichtung beschädigt und muss saniert werden, sollte bis auf die tragende Dachkonstruktion abgetragen und ein neuer Dachaufbau mit entsprechend dick dimensionierter Dämmschicht aufgebracht werden.

Anpassung der Heizanlage

Die Heizanlage in älteren Gebäuden entspricht selten den neuen Anforderungen der EnEV. Hier sind wahrscheinlich die kostenträchtigsten Investitionen notwendig. Solange es noch geht, empfiehlt es sich, eine Veränderung der Anlage hinauszuzögern. Denn bereits heute deutet sich an, dass politisch bedingt bei Heizanlagen noch höhere Anforderungen kommen werden, als sie bereits in der EnEV genannt sind. Ziel der Politik scheint zu sein, Strom, Erdgas und Erdöl als Energieträger zurückzudrängen und verstärkt auf alternative Energieerzeuger zu setzen. Dabei ist augenblicklich nicht absehbar, welche Stoffe und Techniken sich wirtschaftlich einsetzen lassen und ob es nicht andere, bisher unbekannte Möglichkeiten gibt.

Tipp: Informieren Sie sich über Fördermöglichkeiten

Wenn im Rahmen der Instandsetzungsmaßnahmen die Heizanlage umgebaut oder erneuert werden muss, sollte man alle sich bietenden Fördermaßnahmen nutzen. Das gilt insbesondere für „Alternativenergien".

Dämmung der Warmwasserleitungen

Grundsätzlich aber müssen sämtliche Warmwasser führenden Leitungen wärmegedämmt werden, was insbesondere bei älteren Immobilien kaum oder nur unzureichend der Fall ist. Es ist allerdings recht kostspielig, die in den Wänden verlaufenden Warmwasserleitungen nachträglich zu dämmen. Das wird im Rahmen normaler Instandsetzungsmaßnahmen kaum finanzierbar sein.

Eine Darstellung oder Berechnung, die aufgrund energetischer Maßnahmen eine Wertsteigerung der Immobilie dokumentiert, ist mit bisher bekannten Methoden nicht möglich. Allerdings kann mit einem Energieausweis dokumentiert werden, dass der Immobilienwert eines Altbaus gegenüber seiner ursprünglichen Bauweise gesteigert wurde.

10 Wenn Sie Hilfe brauchen: Diese Fachleute stehen Ihnen zur Seite

Grundsätzlich empfiehlt es sich, wenn im eigenen Unternehmen keine Fachleute zur Verfügung stehen, zu speziellen Fragen entsprechend ausgebildete Experten einzuschalten. Neben Architekten und Fachingenieuren kann das der Handwerksmeister sein. Das gilt insbesondere für die Umsetzung der Auflagen aus der EnEV 2007 bzw. die Erstellung des Energieausweises.

10.1 Energieberater: Ihr kompetenter Partner bei der energetischen Optimierung

Handwerker, Architekten, Ingenieure

Energieberater sind unabhängige Fachleute mit einer Zusatzausbildung. Nach der EnEV 2007 dürfen das Handwerker, Architekten und Ingenieure sein.

Grundsätzlich sollten Sie sich, wenn sie die Leistung eines Beraters in Anspruch nehmen wollen, zunächst einmal ein Bild von dessen Fachkenntnissen machen. Lassen Sie sich einen Nachweis über die von ihm ausgeführten Objektberatungen geben und erkundigen Sie sich bei den genannten Stellen, ob die Leistung erfolg- bzw. hilfreich war. Denn auch ein Ausbildungsnachweis sagt noch lange nicht alles über die fachliche Kompetenz des Anbieters aus.

Kenntnisse und Fähigkeiten

Ihr Energieberater sollte alle Bereiche, die auch die komplette Modernisierung einschließen, beurteilen und gegeneinander abwägen können. So wird beispielsweise ein Handwerker eines Heizungsbaubetriebs schwerlich etwas zur fachgerechten Fassadendämmung sagen können – ein Fassadenbauer kaum etwas zur Heizung. Wichtig sind nicht allein der Marktüberblick über Geräte, Techniken und

Anlagen, sondern auch besonders gute Kenntnisse der bauphysikalischen und bautechnischen Zusammenhänge. Es gibt genügend negative Beispiele:

Beispiel: Schlecht beraten

Ein Immobilienbesitzer lässt sich zum Einbau neuer, hoch wärmegedämmter Fenster überreden, ohne entsprechend begleitende Maßnahmen an der Fassade vorzunehmen. Erst als sich die ersten Schimmelflecken im Wohnraum zeigen, kommt die Erkenntnis, dass doch etwas mehr für eine gute Dämmung getan werden muss.

Ein ausgebildeter Energieberater ist sich der bauphysikalisch-technischen Zusammenhänge bewusst. Er muss frühzeitig Wärmebrücken orten und umfassend dokumentieren können. Er betrachtet die Wärmedämmung des Gebäudes und seine Haustechnik stets in ihrer Wechselwirkung und empfiehlt entsprechend abgestimmte Maßnahmen. Eine kostenpflichtige Planungshilfe für Energieberater gibt es von der dena (Deutsche Energie-Agentur), die ausführlich zum Themenkomplex „alternative Energien“ berichtet und über Förderprogramme informiert.

Aufgaben des Beraters

Grundsätzlich sollte der von Ihnen beauftragte Energieberater eine umfassende Schwachstellenanalyse für die drei Bereiche

- Heizung,
- Warmwasseraufbereitung sowie
- Gebäudekörper und Gebäudehülle

erstellen. Besser ist noch, wenn sie darüber hinaus konkrete Verbesserungsvorschläge erhalten.

Tipp: Erkundigen Sie sich nach Referenzen

Vor Beauftragung eines Energieberaters holen sie möglichst viele Auskünfte über seine bisher erbrachten Leistungen ein.

10.2 Architekt und Fachingenieur: Wenn Baumaßnahmen nötig sind

Einholung einer Baugenehmigung

Bei der Instandhaltungsplanung werden Sie als Immobilienbesitzer kaum an der Einschaltung eines Architekten vorbeikommen. Sie brauchen ihn nicht unbedingt für die Energieberatung – hier kann Ihnen auch der Planer helfen, wenn er die notwendige Qualifikation besitzt –, sondern immer dann, wenn Veränderungen am Gebäude vorgenommen werden müssen. Meldepflichtig sind alle baulichen Veränderungen, die die Außenhaut betreffen oder statische Maßnahmen erfordern. Dann wird in Deutschland immer, besonders bei Großimmobilien, eine (Um-)Baugenehmigung notwendig. Die dafür erforderlichen Anträge können nur vorlageberechtigte Architekten und Ingenieure beim zuständigen Amt einreichen.

Koordination, Überwachung und Planung

Auch ist es sinnvoll, bei umfangreichen und langfristigen baulichen Maßnahmen einen erfahrenen Architekten oder Ingenieur einzuschalten, weil für die Baustelle eine gute Koordination und insbesondere Bauüberwachung notwendig sind, damit die Kosten nicht aus dem Ruder laufen. Ohne fachliche Unterstützung bei der Planung und bei der notwendigen Ausschreibung, Bauüberwachung und Abrechnung können sonst schnell größere Probleme entstehen. Zudem lässt sich über den Planungsvertrag festlegen, welche Qualitätskriterien vom beauftragten Architekten oder Ingenieur eingehalten werden müssen. Beispielsweise kann das die Festlegung sein, sämtliche Vorschriften und Normen der neuesten Version der EnEV verbindlich einzuhalten. Damit liegt die Haftung für die Zielvorgaben beim Fachmann.

Honorare

Architekten und Ingenieure arbeiten nach der HOAI, der Honorarordnung für Architekten und Ingenieure. Diese ist in verschiedene Leistungsphasen und Honorarzonen unterteilt. Die Leistungsphasen geben den prozentual zugrunde liegenden Anteil des Gesamthonorars für die Abrechnung an. Je nach Phase, die vom Fachmann betreut wird, erhält er einen entsprechenden prozentualen Anteil vom Gesamthonorar.

Die Leistungsphasen und ihre prozentuale Bewertung sind:

- Grundlagenermittlung 3 %
- Vorplanung 7 %
- Entwurfsplanung 11 %
- Genehmigungsplanung 6 %
- Ausführungsplanung 25 %
- Vorbereitung der Vergabe 10 %
- Mitwirkung bei der Vergabe 4 %
- Objektüberwachung 31 %
- Objektbetreuung und Dokumentation 3 %

Die Honorarzonen geben an, in welcher prozentualen Höhe von den anrechenbaren Baukosten der Fachmann mit seinem Honorar beteiligt ist. Es gibt fünf Honorarzonen (I bis V). Für den Umbau eines einfachen Gebäudes wird eine niedrige, für ein komplexes Gebäude dagegen eine hohe Zone angesetzt. Für rein energetische Maßnahmen kommen im Wohnungsbau üblicherweise die Zonen III und IV zum Einsatz. Jede Honorarzone ist nochmals untergliedert in „Unten", „Mitte" und „Oben" – so führt die „Zone III unten" zu einem niedrigeren Honorar als die „Zone III oben".

Außerdem gibt es in der HOAI noch den „Umbauzuschlag" und die „mitverarbeitete Bausubstanz". Demnach ist nach § 24 HOAI („Umbauten und Modernisierungen von Gebäuden") der Auftragnehmer berechtigt, auf das ihm zustehende Honorar nochmals zwischen 20 und 30 Prozent Umbauzuschlag zu erheben, falls vertraglich nichts anderes vereinbart wurde. Zudem darf er bei der Kostenberechnung seines Honorars alle Bauteilkosten mit einbeziehen, mit denen er während des Umbaus befasst war.

Tipp: Regeln Sie die Einzelheiten in einem Vertrag

Falls Sie einen Fachmann einschalten, vereinbaren Sie ein festes Pauschalhonorar mit exakter Bezeichnung und Auflistung der zu erbringenden Leistung und lassen Sie den Vertrag von einem auf Bauvertragsrecht spezialisierten Anwalt prüfen.

Fachingenieur

Wenn es um die Wärmebedarfsberechnung und genaue Abstimmung zwischen Gebäudedämmung und Gebäudetechnik geht, wenn statische Leistungen (Tragwerksplanung) erbracht werden müssen, sollten Sie immer einen Fachingenieur einschalten. Er wird ebenfalls nach der HOAI honoriert oder über ein frei vereinbartes Pauschalhonorar bezahlt.

10.3 Handwerker und Bauunternehmen: Das müssen Sie bei der Beauftragung beachten

Auftragsvergabe über Ausschreibung

Bei der Instandhaltung und Reparatur von Wohngebäuden sollten Handwerker grundsätzlich über eine öffentliche Ausschreibung (Erstellung eines Leistungsverzeichnisses) ermittelt werden. Leider werden Aufträge in der Praxis noch sehr oft per Handschlag vergeben, nach dem Motto: „Es wird schon gut gehen". Der Weg über die Ausschreibung erscheint manchem Hausverwalter oder Immobilienbesitzer zu umständlich und er vergibt die zu erbringende Leistung freihändig, manchmal sogar nach einfachem Kostenvoranschlag – und wundert sich dann im Nachhinein, dass die Endrechnung sehr hoch ausfällt und Nachforderungen anfallen.

Erstellung eines Leistungsverzeichnisses

Sinnvoll ist es, entweder den hinzugezogenen Planer oder Fachingenieur oder seine hauseigene Fachabteilung zu beauftragen, eine entsprechende Ausschreibung durchzuführen. Das Vorgehen hat den Vorteil, dass jeder angesprochene Handwerker eine gut vergleichbare Leistung anbietet. Für die Ausschreibung wird ein Leistungsverzeichnis (LV) mit genauen Angaben zu Umfang der Arbeiten (Menge), Ausführungsart, Baustoff und zusätzlichen Leistungen erstellt. Das LV wird vom Handwerker mit den von ihm kalkulierten Einheitswerten für Baustoff und Leistung ausgefüllt, zu einer Endsumme addiert und als Gesamtangebot zurückgegeben. Auf dieser Basis kann der Zuschlag erteilt werden, wodurch automatisch ein Bauvertrag entsteht.

Schließen eines Bauvertrags

Bauverträge können aufgrund des Bürgerlichen Gesetzbuchs (BGB) oder der Vergabe- und Vertragsordnung für Bauleistungen (VOB, Ausgabe 2006) geschlossen werden. Während das BGB nur sehr all-

gemein die werksvertraglichen Pflichten und Rechte regelt, ist die VOB ein speziell für den Bausektor entwickeltes rechtliches Regelwerk.
Bevor ein Handwerker mit der auszuführenden Leistung beauftragt wird, sollten entsprechende Referenzen über fachliches Wissen und das ausführungstechnische Können eingeholt werden.

Tipp: Sparen Sie sich unnötige Kosten

Selbst wenn Sie bereits jahrelang für normale Reparaturen und kleinere Umbauten immer dieselben, Ihnen bekannten Handwerker eingesetzt haben, sollten Sie über eine Ausschreibung aktuelle Angebote einholen. Oft ergeben sich daraus große Kosteneinsparungen.

10.3.1 Der Vertrag auf der Grundlage der VOB

Bei Handwerkern und Bauunternehmern üblich

Ursprünglich war die Vergabe- und Vertragsordnung für Bauleistungen (VOB) für den öffentlichen Baubereich gedacht. Doch auch als privater Bauherr haben Sie die Möglichkeit, mit Ihren Auftragnehmern die Bestimmungen der VOB zu vereinbaren bzw. ein Vertrag nach VOB kommt nur durch ausdrückliche Vereinbarung zustande. Die meisten Bauunternehmen und Handwerker schließen ihre Verträge nach der VOB ab. Achten sie deshalb bei Vertragsabschluss immer darauf, was sie vereinbaren.
Die VOB Ausgabe 2006 besteht aus drei Teilen:

- Teil A: „Allgemeine Bestimmungen für die Vergabe von Bauleistungen" (VOB/A). Diese Bestimmungen sind bei der Ausschreibung von Bauaufträgen durch öffentliche Auftraggeber zu beachten.
- Teil B: „Allgemeine Vertragsbedingungen für die Ausführung von Bauleistungen" (VOB/B). Es handelt sich um allgemeine Vertragsbedingungen für Bauverträge. Sie wurden für die Regelung spezifischer Probleme, die im BGB nicht geregelt sind, geschaffen. Von öffentlichen Auftraggebern wird die VOB/B automatisch Vertragsbestandteil. Für private Vertragsparteien kann sie vereinbart werden.

- Teil C: „Allgemeine Technische Vertragsbedingungen für Bauleistungen“ (VOB/C). Dieser Teil enthält eine Sammlung von allgemeinen technischen Vertragsbedingungen (ATV), die gleichzeitig als DIN-Norm herausgegeben sind. Es gibt dazu die DIN 18299 (Allgemeine Regelungen für Bauarbeiten jeder Art) als allgemeine Norm und eine Unzahl spezieller Regelungen für einzelne Gewerke, die sowohl als DIN wie auch als europäische Norm (DIN EN oder EN) geführt werden. Schwerpunkt der einzelnen ATV sind technische Vorschriften, wie einzelne Gewerke auszuführen sind. Weiter sind Regelungen über Art und Weise der Leistungsabrechnung enthalten.

Wird bei privaten Bauvorhaben vom VOB-Vertrag gesprochen oder dieser vereinbart, wird damit verdeutlicht, dass kein BGB-Vertrag geschlossen wird. Sicher stellen auch Sie sich die Frage, ob ein BGB- oder VOB-Vertrag für Sie günstiger ist. Eine eindeutige Antwort ist allgemein nicht möglich. Denn zum einen stellt die VOB ein Regelwerk dar, das auf die besonderen Verhältnisse am Bau besser zugeschnitten ist als die Bestimmungen des BGB. Zum anderen werden mit der VOB höhere Anforderungen gestellt.

Mögliche Nachteile für private Auftraggeber

Für private Auftraggeber stellt die VOB einen gewissen Nachteil durch kürzere Gewährleistungsfristen nach BGB dar. Denn nach VOB verjähren diese bereits nach vier, beim BGB erst nach fünf Jahren. Beachten Sie auch, dass in einem Vertrag nach VOB die „fiktive Abnahme“ eingehalten wird. Danach gilt die Abnahme in bestimmten Fällen als erfolgt, wenn der Bauherr zwölf Werktage verstreichen lässt, nachdem ihm vom Unternehmer die Fertigstellung der Arbeiten schriftlich mitgeteilt wurde. Hier liegt für sie wegen der weitreichenden rechtlichen Konsequenzen der Abnahme ein gewisses Risiko.

Achtung: Fallstrick Frist

Wenn der Auftragnehmer Ihnen bei geltendem VOB-Vertragsrecht schriftlich die Fertigstellung seiner Leistung mitteilt, haben Sie nur zwölf Werktage Zeit, um mögliche Mängel geltend zu machen.

Tipp: Lassen Sie sich beraten

Grundsätzlich müssen Sie als Auftraggeber sich entscheiden, welches Vertragsrecht Sie vereinbaren möchten. Haben Sie einen Berater oder Architekten, der sich mit der VOB gut auskennt, ist das sicher kein Problem. Lassen Sie sich grundsätzlich immer, bevor Sie eine Entscheidung treffen, von neutraler Seite beraten.

Lassen Sie sich auch nicht von der Behauptung irritieren, die VOB sei Gewohnheitsrecht am Bau. Das trifft für private Bauherren nicht zu. Die VOB kommt grundsätzlich erst dann zur Anwendung, wenn beide Parteien sich ausdrücklich dafür entscheiden. Daraus ergibt sich aber auch, dass immer dann, wenn die VOB nicht vereinbart wurde, das Recht nach BGB gilt.

§ Siehe CD-ROM

Auf Ihrer CD-ROM finden Sie den genauen Wortlaut der derzeit gültigen VOB/B (Ausgabe 2006). Die darin festgehaltenen Regelungen können sinngemäß auch auf private Bauherren angewandt werden, wenn zwischen diesen und dem Auftragsausführenden eine entsprechende Vereinbarung getroffen wurde. Die VOB ist kein Gesetz, sondern wird im rechtlichen Sinne als Allgemeine Geschäftsbedingung (AGB) angesehen. Deshalb wird sie nicht automatisch Vertragsbestandteil, sondern nur bei ausdrücklicher Vereinbarung. Als privater Bauherr steht es Ihnen frei, die VOB zu vereinbaren oder abzulehnen, denn sie enthält sowohl Vor- wie auch Nachteile für den privaten Bauherrn.

10.3.2 Diese Punkte sollte ein Bauvertrag enthalten

Musterverträge genau prüfen

Auch Ihnen wird man zunächst einen vorgedruckten Mustervertrag anbieten. Diese werden von den Interessenvertretungen der Bauindustrie bzw. des Bauhandwerks ihren Mitgliedern zur Verfügung gestellt. Deshalb können Sie davon ausgehen, dass sie rechtlich einwandfrei, jedoch kaum zu ihren Gunsten als Bauherr verfasst wurden. Prüfen Sie daher jeden Vertragstext vor Unterzeichnung sorgfältig oder lassen Sie sich von unabhängigen Dritten dazu beraten. Denn gerade wegen der weitreichenden Konsequenzen für Sie als Auftraggeber sollten Sie alle Verträge einem Fachmann zur Prüfung vorlegen. Empfehlenswert ist, einen in Bauangelegenheiten erfahrenen Rechtsanwalt damit zu beauftragen, denn seine Kosten sind niedriger als eventuell im Bauvertrag verstecket Risiken, die Sie als Laie nicht erkennen können. Generell sollte ihr Bauvertrag folgende Inhalte haben:

Vertrags-gegenstand

Der Vertragsgegenstand muss genau beschrieben und eindeutig bezeichnet werden, z. B. „Ausführung des Erdaushubs mit Lagerung und Abtransport sowie Verfüllung der Baugrube nach Fertigstellung der Kellersanierung für ein Mehrfamilienwohnhaus".

Vertrags-grundlage

Für die Vertragsgrundlage werden die wichtigsten Vertragsbestandteile in der Reihenfolge ihrer Anwendung genannt. Als Erstes wird die Leistungsbeschreibung mit entsprechend zugehörigen Plänen, Zeichnungen (evtl. Detailzeichnungen), statischen Berechnungen und dem Nachweis nach der EnEV als Vertragsgrundlage festgeschrieben. Darauf folgt das Angebot des Bauunternehmers, der die Ausschreibung gewonnen hat. Vergessen Sie nicht, klar darzulegen, ob der Vertrag auf Basis das BGB oder die VOB vereinbart wurde.

Vertragsart

Bei der Vertragsart legen Sie fest, ob es sich um einen Leistungs- oder einen Pauschalvertrag handelt. Sie sollten grundsätzlich darauf achten, dass die im Leistungsverzeichnis (LV) des Unternehmers genannten Preise für Material und Lohn Festpreise sind. Damit fällt es dem Vertragspartner schwerer, später Preiserhöhungen durchzusetzen. Achten Sie auch darauf, ob nicht eine sogenannte Preisgleitklausel eingebaut ist. Diese macht es dem Unternehmen leichter, Preiserhöhungen zu verlangen.

Vergütungs-bestimmungen

In den Vergütungsbestimmungen regeln Sie generell die Abrechnung der erbrachten Leistungen. Vermerken Sie unbedingt, dass der Unternehmer vergütungspflichtige zusätzliche Leistungen nur nach vorheriger schriftlicher Anmeldung ausführen darf. Für einen solchen Fall soll unbedingt ein Nachtragsangebot vorgelegt werden. Grundsätzlich legen Sie hier fest, dass alle Maßnahmen, die den vereinbarten Leistungsumfang ändern, nur mit schriftlicher Genehmigung des Bauherrn durchgeführt werden dürfen.

Vereinbaren Sie auch, dass von Ihnen nachträglich veranlasste Maßnahmen bzw. Änderungen grundsätzlich zu den im Bauvertrag vereinbarten Preisen für Material und Lohn durchgeführt werden müssen.

Zu Ihrer Sicherheit verpflichten Sie den Auftragnehmer, nur Baustoffe und Bauteile einzubauen, die er vollständig bezahlt hat und die nicht durch Rechte Dritter belastet sind. Sonst kann es Ihnen passieren, dass Sie bei Insolvenz des Auftragnehmers diese Teile nochmals zahlen „dürfen“.

Für den Fall, dass Sie eine größere Baumaßnahme durchführen und dafür eine Baustelleneinrichtung (evtl. durch öffentliche Auflagen) notwendig wird, halten Sie im Vertrag entweder fest, dass diese nicht gesondert vergütet wird, oder fixieren Sie einen Festbetrag dafür.

Ausführung

Zur Ausführung verpflichten Sie den Auftragnehmer, alle notwendigen und vorgeschriebenen Sicherheitsvorkehrungen gegen Sach- und Personenschäden einzuhalten. Das umfasst auch alle Maßnahmen, die zur Verkehrssicherung notwendig sind: Absperrungen, Beleuchtung, Gerüste, Geländer, Sicherheitsschalung für die Baugrube usw. Diese Vereinbarung ist besonders wichtig für Sie, da Sie rechtlich als Bauherr – neben dem Bauunternehmer – für Schäden oder bei Unfällen haften.

Ausführungsfrist

Bei der Ausführungsfrist legen Sie fest, in welchem Zeitraum die vom Auftragnehmer zu erbringenden Leistungen erbracht werden müssen. Sie können dabei ein bestimmtes Datum oder eine bestimmte Zeitdauer in Werktagen festschreiben. Verwenden Sie keine ungenauen Formulierungen, sondern beispielsweise „Baubeginn ... Werktage nach Auftragserteilung“. Der Auftragnehmer verpflichtet sich, Vorarbeiten und Lieferungen so früh zu veranlassen, dass die festgesetzte Frist eingehalten werden kann. Sie können auch versuchen, eine Vertragsstrafe zu vereinbaren, die fällig wird, wenn die Frist nicht eingehalten wird.

Abnahme

Für die Abnahme einzelner Leistungen oder der Gesamtleistung achten Sie unbedingt darauf, dass eine förmliche Abnahme vereinbart wird, über die ein von beiden Vertragspartnern zu unterzeichnendes Protokoll erstellt werden muss. Verpflichten Sie den Auftragnehmer dazu, Sie frühzeitig über eine vorläufige Abnahme zu informieren. Denn werden z. B. Leitungsrohre in der Wand verlegt, sind diese im eingebauten Zustand fast nicht zu kontrollieren.

Gewährleistung

Grundsätzlich sollten Sie die Gewährleistung nach den gesetzlichen Regeln vereinbaren. Beim Werkvertrag achten Sie darauf, dass die fünfjährige Gewährleistungsfrist nicht ausgehebelt (verkürzt) wird. Auch wenn Sie einen Vertrag nach VOB/B vereinbaren, lässt sich die dort kürzere Verjährungsfrist von vier Jahren problemlos auf fünf

Jahre verlängern, wenn beide Parteien sich einigen können. Denn rechtlich steht bei Ihnen als Privatbauherr dem nichts entgegen.

Stundenlohnarbeiten

Es kann vorkommen, dass zusätzlich Stundenlohnarbeiten ausgeführt werden müssen. Halten Sie vertraglich fest, dass diese nur mit einem schriftlichen Auftrag durchgeführt werden dürfen. Dabei legt der Ausführende Ihrem Architekten oder Bauleiter täglich Nachweiszettel zur Abzeichnung vor, aus denen die geleisteten Stunden und die ausgeführten Arbeiten hervorgehen.

Aufmaß

Haben Sie einen Leistungsvertrag abgeschlossen, werden bei Abschluss die Einzelheiten des Aufmaßes im Vertrag mit geregelt. Wichtig ist, dass Sie darauf bestehen, dass verdeckt eingebaute Teile rechtzeitig aufgemessen werden.

Zahlungsvereinbarungen

Der Punkt Zahlungen ist in Ihrem Bauvertrag sehr wichtig. Normalerweise wird entsprechend den gesetzlichen Regelungen bei Bauverträgen vereinbart, dass der Bauherr bestimmte Abschlagszahlungen zu leisten hat. Für Sie ist wichtig, dass diese Zahlungen nur entsprechend dem Baufortschritt fällig werden. Es kommt dabei darauf an, dass Ihre Zahlungen dem tatsächlich erbrachten Leistungsstand entsprechen. Zahlen Sie sicherheitshalber nie mehr, als an Leistungen erbracht wurde. Denn sonst sind Sie im Insolvenzfall der Dumme und sehen von Ihrem Geld nichts mehr.

Tipp: Sicherheitseinbehalt vereinbaren

Vereinbaren Sie unbedingt einen Sicherheitseinbehalt vom jeweiligen Rechnungsbetrag. Üblich sind etwa fünf Prozent. Mit diesem Einbehalt sichern Sie sich den Ausgleich für etwaige Ansprüche aus dem Bauvertrag. Das bezieht sich in erster Linie auf Gewährleistungsansprüche, die zumindest in der Höhe des Einbehalts gesichert sind.

Der eingehaltene Betrag wird nach Ablauf der Gewährleistungsfrist und entsprechender Aufforderung durch den Handwerker an ihn ausbezahlt.

10.3.3 Das müssen Sie bei der Abnahme beachten

Für Abnahme Fachmann hinzuziehen

Die Bauabnahme ist ein vielfach unterschätzter Bestandteil des Bauvertrags. Nehmen Sie sich für die Bauabnahme viel Zeit und – falls sie unsicher sind – die Unterstützung eines Bausachverständigen zu

Hilfe. Denn durch die förmliche Abnahme erklären Sie gegenüber Ihrem Bauunternehmer oder Handwerker, dass Sie mit der erbrachten Leistung einverstanden sind. Haben Sie einmal das Abnahmeprotokoll unterzeichnet und sind darin keine Mängel festgestellt, haben Sie in rechtlicher Hinsicht schlechte Karten.
Sie als Auftraggeber des Bauvertrags sind zur Abnahme verpflichtet. Allerdings müssen dazu die vereinbarten Bauleistungen komplett und ordnungsgemäß erbracht worden sein. Sie müssen auch dann die Bauabnahme durchführen, wenn nur geringfügige Mängel vorliegen. Anders bei wesentlichen Mängeln, wenn beispielsweise ein Fenster an der falschen Stelle eingebaut oder Bedenken zu statisch tragenden Bauteilen bestehen. Dann können Sie die förmliche Abnahme verweigern, bis die Mängel behoben sind.

Achtung: Vorsicht bei Abnahmeverweigerung
Rechtlich zählt die Abnahme zu einer Hauptpflicht des Bauherrn. Verweigern Sie diese unberechtigt, kann man Sie auf Abnahme oder Zahlung einer Vergütung verklagen.

Rechtliche Konsequenzen der Abnahme

Wie wichtig die Bauabnahme für alle am Bau beteiligten ist, wird durch ihre rechtliche Wirkung deutlich. Ist die Abnahme erfolgt, wird die noch ausstehende Vergütung fällig. Wurden Abschlagszahlungen geleistet, wird mit erfolgter Abnahme die Schlussrechnung fällig. Als Bauherr verlieren Sie mit der Abnahme Ihren ursprünglichen Erfüllungsanspruch aus dem Bauvertrag. Anstelle dessen stehen Ihnen jetzt nur noch Nachbesserungs- und Gewährleistungsansprüche zu. Dafür müssen bestimmte Voraussetzungen erfüllt sein. Insofern ist Ihre Rechtsposition ab jetzt vermindert. Eine Verjährung der Gewährleistungsansprüche beginnt mit Unterzeichnung der Abnahme. Dazu müssen Sie wissen, dass es nicht darauf ankommt, ob die Mängel zum Zeitpunkt der Abnahme bereits erkennbar waren. Mit der Abnahme findet auch der Gefahrenübergang statt. Bisher hatten der ausführende Unternehmer, Ihr Architekt oder der Fertighaushersteller die Gefahr des sogenannten „zufälligen Untergangs“ oder der Verschlechterung des Bauwerks zu tragen. Nach der Abnahme geht das Risiko auf Sie als Bauherrn über.

Ein für Sie sehr wichtiger Punkt ist die Umkehr der Beweislast. Bis zur Abnahme hat der ausführende Unternehmer zu beweisen, dass seine vereinbarten Leistungen vertragsgemäß erbracht wurden. Die Beweislast der ordnungsgemäßen Ausführung lag damit beim Unternehmer. Nach erfolgter Abnahme tragen hingegen Sie als Bauherr die Beweislast dafür, dass eine Leistung nicht vertragsgemäß erbracht wurde. Das kann für Sie in der Praxis in manchen Fällen nur schwer durchzuführen sein. Bei einer rechtlichen Auseinandersetzung kann Ihre Klage, sollte es Ihnen nicht gelingen, den Beweis für einen Baumangel zu erbringen, aufgrund dieser Regelung abgewiesen werden.

Umkehr der Beweislast

Vorsicht ist auch dann geboten, wenn Ihnen bei der Abnahme ein Baumangel bekannt war und Sie trotzdem die Abnahme vorgenommen haben. Denn Sie verlieren dann Ihren Gewährleistungsanspruch, wenn Sie keinen Rechtsbehalt angemeldet haben. Das gilt auch sinngemäß für vereinbarte Vertragsstrafen.

Das Abnahmeprotokoll

Bereiten Sie sich auf eine Bauabnahme gründlich vor und überstürzen Sie nichts. Da Sie Ihre Instandhaltung bisher immer begleitet haben, wissen Sie aufgrund der im Buch vorgestellten Prüflisten, wo eventuelle Mängel sein könnten. Nehmen Sie trotzdem vor dem vereinbarten Abnahmetermin Ihre Baustelle noch einmal gründlich in Augenschein. Vergleichen sie dabei das LV und andere Vereinbarungen mit den fertiggestellten Leistungen. Zum Abnahmetermin lassen Sie sich von Ihrem Architekten, einer Person Ihres Vertrauens als Zeugen oder einem Sachverständigen begleiten. Damit gehen Sie sicher, auch keine Schwachstelle übersehen zu haben. Und Sie haben im Streitfall einen Zeugen. Führen Sie eine Abnahme immer nur bei Tageslicht durch und nehmen Sie vorsichtshalber immer eine leistungsstarke Taschenlampe mit.

Gründlich vorbereiten

Die eigentliche Abnahme kann in unterschiedlicher Form erfolgen. Nehmen Sie auf jeden Fall eine förmliche Abnahme zu Ihrer Sicherheit vor. Bei dieser begehen Sie gemeinsam mit dem Bauunternehmer (Fertighaushersteller) oder seinem offiziellen Vertreter die Baustelle. In einem Protokoll werden dazu alle festgestellten oder von

Ihnen gerügten Mängel schriftlich festgehalten. Es wird abschließend von allen Beteiligten unterschrieben.

Inhalt des Protokolls

Ihr Abnahmeprotokoll sollte formal folgende Punkte enthalten:

- Ort, Datum und Uhrzeit des Abnahmetermins;
- Name und Vorname aller anwesenden Personen mit Angabe deren Funktion (Bauleiter, Architekt, Bauherr usw.);
- genaue Bezeichnung und Lage der entdeckten Mängel mit Angabe, in welchem Geschoss und Raum;
- eine Erklärung, ob die Abnahme vom Bauherrn erklärt oder verweigert wird. Sie können aber auch eine Abnahme unter Vorbehalt der im Protokoll festgehaltenen Mängel vereinbaren, aber immer nur schriftlich. Falls Sie es als Notwendigkeit betrachten und der Fall eingetreten ist, erklären Sie in der Abnahme, dass Sie sich Ihre Rechte aus der vereinbarten Vertragsstrafe vorbehalten;
- zuletzt noch die Unterschrift aller Beteiligten.

Diese Gewährleistungsrechte haben Sie

Stellen Sie fest, dass die Arbeit in einzelnen Bereichen oder insgesamt nicht wie im Vertrag vereinbart erbracht wurde, stehen Ihnen Gewährleistungsrechte zu. Zur Durchsetzung benötigen sie dafür eine Rechtberatung bzw. einen Rechtsanwalt für Baurecht.

Anspruch auf Nacherfüllung

Hat der Unternehmer mangelhaft gearbeitet, haben Sie als Bauherr zunächst einen Anspruch auf Nacherfüllung. Wie diese Nacherfüllung vorgenommen wird, ist Sache des Unternehmers. Er selbst kann hier frei zwischen einer Nachbesserung oder einer Neuherstellung wählen. Sollten dafür Kosten anfallen, sind diese allein vom Unternehmer zu tragen.

Falls der Unternehmer seine Verpflichtung zur Nacherfüllung nicht nachkommt, können Sie, nach Ablauf einer vorher schriftlich mitgeteilten Frist, weiter gehende Ansprüche stellen. Diese schriftliche Mitteilung übergeben Sie nicht einfach, sondern senden Sie förmlich per Einschreiben mit Rückschein an die Adresse des Unternehmers. So haben Sie im Streitfall immer den Beleg der Zustellung, bei einfachen Einschreiben oder E-Mails haben Sie keinen anerkannten Beleg dafür in Händen.

Ist die angesetzte Frist ohne Ergebnis abgelaufen, können Sie zwischen folgenden Möglichkeiten wählen:

- Bei einer Selbstvornahme mit Aufwendungsersatz dürfen Sie einen anderen Unternehmer, der die entsprechende fachliche Voraussetzung mitbringt, mit der Mängelbeseitigung beauftragen. Die Kosten kann dieser dann im Wege des Aufwendungsersatzes vom ursprünglichen Unternehmer verlangen. Um nicht in Vorleistung zu treten, können Sie sogar einen Vorschuss der voraussichtlich entstehenden Kosten verlangen. *Selbstvornahme mit Aufwendungsersatz*
- Sie können aber auch, sind die Mängel unerheblich, vom Vertrag zurücktreten. Das hat eine Rückabwicklung des Vertrags zur Folge. *Rücktritt vom Vertrag*
- Vom ausführenden Unternehmer können Sie aber auch eine Minderung verlangen. Es handelt sich dabei um den Betrag, der dem durch den festgestellten Mangel verursachten Minderwert des Bauwerks entspricht. *Verlangen einer Minderung*

Diese drei Ansprüche setzen kein Verschulden des Auftragnehmers voraus. Sie können diese geltend machen, wenn sie den Nachweis eines Baumangels erbringen. Im Gewährleistungsfall kommt es nicht darauf an, wie und warum ein Fehler festgestellt wurde, sondern es genügt allein der Nachweis eines Fehlers.

Schadensersatzanspruch

Sie haben aber in bestimmten Fällen auch Anspruch auf Schadensersatz. Dieser reicht inhaltlich weiter als die anderen Gewährleistungsansprüche. Er unterscheidet sich aber auch in seinen Anforderungen wesentlich von den anderen Ansprüchen. Denn um Schadensersatz geltend zu machen, müssen Sie ein Verschulden des Unternehmers nachweisen können. Es reicht nicht aus, lediglich einen Mangelnachweis zu führen. Sie müssen auch die daraus entstandenen Folgen belegen können.

Diese Verjährungsfristen sollten Sie beachten

Fünf Jahre bei BGB-Vertrag

Alle Gewährleistungsansprüche aus einem BGB-Vertrag verjähren nach fünf Jahren ab dem Zeitpunkt der Bauabnahme. Merken Sie sich deshalb unbedingt diesen Termin, am besten in Ihrem Terminkalender oder PC und Ihren Vertragsunterlagen. Kurz vor Ablauf dieser Verjährungsfrist, rund vier Wochen vorher, nehmen Sie eine Begehung mit Ihrem Architekten oder einem Sachverständigen vor. Stellen Sie Mängel fest, fotografieren Sie diese und halten sie in einem Begehungsprotokoll fest. Eine Kopie dieses Protokolls senden Sie dann als eingeschriebenen Brief mit Rückschein an das seinerzeit ausführende Unternehmen. Legen Sie dem Protokoll eine Aufforderung zur Nachbesserung bei und setzen Sie eine Frist, bis wann die Nachbesserung zu erfolgen hat.

Vier Jahre bei VOB-Vertrag

Hatten Sie einen Vertrag nach VOB vereinbart, verjähren ihre Gewährleistungsansprüche früher, nämlich bereits nach vier Jahren. Nach der VOB gibt es nur

- die Mängelbeseitigung,
- die Minderung und
- den Schadensersatz

als Gewährleistungsanspruch. Minderung können Sie hier nur verlangen, wenn die Schadensbeseitigung im konkreten Fall nicht möglich oder nur mit unverhältnismäßig hohem Aufwand durchführbar ist.

Informationen zu den Fördermaßnahmen

Um bei Altbauten den Einsatz erneuerbarer Energien und die Verbesserung des Heizwärmebedarfs von Gebäuden zu ermöglichen, stehen verschiedene Förderprogramme zur Verfügung. Eine Förderung erfolgt meist über einmalige Zuschüsse oder die Gewährung zinsgünstiger Darlehen. Es gibt Förderprogramme sowohl auf Bundes- wie auch auf Landesebene. Manche Kommunen stellen für bestimmte Maßnahmen ebenfalls Fördermaßnahmen zur Verfügung. Ebenso gewähren manche regionalen Energieversorger für den Einsatz bestimmter Techniken eine Förderung.

CO_2-Gebäudesanierungsprogramm

Für die energiesparende Instandhaltung ist eines der wichtigsten Förderprogramme das „CO_2-Gebäudesanierungsprogramm“ der KfW Förderbank (www.kfw.de). Dieses Programm gibt es in zwei Varianten:

- zum einen als Kredit und
- zum anderen als Zuschuss,

auch in Kombination mit anderen Förderprogrammen.

Finanzierung für Wohngebäude auf Neubau-Niveau

Das Förderprogramm „Finanzierung der energetischen Sanierung von Wohngebäuden auf Neubau-Niveau nach EnEV oder besser sowie von Maßnahmenpaketen“ gilt als Bestandteil des nationalen Klimaschutzprogramms sowie des Programms der Bundesregierung für „Wachstum und Beschäftigung“. Es dient der zinsgünstigen langfristigen Finanzierung von Maßnahmen zur Energieeinsparung (EnEV 2007) und zur Minderung des CO_2-Ausstoßes in Wohngebäuden. Die Förderung erfolgt für

- energetische Sanierungen auf Neubau-Niveau nach Energieeinsparverordnung (EnEV 2007) oder besser,
- Unterschreitung des EnEV-Neubau-Niveaus um mindestens 30 Prozent sowie für
- Maßnahmenpakete zur Energieeinsparung.

Der Zinssatz wird in den ersten zehn Jahren der Kreditlaufzeit aus Bundesmitteln verbilligt. Zusätzlich zu den zinsgünstigen Krediten wird die energetische Sanierung eines Gebäudes auf Neubau-Niveau bzw. Neubau-Niveau minus 30 Prozent mit einem Tilgungszuschuss gefördert.

Wer wird gefördert?

Anträge können Träger von Investitionsmaßnahmen an selbst genutzten und vermieteten Wohngebäuden (z. B. Privatpersonen, Wohnungsunternehmen, Wohnungsgenossenschaften, Gemeinden, Kreise, Gemeindeverbände sowie sonstige Körperschaften und Anstalten des öffentlichen Rechts) stellen.

Was wird gefördert?

Finanziert werden Maßnahmen an Wohngebäuden sowie an Wohn-, Alten- und Pflegeheimen. Nicht gefördert werden Ferien- und Wochenendhäuser. Förderfähige Investitionskosten sind die durch die energetischen Maßnahmen unmittelbar bedingten Kosten einschließlich der Beratungs- und Planungsleistungen sowie die Kosten notwendiger Nebenarbeiten, die zur ordnungsgemäßen Fertigstellung und Funktion des Gebäudes erforderlich sind.

Zuschuss für Wohngebäude auf Neubau-Niveau

Das Förderprogramm „Zuschuss für die energetische Sanierung von Wohngebäuden auf Neubau-Niveau nach EnEV oder besser sowie für Maßnahmepakete“ dient der Förderung von Maßnahmen zur Energieeinsparung und zur Minderung des CO_2-Ausstoßes in Wohngebäuden, die in den folgenden Kategorien erfolgt:

- energetische Sanierung auf Neubau-Niveau nach Energieeinsparverordnung (EnEV 2007) oder besser,
- Unterschreitung des EnEV-Neubau-Niveaus um mindestens 30 Prozent sowie für
- Maßnahmepakete zur Energieeinsparung.

Die Fördermittel werden aus Bundesmitteln zur Verfügung gestellt. Beantragen können sie

Wer wird gefördert?

- Eigentümer (natürliche Personen) von selbst genutzten oder vermieteten Ein- und Zweifamilienhäusern,
- Eigentümer (natürliche Personen) von selbst genutzten oder vermieteten Eigentumswohnungen in Wohneigentumsgemeinschaften und
- Wohneigentümergemeinschaften (mit natürlichen Personen als Wohnungseigentümer).

Gefördert werden Maßnahmen an Wohngebäuden. Nicht gefördert werden Ferien- und Wochenendhäuser. Was wird gefördert?

Weitere Einzelheiten dazu entnehmen Sie bitte den Merkblättern der KfW Förderbank (www.kfw-forderbank.de). Unter dieser Adresse finden Sie auch Links zu allen Landesförderinstituten, damit Sie sich auch über die in ihrem Bundesland zusätzlich zur Verfügung stehenden Förderprogramme informieren können.

Marktanreizprogramm

Das wichtigste Programm zur Förderung erneuerbarer Energien in der Wärmeversorgung ist das Marktanreizprogramm (MAP) des Bundesministeriums für Umwelt (BMU). Es wird für die kleineren und mittleren Anlagegrößen über das Bundesamt für Wirtschaft und Ausfuhrkontrolle (BAFA) durchgeführt, bei dem auch die Anträge eingereicht werden müssen. Das MAP bietet zusätzlich einen Innovationsbonus. Förderfähig über das BAFA sind nach Stand 01/2008 beispielsweise

- Solarkollektoranlagen (Warmwasseraufbereitung, Kombianlagen, Prozesswärme, solare Kühlung jeweils bis 40 Quadratmeter Fläche),
- Holzheizungen mit automatischer Beschickung bis 100 kW und
- Wärmepumpen mit Anforderungen an Mindest-Jahresarbeitszahlen.

Für die Gewährung der Basisförderung sind die Anträge auf Förderung nach Herstellung der Betriebsbereitschaft der Anlage zu stellen (www.bafa.de).

Informationen im Internet

Im Internet finden Sie unter folgenden Adressen weitere Informationen zu Fördermaßnahmen:

- www.solarfoerderung.de
- www.bine.info
- www.energiefoerderung.info
- www.zukunft-haus.info
- www.solarwaerme-plus.info
- www.dena. de
- www.kfw.de

Glossar

ATV: siehe VOB

Baubehörde: Zuständig für die Genehmigung eines Bauantrags

Baugenehmigung: Prüfung nach dem öffentlichen Baurecht, ob und in welchem Umfang das vorhandene Gebäude geändert werden darf. Ohne gültige Baugenehmigung darf mit den baulichen Veränderungen nicht begonnen werden.

Baugesetzbuch: Darin stehen alle baurechtlichen Bestimmungen, die für einen Bauplan gelten.

Bauleiter: Nach den Landesbauverordnungen (LBO) muss ein Bauleiter für genehmigungspflichtige Renovierungs- oder Umbaumaßnahmen benannt werden. Er ist gegenüber seinem Auftraggeber verantwortlich, wenn Gesetze und Vorschriften nicht eingehalten werden.

Baustoffklassen: Baustoffe müssen auf ihr Verhalten bei Brand überprüft und entsprechend in Baustoffklassen eingeteilt werden. Die höchste Klasse ist A (nicht brennbar), brennbare Materialien sind alle in der Klasse B eingeordnet. Geprüft wird nach DIN 4102.

Bauvertrag: Vereinbarung zwischen dem Auftraggeber (Immobilienbesitzer, Handlungsbevollmächtigter) und dem Bauunternehmer bzw. Handwerker zur Erbringung einer vereinbarten Leistung. Es gibt den BGB-Vertrag und den VOB-Vertrag – beide werden nach dem Werkvertragsrecht geschlossen.

Beheizte Räume: Im Sinne der EnEV sind dies solche Räume, die aufgrund bestimmungsgemäßer Nutzung direkt oder durch Raumverbund beheizt werden.

Bitumen-Schweißbahn: Dachbahn aus einem Trägermaterial, z. B. Glasvlies, beidseitig mit Bitumen beschichtet. Mit der offenen Flamme wird das Bitumen verflüssigt. Auf diese Weise werden mehrere Lagen Dachbahnen überlappend miteinander verbunden und wasserdicht (regendicht) verschweißt.

Blower-Door-Test: Hierbei wird im Gebäude durch Absaugen der Luft ein Unterdruck erzeugt. Dann wird gemessen, wie schnell sich der Unterdruck wieder abbaut und daraus die Luftwechselrate errechnet. Eine Luftwechselrate von 3,0 pro Stunde gilt für Normalgebäude als zulässig.

Brennwertkessel: Im Sinne der EnEV ist das ein Kessel, der die Kondensationswärme eines Großteils des in den Abgasen enthaltenen Wasserdampfs nutzt.

Brennwerttechnik: Die im Abgas von Heizkesseln enthaltenen Wasserdampfanteile (Kondensationswärme) werden zusätzlich genutzt, besonders bei Gaskesseln.

Dachsparren (auch Sparren): Sie bilden beim Dachstuhl die statisch tragende Basis eines Steildachs. Es können Holzbalken, Stahl- oder Stahlbetonträger sein.

Dämmstoffe: Je nach Zulassung dienen sie der Geräuschdämmung (Schallschutz) und verhindern Wärmeverluste (Wärmeschutz), um z. B. die von der EnEV vorgeschriebenen Werte zu erreichen. Man unterscheidet Mineralwolle-Dämmstoffe, geschäumte Dämmstoffe aus z. B. Polystyrol, Polyurethan oder Glasschaum sowie „ökologische" Dämmstoffe wie z. B. Kokos-, Hanf-, Zellulosefasern sowie Schafwolle.

Dampfdiffusion: Man bezeichnet damit die Fähigkeit von Wasserdampf, durch das Material (Baustoff) zu dringen (diffundieren).

DIN-Normen: Sie gelten als „anerkannte Regeln der Bautechnik" und müssen bei der Planung und Ausschreibung sowie besonders bei der Ausführung von der Bauleitung und dem ausführenden Unternehmen eingehalten werden.

Energiebedarf: Damit wird die Energiemenge bezeichnet, die für die Heizanlage eines Gebäudes benötigt und als Verbrauch abgerechnet wird.

EnEV: Die Energieeinsparverordnung (EnEV) definiert Mindeststandards sowohl für neue als auch für bestehende Wohngebäude (Altbauten) hinsichtlich der Isolationseigenschaften und Qualität der Gebäude- und Anlagentechnik. Die EnEV und die von ihr einbezogenen Normen (DIN und EN DIN) legen fest, wie der Primärenergiebedarf, der Endenergiebedarf und der Heizenergiebedarf zu berechnen sind und welche Grenzwerte eingehalten werden müssen.

Erneuerbare Energien: Dies sind im Sinne der EnEV Energien, die zu Zwecken der Heizung, Warmwasserbereitung, Kühlung oder Lüftung von Gebäuden eingesetzt und im räumlichen Zusammenhang dazu gewonnen werden, wie solare Strahlungsenergie, Umweltwärme, Geothermie und Energie aus Biomasse.

Facility Management (FM): Es handelt sich um die Betrachtung, Analyse und Optimierung aller kostenrelevanten Vorgänge rund um ein Gebäude, ein anderes bauliches Objekt oder eine im Unternehmen erbrachte Leistung, die nicht zum Kerngeschäft gehört.

Feuchtegehalt (Hygroskopizität): Eigenschaft eines Baustoffs (in Prozent der Masse oder in Prozent des Volumens), Luftfeuchte aufzunehmen und zu speichern. Je nach Feuchtigkeit der Umgebungsluft stellt sich eine bestimmte „Gleichgewichtsfeuchte" ein, die für jeden Baustoff anders ist.

Flachdach: Im Gegensatz zum Steildach werden alle Dachflächen, die weniger als zehn Grad Dachneigung haben, als Flachdach bezeichnet.

Förderprogramme: Bund, Länder und einzelne Kommunen fördern die energetische Sanierung von Wohngebäuden mit

Zuschüssen und/oder zinsgünstigen Krediten. Es gibt auch spezielle Förderprogramme für den Einsatz alternativer Energien.

Fotovoltaik (Photovoltaik): Die Umwandlung von Strahlungsenergie, hauptsächlich Sonnenenergie, in elektrische Energie über dafür konstruierte Bauelemente für Dach und Fassade.

Gewerk: Bezeichnet die verschiedenen Fachrichtungen aller am Bau tätigen Unternehmen und Handwerker (z. B. Maurer, Maler, Dachdecker, Betonbauer, Schreiner. Zimmerer, Trockenbauer, Stuckateure, Klempner, Installateure usw.).

Heizkessel: Im Sinne der EnEV ist der Heizkessel der aus Kessel und Brenner bestehende Wärmeerzeuger, der zur Übertragung der durch die Verbrennung freigesetzten Wärme an den Wärmeträger Wasser benötigt wird.

HOAI: Honorarordnung für Architekten und Ingenieure, gesetzliche Regelung für die Höhe und den Umfang des Honorars.

Inspektion: Maßnahmen zur Feststellung und Beurteilung des Istzustands von technischen Mitteln eines Systems.

Instandhaltung: Maßnahmen zur Bewahrung und Wiederherstellung des Sollzustands und zur Feststellung des Istzustands von technischen Mitteln eines Systems.

Instandsetzung: Maßnahmen zur Wiederherstellung des Sollzustands von technischen Mitteln eines Systems.

Jahresprimärenergiebedarf: Damit wird der Bedarf an primärer Energie (Öl für die Ölheizung, Gas für die Gasheizung, Kohle für Heizkraftwerke zur Wärmeerzeugung usw.) bezeichnet, der für die Beheizung eines Gebäudes innerhalb eines Jahres gebraucht wird.

KfW-40: Der Jahres-Primärenergiebedarf für Warmwasser und Heizung (Q) liegt bei weniger als 40 kWh/(m²a). Der Flächenbezugswert ist die Gebäudenutzungsfläche. Bei KfW-40-Häusern muss der spezifische Transmissionswärmeverlust (HT) immer mindestens 45 Prozent unter dem in der EnEV angegebenen Höchstwert liegen.

KfW-60: Der Jahres-Primärenergiebedarf für Warmwasser und Heizung (Q) liegt bei weniger als 60 kWh/(m^2a). Der Flächenbezugswert ist die Gebäudenutzfläche. Bei KfW-60-Häusern muss der spezifische Transmissionswärmeverlust (HT) künftig – unabhängig von der Wahl der Heizungsanlage – immer mindestens 30 Prozent unter dem in der EnEV angegebenen Höchstwert liegen.

Luftdichtheit (Winddichtigkeit): Mit technischen Mitteln wird ein Gebäude gegen innere Druckunterschiede (Thermik wegen der Temperaturdifferenz zwischen innen und außen) abgedichtet, meist mit speziellen Folien. Die Luftdichtheit wird in der EnEV gefordert, kann aber bei mangelhafter Ausführung zu Bauschäden führen.

Modernisierung: Hierunter werden Maßnahmen verstanden, die zu einer Verbesserung der Nutzungsqualität oder Senkung der Nutzungskosten führen (z. B. eine Erneuerung von Anlagen und Bauteilen, unabhängig von deren gegenwärtigem Zustand).

Nennleistung: Im Sinne der EnEV ist die Nennleistung die vom Hersteller festgelegte und im Dauerbetrieb unter Beachtung des vom Hersteller angegebenen Wirkungsgrads als einhaltbar garantierte größte Wärme- und Kälteleistung in Kilowatt (kW).

Niedertemperatur-Heizkessel: Ein Heizkessel, der kontinuierlich mit einer Eintrittstemperatur von 35 bis 40 Grad Celsius betrieben werden kann und in dem es unter bestimmten Umständen zur Kondensation des in den Abgasen enthaltenen Wasserdampfs kommen kann.

Niedrigenergiehaus: Standard, nach dem heute Neubauten errichtet werden müssen, für Altbauten bei Nachrüstung zu empfehlen. Anforderungen: Höchstgrenze 70

	kW/(m²a) (= Kilowattstunde pro Quadratmeter und Jahr) Heizwärmebedarf nach der seit 1. Februar 2002 in Deutschland geltenden EnEV.
Nullenergiehaus:	Das Nullenergiehaus benötigt im Jahresmittel kein Netto-Energiebezug von außen.
Passivhaus:	Heizwärmebedarf weniger als 15 KW/(m² a), Primärenergiebedarf inklusive Haushaltsstrom unter 120 KW/(m²a). Der Flächenbezugswert ist die beheizte Wohnfläche.
Perimeterdämmung:	Wärmedämmung von erdberührenden Bauteilen mit speziell dafür zugelassenen Wärmedämmstoffen, z. B. bei Kellerwänden oder Bodenplatten.
Plusenergiehaus:	Das Plusenergiehaus kann im Jahresmittel Netto-Energielieferungen nach außen abgeben.
Primärenergiebedarf:	Das ist der Energiebedarf für die gesamte Haustechnik. Dazu gehören der Heizenergie- und Warmwasserenergiebedarf sowie der Bedarf an Elektroenergie der Pumpen, der Anlagensteuerung und -regelung, der mechanischen Lüftung.
Primärenergiefaktor:	Es ist der Faktor, der zur Bereitstellung von Energie aufgewendet werden muss. Je höher dieser Wert ist, desto ungünstiger ist der Energieträger.
Rohgewicht:	Je niedriger das Rohgewicht (Rohdichte) eines Stoffes ist, desto besser ist seine wärmedämmende Eigenschaft, desto geringer ist aber auch seine Druckfestigkeit und Wärmespeicherfähigkeit.
Sanierung:	Allgemein wird darunter die komplette Instandsetzung bestimmter beschädigter oder zerstörter Bauteile verstanden. Es werden damit aber auch kleinere Reparaturen oder umfassende Modernisierungsmaßnahmen bezeichnet.
Schweizer Minergiestandard:	Für neue Wohnbauten 42 kWh/(m²a) Heizwärmebedarf. Der Flächenbezugswert ist die Energiebezugsfläche, als die in der Schweiz die Bruttogeschossfläche gilt.

Steildach:	Als Steildach werden alle geneigten Dachflächen ab zehn Grad Dachneigung bezeichnet.
Unterspann-bahn:	Eine unter die Dacheindeckung verlegte Folie, die als zweite wasserführende Ebene zusätzlich vor Regenwasser und Schneeeintrieb ins Dach schützt.
Vergabe- und Vertragsordnung für Bauleistungen (VOB):	Gültig ist die aktuelle Ausgabe 2006. Sie setzt sich aus drei Teilen zusammen: Teil A enthält die allgemeinen Bestimmungen für die Vergabe von Bauleistungen, Teil B die allgemeinen Vertragsbedingungen für die Ausführung von Bauleistungen und Teil C die Allgemeinen Technischen Vertragsbedingungen für Bauleistungen (ATV).
Wärmedämm-verbundsystem (WDVS):	Geeignet für die nachträgliche, außenseitige Wärmedämmung von Altbauten bei festen, tragfähigen Untergründen (Putz, Mauerwerk, Beton usw.). Das System besteht aus einem geeigneten Wärmedämmstoff, Armierungsgewebe und einem darauf abgestimmten Kunststoff-Außenputz als Witterungsschutz.
Wärmedurch-gangskoeffizient (U-Wert):	Gibt die Wärmemenge an, die durch einen Quadratmeter eines Bauteils fließt, wenn die Temperaturdifferenz der angrenzenden Luftschicht ein Kelvin (1 K) beträgt. Je kleiner der U-Wert, desto besser ist die Wärmedämmung eines Bauteils.
Wärmeleit-fähigkeit:	Sie wird durch den stoffabhängigen Zahlenwert Lambda (λ) beschrieben. Je niedriger dieser Wert ist, desto besser ist die Wärmedämmfähigkeit des Materials.
Wärmeleit-fähigkeits-gruppe:	Entsprechend ihrer Wärmeleitfähigkeit sind Wärmedämmstoffe in Gruppen eingeteilt. Je niedriger dieser Wert, desto besser dämmt der Stoff.
Wärmepumpe:	Gerät, das der Luft, dem Erdreich oder dem Wasser Wärme entzieht und diese Energie über ein Trägermedium für Heizung und Warmwasserbereitung nutzbar macht.

Wärmeschutzverglasung: Gegenüber der bisher üblichen Zweischeiben-Isolierverglasung hat diese eine wesentlich bessere Dämmwirkung. Dabei wird eine hauchdünne Edelmetallschicht auf eine Scheibe aufgedampft. So gelangt Wärme von außen in den Raum, kann ihn aber nicht mehr verlassen.

Wärmespeichervermögen: Je mehr Wärme ein Stoff speichern kann, desto langsamer reagiert er bei Aufheizung oder Abkühlung. Diesen Vorgang nennt man „Amplitudendämpfung". Wird der Wärmedämmwert mit der Rohdichte eines Stoffes multipliziert, ergibt sich die Wärmespeicherungszahl.

Wartung: Maßnahmen zur Bewahrung des Sollzustands von technischen Mitteln eines Systems.

Wasserdampfdiffusionswiderstandszahl: Gibt den Wert in μ (Mü) an, den ein Stoff der Dampfdiffusion entgegensetzt. Je niedriger dieser Wert ist, desto weniger Wasserdampf wandert von der warmen zur kalten Seite eines Bauteils.

Wirkungsgrad: Das Verhältnis zwischen aufgenommener und abgegebener Leistung bei der Energieumwandlung. So werden heute folgende Wirkungsgrade erreicht: bei der Fotovoltaik 10 %, Benzinmotoren 25 %, Kohlekraftwerken 45 %, Blockheizkraftwerken 80 %.

Wohngebäude: Gebäude im Sinne der EnEV, die nach ihrer Zweckbestimmung überwiegend dem Wohnen dienen, einschließlich Wohn-, Alten- und Pflegeheime sowie ähnliche Einrichtungen.

X-Liter-Haus: Eine sehr konkrete und plakative, allerdings auch unpräzise Bezeichnung. Damit ist der Heizölbedarf gemeint. Oft wird für Niedrigenergiehäuser als 3-Liter-Häuser geworben. Dieser Wert ist aber nur mit sorgfältiger Planung und umfangreichen Maßnahmen zu erreichen. Ein Passivhaus kommt im Jahr mit weniger als 1,5 l/(m^{2}a) für die Heizung aus.

Anhang

- Muster: Duldungsaufforderung von Erhaltungsmaßnahmen gem. § 554 Abs. 1 BGB durch den Vermieter
- Muster: Duldungsaufforderung von Modernisierungsmaßnahmen gem. § 554 Abs. 2 BGB durch den Vermieter
- Muster: Mitteilung über Modernisierungsmaßnahmen – Zustellung durch Boten
- Muster: Duldungsaufforderung von Maßnahmen zur Verbesserung der Mietsache durch den Vermieter nebst Mieterhöhungsankündigung
- Muster: Duldungsaufforderung von Maßnahmen zur Einsparung von Energie und Wasser durch den Vermieter nebst Mieterhöhungsankündigung
- Muster: Modernisierungs- und Mieterhöhungsvereinbarung
- Muster: Mieterhöhungserklärung nach §§ 559, 559b BGB
- Muster: Mieterhöhungserklärung wegen Einsparung von Energie und Wasser durch den Vermieter
- Muster: Mietaufhebungsvereinbarung
- Muster: Aufforderung zur Einberufung der Eigentümerversammlung
- Muster: Verlangen der Einberufung einer Eigentümerversammlung durch Minderheitenquorum
- Muster: Aufnahme eines Tagesordnungspunkts
- Muster: Anzeige eines Schadens bei der Hausverwaltun
- Checkliste: Feststellung des Istzustands von Keller- bzw. Untergeschoss
- Checkliste: Feststellung des Istzustands der Gebäudehülle
- Checkliste: Feststellung des Istzustands des Flachdachs
- Checkliste: Feststellung des Istzustands des Steildachs
- Checkliste: Feststellung des Istzustands der Heizanlage

- Checkliste: Feststellung des Istzustands der Wasserleitungen
- Checkliste: Feststellung des Istzustands der Abwasserleitungen
- Checkliste: Feststellung des Istzustands der Elektroinstallation
- Checkliste: Feststellung des Istzustands der Gasleitungen
- Checkliste: Feststellung des Istzustands des Brandschutzes
- Checkliste: Energetischer Risikocheck von Keller- bzw. Untergeschoss
- Checkliste: Energetischer Risikocheck der Gebäudehülle
- Checkliste: Energetischer Risikocheck des Steildachs
- Checkliste: Energetischer Risikocheck des Flachdachs
- Checkliste: Energetischer Risikocheck der Heizanlage
- Checkliste: Energetischer Risikocheck der Warmwasseranlage
- Checkliste: Reparaturbedarf Flachdach
- Checkliste: Reparaturbedarf Steildach
- Checkliste: Reparaturbedarf Außenfläche/Fassade
- Checkliste: Reparaturbedarf Fenster und Türen
- Checkliste: Reparaturbedarf Heizung und Installation
- Checkliste: Reparaturbedarf Keller, Untergeschoss und Tiefgarage
- Checkliste: Reparaturbedarf sicherheitsrelevante Bauteile

Muster: Duldungsaufforderung von Erhaltungsmaßnahmen gem. § 554 Abs. 1 BGB durch den Vermieter

Siehe CD-ROM

Harald Ernsberger
Gleichmannstraße 13/1. OG
81241 München

Christoph Langbein
Ludwig-Merk-Straße 1/EG
80805 München

München, 1.3.2009

Erhaltungsmaßnahme Ludwig-Merk-Straße 1, 80805 München

Sehr geehrter Herr Langbein,

mit schriftlichem Mietvertrag vom 1.3.2005 haben Sie die Wohnung Nr. 1, EG, im Anwesen Ludwig-Merk-Straße 1, bestehend aus 3 Zimmern, Küche, Bad/WC nebst Kelleranteil sowie Garagenstellplatz, vom Unterzeichnenden gemietet.

Die Abwasserfall- und Kaltwassersteigleitungen in Ihrer Wohnung sind zu erneuern. Die vorhandenen Bleileitungen sind im Jahr 1920 verlegt worden. Da die verlegten Bleileitungen nur über eine begrenzte Lebensdauer verfügen, sind Schäden aufgrund von Materialermüdungen vorhersehbar. Erschwerend kommt hinzu, dass bei einer vorangegangenen Erhaltungsmaßnahme die Bleileitungen im 1. OG durch Kupferrohre ersetzt wurden. An den Schnittstellen, an denen die Blei- mit den Kupferleitungen verlötet wurden, besteht aufgrund der verschiedenen Materialien ein gesteigertes Gefahrenpotenzial.

Gemäß § 554 Abs. 1 BGB haben Sie Erhaltungsmaßnahmen uneingeschränkt zu dulden. Zu den Erhaltungsmaßnahmen gehören sowohl Instandhaltungs- als auch Instandsetzungsmaßnahmen. Instandhaltung ist die ordnungsgemäße Beseitigung von baulichen Mängeln, die durch Abnutzung, Alterung und Witterungseinwirkung entstanden sind. Bei der Instandsetzung handelt es sich hingegen um die Reparatur gleichwohl aufgetretener Mängel sowie um die Erneuerung nicht mehr reparaturfähiger bzw. reparaturwürdiger Teile.

Die prophylaktische Erneuerung der Wasserleitungen stellt sich folglich als sachgerechte Erhaltungsmaßnahme im Hinblick auf die Mieträume dar.

Die Arbeiten beginnen am 13.4.2009 und werden voraussichtlich bis 28.4.2009 dauern. Ich habe Sie daher aufzufordern, mir spätestens bis

Freitag, den 14.3.2009

mitzuteilen, ob Sie die Durchführung der erforderlichen Arbeiten zur Instandhaltung des Anwesens dulden werden. Sollte die vorgenannte Frist fruchtlos verstreichen, wird der Unterzeichnende anwaltliche Hilfe in Anspruch nehmen und beim Amtsgericht München Klage auf Duldung der Erhaltungsmaßnahme erheben.

Vorsorglich weise ich daraufhin, dass Sie dem Unterzeichnenden Schadensersatz hinsichtlich der Verzögerung der Arbeiten zu leisten haben für den Fall, dass Sie zur Duldung der Erhaltungsmaßnahmen vom Amtsgericht München verurteilt werden (AG Wedding, Das Grundeigentum 1984, 927; Eisenschmid in Schmidt-Futterer, 9. Auflage § 554 BGB Rn. 33).

Sollten Ihnen durch die Erhaltungsmaßnahmen Aufwendungen entstehen, werde ich Ihnen diese selbstverständlich in angemessenem Umfang ersetzen.

Mit freundlichen Grüßen

Harald Ernsberger

Siehe CD-ROM

Muster: Mitteilung über Modernisierungsmaßnahmen gem. § 554 Abs. 2 BGB durch den Vermieter

Harald Ernsberger
Gleichmannstraße 13/1. OG
81241 München

Christoph Langbein
Ludwig-Merk-Straße 1/EG
80805 München

München, 1.3.2009

Mitteilung über Modernisierungsmaßnahmen zur Verbesserung der Mieträume im Anwesen Ludwig-Merk-Straße 1, 80805 München gem. §§ 554 Abs. 2, 554 Abs. 3 S. 1 BGB

Sehr geehrter Herr Langbein,

[hier Art, Umfang und Dauer der Modernisierungsmaßnahmen erläutern sowie zur Duldung der Maßnahmen auffordern – Sie können sich am Muster „Duldungsaufforderung von Erhaltungsmaßnahmen" orientieren]

Mit freundlichen Grüßen

Harald Ernsberger

Muster: Mitteilung über Modernisierungsmaßnahmen – Zustellung durch Boten

Siehe CD-ROM

Harald Ernsberger
Gleichmannstraße 13/1. OG
81241 München

Christoph Langbein
Ludwig-Merk-Straße 1/EG
80805 München

München, 1.3.2009

Mitteilung über Modernisierungsmaßnahmen zur Verbesserung der Mieträume im Anwesen Ludwig-Merk-Straße 1, 80805 München gem. §§ 554 Abs. 2, 554 Abs. 3 S. 1 BGB

Sehr geehrter Herr Langbein,

mit schriftlichem Mietvertrag vom 1.3.2005 haben Sie die Wohnung Nr. 1, EG, im Anwesen Ludwig-Merk-Straße 1, bestehend aus 3 Zimmern, Küche, Bad/ WC nebst Kelleranteil sowie Garagenstellplatz, von dem Unterzeichnenden gemietet.

[hier Art, Umfang und Dauer der Modernisierungsmaßnahmen erläutern sowie zur Duldung der Maßnahmen auffordern – Sie können sich am Muster „Duldungsaufforderung von Erhaltungsmaßnahmen" orientieren]

Mit freundlichen Grüßen

Harald Ernsberger

Original gelesen und am 1.3.2009 um 12:32 Uhr bei Herrn Langbein, Ludwig-Merk-Straße 1, 80805 München in den Hausbriefkasten eingeworfen.

____

Unterschrift Bote

Siehe CD-ROM

Muster: Duldungsaufforderung von Maßnahmen zur Verbesserung der Mietsache durch den Vermieter nebst Mieterhöhungsankündigung

Harald Ernsberger
Gleichmannstraße 13/1. OG
81241 München

Christoph Langbein
Ludwig-Merk-Straße 1/EG
80805 München

München, 1.3.2009

Mitteilung über Modernisierungsmaßnahmen zur Verbesserung der Mieträume im Anwesen Ludwig-Merk-Straße 1, 80805 München gem. §§ 554 Abs. 2, 554 Abs. 3 S. 1 BGB

Sehr geehrter Herr Langbein,

mit schriftlichem Mietvertrag vom 1.3.2005 haben Sie die Wohnung Nr. 1, EG, im Anwesen Ludwig-Merk-Straße 1, bestehend aus 3 Zimmern, Küche, Bad/WC nebst Kelleranteil sowie Garagenstellplatz, von dem Unterzeichnenden gemietet.

I.

Der Unterzeichnende beabsichtigt, zur Erleichterung der Erreichbarkeit der Wohnungen in das von Ihnen bewohnte fünfgeschossige Wohnhaus einen Aufzug einzubauen.

1. Art und voraussichtlicher Umfang der Maßnahme

Es ist beabsichtigt, einen Personenaufzug in einen Aufzugsschacht, der auf jeder Stockwerksebene einen Ausstieg bereitstellt, einzubauen. Der Aufzug wird sich an der Treppenhauswand des Anwesens befinden und über das Treppenpodest des jeweiligen Stockwerks zugänglich sein. Dabei wird sich der Aufzugsschacht an der vom hinaufgehenden Treppenaufgang linken Seite der dem Treppenhaus gegenüberliegenden Wand befinden. Die Position des Aufzugs wird durch einen Grundrissplan verdeutlicht, welchen ich Ihnen in der Anlage beifüge und auf welchen ausdrücklich Bezug genommen wird. Die geplante Position des Aufzugs ist die einzig mögliche im Haus, da bei einer Anbringung an der Außenwand des Hauses das jeweils anliegende Zimmer das jeweils einzige Fenster verlieren würde.

Zum Einbau einer Aufzugsanlage im Anwesen Ludwig-Merk-Straße 1 sind im Einzelnen nachfolgende Maßnahmen erforderlich:

- Nach der Baustelleneinrichtung werden die vorhandenen tragenden Wände im Bereich des Aufzugs unterfangen und die Beton- und Stahlbetonarbeiten für die Grundplatte im Keller durchgeführt.
- Sodann werden die Geschossdecken, beginnend mit dem EG, geöffnet.

- Nach Öffnen der Geschossdecken wird der Aufzugschacht nach Einbau eines Ringankers bis unter die Holzdecke des jeweils darüber liegenden Geschosses in einem Zug mit Vollziegelmauerwerk, 24 cm stark, hochgemauert und verputzt.
- Sodann erfolgt nach vollständiger Herstellung der Schachtmauer der Durchbruch der Aufzugstüren im jeweiligen OG. Die Arbeiten werden jeweils vom Stockwerk darunter vorgenommen.
- Im fünften OG muss die Decke aufgrund brandschutztechnischer Auflagen verkleidet werden.
- Zuletzt erfolgt der Einbau eines Personenaufzugs in den auf der jeweiligen Ebene etwa 1,2 × 1 m² großen Schacht, der durch Durchführung vorgenannter Maßnahmen entstanden ist.

2. Voraussichtlicher Beginn und Dauer der Maßnahme

Die Arbeiten zum Einbau des Aufzugs werden voraussichtlich am 01.06.2009 beginnen. Die Maßnahmen werden voraussichtlich drei Wochen dauern und voraussichtlich am 21.06.2009 abgeschlossen sein.

3. Die zu erwartende Mieterhöhung

Die Kosten der Baumaßnahme können gem. § 559 Abs. 1 BGB in der Weise auf die Miete umgelegt werden, dass eine Erhöhung der jährlichen Miete um 11 % der aufgewendeten Kosten möglich ist. Entsprechend dem Kostenangebot der ausführenden Firma Aufzuglifter – welches gerne von Ihnen bei mir eingesehen werden kann – belaufen sich die Gesamtkosten für den Einbau des Aufzugs auf 140.000 €. Hierin sind keine Instandhaltungskosten enthalten.

Gemäß § 559 Abs. 2 BGB hat der Vermieter die Kosten, sofern die baulichen Maßnahmen für mehrere Wohnungen durchgeführt werden, auf die einzelnen Wohnungen angemessen zu verteilen. Der Vermieter kann den Verteilungsschlüssel gem. §§ 315, 316 BGB nach billigem Ermessen bestimmen. Der Unterzeichnende kann daher die Kosten des Einbaus des Aufzugs entweder linear nach Flächenanteilen oder nach dem unterschiedlichen Gebrauchsvorteil auf die Mieter verteilen (LG München I, Urteil vom 24.11.2005, 31 S 9700/05). Da es regelmäßig kaum möglich ist, einen dem tatsächlichen Gebrauchsvorteil angemessenen und damit transparenten Verteilungsschlüssel zu finden, habe ich mich entschlossen, die Kosten entsprechend den Wohnflächenanteilen umzulegen. Die Gesamtwohnfläche beträgt 980 m².

Gemäß dem Kostenangebot der Firma Aufzuglifter GmbH vom 04.02.2008 belaufen sich die

- Gesamtkosten auf 140.000,00 €
- hieraus 11 % der Gesamtkosten pro Jahr 15.400,00 €
- somit bei 980 m² Wohnfläche pro Monat pro m²
(= 15.400 € ./. 980 m² ./.12) 1,31 €

Bei Ihrer Wohnungsgröße von 86,00 m² ergibt sich somit eine zu erwartende monatliche Mieterhöhung pro m² von 1,31 €, mithin von insgesamt **112,66 €**.

Nach Fertigstellung der Maßnahmen erhalten Sie nach § 559b Abs. 1 BGB eine gesonderte Mitteilung, aus der Sie die Mieterhöhung aufgrund der tatsächlich entstandenen Kosten und den auf die Wohnung entfallenden Betrag ersehen können.

II.

In rechtlicher Hinsicht erlaube ich mir darauf hinzuweisen, dass Sie gem. § 554 Abs. 2 BGB Maßnahmen zur Verbesserung der Mietsache zu dulden haben. Nach höchstrichterlicher Rechtsprechung stellt der Einbau eines Aufzugs eine Maßnahme zur Verbesserung der Mietsache i. S. des § 554 Abs. 2 Satz 1 Alt.1 BGB dar (BGH Urteil vom 19.9.2007, VIII ZR 6/07, WuM 2007, 630–631). Gem. § 554 Abs. 3 S. 1 BGB hat der Unterzeichnende die Modernisierungsmaßnahme spätestens drei Monate vor Beginn der Maßnahme, deren Art sowie deren voraussichtlichen Umfang und Beginn, die voraussichtliche Dauer und die zu erwartende Mieterhöhung in Textform (§ 126b BGB) mitzuteilen. Dieser Mitteilungsverpflichtung komme ich mit diesem Schreiben nach. Der Umlageschlüssel wurde erläutert, ist transparent und somit nachvollziehbar. Es ist nicht erforderlich, Sie, sehr geehrter Herr Langbein, als Bewohner des EG von der Umlage der Kosten für den Einbau des Aufzugs auszuklammern oder zumindest die Bewohner der oberen Geschosse stärker zu belasten, da auch für Sie immer die Möglichkeit besteht, mit einem neu eingebauten Aufzug den Keller oder ein oberes Geschoss zu erreichen oder andere Möglichkeiten für Sie bestehen, den Aufzug zu benutzen.

III.

Zum Zeichen Ihres Einverständnisses mit der Duldung oben näher erläuterter Arbeiten bitte ich um Unterzeichnung und Rücksendung beiliegender Zweitschrift bis spätestens

Freitag, den 04.04.2009.

Sollte vorgenannte Frist fruchtlos verstreichen, muss ich anwaltliche Hilfe in Anspruch nehmen und beim Amtsgericht München Klage auf Duldung der Modernisierungsmaßnahme (Aufzugseinbau) erheben. Vorsorglich weise ich darauf hin, dass Sie dem Unterzeichnenden Schadensersatz hinsichtlich der Verzögerung der Arbeiten zu leisten haben für den Fall, dass Sie zur Duldung der Modernisierungsmaßnahme vom Amtsgericht München verurteilt werden (AG Wedding, Das Grundeigentum 1984, 927; Eisenschmid in: Schmidt-Futterer, 9. Auflage § 554 BGB Rn. 33).

Ich weise weiter darauf hin, dass Sie gem. § 554 Abs. 3 S. 2 BGB bis zum Ablauf des Monats, der auf den Zugang der Mitteilung folgt, das Recht zur außerordentlichen Kündigung haben.

Für etwaige Rückfragen und Unklarheiten oder etwaige Erläuterungen der Modernisierungsmaßnahme stehe ich Ihnen selbstverständlich gerne zur Verfügung.

Mit freundlichen Grüßen Harald Ernsberger	vollinhaltlich einverstanden Christoph Langbein

Muster: Duldungsaufforderung von Maßnahmen zur Einsparung von Energie und Wasser durch den Vermieter nebst Mieterhöhungsankündigung

Siehe CD-ROM

Harald Ernsberger
Gleichmannstraße 13/1. OG
81241 München

Michael Sauer
Ravensburger Ring 51
81243 München

München, 15.1.2009

Mitteilung über Modernisierungsmaßnahmen zur Einsparung von Energie im Anwesen Ravensburger Ring 51, 81243 München gem. §§ 554 Abs. 2, 554 Abs. 3 S. 1 BGB

Sehr geehrter Herr Sauer,

mit schriftlichem Mietvertrag vom 1.06.1993 haben Sie die Wohnung, im Anwesen Ravensburger Ring 51, 81243 München, bestehend aus 3 Zimmern, Küche, Bad/WC nebst Kelleranteil sowie Garagenstellplatz, von dem Unterzeichnenden gemietet.

I.

Der Unterzeichnende beabsichtigt, im gesamten Anwesen umfassende Modernisierungsmaßnahmen zur Einsparung von Energie vorzunehmen.

1. Art und voraussichtlicher Umfang der Maßnahme

a) Zunächst ist beabsichtigt, die Gebäudehülle durch die Anbringung eines Wärmeverbundsystems zu modernisieren.

Die sog. U-Werte der derzeitigen Gebäudehülle aus dem Jahre 1967 entsprechen nicht den Mindestanforderungen, die die EnEV (Energieeinsparverordnung) bei Änderungen von Bauteilen an bestehenden Gebäuden stellt, und bieten daher ein erhebliches Potenzial für energetische Verbesserungen. Als U-Wert (früher k-Wert) wird der Wärmedurchgangskoeffizient eines Bauteils bezeichnet. Durch die Modernisierung der Gebäudehülle wird sich der Wärmedurchgangskoeffizient erheblich verringern.

So sind im Einzelnen nachfolgende Arbeiten an der Gebäudehülle vorzunehmen:

- Zunächst ist die Fassade zu reinigen, um sodann der Energieeinsparungsverordnung entsprechende Dämmplatten anzukleben und zusätzlich mit gebohrten Dübeln zu befestigen.
- Anschließend wird ein Armierungsgewebe eingelegt, die Fassade mit Außenputz verputzt sowie gestrichen.

- Am Dach beziehungsweise auf der obersten Decke wird die alte Kiesschüttung entfernt und Wärmedämmplatten, welche den Vorgaben der Energieeinsparverordnung entsprechen, aufgelegt.
- Eine Bitumenabdichtung, welche an den Dachrand und an das Treppenhaus angearbeitet wird, wird verlegt und neue Rauchabzugskoppeln montiert.

b) Ein Austausch ihrer vier Fenster aus dem Baujahr 1967 ist vorzunehmen.

Der Zustand der Fenster ist zwar augenscheinlich als durchschnittlich bis gut zu bezeichnen. Die einfach verglasten Fenster entsprechen jedoch nicht mehr dem aktuellen Stand der Technik. Bei den bisher vorhandenen einfach verglasten Fenstern kühlt sich die Innenluft im Bereich dieser Fenster wesentlich stärker ab als bei den zu verbauenden Fenstern. Außerdem verfügen die vorhandenen Fenster nicht über die Dichtigkeit der nunmehr einzubauenden Fenster – diese werden zu einer Einsparung an Heizenergie führen. Weiter werden auch die Fenster im Allgemeinbereich (Treppenhaus, Waschkeller etc.) ausgetauscht.

c) Schließlich ist die Modernisierung der Anlagentechnik vorgesehen.

So werden sämtliche Heizleitungen im Kellergeschoss nach den Anforderungen der Energieeinsparverordnung gedämmt. Weiter werden sämtliche Warmwasserleitungen im Kellergeschoss nach den Anforderungen der Energieeinsparverordnung gedämmt und der Warmwasserspeicher wird ausgetauscht.

Die durchzuführenden, oben näher erläuterten Maßnahmen führen zu einer deutlichen und nachhaltigen Einsparung von Energie. Der derzeitige Energiebedarf von 577.518 kWh/Jahr reduziert sich auf 300.372 kWh/Jahr. Es ergibt sich somit eine Einsparung von 277.146 kWh/Jahr – bei gleichem Nutzerverhalten und gleichen Klimabedingungen. Die CO_2-Emissionen werden um 66.865 kg CO_2/Jahr reduziert. Dies verringert den Treibhauseffekt und hilft, unser Klima zu schützen. Durch die Modernisierungsmaßnahmen sinkt der Primärenergiebedarf des Gebäudes auf 42 kWh/m² pro Jahr. Dies ergibt eine Brennstoff-Einsparung von 48 %.

2. Voraussichtlicher Beginn und Dauer der Maßnahme

Die Arbeiten werden voraussichtlich am 01.05.2009 beginnen. Die Maßnahmen werden voraussichtlich bis 30.09.2008 abgeschlossen sein. Zur besseren Übersichtlichkeit habe ich Ihnen einen vorläufigen Bauzeitenplan beigefügt. Der Austausch Ihrer Fenster wird voraussichtlich am 02.06.2009 vorgenommen werden. Ich bitte Sie höflich, an diesem Tag den Handwerkern den Zutritt zur Wohnung zu gewähren.

3. Die zu erwartende Mieterhöhung

Die für Ihre Wohnung aufzubringenden Kosten können gem. § 559 Abs. 1 BGB in der Weise auf die Miete umgelegt werden, dass eine Erhöhung der jährlichen Miete um 11 % der für die Wohnung aufgewendeten Kosten möglich ist. Hierbei werden in Anspruch genommene zinsverbilligte Darlehen sowie Zuschüsse der Stadt München zu Ihren Gunsten berücksichtigt. Entsprechend den Kostenangeboten liegen der zu erwartenden Mieterhöhung die im Folgenden aufgeführten Kostenpositionen der baulichen Maßnahme zugrunde. Die Kosten der Instandhaltung sind kenntlich gemacht und wurden von der Gesamtsumme abgezogen.

Gemäß § 559 Abs. 2 BGB hat der Vermieter die Kosten, sofern die baulichen Maßnahmen für mehrere Wohnungen durchgeführt werden, auf die einzelnen Wohnungen angemessen zu verteilen. Der Vermieter kann den Verteilungsschlüssel gem. §§ 315, 316 BGB nach billigem Ermessen bestimmen. Die Verteilung der Kosten der Modernisierung der Gebäudehülle, der Anlagentechnik, der Fenster im Allgemeinbereich sowie der Baunebenkosten werde ich, nachdem kein anderer praktikabler und nachvollziehbarer Umlagemaßstab ersichtlich ist, nach dem Verhältnis der Wohnfläche der einzelnen Wohnungen zur Gesamtfläche vornehmen. Die Kosten der zu verbauenden Fenster werde ich direkt Ihrer Wohnung zuordnen. Die Gesamtfläche beträgt 3.500,00 m²:

a) Austausch der Fenster in der Küche, im Schlafzimmer, im Kinderzimmer und des Fensterelements im Wohnzimmer durch Energiesparfenster

gemäß Kostenangebot der Firma Fensterling GmbH vom 12.12.2008 beträgt 380 € für das Küchen-, 365 € für das Kinderzimmer-, 548 € für das Schlafzimmerfenster und 950 € für das Wohnzimmerelement, insgesamt mithin	2.243,00 €
abzüglich ersparter Aufwendungen für Instandhaltung wegen Erneuerung der Fenster und Fensterrahmen gemäß Kostenberechnung der Firma Fensterling GmbH vom 12.12.2008	900,00 €
mithin Gesamtkosten von	1.343,00 €
hieraus 11 % der Gesamtkosten pro Jahr,	147,73 €
somit bei 86 m² Wohnfläche pro Monat pro m² (= 147,73 € ./. 12 ./. 86)	0,143 €

b) Kosten für die Fenstererneuerung im Allgemeinbereich

gemäß Kostenangebot der Firma Fensterling GmbH vom 12.12.2008	25.670,00 €
abzüglich ersparter Aufwendungen für Instandhaltung wegen Erneuerung der Fenster und Fensterrahmen gemäß Schreiben der Firma Fensterling GmbH vom selben Tage	9.800,00 €
mithin Gesamtkosten von	15.870,00 €
hieraus 11 % der Gesamtkosten pro Jahr,	1.745,70 €
somit bei 3.500,00 m² Wohnfläche pro Monat pro m² (= 1.745,70 € ./. 3.500,00 m² ./.12) 0,042 €	

c) Kosten für die Dämmung der Heizleitungen

gemäß Kostenangebot der Firma Brikett GmbH vom 27.12.2008	18.400,00 €
hieraus 11 % der Gesamtkosten pro Jahr,	2.024,00 €
somit bei 3.500,00 m² Wohnfläche pro Monat pro m² (= 2.024,00 € ./. 3.500,00 m² ./.12)	0,048 €

d) Kosten für die Dämmung des Dachs	
gemäß Kostenangebot der Firma Dämmwut vom 12.12.2008	82.000,00 €
abzüglich Aufwendungen für Instandhaltung wegen Erneuerung der RWA-Anlage	4.600,00 €
mithin Gesamtkosten von	77.400,00 €
hieraus 11 % der Gesamtkosten pro Jahr,	8.500,00 €
somit bei 3.500,00 m² Wohnfläche pro Monat pro m² (= 8.500 € ./. 3.500,00 m² ./.12)	0,202 €
e) Kosten für Wärmedämmverbundsystem	
gemäß Kostenangebot der Firma Dämmwut GmbH vom 12.12.2008	257.000,00 €
abzüglich Aufwendungen für Instandhaltung wegen Putz-Abschlagen und Erneuern von losem Fassadenputz	750,00 €
mithin Gesamtkosten von	256.250,00 €
hieraus 11 % der Gesamtkosten pro Jahr,	28.187,50 €
somit bei 3.500,00 m² Wohnfläche pro Monat pro m² (= 28.187,50 €./. 3.500,00 m² ./.12)	0,671 €
f) Kosten für Malerarbeiten	
gemäß Kostenangebot der Firma Klexel GmbH vom 12.12.2008	118.000,00 €
abzüglich Aufwendungen für Instandhaltung (Malerarbeiten an Fassadenteilen ohne Wärmedämmverbundsystem und Betonsanierung)	49.800,00 €
mithin Gesamtkosten von	68.200,00 €
hieraus 11 % der Gesamtkosten pro Jahr,	7.502,00 €
somit bei 3.500,00 m² Wohnfläche pro Monat pro m² (= 7.502 €./. 3.500,00 m² ./.12)	0,179 €
g) Kosten für Architekt vom 12.12.2008	38.000,00 €
abzüglich Aufwendungen für Instandhaltung, prozentual aufgeteilt für Instandhaltung und Modernisierung ca. 12,5 % Instandhaltung, ca. 87,5 % Modernisierung	4.750,00 €
mithin Gesamtkosten von	33.250,00 €
hieraus 11 % der Gesamtkosten pro Jahr,	3.657,50 €
somit bei 3.500,00 m² Wohnfläche pro Monat pro m² (= 3.657,50 € ./. 3.500,00 ./.12)	0,087 €
h) Kosten für Gerüst	
gemäß Angebot der Firma Stabmann GmbH vom 01.12.2008	33.700,00 €
abzüglich Aufwendungen für Instandhaltung, prozentual aufgeteilt für Instandhaltung und Modernisierung ca. 12,5 % Instandhaltung, ca. 87,5 % Modernisierung	4.212,50 €
mithin Gesamtkosten von	29.487,50 €

hieraus 11 % der Gesamtkosten pro Jahr,	3.243,62 €
somit bei 3.500,00 m² Wohnfläche pro Monat pro m²	
(= 3.243,62 €./. 3.500,00 m² ./.12)	0,077 €
Zwischensumme zu erwartende Mieterhöhung pro m² pro Monat	**1,449 €**

Gemäß § 559a Abs. 2 BGB verringert sich der Erhöhungsbetrag nach § 559 BGB bei Inanspruchnahme zinsverbilligter Darlehen um den Jahresbetrag der Zinsermäßigung. Diese wird errechnet aus dem Unterschied zwischen dem ermäßigten Zinssatz und dem marktüblichen Zinssatz für den Ursprungsbetrag des Darlehens. Maßgebend ist der marktübliche Zinssatz für erstrangige Hypotheken zum Zeitpunkt der Beendigung der Maßnahmen.

Ich werde für die Modernisierungsmaßnahmen des Anwesens zinsverbilligte Darlehen in Anspruch nehmen.

Ein Darlehen in Höhe von 408.269,43 € aus öffentlichen Haushalten. Die jährliche Zinsersparnis beträgt 0,31 %, die prozentuale Zinsverbilligung ist auf den Darlehensbetrag anzuwenden, sodass 1.265,64 € vom Jahresbetrag der zu erwartenden Mieterhöhung abzuziehen sind, somit reduziert sich der jährliche Mieterhöhungsbetrag pro m² (= 1.265,64 € ./. 3.500,00) auf 0,3616 €/m², dass sind monatlich 0,03013 €/m².

Ein Darlehen in Höhe von 54.308,85 € aus öffentlichen Haushalten. Die jährliche Zinsersparnis beträgt 0,08 %, die prozentuale Zinsverbilligung ist auf den Darlehensbetrag anzuwenden, sodass 43,45 € vom Jahresbetrag der Mieterhöhung abzuziehen sind, somit reduziert sich der jährliche Mieterhöhungsbetrag pro m² (= 43,45 €./. 3.500,00) auf 0,01241 €/m², das sind monatlich 0,00103 €/m².

Bei Ihrer Wohnungsgröße von 86 m² ergibt sich somit eine zu erwartende monatliche Mieterhöhung pro m² von 1,418 € mithin von insgesamt **121,94 €.**

Nach Fertigstellung der Maßnahmen erhalten Sie nach § 559b Abs. 1 BGB eine gesonderte Mitteilung, aus der Sie die Mieterhöhung aufgrund der tatsächlich entstandenen Kosten und den auf die Wohnung entfallenden Betrag ersehen können.

II.

In rechtlicher Hinsicht erlaube ich mir, Sie darauf hinzuweisen, dass Sie gem. § 554 Abs. 2 BGB Maßnahmen zur Verbesserung der Mietsache, zur Einsparung von Energie oder Wasser oder zur Schaffung neuen Wohnraums zu dulden haben. Hinsichtlich etwaiger Erhaltungsmaßnahmen haben Sie diese gemäß § 554 Abs. 1 BGB zu dulden. Bei sämtlichen Maßnahmen, welche entsprechend I Ziffer 1 durchgeführt werden sollen, handelt es sich um Maßnahmen zur Einsparung von Energie. Die Energieeinsparung von bis zu 48 % habe ich Ihnen erläutert. Etwaige Kostenanteile der Erhaltungsmaßnahmen habe ich in Abzug gebracht, zinsverbilligte Darlehen habe ich angerechnet, die zu erwartende Mieterhöhung habe ich mitgeteilt.

III.

Zum Zeichen ihres Einverständnisses mit der Duldung oben näher erläuterter Arbeiten bitten ich um Unterzeichnung und Rücksendung beiliegender Zweitschrift bis spätestens

Donnerstag, den 28.02.2009.

Sollte vorgenannte Frist fruchtlos verstreichen, muss ich anwaltliche Hilfe in Anspruch nehmen und beim Amtsgericht München Klage auf Duldung der Erhaltungs- und Modernisierungsmaßnahmen erheben. Vorsorglich weise ich darauf hin, dass Sie dem Unterzeichnenden Schadensersatz hinsichtlich der Verzögerung der Arbeiten zu leisten haben für den Fall, dass Sie zur Duldung der Erhaltungs- und Modernisierungsmaßnahmen vom Amtsgericht verurteilt werden (AG Wedding, Das Grundeigentum 1984, 927; Eisenschmid in: Schmidt-Futterer, 9. Auflage, § 554 BGB Rn. 33).

Der guten Ordnung halber weist der Unterzeichnende weiter darauf hin, dass Sie gem. § 554 Abs. 3 S. 2 BGB bis zum Ablauf des Monats, der auf den Zugang der Mitteilung folgt, das Recht zur außerordentlichen Kündigung haben.

Für etwaige Rückfragen und Unklarheiten oder etwaige Erläuterungen der Modernisierungsmaßnahmen stehe ich Ihnen gerne zur Verfügung.

Mit freundlichen Grüßen Harald Ernsberger	vollinhaltlich einverstanden Michael Sauer

Muster: Modernisierungs- und Mieterhöhungsvereinbarung

Siehe CD-ROM

Vereinbarung

zwischen

Harald Ernsberger, Gleichmannstraße 13/1. OG, 81241 München

– im Folgenden „Vermieter" genannt –

und

Michael Sauer, Ravensburger Ring 51, 81243 München

– im Folgenden „Mieter" genannt –

Präambel

Der Vermieter beabsichtigt, im gesamten Anwesen Ravensburger Ring 51, 81243 München umfassende Modernisierungsmaßnahmen zur Einsparung von Energie vorzunehmen. Der Mieter hat mit schriftlichem Mietvertrag vom 1.6.1993 die Wohnung im 1. OG rechts im Anwesen Ravensburger Ring 51, 81243 München, bestehend aus drei Zimmern, Küche, Bad/WC nebst Kelleranteil sowie Garagenstellplatz, von dem Vermieter gemietet. Der Mieter bezahlt derzeit eine Nettokaltmiete in Höhe von 743,00 €, zzgl. einer Vorauszahlung auf die Heiz- und Warmwasserkosten in Höhe von 63,00 €, zzgl. einer Vorauszahlung auf die übrigen Betriebskosten in Höhe von 51,00 €, zzgl. Miete für einen Garagenstellplatz in Höhe von 60,00 €, mithin insgesamt 917,00 €. Zur Durchführung von baulichen Maßnahmen zur nachhaltigen Einsparung von Energie wird folgende Modernisierungsvereinbarung geschlossen:

§ 1 Art, Umfang und Dauer der baulichen Maßnahmen

(1) Die Parteien sind sich darüber einig, dass nachfolgende Arbeiten durch den Vermieter durchgeführt werden:

a) An die Gebäudehülle wird ein Wärmedämmverbundsystem angebracht. Hierzu sind im Einzelnen nachfolgende Arbeiten an der Gebäudehülle vorzunehmen:

- Zunächst ist die Fassade zu reinigen, um sodann der Energieeinsparungsverordnung entsprechende Dämmplatten anzukleben und zusätzlich mit Dübeln zu befestigen.
- Anschließend wird ein Armierungsgewebe eingelegt, die Fassade mit Außenputz verputzt sowie gestrichen.
- Am Dach beziehungsweise auf der obersten Decke wird die alte Kiesschüttung entfernt und Wärmedämmplatten, welche den Vorgaben der Energieeinsparverordnung entsprechen, aufgelegt.
- Eine Bitumenabdichtung, welche an den Dachrand und an das Treppenhaus angearbeitet wird, wird verlegt und neue Rauchabzugskoppeln werden montiert.

b) Ein Austausch der vier einfachverglasten Fenster aus dem Baujahr 1967 in der Wohnung des Mieters durch Fenster mit Thermopenverglasung wird vorgenommen.

c) Die Fenster im Allgemeinbereich des Anwesens Ravensburger Ring 51, 81243 München (Treppenhaus, Waschkeller etc.) werden ebenfalls durch Fenster mit Thermopenverglasung ersetzt.

d) Sämtliche Heizleitungen im Kellergeschoss werden nach den Anforderungen der Energieeinsparverordnung gedämmt. Weiter werden sämtliche Warmwasserleitungen im Kellergeschoss nach den Anforderungen der Energieeinsparverordnung gedämmt und der Warmwasserspeicher wird ausgetauscht.

e) Die Heizkörper werden mit Thermostatventilen ausgestattet.

(2) Die Arbeiten werden voraussichtlich am 01.05.2009 beginnen und voraussichtlich bis 30.09.2009 abgeschlossen sein.

(3) Art und Umfang der Maßnahmen im Einzelnen ergeben sich aus Anlage 1 dieses Vertrags. Ein Bauzeitenplan ist als Anlage 2 beigefügt. Diese sind wesentliche Bestandteile dieser Vereinbarung.

§ 2 Duldungsverpflichtung des Mieters

Der Mieter erklärt hiermit sein Einverständnis, die Durchführung der unter § 1 Abs. 1 genannten Arbeiten zu dulden. Der Mieter erklärt, vorbezeichnete Arbeiten, vorbehaltlich seiner Rechte gem. § 7 dieser Vereinbarung, auch dann zu dulden, wenn sich die entsprechend im Bauzeitenplan – Anlage 2 – dargestellten Ausführungsfristen verschieben oder verzögern.

§ 3 Zutrittsrecht

(1) Der Mieter verpflichtet sich, dem Vermieter sowie den in dessen Auftrag handelnden Personen, insbesondere Architekten und Handwerkern der ausführenden Firmen, Zutritt zu seiner Wohnung, sowohl zur Vorbereitung als auch zur Durchführung der Arbeiten, zu gewähren.

(2) Der Vermieter verpflichtet sich, Arbeiten, welche in der Wohnung des Mieters durchzuführen sind, gesondert drei Tage vor Beginn der Arbeiten schriftlich anzukündigen. Die schriftliche Ankündigung nach Satz 1 bedarf der Textform. Für die Rechtzeitigkeit kommt es nicht auf die Absendung, sondern auf den Zugang des Ankündigungsschreibens an.

§ 4 Mieterhöhung

(1) Die Parteien sind sich darüber einig, dass der Mieter aufgrund der durchgeführten Modernisierungsarbeiten eine erhöhte Nettokaltmiete in Höhe von 850,00 €, zuzüglich einer Vorauszahlung auf Heiz- und Warmwasserkosten wie bisher in Höhe von 56,00 €, zuzüglich einer Vorauszahlung auf die übrigen Betriebskosten wie bisher in Höhe von 71,00 €, zuzüglich Miete für einen Garagenstellplatz wie bisher in Höhe von 60,00 €, mithin eine monatliche Gesamtmiete in Höhe von 1.037,00 € schuldet. Die erhöhte Miete ist fällig mit Beginn des dritten Monats nach Abschluss der in § 1 genannten Arbeiten.

(2) Die Parteien sind sich darüber einig, dass die unter § 1 genannten Modernisierungsarbeiten mit Abbau des Gerüsts sowie mit Wiederherstellung der Außenanlagen abgeschlossen sind.

§ 5 Mietminderung

Die Parteien sind sich darüber einig, dass die Miete während der Durchführung der Arbeiten bis zu deren Beendigung um 20 % der Bruttomiete, mithin auf 535,60 € gemindert ist. Im Übrigen bleiben die vertraglichen und gesetzlichen Gewährleistungsrechte des Mieters unberührt.

§ 6 Aufwendungsersatz

(1) Der Vermieter verpflichtet sich, für etwaige Aufwendungen, welche der Mieter infolge der in § 1 genannten Arbeiten zu bestreiten hat, angemessenen Aufwendungsersatz zu leisten. Der Vermieter verpflichtet sich, mit Beginn der Arbeiten hierzu einen Vorschuss in Höhe von 1.000,00 € zu bezahlen.

(2) Der Mieter ist verpflichtet, über den geleisteten Vorschuss nach Abschluss der Arbeiten abzurechnen. Der Mieter muss jedoch Art und Umfang der gemachten Aufwendungen darlegen und der Höhe nach aufschlüsseln. Hierbei sind sich die Parteien darüber einig, dass für Arbeiten, welche vom Mieter in Eigenleistung erbracht werden, wie beispielsweise Reinigung, Räumung, Malerarbeiten usw., ein Stundensatz von 10,00 € vereinbart ist. In allen Fällen etwaiger Neuanschaffung ist ein Abzug „neu für alt" vorzunehmen.

§ 7 Rücktrittsrecht

(1) Kommt der Mieter seiner Verpflichtung aus dieser Vereinbarung insbesondere gemäß § 2 und § 3 nicht nach, so kann der Vermieter nach Fristsetzung von zehn Tagen unter dem Hinweis, dass nach Ablauf der Frist das Rücktrittsrecht ausgeübt wird, von dieser Vereinbarung zurücktreten. Kommt der Vermieter mit den Arbeiten gem. § 1 Abs. 1 und 2 mit mehr als sechs Monaten in Verzug, so kann der Mieter nach Fristsetzung von zehn Tagen unter dem Hinweis, dass nach Ablauf der Frist das Rücktrittsrecht ausgeübt wird, von dieser Vereinbarung zurücktreten.

(2) Die Rücktrittserklärung nach Abs. 1 bedarf der Schriftform. Für die Rechtzeitigkeit kommt es nicht auf die Absendung, sondern auf den Zugang der Rücktrittserklärung an.

§ 8 Kosten

Die Kosten dieser Vereinbarung werden gegeneinander aufgehoben.

§ 9 Sonstige Vereinbarungen

Diese Vereinbarung ist eine Ergänzungsvereinbarung zum Mietvertrag vom 1.6.1993. Die Parteien verpflichten sich, diese Vereinbarung zu vorstehendem Mietvertrag zu nehmen und mit diesem fest zu verbinden. Im Übrigen bleiben die Bestimmungen des Mietvertrags vom 1.6.1993 unberührt.

§ 10 Schriftform

Ergänzungen dieses Vertrags bedürfen der Schriftform.

München, den ________________

_________________________ _________________________

(Harald Ernsberger) Michael Sauer)

Muster: Mieterhöhungserklärung nach §§ 559, 559b BGB

Siehe CD-ROM

Harald Ernsberger
Gleichmannstraße 13/1. OG
81241 München

Christoph Langbein
Ludwig-Merk-Straße 1/EG
80805 München

München, 27.06.2009

Mieterhöhung wegen Modernisierung zur Verbesserung der Mieträume im Anwesen Ludwig-Merk-Straße 1, 80805 München gem. §§ 559, 559b BGB

Sehr geehrter Herr Langbein,

mit schriftlichem Mietvertrag vom 1.3.2005 haben Sie die Wohnung Nr. 1, EG, im Anwesen Ludwig-Merk-Straße 1, bestehend aus 3 Zimmern, Küche, Bad/WC nebst Kelleranteil sowie Garagenstellplatz, vom Unterzeichnenden gemietet.

I.

Gem. § 559 BGB kann der Vermieter nach Durchführung baulicher Maßnahmen, welche den Gebrauchswert der Mietsache nachhaltig erhöhen, die allgemeinen Wohnverhältnisse auf Dauer verbessern, nachhaltig Einsparungen von Energie oder Wasser bewirken, oder wenn der Vermieter andere bauliche Maßnahmen aufgrund von Umständen durchgeführt hat, die er nicht zu vertreten hat (Modernisierung), die jährliche Miete um elf vom Hundert der für die Wohnung aufgewendeten Kosten erhöhen. Mieterhöhungen auf die ortsübliche Miete (§ 558 BGB) sowie gestiegenen Betriebskosten (§ 560 BGB) werden nicht berücksichtigt.

Der Unterzeichnende hat, wie Sie sicherlich miterleben durften, zur Erleichterung der Erreichbarkeit der Wohnungen in das von Ihnen bewohnte fünfgeschossige Wohnhaus an der Treppenhauswand einen Personenaufzug, welcher auf jeder Stockwerksebene einen Ausstieg bereitstellt, einbauen lassen. Ich habe die Arbeiten gem. § 554 Abs. 3 S. 1 BGB mit Schreiben vom 1.3.2008 nach Art und voraussichtlichem Umfang angekündigt und Ihnen den voraussichtlichen Beginn, die Dauer der Maßnahme und die zu erwartende Mieterhöhung mitgeteilt. Mit Schreiben vom 13.3.2008 haben Sie mir die erbetene Zweitschrift zum Zeichen Ihres Einverständnisses, dass Sie den Einbau des Aufzugs dulden werden, zurückgesandt.

Nach höchstrichterlicher Rechtsprechung stellt der Einbau eines Aufzugs eine Maßnahme zur Verbesserung der Mietsache i. S. des § 554 Abs. 2 Satz 1 Alt.1 BGB dar (BGH, Urteil vom 19.9.2007, VIII ZR 6/07, WuM 2007, 630–631), durch welche sich der Gebrauchswert ihrer Mietsache objektiv erhöht hat. Dahinstehen kann, ob sich der Einbau eines Aufzugs auch als Verbesserung der allgemeinen Wohnverhältnisse qualifizieren lässt. Unstreitig stellt nämlich der Einbau eines Aufzugs eine Modernisierungsmaßnahme gem. §§ 554, 559 BGB dar. Die Arbeiten sind nunmehr abgeschlossen.

Im Folgenden erlaube ich mir, die durchgeführten und nunmehr abgeschlossenen Arbeiten zu erläutern, wobei ich mir erlaube, ebenfalls auf meine Mitteilung der Modernisierungsmaßnahme vom 1.3.2009 Bezug zu nehmen.

- Nach der Baustelleneinrichtung wurden die vorhandenen tragenden Wände im Bereich des Aufzugs unterfangen und die Beton- und Stahlbetonarbeiten für die Grundplatte im Keller durchgeführt.
- Anschließend wurden die Geschossdecken, beginnend mit dem EG, geöffnet. Nach Öffnen der Geschossdecken wurde der Aufzugsschacht, beginnend mit dem Keller, nach Einbau eines Ringankers bis unter die Holzdecke des jeweils darüber liegenden Geschosses in einem Zug mit Vollziegelmauerwerk, 24 cm stark, hochgemauert und verputzt.
- Sodann erfolgte nach vollständiger Herstellung der Schachtmauer der Durchbruch der Aufzugstüren im jeweiligen OG. Die Arbeiten wurden jeweils vom Stockwerk darunter vorgenommen.
- Im 5. OG musste die Decke aufgrund brandschutztechnischer Auflagen verkleidet werden. Die Außenwände des Aufzugsschachts wurden verputzt.
- Zuletzt erfolgte der Einbau eines Personenaufzugs in den auf der jeweiligen Ebene etwa 1,2 × 1 m^2 großen Schacht, der durch Durchführung vorgenannter Maßnahmen entstanden ist.

II.

Entsprechend der Schlussrechnung vom 28.06.2009 der ausführenden Firma Aufzuglifter GmbH – welche in der Anlage beiliegt – belaufen sich die Gesamtkosten für den Einbau des Aufzugs auf 134.881,82 €. Hierin sind keine Instandhaltungskosten enthalten, da es sich bei dem Aufzugseinbau um eine reine Modernisierungsmaßnahme handelt.

Gemäß § 559 Abs. 2 BGB hat der Vermieter die Kosten, sofern die baulichen Maßnahmen für mehrere Wohnungen durchgeführt wurden, auf die einzelnen Wohnungen angemessen zu verteilen. Der Vermieter kann den Verteilungsschlüssel gem. §§ 315, 316 BGB nach billigem Ermessen bestimmen. Der Unterzeichnende kann daher die Kosten des Aufzugeinbaus entweder linear nach Flächenanteilen oder nach dem unterschiedlichen Gebrauchsvorteil auf die Mieter verteilen (LG München I, Urteil vom 24.11.2005, 31 S 9700/05).

Da es regelmäßig kaum möglich ist, einen dem tatsächlichen Gebrauchsvorteil angemessenen und damit transparenten Verteilungsschlüssel zu finden, habe ich mich entschlossen, die Kosten entsprechend den Wohnflächenanteilen umzulegen. Die Gesamtwohnfläche beträgt 980 m^2.

Es ist auch nicht erforderlich, Sie, sehr geehrter Herr Langbein, als Bewohner des EG von der Umlage der Kosten für den Einbau des Aufzugs auszuklammern oder zumindest die Bewohner der oberen Geschosse stärker zu belasten, da auch für Sie immer die Möglichkeit besteht, mit dem neu eingebauten Aufzug den Keller oder ein oberes Geschoss zu erreichen, oder andere Möglichkeiten für Sie bestehen, den Aufzug zu benutzen.

Gemäß der Schlussrechnung der Firma Aufzuglifter GmbH vom 04.02.2009 belaufen sich die Kosten wie folgt,

Pos. 1 Behördliche Genehmigung	1.450,50 €
Pos. 2 Vorbereitende Arbeiten, Baustelleneinrichtung	7.955,82 €
Pos. 3 Abbrucharbeiten	15.688,62 €
Pos. 4 Unterfangung	3.942,05 €
Pos. 5 Betonarbeiten	4.079,96 €
Pos. 6 Maurerarbeiten	26.612,70 €
Pos. 7 Zimmererarbeiten	4.025,15 €
Pos. 8 Bauschlosserarbeiten	1.251,95 €
Pos. 9 Putzarbeiten	5.900,22 €
Pos. 10 Lohn- und Regiearbeiten	2.694,76 €
Pos. 11 Aufzugsanlage, Seilzug, Lieferung u. Montage	39.744,00 €
Gesamtkosten netto	113.345,73 €
zzgl. gesetzlicher Umsatzsteuer	21.535,69 €
Gesamtkosten	134.881,42 €
hieraus 11 % der Gesamtkosten pro Jahr,	14.836,96 €
somit bei 980 m² Wohnfläche pro Monat pro m² (= 14.836,96 € ./. 980 m² ./.12)	1,26 €

Bei Ihrer Wohnungsgröße von 86,00 m² ergibt sich somit eine monatliche Mieterhöhung pro m² von 1,26 €, mithin für Ihre Wohnung von insgesamt 108,36 €.

Ich bitte Sie daher höflich, aufgrund der durchgeführten Modernisierungsmaßnahme zukünftig monatlich eine **Gesamtmiete von 1.025,36 €** zu bezahlen. Sie errechnet sich wie folgt:

Miete bisher	743,00 €
zzgl. Erhöhungsbetrag	108,36 €
zzgl. Vorauszahlung auf die Heizkosten wie bisher	63,00 €
zzgl. Vorauszahlung auf die Betriebskosten wie bisher	51,00 €
zzgl. Garagenstellplatz	60,00 €
neue Gesamtmiete	**1.025,36 €**

Die neue Miete ist entsprechend § 559 Abs. 2 S1. BGB mit Beginn des dritten Monats nach dem Zugang der Erklärung fällig, mithin spätestens zum 3.9.2008. Bitte ändern Sie bis dahin Ihren Dauerauftrag.

Nur der guten Ordnung halber weise ich Sie darauf hin, dass Sie gem. § 561 BGB bis zum Ablauf des zweiten Monats nach Zugang dieser Mieterhöhungserklärung zum Ablauf des übernächsten Monats das Mietverhältnis außerordentlich kündigen können.

Für etwaige Rückfragen bei Unklarheiten oder etwaige Erläuterungen der Modernisierungsmaßnahme stehe ich Ihnen selbstverständlich gerne zur Verfügung.

Mit freundlichen Grüßen

Harald Ernsberger

Muster: Mieterhöhungserklärung wegen Einsparung von Energie und Wasser durch den Vermieter

Siehe CD-ROM

Harald Ernsberger
Gleichmannstraße 13/1. OG
81241 München

Michael Sauer
Ravensburger Ring 51
81243 München

München, 15.10.2009

Erklärung über Mieterhöhung nach Modernisierungsmaßnahmen zur Einsparung von Energie im Anwesen Ravensburger Ring 51, 81243 München gem. §§ 554 Abs. 2, 554 Abs. 3 S. 1 BGB

Sehr geehrter Herr Sauer,

mit schriftlichem Mietvertrag vom 1.06.1993 haben Sie die Wohnung im Anwesen Ravensburger Ring 51, 81243 München, bestehend aus 3 Zimmern, Küche, Bad/WC nebst Kelleranteil sowie Garagenstellplatz, vom Unterzeichnenden gemietet.

I.

Gem. § 559 BGB kann der Vermieter nach Durchführung baulicher Maßnahmen, welche den Gebrauchswert der Mietsache nachhaltig erhöhen, die allgemeinen Wohnverhältnisse auf Dauer verbessern, nachhaltig Einsparungen von Energie oder Wasser bewirken, oder wenn der Vermieter andere bauliche Maßnahmen aufgrund von Umständen durchgeführt hat, die er nicht zu vertreten hat (Modernisierung), die jährliche Miete um elf vom Hundert der für die Wohnung aufgewendeten Kosten erhöhen. Mieterhöhungen auf die ortsübliche Miete (§ 558 BGB) sowie gestiegene Betriebskosten (§ 560 BGB) werden nicht berücksichtigt.

Der Unterzeichnende hat, wie Sie sicherlich miterleben durften, umfangreiche Maßnahmen zur Einsparung von Energie vorgenommen, nämlich

- eine Wärmedämmfassade angebracht,
- einfachverglaste Fenster gegen Isolierglasfenster ausgetauscht und
- die Anlagentechnik gedämmt.

Ich habe die Arbeiten gem. § 554 Abs. 3 S. 1 BGB mit Schreiben vom 15.1.2009 nach Art und voraussichtlichem Umfang angekündigt und Ihnen den voraussichtlichen Beginn, die Dauer der Maßnahme und die zu erwartende Mieterhöhung mitgeteilt. Mit Schreiben vom 15.02.2009 haben Sie mir die erbetene Zweitschrift zum Zeichen Ihres Einverständnisses, dass Sie die mitgeteilten Arbeiten zur Einsparung von Energie dulden werden, zurückgesandt.

Nach ständiger Rechtsprechung stellen

- die Anbringung einer Wärmedämmfassade (LG Halle, Urteil vom 08.08.2002, 2 S 42/01 ZMR 2003, 35, 36),

- der Einbau von Isolierglasfenstern (BGH, Urteil vom 10.04.2002, VIII ARZ 3/01, NZM 2002, 519–521, BGH, Urteil vom 7.01.2004, VIII ZR 156/03) und
- die Dämmung der Anlagentechnik (AG Berlin-Mitte, Urteil vom 12.04.2004, 20 C 11/04, Grundeigentum 2004, 1234–1237)

Maßnahmen zur nachhaltigen Einsparung von Energie dar.

Für bauliche Maßnahmen zur Einsparung von Heizenergie muss der Vermieter in der Mieterhöhungserklärung neben einer schlagwortartigen Bezeichnung der Maßnahme und einer Zuordnung zu den Positionen in der Berechnung diejenigen Tatsachen darlegen, anhand derer überschlägig beurteilt werden kann, ob die bauliche Maßnahme eine nachhaltige Einsparung von Heizenergie bewirkt (BGH, Urteil vom 7. Januar 2004, VIII ZR 156/03, NJW-RR 2004, 658 unter II 1a – jeweils zu § 3 Abs. 3 Satz 2 MHG). Die Vorlage einer Wärmebedarfsrechnung ist nicht nötig. Ausreichend, aber auch erforderlich für eine plausible Darlegung eines Energieeinspareffekts der durchgeführten Maßnahme ist deren gegenständliche Beschreibung oder die Angabe der alten und neuen Wärmedurchgangskoeffizienten (k- bzw. U-Wert) der renovierten Teile (BGH, Urteil vom 25.1.2006, VIII ZR 47/05, NZM 2006, 221–222).

Vorgenannten Vorgaben der Rechtsprechung komme ich gerne nach und erlaube mir, die von mir durchgeführten und abgeschlossenen Maßnahmen zu erläutern, wobei ich auf meine Mitteilung der Modernisierungsmaßnahmen vom 15.1.2008 Bezug nehme.

Zur Vorbereitung der Maßnahmen wurde die Baustelle eingerichtet, ein Gerüst aufgebaut und mit einer Gerüstschutzplane verhängt.

1) Modernisierung der Gebäudehülle durch die Anbringung eines Wärmedämmverbundsystems

Die sogenannten U-Werte der vormaligen Gebäudehülle aus dem Jahre 1967 entsprechen nicht den Mindestanforderungen, die die EnEV (Energieeinsparverordnung) bei Änderungen von Bauteilen an bestehenden Gebäuden stellt. Daher boten sie ein erhebliches Potenzial für energetische Verbesserungen. Als U-Wert (früher k-Wert) wird der Wärmedurchgangskoeffizient eines Bauteils bezeichnet.

So wurden im Einzelnen nachfolgende Arbeiten an der Gebäudehülle vorgenommen:

- Zunächst wurde die Fassade gereinigt, um sodann der Energieeinsparungsverordnung entsprechende Dämmplatten anzukleben und zusätzlich mit gebohrten Dübeln zu befestigen.
- Anschließend wurde ein Armierungsgewebe eingelegt, die Fassade mit Außenputz verputzt sowie gestrichen.
- Am Dach beziehungsweise auf der obersten Decke wurde die alte Kiesschüttung entfernt und Wärmedämmplatten, welche den Vorgaben der Energieeinsparverordnung entsprechen, aufgelegt.
- Eine Bitumenabdichtung, welche an den Dachrand und an das Treppenhaus angearbeitet wurde, wurde verlegt und neue Rauchabzugskoppeln montiert.

2) Austausch Ihrer vier Fenster aus dem Baujahr 1967

- Hierzu wurden die alten Fenster ausgebaut sowie die Fensterstöcke entfernt.
- Die neuen Fenster wurden eingeputzt und neue Fensterbleche und Fensterbänke angebracht.

Der Zustand der Fenster war augenscheinlich als durchschnittlich bis gut zu bezeichnen. Durch die fehlenden Dichtungsebenen waren Zugerscheinungen und Undichtigkeiten jedoch nicht auszuschließen. Durch mehrmalige Renovierungsanstriche ließen sich die Fensterbeschläge/-automatik teilweise schwer bedienen bzw. die Fenster zum Teil schwer schließen.

Die einfach verglasten Fenster entsprachen nicht mehr dem aktuellen Stand der Technik. Bei den bisher vorhandenen einfach verglasten Fenstern kühlt sich die Innenluft im Bereich dieser Fenster wesentlich stärker ab als bei den verbauten Fenstern. Außerdem verfügten die vorhandenen Fenster nicht über die Dichtigkeit der nunmehr eingebauten Fenster – diese werden zu einer Einsparung an Heizenergie führen.

Weiter wurden auch die Fenster im Allgemeinbereich (Treppenhaus, Waschkeller etc.) ausgetauscht.

3) Modernisierung der Anlagentechnik

Sämtliche Heizleitungen im Kellergeschoss wurden nach den Anforderungen der Energieeinsparverordnung gedämmt. Weiter wurden sämtliche Warmwasserleitungen im Kellergeschoss nach Anforderungen der Energieeinsparverordnung gedämmt und der Warmwasserspeicher ausgetauscht.

Ich erlaube mir, mit nachfolgender Tabelle den jeweiligen Wärmedurchgangskoeffizienten für das jeweilige Bauteil vor der Modernisierungsmaßnahme mitzuteilen und die von der EnEV vorgesehenen Anforderungen. Die angekreuzten Bauteile liegen deutlich über diesen Mindestanforderungen und boten daher ein Potenzial für energetische Verbesserungen.

	Typ	Bauteil	Fläche in m^2	U-Wert in W/m^2K	U_{max} EnEV in W/m^2K
X	DA	Flachdach	502	0,69	0,25
	TA	Tür Ost	2	3,00	2,90
X	WA	Außenwand Nord	531	1,23	0,35
X	WA	Außenwand Ost 1	208	1,06	0,35
X	WA	Außenwand Ost 2	120	1,23	0,35
X	WA	Außenwand Süd	321	1,23	0,35
X	WA	Außenwand Trhs. Nord	8	1,49	0,35
X	WA	Außenwand Trhs. Ost	19	1,49	0,35
X	WA	Außenwand Trhs. Süd	8	1,49	0,35
X	WA	Außenwand Trhs. West	21	1,49	0,35
X	WA	Außenwand West 1	208	1,06	0,35

	Typ	Bauteil	Fläche in m^2	U-Wert in W/m^2K	U_{max} EnEV in W/m^2K
X	WA	Außenwand West 2	120	1,23	0,35
X	FA	Fenster Nord	93	2,57	1,70
X	FA	Fenster Ost 1	16	2,57	1,70
X	FA	Fenster Ost 2	167	2,57	1,70
X	FA	Fenster Süd	303	2,57	1,70
X	FA	Fenster West 1	16	2,57	1,70
X	FA	Fenster West 2	167	2,57	1,70
X	BK	Kellerdecke	502	0,89	0,40

In der nachfolgenden Tabelle habe ich Ihnen die gemessenen U-Werte nach Durchführung der Arbeiten dargestellt. Die Modernisierung der Gebäudehülle hat folgende Ergebnisse erbracht:

Typ	Bauteil	Fläche in m2	U-Wert in W/m2K	UmaxEnEV in W/m2K
DA	Flachdach – Wärmedämmung, neu 14cm, WLG 035	502	0,18	0,25
TA	Tür Ost	2	3,00	2,90
WA	Außenwand Nord - Wärmedämmverbundsystem, 12 cm, WLG 035	531	0,24	0,35
WA	Außenwand Ost 1 – Wärmedämmverbundsystem, 12 cm, WLG 035	208	0,23	0,35
WA	Außenwand Ost 2 – Wärmedämmverbundsystem, 12 cm, WLG 035	120	0,24	0,35
WA	Außenwand Süd – Wärmedämmverbundsystem, 12 cm, WLG 035	321	0,24	0,35
WA	Außenwand Trhs. Nord – Wärmedämmverbundsystem, 12 cm, WLG 035	8	0,24	0,35
WA	Außenwand Trhs. Ost - Wärmedämmverbundsystem, 12 cm, WLG 035	19	0,24	0,35
WA	Außenwand Trhs. Süd - Wärmedämmverbundsystem, 12 cm, WLG 035	8	0,24	0,35
WA	Außenwand Trhs. West - Wärmedämmverbundsystem, 12 cm, WLG 035	21	0,24	0,35
WA	Außenwand West 1 - Wärmedämmverbundsystem, 12 cm, WLG 035	208	0,23	0,35
WA	Außenwand West 2 - Wärmedämmverbundsystem, 12 cm, WLG 035	120	0,24	0,35

Typ	Bauteil	Fläche in m2	U-Wert in W/m2K	UmaxEnEV in W/m2K
FA	Fenster Nord – Fensteraustausch	93	1,30	1,70
FA	Fenster Ost 1 – Fensteraustausch	16	1,30	1,70
FA	Fenster Ost 2 – Fensteraustausch	167	1,30	1,70
FA	Fenster Süd – Fensteraustausch	303	1,30	1,70
FA	Fenster West 1 – Fensteraustausch	16	1,30	1,70
FA	Fenster West 2 – Fensteraustausch	167	1,30	1,70
BK	Kellerdecke	502	0,89	0,40

Die durchgeführten, oben näher erläuterten Maßnahmen führen zu einer deutlichen und nachhaltigen Einsparung von Energie. Der Energiebedarf von derzeit 577.518 kWh/Jahr reduziert sich auf 300.372 kWh/Jahr. Es ergibt sich somit eine Einsparung von 277.146 kWh/Jahr bei gleichem Nutzerverhalten und gleichen Klimabedingungen. Die CO_2-Emissionen werden um 66.865 kg CO_2/Jahr reduziert.

Durch die Modernisierungsmaßnahmen sinkt der Primärenergiebedarf des Gebäudes auf 42 kWh/m² pro Jahr. Dies ergibt eine Brennstoff-Einsparung von 48 %. Die durchgeführten Modernisierungsmaßnahmen helfen Ihnen nicht nur, Heizkosten einzusparen, sondern verringert den Treibhauseffekt und helfen, unser Klima zu schützen.

II.

1) Die für Ihre Wohnung aufzubringenden Kosten können gem. § 559 Abs. 1 BGB in der Weise auf die Miete umgelegt werden, dass eine Erhöhung der jährlichen Miete um 11 % der für die Wohnung aufgewendeten Kosten möglich ist. Hierbei werden in Anspruch genommene zinsverbilligte Darlehen sowie Zuschüsse der Stadt München zu Ihren Gunsten berücksichtigt. Entsprechend den Schlussrechnungen der ausführenden Firmen liegen der Mieterhöhung unten aufgeführte Kostenpositionen der baulichen Maßnahme zugrunde. Die Kosten der Instandhaltung sind kenntlich gemacht und wurden von der Gesamtsumme abgezogen. Gemäß § 559 Abs. 2 BGB hat der Vermieter die Kosten, sofern die baulichen Maßnahmen für mehrere Wohnungen durchgeführt werden, auf die einzelnen Wohnungen angemessen zu verteilen. Der Vermieter kann den Verteilungsschlüssel gem. §§ 315, 316 BGB nach billigem Ermessen bestimmen. Die Verteilung der Kosten der Modernisierung der Gebäudehülle, der Anlagentechnik, der Fenster im Allgemeinbereich sowie der Baunebenkosten habe ich, nachdem kein anderer praktikabler und nachvollziehbarer Umlagemaßstab ersichtlich ist, nach dem Verhältnis der Wohnfläche der einzelnen Wohnungen zur Gesamtfläche vorgenommen. Die Kosten der in Ihrer Wohnung verbauten Fenster werde ich direkt Ihrer Wohnung zuordnen. Die Gesamtwohnfläche beträgt 3.500,00 m²:

a) Die aufgewendeten **Kosten für den Austausch der Fenster in der Küche, im Schlafzimmer, im Kinderzimmer und das Fensterelement im Wohnzimmer durch Energiesparfenster** betragen gemäß Schlussrechnung der Firma Fensterling GmbH vom 7.10.2009 380 € für das Küchen-, 365 € für das Kinderzimmer-, 548 € für das Schlafzimmerfenster und 950 € für das Wohnzimmerelement

insgesamt mithin	2.243,00 €
abzüglich ersparter Aufwendungen für Instandhaltung wegen Erneuerung der Fenster und Fensterrahmen gemäß Kostenberechnung vom 12.12.2008	900,00 €
mithin Gesamtkosten von	1.343,00 €
hieraus 11 % der Gesamtkosten pro Jahr,	147,73 €
somit bei 86 m² Wohnfläche pro Monat pro m² (= 147,73 € ./. 12 ./. 86)	0,143 €
b) Kosten für die Fenstererneuerung im Allgemeinbereich	
gemäß Schlussrechnung der Firma Fensterling GmbH vom 7.10.2009	25.670,00 €
abzüglich ersparter Aufwendungen für Instandhaltung wegen Erneuerung der Fenster und Fensterrahmen gemäß Schreiben der Firma Fensterling GmbH vom 12.12.2008	9.800,00 €
mithin Gesamtkosten von	15.870,00 €
hieraus 11 % der Gesamtkosten pro Jahr,	1.745,70 €
somit bei 3.500 m² Wohnfläche pro Monat pro m² (= 1.745,70 € ./. 3.500 m² ./. 12)	0,042 €
c) Kosten für die Dämmung der Heizleitungen	
gemäß Schlussrechnung der Firma Brikett GmbH vom 4.10.2009	18.400,00 €
hieraus 11 % der Gesamtkosten pro Jahr,	2.024,00 €
somit bei 3.500 m² Wohnfläche pro Monat pro m² (= 2.024,00 € ./. 3.500,00 m² ./. 12)	0,048 €
d) Kosten für die Dämmung des Dachs	
gemäß Schlussrechnung der Firma Dämmwut vom 8.10.2009	82.000,00 €
abzüglich Aufwendungen für Instandhaltung wegen Erneuerung der RWA-Anlage	4.600,00 €
mithin Gesamtkosten von	77.400,00 €
hieraus 11 % der Gesamtkosten pro Jahr,	8.500,00 €
somit bei 3.500 m² Wohnfläche pro Monat pro m² (= 8.500 € ./. 3.500,00 m² ./. 12)	0,202 €
e) Kosten für Wärmedämmverbundsystem	
gemäß Schlussrechnung der Firma Dämmwut GmbH vom 8.10.2009	257.000,00 €
abzüglich Aufwendungen für Instandhaltung wegen Putz-Abschlagen und Erneuern von losem Fassadenputz	750,00 €
mithin Gesamtkosten von	256.250,00 €
hieraus 11 % der Gesamtkosten pro Jahr,	28.187,50 €
somit bei 3.500 m² Wohnfläche pro Monat pro m² (= 28.187,50 € ./. 3.500,00 m² ./. 12)	0,671 €

f) Kosten für Malerarbeiten

gemäß Schlussrechnung der Firma Klexel GmbH vom 8.10.2009	118.000,00 €
abzüglich Aufwendungen für Instandhaltung (Malerarbeiten an Fassadenteilen ohne Wärmedämmverbundsystem und Betonsanierung)	49.800,00 €
mithin Gesamtkosten von	68.200,00 €
hieraus 11 % der Gesamtkosten pro Jahr,	7.502,00 €
somit bei 3.500 m^2 Wohnfläche pro Monat pro m^2 (= 7.502 €./. 3.500,00 m^2 ./. 12)	0,179 €

g) Kosten für Architekt

vom 12.12.2008	38.000,00 €
abzüglich Aufwendungen für Instandhaltung prozentual aufgeteilt für Instandhaltung und Modernisierung: ca. 12,5 % Instandhaltung, ca. 87,5 % Modernisierung	4.750,00 €
mithin Gesamtkosten von	33.250,00 €
hieraus 11 % der Gesamtkosten pro Jahr,	3.657,50 €
somit bei 3.500,00 m^2 Wohnfläche pro Monat pro m^2 (= 3.657,50 € ./. 3.500,00 ./. 12)	0,087 €

h) Kosten für Gerüst

gemäß Schlussrechnung der Firma Stabmann GmbH vom 07.10.2009	33.700,00 €
abzüglich Aufwendungen für Instandhaltung prozentual aufgeteilt für Instandhaltung und Modernisierung: ca. 12,5 % Instandhaltung, ca. 87,5 % Modernisierung	4.212,50 €
mithin Gesamtkosten von	29.487,50 €
hieraus 11 % der Gesamtkosten pro Jahr,	3.243,62 €
somit bei 3.500 m^2 Wohnfläche pro Monat pro m^2 (= 3.243,62 € ./. 3.500,00 m^2 ./. 12)	0,077 €
Zwischensumme der berechneten Mieterhöhung pro m^2 pro Monat	**1,449 €**

Gemäß § 559a Abs. 2 BGB verringert sich der Erhöhungsbetrag nach § 559 BGB bei Inanspruchnahme zinsverbilligter Darlehen um den Jahresbetrag der Zinsermäßigung. Diese wird errechnet aus dem Unterschied zwischen dem ermäßigten Zinssatz und dem marktüblichen Zinssatz für den Ursprungsbetrag des Darlehens. Maßgebend ist der marktübliche Zinssatz für erstrangige Hypotheken zum Zeitpunkt der Beendigung der Maßnahmen.

Ich habe für die Modernisierungsmaßnahmen des Anwesens zinsverbilligte Darlehen in Anspruch genommen.

Ein Darlehen in Höhe von 408.269,43 € aus öffentlichen Haushalten – die jährliche Zinsersparnis beträgt 0,31 %, die prozentuale Zinsverbilligung ist auf den Darlehensbetrag anzuwenden –, sodass 1.265,64 € vom Jahresbetrag der zu erwartenden Mieterhöhung abzuziehen sind. Somit reduziert sich der jährliche Mieterhöhungsbetrag pro m^2 (= 1.265,64 € ./. 3.500,00) auf 0,3616 €/m^2, das sind monatlich 0,03013 €/m^2.

Ein Darlehen in Höhe von 54.308,85 € aus öffentlichen Haushalten – die jährliche Zinsersparnis beträgt 0,08 %, die prozentuale Zinsverbilligung ist auf den Darlehensbetrag anzuwenden –, sodass 43,45 € vom Jahresbetrag der Mieterhöhung abzuziehen sind. Somit reduziert sich der jährliche Mieterhöhungsbetrag pro m² (= 43,45 € ./. 3.500,00) auf 0,01241 €/m², das sind monatlich 0,00103 €/m².

Bei Ihrer Wohnungsgröße von 86 m² ergibt sich somit eine zu erwartende monatliche Mieterhöhung pro m² von 1,418 €, mithin von insgesamt **121,94 €.**

Ich bitte Sie daher höflich, aufgrund der durchgeführten Modernisierungsmaßnahme zukünftig monatlich eine Gesamtmiete von 1.104,94 € zu bezahlen. Die neue Miete berechnet sich wie folgt:

Miete bisher	796,00 €
zzgl. Erhöhungsbetrag	121,94 €
zzgl. Vorauszahlung auf die Heizkosten wie bisher	56,00 €
zzgl. Vorauszahlung auf die Betriebskosten wie bisher	71,00 €
zzgl. Garagenstellplatz	60,00 €
Neue Gesamtmiete	**1.104,94 €**

Die neue Miete ist entsprechend § 559 Abs. 2 S. 1 BGB mit Beginn des dritten Monats nach dem Zugang der Erklärung fällig, mithin spätestens zum 5.1.2010.

Bitte ändern Sie bis dahin Ihren Dauerauftrag.

Nur der guten Ordnung halber weise ich Sie darauf hin, dass Sie gem. § 561 BGB bis zum Ablauf des zweiten Monats nach Zugang dieser Mieterhöhungserklärung zum Ablauf des übernächsten Monats das Mietverhältnis außerordentlich kündigen können.

Für etwaige Rückfragen bei Unklarheiten oder etwaige Erläuterungen der Modernisierungsmaßnahme stehe ich Ihnen selbstverständlich gerne zur Verfügung.

Mit freundlichen Grüßen

Harald Ernsberger

Muster: Mietaufhebungsvereinbarung

Siehe CD-ROM

Zwischen

Heinrich Müller, Dornenvögelweg 23, 81735 München
– im Folgenden „Vermieter" genannt –

und

Claudia Hentschel, Zeisigweg 15, 81735 München
– im Folgenden „Mieter" genannt –

wird folgende Mietaufhebungsvereinbarung geschlossen:

Präambel:

____

____

____

Dies vorausgeschickt, vereinbaren die Parteien, was folgt:

§ 1 Beendigung des Mietverhältnisses

Das zwischen den Parteien durch Mietvertrag vom __________ bestehende Mietverhältnis über die im Anwesen Dornenvögelweg 23, 81735 München gelegene Wohnung, bestehend aus ____ Zimmern, Küche, Bad, WC nebst Kelleranteil, wird im beiderseitigen Einvernehmen zum ______________ beendet.

§ 2 Räumung und Übergabe

(1) Der Mieter verpflichtet sich, zu dem in § 1 genannten Termin die Mieträume mit Nebenräumen und sämtliche, auch die auf eigene Kosten beschafften Schlüssel an den Vermieter herauszugeben.

(2) Der Mieter verzichtet, soweit gesetzlich möglich, auf Räumungsschutz. Der Vermieter nimmt diesen Verzicht an.

(3) Dem Mieter wird nachgelassen, die oben genauer bezeichnete Wohnung bereits zu einem früheren Zeitpunkt zu räumen und an den Vermieter herauszugeben. Sofern der Mieter dies ____ Wochen im Voraus schriftlich dem Vermieter anzeigt, wird der Mieter mit Räumung und Herausgabe von der Mietzinszahlungspflicht befreit.

§ 3 Abfindung des Mieters

Sofern der Mieter die oben genauer bezeichnete Wohnung bis ______ räumt und an den Vermieter herausgibt, zahlt der Vermieter an den Mieter eine einmalige Abstands- und Umzugskostenpauschale in Höhe von _______ €, zahlbar Zug um Zug gegen Räumung und Herausgabe der Wohnung gem. § 2 dieses Vertrags. Kommt der Mieter mit Räumung und Herausgabe der Wohnung gem. § 2 dieses Vertrags in Verzug, wird der Vermieter von der Bezahlung der in Satz 1 vereinbarten Abstands- und Umzugskostenpauschale befreit.

§ 4 Einrichtungsgegenstände

Der Mieter verpflichtet sich, die in die Mietwohnung eingebrachten Einrichtungen zu entfernen und den früheren Zustand wiederherzustellen.

Oder:

Die vom Mieter eingebrachten Einrichtungen übernimmt der Vermieter käuflich zum Preis von __________ €.

§ 5 Schönheitsreparaturen

Der Mieter verpflichtet sich, die in § ___ des Mietvertrags vom ______ genannten Schönheitsreparaturen bis zu Räumung fachgerecht durchzuführen oder durchführen zu lassen.

Oder:

Der Vermieter verzichtet auf die gem. § ____ des Mietvertrags vom ______ vereinbarten Schönheitsreparaturen. Der Mieter nimmt diesen Verzicht an.

§ 6 Betriebskosten

Zur Abgeltung der Betriebskosten für das laufende Wirtschaftsjahr bezahlt der Mieter eine Pauschale i. H. v. ______ €. Damit sind sämtliche Betriebskosten für das Wirtschaftsjahr abgegolten.

Oder:

Auf die Abrechnung der Nebenkosten verzichten die Parteien.

§ 7 Mietkaution

Der Vermieter verpflichtet sich, die geleistete Sicherheit in Höhe von _____ € nebst Zinsen bis zum Tag der Rückzahlung, spätestens drei Monate nach Beendigung des Mietvertrags und Räumung der Mietsache durch den Mieter an diesen zurückzuzahlen, soweit der Vermieter nicht bis dahin fällige Gegenansprüche aus dem Mietverhältnis hat und damit aufrechnet.

§ 8 Fortsetzung des Mietverhältnisses

Eine stillschweigende Fortsetzung des Mietvertrags gem. § 545 BGB ist ausgeschlossen.

§ 9 Kosten

Die Kosten dieser Vereinbarung werden gegeneinander aufgehoben. Etwaige Gerichtskosten trägt der Vermieter.

§ 10 Sonstige Vereinbarungen

Im Übrigen bleiben die Bestimmungen des Mietvertrags unberührt.

§ 11 Schriftform

Ergänzungen dieses Vertrags bedürfen der Schriftform.

München, den 14.01.2009 München, den ______________

____________________ ____________________

(Heinrich Müller) (Claudia Hentschel)

Muster: Aufforderung zur Einberufung der Eigentümerversammlung

Siehe CD-ROM

Heidi Schön
Schönstraße 120
86499 Schönberg

Durch Boten
An die
Xaver Ludwig Hausverwaltung GmbH
Immobilienstraße 1
86499 Schönberg

Schönberg, den 20.01.09

Verlangen nach Einberufung einer Eigentümerversammlung Passarge Allee 4

Sehr geehrter Herr Ludwig,

gem. § 24 Abs. 1 WEG sind Sie verpflichtet, eine Eigentümerversammlung einmal jährlich einzuberufen. Im Jahr 2008 hat keine Eigentümerversammlung stattgefunden. Ich fordere Sie daher auf, bis spätestens

4. Februar 2009 (hier schriftlich eingehend)

unter Benennung eines konkreten Datums zur Durchführung der Eigentümerversammlung verbindlich zu erklären, dass nun eine Eigentümerversammlung einberufen wird. Auf die Ladungsfrist des § 24 Abs. 4 Satz 2 WEG weise ich hin.

Die Eigentümerversammlung ist in angemessener Frist einzuberufen. Sollte ich die oben geforderte Erklärung nicht fristgemäß erhalten, gehe ich davon aus, dass Sie sich weiterhin weigern, eine Eigentümerversammlung einzuberufen.

Mit freundlichen Grüßen

Heidi Schön

Siehe CD-ROM

Muster: Verlangen der Einberufung einer Eigentümerversammlung durch Minderheitenquorum

Die unterzeichnenden
Wohnungseigentümer der WEG Schönstraße 120
86499 Schönberg

Durch Boten
Fidelis Hausverwaltung
Herrn Jakob
Immobilienstraße 1
86499 Schönberg

Schönberg, den 20.08.2009

Einberufung einer Eigentümerversammlung Schönstraße 120

Sehr geehrter Herr Jakob,

wie Sie wissen, ist im Bereich des Satteldachs des Anwesens Schönstraße aufgrund des Sturmtiefs Kyrill ein erheblicher Schaden, vor allem im nördöstlichen Bereich eingetreten. Die provisorische Reparatur der Dachdeckerfirma XY war nicht ausreichend. Es tritt nach wie vor bei starken Regenfällen Wasser ein. Im Bereich unter dem Speichergeschoss sind bereits massive Durchfeuchtungen eingetreten, die sich im nordöstlichen Bereich der Außenfassade abzeichnen. Es besteht daher dringender Sanierungsbedarf. Leider sahen Sie sich bisher nicht veranlasst, eine Entscheidung der Eigentümer im Rahmen einer außerordentlichen Eigentümerversammlung über das weitere Vorgehen herbeizuführen.

Die unterzeichnenden Eigentümer fordern Sie daher auf, unverzüglich eine Eigentümerversammlung mit folgendem Tagesordnungspunkt einzuberufen:

- Reparatur des schadhaften Daches, Anwesen Schönstraße
- Beseitigung der bereits eingetretenen Wasserschäden

Die unterzeichnenden Eigentümer repräsentieren mehr als ein Viertel der Wohnungseigentümer nach Köpfen. Wie Sie den unten aufgeführten Namen und Unterschriften der Miteigentümer entnehmen können, wird die Einberufung der Eigentümerversammlung sogar von mehr als 50 % der Wohnungseigentümer verlangt.

Gem. § 24 Abs. 2 WEG sind Sie verpflichtet, eine Eigentümerversammlung einzuberufen, wenn dies schriftlich unter Angabe des Zwecks und der Gründe von mehr als einem Viertel der Wohnungseigentümer verlangt wird. Diese Voraussetzungen liegen vor.

Wir fordern Sie daher auf, unverzüglich eine Eigentümerversammlung einzuberufen.

Sollten Sie diesem Verlangen nicht nachkommen, werden wir ohne weitere Ankündigung gerichtliche Hilfe in Anspruch nehmen. Wir weisen ferner darauf hin, dass die Nichteinberufung entgegen dem Minderheitenrecht auch einen Grund zur Abberufung des Verwalters darstellen kann (OLG Hamm, WuM 2001, 461). Ferner können Sie sich schadensersatzpflichtig machen. Wir gehen daher davon aus, dass unserem Verlangen nach Einberufung einer Eigentümerversammlung nun unverzüglich nachgekommen wird.

Mit freundlichen Grüßen

____________________ ____________________

____________________ ____________________

...

(Eigentümer mit Namen und Unterschrift)

Muster: Aufnahme eines Tagesordnungspunkts

Siehe CD-ROM

Heidi Schön
Haunschildweg 21
86499 Schönberg

An die
Xaver Ludwig Hausverwaltung
Immobilienstraße 1
86499 Schönberg

Schönberg, 20.08.09

Schadhafte Anbindung der Balkone Haunschildweg 21

Sehr geehrter Herr Ludwig,

wie Sie wissen, sind die Bodenplatten sämtlicher zum Anwesen Schönstraße 120 gehörenden Balkone schadhaft. Die Isolierschicht ist nicht mehr ordnungsgemäß.

Nach den starken Regenfällen am 10.08.09 ist daher wiederum Wasser in das Wohnzimmer meiner Wohneinheit Nr. 1 eingetreten.

Ich bitte Sie daher, zur nächsten Eigentümerversammlung als Beratungsgegenstand die Vorgehensweise der Eigentümer zur Instandsetzung der gemeinschaftlichen Balkone aufzunehmen.

Bitte bestätigen Sie mir bis

4. September 2009 (hier schriftlich eingehend),

dass dieser Punkt in die Tagesordnung aufgenommen wird. Vorsorglich weise ich darauf hin, dass im Rahmen ordnungsgemäßer Verwaltung ein Anspruch auf Aufnahme des Beratungsgegenstandes in die Tagesordnung besteht. Sollte ich die oben geforderte Erklärung nicht fristgemäß erhalten, muss ich davon ausgehen, dass Sie nicht bereit sind, meinen vorstehenden Anspruch zu erfüllen. Zur Wahrung meiner Rechte müsste ich dann gerichtliche Hilfe in Anspruch nehmen.

Mit freundlichen Grüßen

Heidi Schön

Siehe CD-ROM

Muster: Anzeige eines Schadens bei der Hausverwaltung

Heidi Schön
Schönstraße 120
86499 Schönberg

Durch Boten
An die
Xaver Ludwig Hausverwaltung
Immobilienstraße 1
86499 Schönberg

Schönberg, den 20.08.09

Wasserschaden WEG Katharinenweg 43

Sehr geehrter Herr Ludwig,

ich zeige hiermit an, dass in der vergangenen Woche Wasser durch das über meiner Wohnung befindliche Flachdach im Bereich von Wohnzimmer und Küche eingetreten ist.

Im Bereich der Trennwand zwischen Wohnzimmer und Küche sind Wasserschäden in einer Größe von etwa 50 × 30 cm (Küche) und 80 × 1,20 cm (im Bereich Wohnzimmer) entstanden.

Ich bitte Sie, diesbezüglich alle erforderlichen Schritte einzuleiten, insbesondere die Wohnungseigentümer über die eingetretenen Schäden zu informieren und eine Entscheidung über die weitere Vorgehensweise im Rahmen einer Eigentümerversammlung herbeizuführen.

Ich weise darauf hin, dass kurzfristiges Handeln geboten ist, da sich an den besagten Stellen bereits Schimmel bildet, mein Mieter die Miete mindert und Schadensersatzansprüche angekündigt hat. Deshalb und zur Vermeidung weiteren Schadens ist kurzfristiges Handeln geboten.

Bitte bestätigen Sie mir bis

27. August 2009 (hier schriftlich eingehend),

dass die erforderlichen Schritte von Ihrer Seite eingeleitet werden.

Ich bitte weiter um Mitteilung, welche konkreten Schritte die Verwaltung hier einzuleiten beabsichtigt.

Mit freundlichen Grüßen

Heidi Schön

Checkliste: Feststellung des Istzustands von Keller- bzw. Untergeschoss

Siehe CD-ROM

Checkliste: Istzustand Bodenplatte, Kellerwand und -decke	
Rissbildung in der Bodenplatte (auch Haarrisse beachten)?	
Feuchte Stellen an der Bodenplatte?	
Höhenunterschiede der Platte in den Einzelräumen? (Falls vorhanden, Bodenbelag und Abplatzungen dokumentieren.)	
Feuchte Flecken an den Außenwänden? (Achten Sie besonders auf den Anschluss Wand/Bodenplatte, Wand/decken, Wanddurchdringungen, Fenster, Türen und Treppen.)	
Feuchte Stellen an der Kellerdecke? (Kontrollieren Sie vor allem den Anschluss Wand/Decke, Deckenauflager zur Außenwand sowie den Bereich um Durchbrüche an Elektrokabeln, Rohren u. Ä.)	
Im Wohnbereich (schwimmender Estrich, Asphaltboden): Wärmedämmung zum Erdreich gemäß EnEV 2007 vorhanden?	
Kellerfester im Wohnbereich ausreichend wärmegedämmt?	
Lagerräume: Wärmedämmung zu den darüber liegenden Wohnräumen gemäß EnEV 2007?	
Brand- und Einbruchschutz bei Außen- und Kellerinnentüren ausreichend?	
Schall- und Wärmedämmung im Wohnbereich ausreichend?	
Wärmedämmung der Kalt- und Warmwasserleitungen (Nutzwasser) gemäß EnEV 2007 (Dicke ausreichend)?	
Lagerräume für Heizmaterial: Sickerwanne (Ölwanne), Explosions- (Gas), Brand- und evtl. Schallschutz vorschriftsgemäß?	
Raum für Holzpellets groß genug?	
Stromanschlusskästen und -zähler, Stromleitungen, Gasanschluss und -zähler, Gasleitung entsprechend den Sicherheitsvorschriften?	

Checkliste: Istzustand Bodenplatte, Kellerwand und -decke	
Fernmelde- und informationstechnischen Anlagen und Leitungen in Ordnung?	
Brandschutz bei Abfallbeseitigung und in Mülltonnenräumen ausreichend?	

Checkliste: Feststellung des Istzustands der Gebäudehülle

Siehe CD-ROM

Checkliste: Istzustand	
Rissbildung (auch Haarrisse) im Sockelbereich (Anschluss Außenwand an Erdreich)? Falls vorhanden, Schäden dokumentieren.	
Risse, Abplatzungen, Löcher, Frostschäden u. Ä. an der Fassadenoberfläche?	
Rettungswege, wie Feuerleiter, Abstieg, Rettungsbalkon usw., intakt und ausgewiesen?	
Zugang der Wassereinspeisung für die Feuerwehr frei (im Hochhausbereich)?	
Beschädigungen am Sichtmauerwerk? (Prüfen Sie insbesondere Mauerwerksfugen, Fenster- und Türstöcke, Bewegungsfugen, Regenfallrohre.)	
Putzfassade (mineralischer Putz oder Kunststoffputz): Abplatzungen (stellenweise/großflächig), Frostaufbrüche, Ausblühung, Verschmutzung, Salzfraß? (Prüfen Sie besonders den Anschluss Balkon/Loggiabereich, Fensterbänke, Fenster, Türen, Verblechungen, Bewegungsfugen, Regenfallrohre.)	
Bei keramischen Fassadenplatten, Vormauersteinen, Metallblechen, WDVS mit Mineralwolle, Polystyrol-Hartschaum- oder Faserzementplatten u. Ä.:	
• Anschlüsse, Fenster- und Türbereiche, Laibungen, Fensterbänke, Bewegungsfugen, Balkon- und Loggiabereich, Durchdringungen, Regenfallrohre in Ordnung?	
• Farbveränderungen in der Fassade?	
• Statischen Tragfähigkeit der tragender Wandkonstruktion und Bekleidung noch vorhanden?	

Checkliste: Istzustand	
Bei Vorhangfassaden mit Hinterlüftung und Faserzementplatten, Metallblechen, Glas-, Kunststoff-, Betonelementen u. Ä.:	
• Beschädigungen, Verlust einzelner Bekleidungsteile? (Prüfen Sie besonders Bewegungsfugen, Anschlussbereiche, Durchdringungen, Fenster und Türen, Regenfallrohre.)	
• Statische Tragfähigkeit der tragender Wandkonstruktion, Unterkonstruktion und Befestigungsdübel noch ausreichend vorhanden? (Auszugsfestigkeit der für die Unterkonstruktion notwendigen Dübel)	

Checkliste: Feststellung des Istzustands des Flachdachs

Siehe CD-ROM

Checkliste: Istzustand Flachdach	
Raumseitig: Flecken und dunkle Stellen in der Deckenfläche, am Dachauflager, im Eckbereich Wand/Dach?	
Dachoberfläche:	
• Moosbildung, Wasserlachen, Blattansammlung, Pflanzenbewuchs, Verwehungen (bei Kiespressdächern)?	
• Abdeckung des Attikabereichs intakt?	
• Rostbildung an Metallteilen und -abdeckungen, Dachdurchdringungen?	
• Risse in Dachbahnen (bituminös oder Kunststoff)?	
• Auffaltungen der Stoßfugen bei Dachabdichtungsbahnen?	
• Anschlussbereiche Dachabdichtung/Metallblech (Kaminkopf, Attika, Wandanschluss usw.) intakt?	
Regenrinnen, (bei innen liegender Dachentwässerung) Dachgefälle und Dacheinläufe in Ordnung?	
Wärmedämmschicht: Durchfeuchtung, Schwinden (Fugenabbildung in der Dachabdichtungsbahn), Schüsselung, Minderung der Dimension?	

Checkliste: Istzustand Flachdach	
Statisch tragende Dachkonstruktion (früher Kalt- oder Warmdach):	
• Holzbalken mit Feuchteflecken, Schimmelbildung, Ausblühung, morschen Bereichen, Schädlingsbefall?	
• Betondecken mit Roststellen, Ausblühungen und Beschädigungen?	
Querlüftung und Lüftungsöffnungen bei belüfteten Flachdächern funktionstüchtig?	
Eindeckbaustoff:	
• Beschädigungen bei „harten" Eindeckungen?	
• Abrieb bei alten asbesthaltigen Wellasbestzementplatten oder Faserzementplatten? (Hier kann aufgrund der Gefahrstoffverordnung eine Auswechslung gegen einen anderen Baustoff infrage kommen.)	

Checkliste: Feststellung des Istzustands des Steildachs

Siehe CD-ROM

Checkliste: Istzustand Steildach	
Raumseitig:	
• Schädlingsbefall, Pilzbildung, Nassstellen, Fäule, Wassereintrieb, Schneeeintrieb an tragender Dachkonstruktion (meist Holz)? Holzschutz intakt?	
• Verankerung der Sparren auf der Decke in Ordnung?	
• Genagelte und/oder geschraubte Holzverbindungen und Durchdringungen intakt?	
• Verkohlungen an Holzteilen und Verblechungen der Führung der Schornsteinwange (Brandgefahr)?	
Ausgebauter Dachbereich:	
• Feuchte Stellen?	
• Wärmedämmung intakt? (Achten Sie auf Anschlussbereiche Wand/Drempel und Dachflächenfenster.)	

Checkliste: Istzustand Steildach	
Dacheindeckung:	
• Frostaufbrüche, Ausblühungen, Beschädigungen, fehlende Eindeckteile, Moosbildung?	
• Windsogsicherheit der Eindeckung funktionsfähig? (Sturm)	
• First-, Grat- und Traufausbildung in Ordnung?	
• Anschlüsse bei Kaminköpfen, Lüftungsleitungen, Dachflächenfenstern, Dachgauben in Ordnung?	
• Wasserführendes Unterdach dicht?	
• Dachraum winddicht gemäß EnEV?	
Sicherheitseinrichtungen:	
• Für Schornsteinfeger bzw. zur Dachbegehung: Dachleiterhaken, Dachluke, Laufbretter und Trittstufen intakt?	
• Schneefanggitter in Ordnung?	
• Blitzschutz funktionstüchtig?	

Checkliste: Feststellung des Istzustands der Heizanlage

Siehe CD-ROM

Checkliste: Istzustand Heizanlage	
Entspricht die Anlage den Bestimmungen der EnEV 2007? (Am Typenschild des Kessels und des Brenners lässt sich schnell das Herstellungsjahr feststellen.)	
Womit wird geheizt (Öl, Erdgas, Flüssiggas, Kohle, Holz u. Ä.)?	
Lagerräume für Öl, Holz, Kohle u. Ä., Heizraum und Abgasschornstein in guten Zustand?	
Zu- und Abluft für den Heizraum gesichert (funktionsfähig)?	
Feuerschutztüren und -klappen, Notausgänge und Brandschutz funktionstüchtig?	

Checkliste: Istzustand Heizanlage	
Decke, Wand und Bodenbelag des Heiz- und des Lagerraums, Bodenablauf im Heizraum, Wasserzuführung in Ordnung?	
Leitungstrassen ausreichend wärmegedämmt? Wärmedämmung beschädigt?	
Aufhängung bzw. Führung der Leitungen für Vor- und Rücklauf in Ordnung?	
Brenner, Kessel, Wasserpumpen, Steuerungsanlage in gutem Zustand?	
Heizleitungen und Heizkörper in beheizten Räumen in Ordnung und zeitgemäß?	
Leitungen und Heizkessel vor Verkalkung geschützt?	

Checkliste: Feststellung des Istzustands der Wasserleitungen

Siehe CD-ROM

Checkliste: Istzustand Wasserleitungen	
Aus welchem Material bestehen die Leitungen (Blei, Kupfer, verzinktes Eisen, Faserzement oder Kunststoff)?	
Wärmedämmung der Leitungen (kalt und warm) intakt?	
Tropfenbildung, Beschädigungen, Rostbildung, Lochfraß, Patina, feuchte Stellen an den Rohren?	
Wand- und Deckendurchführungen (beweglich oder eingemauert) der Rohre in Ordnung?	
Absperrventil für Hauptleitung und Übergabestation vom Wasserlieferanten (EVU) zum Wohngebäude funktionstüchtig?	
Leitungen vor Verkalkung geschützt?	

Checkliste: Feststellung des Istzustands der Abwasserleitungen

Checkliste: Istzustand Abwasserleitungen	
Woraus bestehen die Leitungen im Erdreich unter der Bodenplatte (Beton-, Guss- oder keramische Rohre, Faserzement- oder Kunststoffrohre)?	
Woraus bestehen die Leitungen im Gebäude (Stahl, Guss, Beton, keramisches Material oder Kunststoff)?	
Bodenabläufe im Keller und in den Wohnungen in Ordnung?	

Siehe CD-ROM

Checkliste: Feststellung des Istzustands der Elektroinstallation

Checkliste: Istzustand Elektroinstallation	
Woraus bestehen die Leitungen (Blei, Kupfer, Aluminium oder Eisen)?	
Womit sind die Leitungen isoliert (bituminierte Stoffe, PVC oder anderer Kunststoff)?	
Hausanschlussraum, Hauptverteiler, Hauptsicherung, Wohnungsverteiler, Trassenführung im Gebäude in Ordnung?	

Siehe CD-ROM

Checkliste: Feststellung des Istzustands der Gasleitungen

Checkliste: Istzustand Gasleitungen	
Hausanschlussraum, Absperrung Hauptleitung, Zuführung zu den Wohnungen, Gaszähler in den Wohnungen intakt?	
Brand- und Explosionsschutz gegeben?	
Woraus bestehen die Gasleitungen (Metall, Kunststoff)?	
Sicherheitseinrichtungen bei der Zuleitung im Wohngebäude, Übergabebereich Wohnungen, Einzelübergabe im Wohnraum intakt?	
Dämmung der Leitungen intakt?	
Tropfwasserbildung, Rostbildung bei ungedämmten Leitungen?	

Siehe CD-ROM

Checkliste: Istzustand Gasleitungen	
Sind die Verbindungen dicht?	
Sind die Leitungen vor Manipulationen sicher?	

Checkliste: Feststellung des Istzustands des Brandschutzes

Siehe CD-ROM

Checkliste: Istzustand Brandschutz	
Fluchtwege frei, Löscheinrichtungen zugänglich?	
Fluchtwegeplan vorhanden, Löscheinrichtungen, Brandschutztüren und -klappen gekennzeichnet?	
Zuleitung des Löschwassers, Reserveleitungen, Zuleitung für die Sprinkleranlage, Wasserbassin für Sprinkleranlage in Ordnung?	
Zapfstellen für Löschwasser, Wasserschläuche und Löschgeräte gekennzeichnet?	
Feuerschutzleitern, -balkone, -treppen, Notlandeplatz für Helikopter auf dem Dach (falls vorhanden) in Ordnung?	
Zufahrtsbereiche für die Feuerwehr gekennzeichnet?	
Sind genug Rauchabgasöffnungen vorhanden und sind sie funktionstüchtig?	
Wie ist die Rauchabgasführung in den Fluchtwegen gestaltet?	

Checkliste: Energetischer Risikocheck von Keller- bzw. Untergeschoss

Siehe CD-ROM

Checkliste: Keller- bzw. Untergeschoss	
Sind Boden, Decke, Wände, Fenster und Türen in den Neben- und Wohnräumen im Keller ausreichend wärmegedämmt (entsprechend den Anforderungen der EnEV)?	
Sind die Übergänge Bodenplatte/Wand, Decke/Wand besonders gut gedämmt (Achtung: Wärmebrückengefahr)?	
Ist der Anschluss Kellertreppe/Bodenplatte ausreichend gedämmt (Achtung: Wärmebrückengefahr)?	

Checkliste: Keller- bzw. Untergeschoss	
Sind alle Decken und Wände von Kellerräumen und Tiefgarage, die an beheizte Wohnräume grenzen, ausreichend wärmegedämmt (EnEV 2007)?	
Sind alle Warmwasserleitungen und Armaturen gemäß der EnEV wärmegedämmt? (Vergessen Sie nicht, auch die nicht sichtbar in Wand oder Decke verlaufenden Leitungen zu überprüfen!)	
Sind die Kaltwasserleitungen wärmegedämmt (sonst Gefahr von Rostbildung durch Kondensat)?	

Checkliste: Energetischer Risikocheck der Gebäudehülle

Siehe CD-ROM

Checkliste: Gebäudehülle	
Sind Boden, Wand und Decken ausreichend wärmegedämmt (Achtung: Wärmebrückengefahr an den Anschlüssen Boden/Wand, Wand/Decke)?	
Sind Fenster- und Türlaibungen ausreichend wärmegedämmt (Achtung: Wärmebrückengefahr)?	
Finden sich Wärmebrücken an Dach- bzw. Attikaanschlüssen oder auskragenden Betonplatten?	
Ist die vorhandene Wärmedämmung intakt und ausreichend? (Die Dicke des Dämmstoffs kann mit fortschreitendem Alter abnehmen. Messen Sie also unbedingt nach.)	
Ist die Fassade winddicht (besonders bei raumseitig angebrachter Dämmung zu prüfen)?	
Sind die Heizleitungen in den Wänden ausreichend wärmegedämmt? (Hier droht großer Energieverlust!)	
Verfügen die Fenster über Isolierverglasung?	
Sind die Rahmen und Fugen an den Fenstern dicht?	

Checkliste: Energetischer Risikocheck des Steildachs

Siehe CD-ROM

Checkliste: Steildach	
Ist die „letzte Decke" ausreichend wärmegedämmt? (Achtung: Fast ein Drittel der Wärmeenergie entweicht bei Einfamilienhäusern über das Dach!)	
Bei bewohntem Dachgeschoss: Ist der gesamte Dachstuhl winddicht und wärmegedämmt?	
Sind alle Anschlüsse und Durchdringungen winddicht?	
Ist raumseitig eine winddichte Unterbahn oder Dampfsperre angebracht? (Sehr wichtig, da es ohne sie schnell zur Durchfeuchtung der Dämmschicht, Pilzbefall und Fäulnis kommen kann.)	
Ist die vorhandene Dämmschicht trocken und sind alle Durchdringungen (Dachflächenfenster, Gauben, Schornstein, Antennendurchführung, Dachausstieg, Lüftungsrohre usw.) dicht? (Evtl. Blower-Door-Test durchführen.)	
Bestehen Wärmebrücken an Drempel bzw. Auflagern der Sparren auf der Decke?	
Sind Dach- und Wanddämmung fugenlos miteinander verbunden (kritischer Punkt bei der Verlegung der Unterspann- bzw. Winddichtigkeitsbahn)?	
Wird im Traufbereich bei Wind Regen oder Schnee eingetrieben?	
Liegen im Firstbereich alle Dachfolien luftdicht (und in dichtem Stoß) übereinander (besonders starker Winddruck bzw. -sog)?	
Sind alle Warm- und Kaltwasserleitungen sowie Armaturen wärmegedämmt (gemäß EnEV)?	

Checkliste: Energetischer Risikocheck des Flachdachs

Siehe CD-ROM

Checkliste: Flachdach	
Entspricht die Wärmedämmung des Daches den Forderungen der EnEV? (Achtung: Bei Kalt- und Warmdächern sind die Dämmschichten oft nicht dick genug. Zudem ist die Konstruktion meist nicht winddicht ausgeführt.)	
Sind alle Anschlüsse und Durchdringungen ausreichend gedämmt und winddicht?	
Ist der Attikabereich besonders gut abgedichtet? (Hier dringt oft Feuchtigkeit in die Dämmschicht ein.)	
Sind Wand und Dachhaut im Attikabereich intakt? (Vor allem bei Hochhäusern kommt es hier durch Windsog oft zu Schäden.)	
Umkehrdächer: Hat die vorhandene Wärmedämmung noch die gewünschte Form und Dicke? (Wärmebrückengefahr)	
Bei Dachbegrünung: Sind Dachhaut und Dämmschicht durch Wurzeln beschädigt?	

Checkliste: Energetischer Risikocheck der Heizanlage

Siehe CD-ROM

Checkliste: Heizanlagen	
Wird die Abwärme, die bei der Verbrennung des Brennstoffs in den Abgasen enthalten ist, zur Wärmegewinnung genutzt (oder werden die Abgase über den Schornstein abgeleitet)?	
Sind alle Warmwasserleitungen wärmegedämmt?	
Gibt es im Haus noch „Einrohrheizungen"? (energetisch unrentabel und instandhaltungsaufwendig)	
Wird noch über Gussheizkörper mit Rippen geheizt? (geben Wärmeenergie nicht optimal ab, rosten schnell)	
Werden die Abgasrichtwerte der BImSchV eingehalten?	
Ist das verwendete Heizmedium noch zeitgemäß? (Bedenken Sie die steigenden Preise für Erdöl und -gas!)	
Sind Sie mit der Effizienz Ihrer Heizanlage zufrieden?	

Checkliste: Energetischer Risikocheck der Warmwasseranlage

Siehe CD-ROM

Checkliste: Warmwasseranlagen	
Sind alle Wärmeverteilungs- und Warmwasserleitungen, Armaturen sowie Heiz- bzw. Warmwasserspeicher ausreichend wärmegedämmt?	
Werden Warm- und Heizwasser im selben Kessel erzeugt? (unwirtschaftlich, da auch im Sommer die Heizung mit betrieben werden muss)	
Werden Elektrowarmwasserspeicher oder -durchlauferhitzer verwendet? (unwirtschaftlich, da Strom teuer)	
Werden Gasdurchlauferhitzer verwendet? (nachteilig wegen steigender Gaspreise)	
Können die Leitungswege noch verkürzt werden?	
Sind die Rohre verkalkt oder verrostet? (Gefahr von Druckabfall und Wasserschäden)	
Kann mithilfe der Armaturen der Wasserverbrauch möglichst gering gehalten werden? (Einbau von Einventilarmaturen mit Wasserdurchlaufreduzierung)	

Checkliste: Reparaturbedarf Flachdach

Siehe CD-ROM

Gebäude/Ort ... Gebäudeklasse ...	Baujahr ...		
Überprüfung der Dachhaut Flachdach	**Rep**	**Inst**	**Abn**
Blasen oder Risse in der Oberlagsbahn sichtbar?			
Bahnen oder Nahtverbindungen offen?			
Oberlagsbahn stark verwittert (Versprödungsrisse)?			
UV-Schutz beschädigt (Oberflächenfarbe)?			
Stehende Wasserpfützen (Dellen in der Dachhaut)?			
Haben sich Hohlstellen gebildet?			
Einzelne Bahnenbereiche abgewittert?			
Abdichtungsbahnen beschädigt?			
Hat sich Pflanzenbewuchs gebildet?			
Durchdringen Pflanzwurzeln die Dachhaut?			
Fehlt Einlauf des Flachdachentwässerungskorbs?			

Gebäude/Ort ... Gebäudeklasse ... Baujahr ...			
Überprüfung der Dachhaut Flachdach	**Rep**	**Inst**	**Abn**
Einlauf Flachdachentwässerung verstopft?			
Einlauf Flachdachentwässerung undicht?			
Dachkies verweht?			
An- und Abschlüsse beschädigt?			
Fugenabbildung in der Dachabdichtungsbahn (schwindende Wärmedämmschicht)?			
Dachdämmplatten sichtbar?			
Dämmplatten im Fugenbereich aufgeschüsselt?			
Blitzschutz vorhanden/funktionsfähig?			
Oberlichter beschädigt?			
Oberlichter undicht?			
Oberlichtkranz beschädigt?			
Attikaabdeckung beschädigt?			
Bewegungsfugen undicht?			
Abdeckung Gebäudetrennfuge intakt?			
Gibt es generell mechanische Beschädigungen?			
Ist das Dach noch begehbar?			
Rettungswege ausgewiesen?			
Belag im begehbaren Bereich beschädigt?			
Pflanzung der Dachbegrünung nachbessern?			
Dachbegrünung nachdüngen?			
Bewässerung der Dachbegrünung ausreichend?			
Antennendurchgänge undicht/beschädigt?			
Kaminköpfe beschädigt/Fugen undicht?			

Checkliste: Reparaturbedarf Steildach

Siehe CD-ROM

Gebäude/Ort ... Gebäudeklasse ... Baujahr ...			
Überprüfung Steildach	**Rep**	**Inst**	**Abn**
Dacheindeckung			
Tondachziegel, Betondachsteine: Oberfläche beschädigt?			
Asbestzement-Wellplatten (vor 1980) oder asbestfreie Faserzement-Wellplatten: Oberflächenzustand der Platten in Ordnung?			
Naturschiefer: Befestigung der Schiefereindeckung in Ordnung?			
Verzinkte Metallbleche: Bildung von Rostflecken? Fugenzustand der Metalleindeckung in Ordnung?			
Aluminiumbleche: Oxidation der Oberflächen?			
Beschichtete Metalldachpfannen: Oberflächenzustand der Beschichtung in Ordnung?			
Faserzement-Dachplatten (nach 1980) asbestfrei kleinformatig: Zustand der Dachabdichtungsbahnen in Ordnung?			
Bitumendachbahnen: Zustand der Dachabdichtungsbahnen in Ordnung?			
Kunststoff-Dachbahnen: Versprödung sichtbar (feine Spinnenhaarrisse)?			
Reet oder Stroh: Starke Bemoosung? Einzelteile der Eindeckung lose/beschädigt?			
Dacheindeckung gegen Windsog mit Sturmklammer gesichert oder teilverschraubt: Befestigung intakt?			
Vermörtelte Dacheindeckung: Bereiche lose?			
Dacheindeckung mit offenen Fugen ohne Abdichtung?			
Dachrinne (innen liegend oder an der Traufe)			
Kunststoff: Oberfläche angewittert?			
Metallblech: Rostflecken stark/schwach?			
Kupferblech: Patinabildung an den Stößen/in der Fläche?			
Metalldachrinnen an Blitzschutz angeschlossen?			
Fallrohr			
Verzinktes Metallblech: Rostlöcher vorhanden?			
Kupferblech: Patinabildung?			
Kunststoff: Oberfläche angewittert?			
Dachfirst			
Dachfirst vermörtelt: Mörtelteile lose?			

Gebäude/Ort ... Gebäudeklasse ... Baujahr ...			
Überprüfung Steildach	**Rep**	**Inst**	**Abn**
Dachfirst genagelt/verschraubt: Befestigung noch intakt? Einzelne Bereiche beschädigt?			
Dachbegehung			
Ausstiegsluke für Schornsteinfeger, Dachbegehung wärmegedämmt?			
Sicherheitstritt, -rost, -stufe für Dachbegehung intakt?			
Dachhaken für Leitersicherung vorhanden und intakt?			
Schneefangvorrichtungen			
Schneefanggitter, Schneefangholz, Schneestoppstein, Schneefanghaken vorhanden und intakt?			
Durchdringungen			
Dunstrohrdurchgang mit/ohne Kappe?			
Dunstrohrmündung zu niedrig (1 m über OK Dachfläche)?			
Antennendurchgang gedämmt?			
Wand- und/oder Kaminanschluss mit Verblechung aus Blei/Metall/Kunststoff: Oberfläche verwittert/Rostbildung?			
Dachbelichtung			
Dachfenster zur Belichtung wärmegedämmt?			
Lichtdachziegel aus Kunststoff zur Dachbelichtung: Oberfläche verwittert?			
Kamin			
Abdeckung am Kaminkopf aus Klinker vorhanden/nicht vorhanden			
Kaminkopf bekleidet mit Metallblech/Faserzementplatten/Schiefer: Bekleidung intakt?			
Abdeckung Kaminkopf aus Formteilen/Metallblech intakt?			
Kehlenausbildung aus Metall/Kunststoff: Rost/Verwitterung?			
Lüfterelemente/Lüftersteine im Traufbereich intakt?			
Fenster			
Verglasung der Dachflächenfenster intakt und zeitgemäß (EnEV) (Isolierglas)?			
Dachgauben			
Dachgauben aus Fertigteilen: Oberfläche intakt?			
Dachgauben aus Holz: Schimmel/Verwitterung?			
Dachgaubenflächen verputzt: Putz intakt?			

Gebäude/Ort ...	Gebäudeklasse ...	Baujahr ...	
Überprüfung Steildach	**Rep**	**Inst**	**Abn**
Dachgaubenflächen mit Dacheindeckung bekleidet: Oberfläche intakt?			
Dachgaubenflächen mit Metall bekleidet: Rost?			
Dachgaubenfenster wärmegedämmt gemäß EnEV? (Wenn nicht, so müssen sie nachgerüstet werden.)			
Dachgauben an Blitzschutz angeschlossen?			
Dachstuhl			
Dachstuhl aus Holzbalken sichtbar/bekleidet: Balken/Bekleidung intakt?			
Dachstuhl aus Fachwerkbindern (Holz): Imprägnierung gegen Schädlinge/Pilzbefall erneuern?			
Holzdachstuhl teilweise durchfeuchtet?			
Holzdachstuhl mit Schädlingsbefall?			
Holzdachstuhl mit Pilzbefall?			
Holzdachstuhl: Statik in Ordnung?			
Dachkonstruktion			
Dachkonstruktion ohne Unterdach/Holzschalung?			
Dachkonstruktion mit Unterspannbahn nach DIN 4108?			
Dachkonstruktion ohne (ausreichende) Wärmedämmung?			
Dachkonstruktion luftdicht?			
Wärmedämmung			
Wärmedämmung des Daches ausreichend und zeitgemäß?			
Wärmedämmung brandsicher? (Mineralwolle: schwer entflammbar, Polystyrol- oder Polyurethan-Hartschaumplatten: nicht brennbar; Holzwolle, Zellulose, Hanf, Schafwolle, Stroh, Holzspäne: brennbar)			
Wärmedämmung beschichtet mit Metallfolie: Beschichtung intakt?			
Dachunterseite			
Dachunterseite bekleidet mit Gipskartonplatten, Holzwolle-Leichtbauplatten, Holztäfelung: Bekleidung intakt?			
Leitungen			
Elektrische Leitungen in der Dachkonstruktion in Ordnung?			
Heiz-, Warm-, Kaltwasserleitungen in der Dachkonstruktion in Ordnung (Rost?) und ausreichend gedämmt?			
Leitungen (Elektrik, Wasser) auf Putz in Ordnung?			

Gebäude/Ort ...	Gebäudeklasse ...	Baujahr ...	
Überprüfung Steildach	**Rep**	**Inst**	**Abn**
Dachbalkon			
Dachbalkon: Konstruktion intakt?			
Verglasung der Fenstertüren intakt und ausreichend wärmegedämmt?			
Metallgeländer: Rost? Statisch sicher?			
Holzbrüstung: Pilz-/Schädlingsbefall? Statisch sicher?			
Dachbalkon komplett an den Blitzschutz angeschlossen?			

Checkliste: Reparaturbedarf Außenfläche/Fassade

Siehe CD-ROM

Gebäude/Ort ...	Gebäudeklasse ...	Baujahr ...	
Überprüfung Außenfläche/Fassade	**Rep**	**Inst**	**Abn**
Fassade teilweise beschädigt?			
Teilflächen der Putzfassade ausgebrochen?			
Fehlen bei Teilflächen der Vorhangfassade Fassadenplatten?			
Fassadenfugen undicht?			
Bewegungsfugen beschädigt?			
Fassadenschäden im Traufbereich?			
Fassadenschäden im Attikabereich?			
Fassadenecken (-anschlüsse) beschädigt?			
Anschlussbereiche an Öffnungen beschädigt?			
Balkonplatten ungedämmt?			
Balkonbrüstungen beschädigt?			
Fensteranschlüsse undicht?			
Fensterlaibung beschädigt?			
Schadhafte Fensterbankbleche?			
Schadhafte Balkonbankbleche?			
Fensterbänke beschädigt?			
Elemente für Pflanzen in der Fassade instabil?			
Blumenkübelhaken in der Fassade instabil?			
Fallrohre beschädigt?			
Fallrohre im Sockelbereich beschädigt/nicht funktionsfähig?			
Fassadenanstrich schadhaft, Abplatzungen, Verfärbungen?			
Feuerleitern (Fluchtweg), Feuerbalkone intakt?			

Gebäude/Ort ...	Gebäudeklasse ...	Baujahr ...	
Überprüfung Außenfläche/Fassade	**Rep**	**Inst**	**Abn**
Befestigung der Feuerleitern intakt?			
Haarrisse/starke Risse im Außenputz?			
Mörtelfugen bei Sichtmauerwerk nachbessern?			
Fugenabdeckungen bei Bewegungsfugen erneuern?			
Abdichtungsmaterial in Bewegungsfugen erneuern?			
Wärmedämmschicht durchfeuchtet/auswechseln?			

Checkliste: Reparaturbedarf Fenster und Türen

Siehe CD-ROM

Gebäude/Ort ...	Gebäudeklasse ...	Baujahr ...	
Überprüfung Fenster und Türen	**Rep**	**Inst**	**Abn**
Holzrahmen: • Imprägnierung nachbessern? • Anstrich erneuern?			
Metallrahmen: • Rostflecken/Oxidation/Patina? • Kunststoffbeschichtung beschädigt?			
Kunststoffrahmen farblich ausgebleicht?			
Laibungsbereich mit offenen Fugen zw. Wand/Fenster/Tür?			
Fensterbank Anstrich erneuern?			
Fenster-/Türfugen ohne Dichtung?			
Fenster-/Türfugen Dichtung beschädigt?			
Fenster-/Türbeschläge beschädigt?			
Fehlende Wetterschutzschiene am Fenster/an Tür?			
Fenster für Notausstieg gekennzeichnet?			
Fenster als Rauchabzugsklappe im Treppenhaus funktionstüchtig?			
Wärmedämmung der Rollladenkästen veraltet?			
Außenjalousien schadhaft?			
Sonnenschutzanlage schadhaft?			
Raumseitige Jalousien schadhaft?			
Außenseitige Klappläden schadhaft?			
Außenseitige Schiebläden schadhaft?			
Fenster mit Brandschutzverglasung			
Türen mit Brandschutzverglasung			

Checkliste: Reparaturbedarf Heizung und Installation

Siehe CD-ROM

Gebäude/Ort ... Gebäudeklasse ...	Baujahr ...		
Überprüfung Heizung und Installation	**Rep**	**Inst**	**Abn**
Zentrale Heizung mit Heizöl, Gas, Strom, Fernwärme, Holzpellets, alternativer Energie			
Heizung allgemein funktionstüchtig?			
Entspricht die vorhandene Heizanlage noch den Forderungen der EnEV 2007?			
Sicherheitsschalter für Strom, außenseitig, in Ordnung?			
Sicherheitsschalter für Gas, außenseitig, in Ordnung?			
Halb- oder vollautomatische Steuerungsanlage intakt?			
Warmwasseraufbereitung			
Zentrale Aufbereitung über Heizkessel im Gebäude			
Getrennte Aufbereitung über eigenen Brenner/Wassertank			
Warmwasser wird mit Ölbrenner erzeugt			
Warmwasser wird mit Gasbrenner erzeugt, Sicherheit			
Warmwasser wird mit alternativer Energie erzeugt, welche?			
Dezentrale Warmwasseraufbereitung			
Warmwasser über Fernwärme			
Warmwassererzeugung in jeder Wohnung separat			
Gasbrenner in Wohnung: Ab- und Zuluft, Sicherheit			
Speicher/Durchlauferhitzer mit Strom in Wohnung			
Warm- und Kaltwasserleitungen			
Wärmedämmung vorhanden und intakt?			
Kunststoffrohre: Oberfläche intakt?			
Verzinkte Metallrohre: Rost auf der Oberfläche?			
Bleirohre (Gebäudeklasse A): Auswechseln?			
Kupferrohre: Patinabildung?			
Heiz- und Lagerräume			
Zentraler Heizraum mit Zu- und Abluft gemäß FeuVO?			
Zentraler Brennstofflagerraum gemäß FeuVO?			
Zugangstüren Heiz- und Lagerraum gemäß FeuVO?			
Fußböden in Heiz- und Lagerraum gemäß FeuVO?			
Fluchtwegeplan ausgewiesen?			

Gebäude/Ort ...	Gebäudeklasse ...	Baujahr ...	
Überprüfung Heizung und Installation	**Rep**	**Inst**	**Abn**
Elektrische Leitungen im Heiz- und Lagerraum explosionsgeschützt?			
Ölfangwanne im Heizöllagerraum dicht?			
Decke wärmegedämmt?			
Decke über Heizraum explosionsgeschützt?			
Decke allgemein intakt (Schäden an Mauerwerk/Holzbalken/Stahlbeton)?			
Abgasführung			
Abgasführung über Außenwand			
Werden die Rauchgase über Dach geführt?			
Werden die Abgase im Wohnbereich über die Außenwand abgeführt?			
Abgasschornstein gemauert: Versottung checken			
Abgasschornstein Metall: Auf Roststellen prüfen			
Abgasschornstein mit Innenfutter: Auf Schadstellen prüfen			
Ist eine bessere Rauchgasführung möglich?			
Abgasschornstein: Mauerwerk/Oberfläche intakt?			
Abgasschornstein: Verbesserung der Rauchgasführung möglich?			
Einzelheizkörper in den Wohnungen			
Einzelheizkörper funktionstüchtig?			
Einzelheizkörper mit Thermostat ausgestattet?			
Wohnraumheizkörper zeitgemäß (Guss- oder Stahlrippenheizkörper energetisch ineffizient)?			
Fußbodenheizung funktionstüchtig?			
Fußbodenheizung mit Kunststoffrohren: Oberfläche intakt?			
Fußbodenheizung mit Metallrohren: Rostbildung?			
Fußbodenheizung mit Thermostatsteuerung ausgerüstet?			
Wand- und Deckenstrahlungsheizung in Ordnung?			
Elektroinstallation			
Leitungen intakt, keine Korrosion?			
Elektroinstallation geerdet?			
Elektroinstallation nur zweikablig bis in Wohnungen (Gebäudeklasse A und B)?			
Leitungen ausreichend isoliert/Isolation intakt?			

Gebäude/Ort ... Gebäudeklasse ...		**Baujahr ...**	
Überprüfung Heizung und Installation	**Rep**	**Inst**	**Abn**
Zentraler Anschlussraum für Strom, Wasser, Gas			
Zentrale Anschlussraum für Telefon, Internet, TV-Kabel (Sicherheit, gem. Bauvorschrift, Brandschutz, Funktionsfähigkeit)			
Zentrale Antennenanlage in Ordnung?			
Zentrale Klingelanlage mit Gegensprecheinrichtung funktionstüchtig?			
Abwasserleitungen			
Abwasserleitung im Erdreich verstopft?			
Abwasserleitung im Erdreich auf Schäden prüfen (Wurzeln, Risse, Verbindungen)			
Abwasserleitungen im Erdreich aus keramischen, Kunststoff-, Gussrohren			
Falls alte Asbestzementrohre vorhanden sind, diese auswechseln (Gefahrstoffverordnung)			
Guss-, Metall-, Kunststoffrohre in den Wohnungen intakt?			
Asbestzement- oder Bleirohre vorhanden (auswechseln, gesundheitliche Risiken)?			
Abwasserhebeanlage im Keller intakt?			
Gullyeinläufe im Keller mit Rückstauverschluss versehen?			
Abfallentsorgung			
Zentrale Abfallentsorgung über Treppenhaus mit Abfallschacht: Schacht und Einschüttöffnungen intakt?			
Zentrale und separate Müllräume: Anforderungen an Brandschutz erfüllt?			

Checkliste: Reparaturbedarf Keller, Untergeschoss und Tiefgarage

Siehe CD-ROM

Gebäude/Ort ... Gebäudeklasse ...		**Baujahr ...**	
Überprüfung Untergeschoss/Tiefgarage	**Rep**	**Inst**	**Abn**
Risse im Fußboden?			
Feuchte Stellen im Fußboden?			
Risse in den Außenwänden?			
Feuchte Stellen an den Außenwänden?			
Ausblühungen (helle Stellen mit Kristallen) auf den Außenwänden?			

Gebäude/Ort ... Gebäudeklasse ... Baujahr ...			
Überprüfung Untergeschoss/Tiefgarage	**Rep**	**Inst**	**Abn**
Pilzsporen (dunkle Flecken) auf den Außenwänden?			
Pilzsporen (dunkle Flecken) im Bereich Decke/Außenwand?			
Feuchte Bereiche hinter Möbeln?			
Feuchte am Anschluss Wand/Fußboden?			
Wasser über Lichtschächte eingelaufen?			
Lichtschächte ohne eigene Entwässerung?			
Lichtschächte von Wand abgerissen?			
Genutztes Untergeschoss			
Ist die Deckendämmung in Ordnung?			
Ist die Fußbodendämmung in Ordnung?			
Ist die Außenwanddämmung in Ordnung?			
Ist der Deckenputz/-anstrich noch intakt?			
Sind die Einzelheizkörper in den Räumen in Ordnung?			
Ist die Fußbodenheizung in Ordnung?			
Ist die Badeinrichtung (Wanne/Dusche/Toilette) in Ordnung?			
Ist die separate Toilette in Ordnung?			
Ist die Fensterverglasung in Ordnung?			
Ist die Fensterdämmung in Ordnung?			
Ist der Lichtschacht entwässert?			
Ist die Außentür am separaten Zugang wärmegedämmt?			
Ist die Außentür einbruchhemmend?			
Ist die Betonaußentreppe in Ordnung?			
Ist die Innentreppe zum EG in Ordnung?			
Tiefgarage			
Fußboden mit feinen Rissen?			
Feuchte Stellen im Fußboden?			
Starker Verschleiß der Fußbodenoberfläche (Fahrspuren)?			
Nässe an den Wänden?			
Ausblühungen an den Wänden?			
Risse in den Wänden?			
Rissen in der Decke?			
Wassertropfen an der Decke (Kondensatbildung durch Temperaturdifferenz)?			
Nassstellen an der Decke (Wassereinbruch von außen)?			

Gebäude/Ort ...	Gebäudeklasse ...	Baujahr ...	
Überprüfung Untergeschoss/Tiefgarage	**Rep**	**Inst**	**Abn**
Stalaktiten an der Decke?			
Weiße Stellen an der Decke (Kalkauslaugung, Ausblühung)?			
Sind die Türen am Ausgang (Treppenhaus) Feuerschutztüren?			
Fluchtwege ausgewiesen?			
Garageneinfahrt gesichert mit Toren /Rollgitter?			
Lüftung Garage vorhanden?			
Beleuchtung in Ordnung?			
Belüftungsanlage in Ordnung?			
Markierungen Einstellplatz intakt?			

Checkliste: Reparaturbedarf sicherheitsrelevante Bauteile

Siehe CD-ROM

Gebäude/Ort ...	Gebäudeklasse ...	Baujahr ...	
Überprüfung sicherheitsrelevante Bauteile	**Rep**	**Inst**	**Abn**
Personen- und/oder Lastenaufzug			
Sicherheitsüberprüfung erfolgt (durch TÜV, Hersteller)?			
Automatische Steuerung mit Schlüssel/Codekarte funktionstüchtig?			
Seilzugaufzug mit Motorraum im Dachgeschoss funktionstüchtig?			
Brandschutzsicherung im Motorraum intakt?			
Hydraulischer Aufzug mit Steuerung im Keller funktionstüchtig?			
Fahrstuhl mit Erweiterung für Krankentransport in Ordnung?			
Nothalt- und Meldeeinrichtung intakt?			
Kabineneinrichtung entsprechend Bauvorschrift?			
Fahrstuhltür entsprechend den Bauvorschriften?			
Rufnummer für Notfälle angegeben?			
Brandschutz			
Feuermeldeeinrichtung im Aufzug (Rauchmelder) funktionstüchtig?			
Feuerschutztüren im Treppenhaus vorhanden und intakt?			
Brandschutzfenster im Treppenhaus vorhanden und intakt?			

Gebäude/Ort ... Gebäudeklasse ... Baujahr ...			
Überprüfung sicherheitsrelevante Bauteile	**Rep**	**Inst**	**Abn**
Feuerschotten im Treppenhaus vorhanden und intakt?			
Glastüren Treppenhaus mit Sicherheitsglas?			
Fluchtwegeplan im Treppenhaus vorhanden?			
Fluchtwege gekennzeichnet?			
Notausstiege gekennzeichnet und funktionsfähig?			
Feuertreppe an Fassade gut befestigt?			
Rauchabzug im Treppenhaus (mit/ohne automatische Steuerung) funktionstüchtig?			
Rauchmelder im Treppenhaus funktionstüchtig?			
Löschwasserzuleitung gekennzeichnet?			
Löschwasserentnahmestelle für Feuerwehr gekennzeichnet?			
Löschwasserschläuche im Treppenhaus vorhanden und funktionstüchtig?			
Feuerlöscher im Treppenhaus vorhanden und intakt?			
Feuerlöscher im Wohn-, Bürobereich vorhanden und intakt?			
Sprinkleranlage im Treppenhaus funktionstüchtig?			
Sprinkleranlage in den Wohn-, Nutz-, Büroräumen funktionstüchtig?			
Sprinkleranlage in der Tiefgarage funktionstüchtig?			
Brandschutztüren in den Rettungswegen vorhanden?			
Zufahrt Feuerwehr vor Haus gekennzeichnet?			

Gebäude/Ort ... Gebäudeklasse ... Baujahr ...			
Überprüfung sicherheitsrelevante Bauteile	**Rep**	**Inst**	**Abn**
Außenreinigung			
Absturzsicherung für Fassaden-/Fensterreinigung funktionstüchtig?			
Fassadenaufzug (bei höheren Gebäuden) für Außenreinigung funktionstüchtig?			
Einbruchsicherung			
Einbruchüberwachung durch Kameras mit Aufzeichnung intakt?			
Zugang Kellerbereich gesichert?			
Universalschlüssel für Hauseingang vorhanden?			
Kennzeichnung			
Notfallschlüssel in Kasten für Fluchtwege vorhanden?			
Fluchtwege frei und gekennzeichnet?			
Sicherungskasten mit Hauptsicherung für Gebäude (Strom) intakt?			
Haupthahn Gasabsperrung gekennzeichnet?			
Haupthahn Wasserzuleitung gekennzeichnet?			

Stichwortverzeichnis

A

B

G

H

I

K

R

S

T

U

Z